ハヤカワ文庫 NF
〈NF612〉

数覚とは何か？〔新版〕

心が数を創り、操る仕組み

スタニスラス・ドゥアンヌ
長谷川眞理子・小林哲生訳

早川書房
9115

THE NUMBER SENSE

How the Mind Creates Mathematics

by

Stanislas Dehaene

Translated by
Mariko Hasegawa and Tessei Kobayashi
Published 2024 in Japan by
HAYAKAWA PUBLISHING, INC.
This book is published in Japan by
direct arrangement with
BROCKMAN, INC.

数覚とは何か？〔新版〕

——心が数を創り、操る仕組み

目次

第二版（文庫版）のまえがき　11
まえがき　18
はじめに　24

第1部　遺伝的に受け継いだ数の能力

第1章　才知にあふれた動物たち　41

ハンスという名のウマ　44
勘定奉行のネズミ公　52
動物の計算はどのくらい抽象的なのか　63
アキュミュレータの比喩　72
数を検出する神経細胞？　80
曖昧な数え方　87
動物の数の能力の限界　96
動物から人間へ　99

第2章　数える赤ちゃん　102

赤ちゃんを創る——ピアジェ理論　103
ピアジェの誤り　109
より幼い子どもへ　117
赤ちゃんの抽象能力　122
1たす1はどのくらい？　127
赤ちゃんには手に負えない計算　136
氏、育ち、そして数　146

第3章　おとなの脳に埋め込まれた物差し　153

1、2、3、それ以上　158
大きな数を見積もる　167
記号の背後に潜む量　172
心で把握する大きな数　178
数の意味への反射的アクセス　183
空間の感覚　189
数に色はついているか？　195
数の直感　202

第2部　概数を越えて

第4章　数の言語　209

駆け足でたどる数の歴史　211
数の痕跡を長く残す　218
位置と値の原理　223
数言語のめくるめく多様性　229
英語を話すコスト　232
量のラベルづけを習う　241
丸めた数、正確な数　245
なぜ、いくつかの数は他の数よりもよく現れるのか？　250
文化進化に対する脳の制限要因　260

第5章　大きな計算のための小さな頭　266

数えること——計算のＡＢＣ　268
未就学児はアルゴリズムの設計者　274
記憶の登場　279
掛け算表——不自然なやり方か？　284
言葉による記憶が助けにくる　291

心の中の「バグ」 296
電卓に対する賛否 300
数音痴——今そこにある危機？ 306
数覚を教える 311

第6章 天才たち、神童たち 321

数の動物物語 327
数の風景 332
骨相学、そして天才の生物学的基盤の探求 337
数学の才能は生物学的に授けられるものか？ 348
情熱が才能を生み出す時 356
凄腕の計算家のごく普通の変数 362
電光石火の速度で計算をする方法 366
才能と数学の発明 375

第3部 神経細胞と数について

第7章 数覚の喪失 381

概数人間、N氏 387

紛れもない障害 394
数のナンセンスを極めた男 402
下頭頂野と数覚 411
数学で引き起こされる癲癇 415
数の意味は一つではない 417
脳が持つ数の高速情報網 422
脳で計算を指揮するのは誰か 433
脳の局在化の始まりで 439

第8章　計算する脳 448

暗算は脳の代謝を増加させるか？ 450
陽電子放射断層法の原理 455
数学的思考の局在はどこか？ 460
脳が掛け算をしたり、比較したりするとき 468
陽電子放出断層法の限界 473
感電するほどの脳の仕組みを歌おう 475
心の物差しの時系列 478
「じゅうはち」という言葉を理解する 485

数の神経細胞　487

第9章　数とは何か？　492
脳は論理的な機械か？　494
脳のアナログ計算　501
直感が公理を追い越すとき　506
プラトン主義者、形式主義者、直観主義者　514
数学の構築と選択　521
数学の非合理的な有効さ　529

第4部　数と脳に関する現代科学

第10章　数と脳に関する現代科学　541
脳のなかの数　543
空間と時間のなかの数　552
数のためのニューロン　558
赤ちゃんのなかの数　573
1・2・3の特別な地位　578
スービタイジングはどのように働くか　583

アマゾンのジャングルにある数 586
概数から正確な数へ 600
個人差と計算障害を理解する 611
数的認知から教育へ 617
結　論 622
原　注 624
訳者あとがき 627
解説　数の存在と意識　下西風澄 633
さらに知りたい人のために 675

第二版（文庫版）のまえがき

科学書は、意図せず、タイムカプセルになってしまう。科学書には販売期限がないため、出版から何年経っても、読者に理論や事実、エビデンスを評価され続けることになる。ましてや、読者は、全てを知った上で後から振り返り、評価を下すのである。私が二〇代後半のときに執筆した一五年前の拙著『数覚とは何か（原題：*The Number Sense*）』もこの規則からまったく逃れられるわけではない。

私は幸運にも、一九九〇年代前半に『数覚とは何か』の執筆に着手できた。ちょうどその当時、数の研究はまだ黎明期で、ほんの一握りの研究室だけがこの分野の表層をなぞり始めたばかりだった。ある研究室では、乳児が物体の集合数をどのように知覚するかに注目していた。他の研究室では、小学生が掛け算表をどのように学習するかを徹底的に調べたり、計算ができなくなった脳損傷患者の奇妙な行動を研究したりしていた。さらには、私のように、「六は五より大きいか?」といった簡単な計算問題を学生に提示して、どの脳領域が活性化するのかを脳イメージング法で調べる研究に初めて進出するものもいた。当時、ウォーレン・マカロックの以下の刺激的な問いに答えることを目的として、これらの研究がすべて、多角的な技術を用いながら「数学的認知(Mathematical Cognition)」という単一の分野にいずれ統合されることを予想していた人は、ほとんどいなかったであろう。

「人間が知ることのできる数とは何か、そして数を知ることのできる人間とはどんな存在か?」

ウォーレン・マカロック『心の身体化』(一九六五)

本書は、ヒトの脳がどのように初歩的な算術を行うのかについてのあらゆる事実を集め、実証的エビデンスで円熟してきた有望で新しい研究分野が始まろうとしていることを証明するという目標を念頭において執筆されたものである。私はまた、数学の真髄を問う古代からの哲学論争にもひょっとしたら光を当てられるかもしれないと考えていた。この分野における複数の研究の流れをすべてまとめ上げるのに三年もかかってしまったが、この複雑なパズルのピースが組み合わさって、ひとつの筋の通った全体像に仕上がっていくのを実感するにつれて、私の熱意はますます高まっていた。数に関する動物研究は、大まかな数量を処理する能力が進化の早い段階から存在することを指摘していた。この「数覚（number sense）」はヒトの赤ちゃんにも備わっており、人間に数の直観を与えている。その後、アラビア数字や算盤などの文化的創造物が、その数覚を、記号数学の実行に必要な成熟した能力へと変貌させる。それゆえ、数覚を司る脳構造を注意深く観察することが、数学に対する理解の解明に役立つことは明らかだった。それは、進化がどのように進んだのかに対してはっきりした見方を与え、ヒトの数学能力を、サルそしてネズミやハトの脳が数を表象する方法に再び繋げることができた。

本書を執筆してから一五年ほど経ったが、この分野は私が想像していた以上にイノベイティブな研究が急増し、推進力がより高まっている。現在、数学的認知は認知科学の中でも確立された一分野となっており、数の概念とその起源にのみ焦点を当てるのではなく、代数学や幾何学といった関連領域にも拡大している。動物の数覚、計算中の脳イメージング、計算障害を抱える子どもの特徴などの、本書で取り上げた研究トピックスのいくつかは、揺るぎない研究領域に成長している。最もエキサイティングな進展のひとつは、サルの脳で数を符号化する単一ニューロンが発見されたことである。その正確な場所は、ヒトが計算を行う際に活性化する脳領域とおそらく相同な関係にある側頭葉の領域であった。もうひとつの急激に発展している研究分野は、数学的認知の研究で得られたエビデンスを教育に応用する分野である。学校教育が正確な数や計算に関する子どもの理解をどのように発達させていくのか、そして発達性計算障害のリスクがあるこどもを簡単なゲームやソフトウェアでどのように支援できるかについて、私たちは理解し始めているところである。

本書の初版を読み返したとき、これらのアイデアのすべてが、やや推測的なところはあるものの、一五年前にはすでに萌芽していたことを確認できて、たいへんうれしく思った。それらはどれも今や研究結果による裏付けがきちんとなされているので、新版の『数覚とは何か』の準備が整っていることを確信した。たしかに、一九九七年以降、すばらしい本がいくつか出版され、それらの中には、ブライアン・バターワースの『数学脳』（一九九九）（『なぜ数学が得意な人と苦手な人がいるのか』主婦の友社、二〇〇二、藤井留美訳）、ジョージ・レイコフとラファエル・ヌーニェスの『数学はどこから来たのか』（二〇〇〇）（『数学の認知科学』丸善出版、二〇一二、植野義明・重光由加訳）、ジェイミー・キャンベルの『数学的認知ハンドブック』（二〇〇四）などがある。しかし、それらのどれもが、私たちが現在、数と脳について理解していることをすべて網羅しているわけではない。

この新版に乗り出すために私を励まし、どのような形にするのかを決める際にも助けてくれた、私のエージェントであるマックス・ブロックマンとジョン・ブロックマン、そして編集者のアビー・グロスとオディール・ジェイコブに感謝する。過去を書き直すことは傲慢で馬鹿げたことであると全員の意見はすぐに一致した。二〇年前にこの分野がどのようにして誕生したのか、何が現在の仮説を動機づけたのか、そして実験手法はそれ以来どのように発展し、理論を具体化したのか、それとも、（幸いにもほとんどなかったが）時には理論を否定するものになったのか、といったことを読者に適切に理解してもらうことが重要であるように思えた。そこで、初版はそのまま手を付けず、それに新しい参考文献を追加した上で、初版の出版後になされた最も傑出した研究結果の概要をやや長めに紹介する最終章を新たに追加する第二版を構想した。最終章に含める発見を選ぶのは骨の折れる作業だった。というのも、この分野はこの一五年間で急激に発展したからである。実際のところ、現在、関連する科学的発見は数百にもなるが、私はそれらを少数の項目に絞り込んで、脳レベルで算数はどのようなものか、そしてそれに基づくと算数はどのように教えられるべきかを明らかにする驚きの事実だと私が信じるものを紹介した。

この第二版に対して、フランス国内および国外の多くの共同研究者が私の研究の進展を支援してくれた。ヒラリー・バース、イライザ・ブロック、ジェシカ・カントロン、ローラン・コーエン、ジャン＝ピエール・シャンジュ、エブリン・エーガー、リサ・フェイゲンソン、ギヨーム・フランダン、トニー・グリーンワルド、マーク・ハウザー、アントワネット・ジョベール、フェラ・ケリフ、アンドレア・パタラーノ、ルシー・ハーツ＝パニエ、カレン・コペラ＝フライ、ドニ・ルビアン、ステファン・ルエリシ、ジャン＝フランソワ・マンジャン、J．フレデリコ・マルケス、ジャン＝バティスト・ポリーヌ、ドゥニ・リヴィエール、ジェローム・サクール、エリザベス・スペルキ、アン・ストレイスグース、ベルトラン・ティリオン、ピエール＝フランソワ・ヴァン・デ・モールテレ、マルコ・ゾルジに感謝する。また長年にわたり海を越えて、容赦なき議論を通じて、私の考えを磨きつつ誤りを訂正してくれた研究者仲間に感謝する。余すところ無く網羅的に全員の名前を挙げられないが、エリザベス・ブラノン、ウィム・フィアス、ランディ・ガリステル、ロシェル・ゲルマン、ウーシャ・ゴスワミ、ナンシー・カンウィッシャー、アンドレアス・ニーダー、マイケル・ポスナー、ブルース・マッキャンドリス、サリー・シェイウィッツ、ベネット・シェイウィッツ、ハーブ・テラスは、真っ先に私の心に浮かんだ皆さんである。

数学者のほとんどは、あからさまなプラトン主義者か、隠れプラトン主義者かのどちらかである。彼らは、生命よりも古くて天地万有の構造そのものに内在する、人間の精神から独立したアイディアの大陸を歩き回る探検家であると自らを位置づけている。しかしながら、偉大な数学者リヒャルト・デデキントは、『数の本質と意味』という著書の中で別の考えを表明し、数は「人間の心による自由な創造物」であるとか、「思考の純粋な法則から直接生じるもの」であると述べた。私は全面的に賛同できるが、解明する責任は、明らかに心理学者や神経科学者にある。彼らは、神経細胞の単なる集合体である有限な脳がこうした抽象的な思考をどのように創り出すのかを理解しなければならないのである。本書は、この興味深い問いに多少は貢献するものとみなしていただければ幸いである。

S. D.
パレゾー、フランス
二〇一〇年七月

まえがき

　私たちは数に囲まれている。クレジット・カードにも硬貨にもきざまれているし、小切手帳にも、コンピュータの計算ソフトの計算表にも並んでいる。数は私たちの暮らしを支配している。事実、数は私たちの技術の中心にある。数がなければ、太陽系を回るようにロケットを打ち上げることもできないし、橋を架けることも、貿易をすることも、支払いをすることもできない。そういう意味では、数は、農業や車輪の発明が重要であるのと同じように、文化による発明だと言うこともできる。しかし、もしかしたら、もっと深い根があるのかもしれない。キリスト降誕よりも何千年も前に、バビロニアの科学者たちは、驚くべき正確さで天文学の表を計算するための、非常にうまくできた数の表記を使っていた。彼らよりもさらに何万年も前、新石器時代人たちは、骨に彫りつけたり、洞窟の壁に点を描いたりして、最初の数の記録を残している。そして、のちに私は読者のみなさんに納得してもらいたいと思っているのだが、それよりもさらに何百万年も前、人類などが出現するずっと以前から、どんな動物もみな数を認識しそれを簡単な心の計算に使っていたのである。それでは、数は、生命の歴史と同じくらい古いものなのだろうか？　数は、私たちの脳の構造そのものの中に埋め込まれているのだろうか？　私たちはみな、数字や算数を意味あるものとさせる特別な直感、「数覚」とでも呼べるものを持っているのだろうか？

一六歳のとき、私は、数学者になる訓練を受けていたのだが、自分で操作するように教えられていた抽象的な対象に魅入られ、何よりも、そのもっとも単純な形のものの魅力にとりつかれてしまった。それは、数である。数はどこから来たのだろう？　私の脳は、どうしてそれらを理解することができるのだろう？　ほとんどの人々にとって、数を自在に操るのはずいぶん難しいことのように思えるが、なぜそうなのだろうか？　科学史や数理哲学の研究者たちが、いくつか暫定的な答えを出してはいたものの、科学者の見方からすれば、彼らの説明は、場当たり的で当て推量のようで満足できなかった。さらに、私が読んだ本では、数と数学をめぐるいくつもの興味深い問題が、まったく答えられていないままだった。なぜ、すべての言語は、少なくともいくつかの数の言葉を持っているのだろうか？　なぜ誰もが、7、8、9の掛け算を習うのを、とびきり難しく感じるのだろう？　なぜ私は、一目で四つ以上の物を認識できないのだろうか？　なぜ、私が出席していたような数学の特別クラスには、男の子が一〇人に対して女の子が一人しかいなかったのだろう？　電卓が電光石火の速さで三桁の数字どうしの掛け算の答えを出すのには、どんなトリックがあるのだろうか？

私が、心理学、神経生理学、コンピュータ科学などをもっと勉強していくにつれ、答えは歴史の書物の中にあるのではなく、私たちの脳の構造にこそあるのだという確信をもつようになった。数学を創り上げているのは、この器官なのだから。当時は、私が数学から認知神経科学に興味を向け始めた、非常に刺激的な時期だった。毎月のように、新しい実験テクニックや、驚くべき結果が発表された。動物も簡単な足し算ができることを示した研究もあった。赤ん坊は、1＋1の概念を持っているかどうか、問いただす研究もあった。磁気共鳴による脳画像が使えるようになり、人間の脳が数を数えたり計算をしたりしているときに活動している部位を目で見ることができるようになった。突然、私たちの持つ「数覚」の心理的、脳科学的基盤が、実験の俎上（そじょう）に載るようになったのだ。数学の認知科学、すなわち人間の脳がどうやって数学を生み出すのかに関する科学的探求という、新しい科学分野が出現しつつあった。私がこんな問題の追求にかかわる一員となれたことは、とても幸運だった。本書は、パリでの私の同僚たちと、世界中に散らばる何人かの研究チームとが、まだせっせと創り上げている途中の、この新しい研究分野の紹介である。

数学から神経心理学に移るにあたっては、多くの人々のお世話になった。まずなによりも、数学と脳に関する私の研究は、私の素晴らしい先生であり、同僚であり、友人でもある三人の優れた科学者の親切な助けがなければ成り立たなかったことを述べておこう。それは、神経生物学者のジャン＝ピエール・シャンジュ、神経心理学者のローラン・コーエン、認知心理学者のジャック・メレールである。彼らの支え、忠告、そしてしばしば、ここに紹介した研究への直接の貢献は、計り知れない助けであった。

長年にわたって、私はまた、何人もの優れた研究者たちの忠告から多くを得てきた。マイク・ポズナー、ドン・タッカー、マイケル・ミュリアス、ドニ・ルビアン、アンドレ・シュロタ、そして、ベルナール・マゾワイエは、脳画像に関する彼らの深い知識を私にも分けてくれた。エマニュエル・ドュプー、アン・クリストフ、そしてクリストフ・パリエは、心理言語学の分野で助言してくれた。私はまた、ロッシェル・ゲルマンとランディ・ガリステルとの侃々諤々（かんかんがくがく）の議論と、子どもの発達に関する、カレン・ウィン、スーザン・ケアリー、ジョジアン・ベルトンチーニからの賢明な意見にとても感謝している。

故ジャン＝ルイ・シニョレ教授は、神経心理学の素晴らしい分野に私を導いてくれた。

その後、アルフォンソ・カラマッツァ、マイケル・マクロスキー、ブライアン・バターワース、そしてグザヴィエ・スロンと行った議論は、この分野に関する私の理解を格段に深めてくれた。最後の仕上げに、グザヴィエ・ジャンナンとミシェル・デュタは、私の実験をプログラミングするのを手伝ってくれた。

私はまた、私の研究に重大な貢献をしてくれた学生たちにも感謝の意を表したい。ロクニー・アカーヴェイン、セルジュ・ボッシーニ、フローレンス・ショション、パスカル・ジロー、マーカス・キーファー、エチエンヌ・ケクラン、リオネル・ナカシュ、そして、ジェラール・ロザボルジである。

細かな点を指摘してくれたブライアン・バターワース、ロビー・ケイス、マーカス・ジャキント、そして英語版を見てくれたスーザン・フランクと、フランス語版を見てくれたジャン＝ピエール・シャンジュ、ローラン・コーエン、ジスレーヌ・ドゥアンヌ＝ランベルツのおかげで、本書の内容は格段によくなった。オックスフォード大学出版局の私の編集者であるジョアン・ボッサート、私のエージェントであるジョン・ブロックマン、フランス版の編集者であるオディール・ヤコブにも感謝したい。彼らが私を信頼して支えてくれたことは、本当にありがたかった。

さらに、図の再録と書物の引用を快く許可してくれた出版社や著者にも感謝したい。第

7章に引用してある、イヨネスコの『授業』の中の驚くべき一節に私の注意を向けてくれたジャンフランコ・デネスには特別の感謝を捧げる。

最後になったが、私の家族、ギレーヌ、オリヴァー、ダヴィド、そしてギヨームに対する気持ちは、とても言葉では表せない。数の世界について調べて書くために費やした何カ月もの間、彼らは辛抱強く私を支えてくれた。本書は、彼らに捧げる。

S. D.
ピリアック、フランス
一九九六年八月

はじめに

どんな詩人でも、たとえ最悪の数学嫌いの詩人でさえ、アレキサンダー格の詩を書くには、12まで数えられなければ話にならない。

レーモン・クノー

最初にすわって本書を書き始めたとき、ちょっとした算数の問題に直面した。この本がおよそ二五〇ページの仕上がりで、おもな章が九章あるとすると、一章あたり何ページになるのだろう？　じっくりと考えた上で、私は、各章だいたい三〇ページ弱という結論に達した。それにはおよそ五秒かかった。人間としては悪くない方だが、どんな電卓のスピードに比べても永遠と言えるほど遅い。私の電卓は一瞬のうちに答えを出すばかりか、

27.7777777778と、小数点以下一〇桁まで正しい答えを出してくれる！

私たちの暗算の能力は、コンピュータに比べてなぜこんなに劣っているのだろう？　そして、私たちはどうやって、正確な計算抜きに「30弱」という素晴らしい概算に到達するのだろうか？　こんなことは、どんなによくできた電卓にもとてもできないことだ。このような頭につきまとって離れない疑問に対する解答が本書の主題であるのだが、さらに難しい謎も出てくるだろう。

・何年も勉強したにもかかわらず、なぜほとんどの人にとって、7×8が54なのか、64なのか、はたまた56なのか、よくわからないのだろう？
・私たちの算数の知識が、脳にちょっとした損傷をこうむっただけで数の感覚が失われてしまうほど危ういものなのはなぜだろうか？
・なぜ生後五カ月の乳児に、1＋1＝2がわかるのだろうか？
・チンパンジー、ラット、ハトのような言語を持たない動物が、なぜ、初歩的な算数の知識を持つことができるのだろう？

私の仮説は、これらのすべての質問に対する答えは、ある一つの場所、すなわち脳の構造の中に見つかるだろう、ということだ。私たちがもてあそぶどんな思考も、私たちの行うどんな計算も、私たちの大脳皮質に埋め込まれた特定の神経回路が活性化された結果である。私たちが構築する抽象的な数学も、この大脳の中にある回路と、現在の数学的道具を形作り、選び出すのを助けてきた、私たちに先立つ何百万という脳が、密接に連動して活動することに端を発している。私たちは、脳の神経構造が私たちの数学的活動に課している制限要因を理解できるようになりつつあるのだろうか？

　進化は、ダーウィン以来、つねに生物学者の変わらぬ拠りどころでありつづけてきた。数学の場合も、生物進化と文化進化の双方が問題となる。数学は、絶対に変化することのない、神によって与えられたアイデアなどではなく、つねに変化し続けている人間活動の一分野だ。数字の書き方一つとっても、今では当たり前のように見えるかもしれないが、何千年にもわたるゆっくりとした発明の過程を経て出来上がった。掛け算のやり方も、平方根という概念も、実数、虚数、複素数などという体系も、みな同じである。これらすべては、ごく最近になって難産の末に誕生したときの傷跡をかかえている。

　数学の対象がゆっくりと文化進化してきたことは、非常に特別な生物学的器官である脳の産物なのだが、脳自体、自然淘汰に基づくゆっくりとした生物進化の産物である。目やハチドリの翼の形や、小さなロボットのようなアリのからだといった繊細な構造を形作ってきたのと同じ選択圧が、人間の脳も作ったのだ。来る年も来る年も、一つの種から別の種へ、脳の中には、大量に受容される感覚情報をよりよく処理し、競争的で、ときに敵対的な環境によりよく適応できるよう、さらに特殊化された心的器官が作り出されてきた。

脳の中にある、特殊化された心的器官の一つが、私たちが学校で教えられる算数と同じとはとても言えないが、それのもとになるような数の処理機構である。信じられないと思うかもしれないが、ラットやハトなど、私たちが馬鹿にしたり、嫌なやつだと思ったりしている多くの動物たちも、実は結構すぐれた計算能力を持っているのである。彼らは数を心の中に表象でき、ある種の算術規則にしたがって、それらを変えることができる。このような能力を研究してきた科学者たちは、動物たちが、いろいろなものの量を記憶しておくことのできる心的モジュール、伝統的に「アキュミュレータ」と呼ばれてきたものを備えていると考えている。のちに、ラットがどのようにしてこの心的アキュミュレータを使い、二回、三回、または四回続く一連の音を区別したり、二つの量を足してだいたいの結果を得たりしているのかを見て行くことにしよう。アキュミュレータがあると、新たな感覚の次元が開ける。ある集合の基数（1、2、3など）を、物の色や形、位置などと同じくらい簡単に把握できるようになるのだ。この「数覚」があるため、動物でも人間でも、数とは何を意味するかが直感的に把握できるのである。

トビアス・ダンツィヒは、「科学の言葉である数」をほめたたえる著書の中で、この数の直感の原初形態がいかに重要であるかを強調している。「人間は、まだ未発達の段階でさえ、適切な言葉がないので私が『数覚』と呼ぶことにした能力を備えている。この能力のおかげで、人は、直接目撃しなくても、ある小さな集合から物が取り除かれたり足されたりした場合、その集合に何らかの変化が起こったとすぐに感知できるのである」

ダンツィヒがこの文章を書いたのは一九五四年で、心理学がジャン・ピアジェの理論に支配されていた時代だった。ピアジェは、小さい子どもに数を操る能力があることを否定していた。ピアジェ流の構成主義が最終的に退けられ、ダンツィヒの洞察が確かめられるまでには、それから二〇年かかった。すべての人は、生後一年未満であっても、数に関するとてもよく発達した直感を持っている。のちに、人間の赤ん坊がまったく無力であるどころか、出生直後から、動物の数の知識に相当する算術の断片をすでに理解していることを示した、よく考えられた実験について、少し詳しく検討することにしよう。生後六カ月の赤ん坊でも、初歩的な足し算と引き算はすでにできるのである!

誤解のないようにしておこう。37は素数であると理解したり、πがおよそいくつであるかを計算したりすることは、ホモ・サピエンスのおとなの脳だけができることである。実際、そんな技は、ごく少数の文化のごくわずかな人々だけができることだ。赤ん坊の脳と、それに先立つ動物たちの脳は、私たちが持っているような柔軟な数学的思考の開陳とはほど遠く、かなり限られた状況のみにおいて、ちょっとした奇跡的算術の片鱗(へんりん)を見せるだけである。とくに、彼らのアキュミュレータは、不連続量を扱うことはできず、連続した推定だけしかできない。ハトは、49と50を区別することは絶対にできない。なぜなら、彼らは、これらの量をいろいろな形の概数としてしか表象できないからである。動物にとっては、5足す5は10ではなく、およそ10である。9かもしれないし、10かもしれないし、11かもしれない。このように不正確で、数の内部表象があいまいであるため、動物は、明確な算術の知識は持ち得ないのである。彼らの脳の構造そのものにより、動物たちは大ざっぱな算術で満足するしかないのだ。

しかしながら、人間は、進化によって、それを補う能力を身につけた。それは、話し言葉と書き言葉を含めた複雑な記号体系の創成能力である。単語や記号があると、いろいろな類似した意味を持った概念どうしを分けることができるので、大ざっぱな計算を超えて先に進むことができるようになる。言語は、無限にたくさんの数にラベル付けすることを可能にする。これらのラベルの中でもっとも進化しているのはアラビア数字であるが、これを使うと、どんな連続量も記号化し、区分けすることができる。これがあると、量としては近いのだが算術的性質はまったく違う数どうしを、はっきりと区別することができるのだ。こうして初めて、二つの数を比較したり、足したり割ったりするという、純粋に形式的な規則を発明することが可能になる。実際、数は、具体的な物の集合の表象とは直接の関係のない、それ自体の命を持つようになる。数学を組み立てるための梁（はり）は、さらに高く、さらに抽象的にとのばされていく。

しかし、これによって矛盾が生じる。私たちの脳は、ホモ・サピエンスが一〇万年ほど前に出現してから、本質的には何も変わってはいない。私たちの遺伝子は、偶然生じてくる突然変異をもとに、本当に少しずつゆっくりとしか進化できないのだ。ノイズの中から、次の世代に受け継ぐ価値のあるような有利な突然変異が出現するまでには、何千という試みが消えてなくなっている。それとは対照的に、文化はもっとずっと速い速度で進む。アイデアや発明などのすべての進歩は、誰かの創造的な心の中に芽生えると同時に、言語と教育によって集団のすべてのメンバーに即座に広まっていく。だからこそ、私たちが今知っているような数学が、ほんの数千年の間に出現してこられたのだ。数の概念は、バビロニア人が気づき、ギリシャ人が洗練させ、インド人とアラブ人がさらに純粋化し、デデキントとペアノが公理化し、ガロアが一般化し、文化から文化へとたゆまず進化しているのだが、数学者たちの遺伝物質に変化が起こる必要などないのは明らかだ！　ざっと見たところ、アインシュタインの脳は、マグダレニアン期にラスコー洞窟の壁画を描いた人物の脳と変わりはしない。小学校の教室で、現在の子どもたちは、もともとアフリカのサバンナで生き抜くために設計された脳を使って、現代の数学を習っているのである。

このとてつもない速度の文化進化と私たちの生物学的限界とは、どうやって折り合いをつけられるのだろうか？　ＰＥＴやｆＭＲＩの画像といった最近の道具のおかげで、今や、言語、問題解決、暗算などをしているときに活動している大脳の神経回路を、生きた人間の脳でそのまま画像として見ることができる。あとで見るように、二つの数字を掛け合わせるなど、進化で準備されてはこなかった問題に直面したときには、脳は、もともとの機能は非常に異なっているのだが、一緒にすれば欲する結果に到達できるかもしれない、実に多くの大脳の部位を総動員していく。ラットやハトと同じような大ざっぱなアキュミュレータを除けば、私たちの脳は、数や数学を扱うように運命づけられた「算術ユニット」は、おそらく一つも持っていない。しかしながら、脳はこの不足を、別の回路を作り出すことで補っている。それは、遅くて間接的かもしれないが、目前の問題になんとか対処できるよう機能している。

書かれた言葉や数字などの文化の産物は、したがって、もともとはかなり異なる働きをしていた大脳システムに侵入してきた寄生虫のようなものだ。ときとして、たとえば単語を読んでいるときなど、この寄生虫は非常に強く入り込んできて、脳のある部位がもともと持っていた機能を完全に乗っ取ってしまうこともある。そこで、他の霊長類では視覚的に物体を認識することに捧げられているような脳の部位が、識字力のあるおとなでは、文字や数字の列を見分けることに特殊化し、それはどこでも代替できないようである。

状況と時代が変われば、マンモスの狩猟を計画することも、フェルマーの最終定理の証明を考えつくこともできるのだから、脳がどれほど可塑性（かそせい）に満ちているかには、目を見張るしかない。しかしながら、この可塑性を大きく見積もりすぎてはいけない。実際、私の主張は、この可塑性こそ、人間の数学の能力の強さと弱さの両方を決めている脳回路の、賜物（たまもの）でもあり限界でもあるということだ。私たちの脳は、ラットの脳と同様、遥かな昔から備わった量の直感的表象を持っている。だからこそ、私たちは概算に長（た）けており、10は5よりも大きいということが、いとも簡単にわかるのである。それと同じように、私たちの記憶は、コンピュータとは違って、デジタルではなくてアイデアの連合で働く。それこそが、掛け算表に含まれているような、いくつかの計算式を覚えるのがこれほど難しい理由なのである。

数学をやり始めたばかりの脳が、なんとかして数学の要求に見合うように自らを創り上げていくのと同様に、数学の対象も、脳の制限要因に見合うようにどんどん進化を遂げてきた。数学の歴史は、私たちの持っている数の概念が、そのまま凍り付いたように変わらなかったどころか、逆につねに進化し続けてきたことを示す豊富な証拠に満ちている。数学者たちは、何世紀にもわたって苦労しながら、数の表記の一般性が増し、当てはめられる領域が増し、論理的に単純化されて、使い勝手がよくなるように、記数法を改善してきた。そうする中で、彼らは知らず知らずのうちに、脳の構造的制約に沿うように記数法を発明してきたのだ。一つ一つの数字を習うのに、今の子どもたちは数年の教育があれば十分だが、こんなに子どもでもできる簡単なものになるまで、何世紀にもわたる完成への努力が必要だったことを忘れてはならない。いくつかの数学の対象が非常に直感に合っているように見えるのは、その構造が私たちの脳の構造によく適応しているからこそなのである。一方、多くの子どもが分数を理解するのに困難を感じるが、それは、こんな直感に反する概念に、脳が抵抗しているからである。

　私たちの脳の基本的な構造が、算数の理解に強い限界を強いているのだとしたら、数学がよくできる子どもたちがいるのはなぜなのだろう？　ガウス、アインシュタイン、ラマヌジャンのような優れた数学者は、どうやって、数学的対象に対するあれほどの親密さを獲得したのだろうか？　そして、知能指数が五〇くらいのサヴァン症候群の人たちの中には、なぜ、暗算の達人になれる人がいるのだろう？　ある人々は、天才になるべく、特別な脳の構造や生物学的傾向を持って生まれてきたと考えるべきなのだろうか？　この考えを詳しく検討してみると、それはありそうにないことがわかるだろう。ともかくも、今のところは、偉大な数学者や計算の達人が、例外的な神経生物学的構造を持っているという証拠は存在しない。算術の達人も、ほかの人々と同様、長い計算や難解な数学的概念とは苦闘しなければならない。彼らがそれに成功するのは、彼らがその問題に大変な時間を投入したからで、その結果、研ぎすまされたアルゴリズムや賢い近道にたどりつくのだが、それらは、私たちだって試してみれば習うことができるものであり、この脳の持つよいところを活用し、限界を回避するよう、うまく作られたものであることがわかる。彼らに特別なのは、数や数学に対するとてつもない、絶え間ない情熱である。ときには、それは、自閉スペクトラム症のような障害のせいで、他者と普通の関係を結ぶことができないということで、増幅されていることもある。私は、もともと同じ能力を持った子どもたちは、数学に対して愛着を持つか憎悪を持つかによって、数学が得意にも、不出来にもなると信じている。情熱は才能を産む。だから、両親と教師は、子どもたちが数学に対して肯定的な態度を発達させるか、否定的な態度を発達させるかに関して、絶大な責任を負っていることになる。

『ガリヴァー旅行記』の中でジョナサン・スウィフトは、バルニバービ島の首都ラガドの算数学校で使われている、奇怪な教育法について述べている。

私は算数学校に行ってみたのだが、そこでは、ヨーロッパでは考えられない方法で、先生が生徒に算数を教えていた。命題と証明が、薄いウェハースの上に頭チンキからなるインクで正確に書かれている。学生はこれを、絶食したあとの胃の中に呑み込み、その後三日はパンと水しか食べない。ウェハースが消化されるとともに、チンキが命題と一緒に脳に上って行く。これまでにこの方法が成功したことはないのだが、それは、量と成分に間違いがあったためでもあり、学生の劣悪さゆえでもある。と言うのは、この丸薬は吐き気を催す味なので、彼らはたいてい抜け出して、効き目が出る前に吐いてしまうからである。彼らはまた、これが効くのに必要な期間、パンと水だけで過ごすことにも耐えられない。

スウィフトの描写は馬鹿馬鹿しさの極みだが、数学の勉強を消化の過程になぞらえる比喩には、否定しがたい真実がある。すべての分析が終わったあとには、すべての数学の知識は、脳の生物組織の中にと組み込まれる。子どもたちが受けるどの算数の授業も、何百万という彼らのシナプスが変容することで可能になるのだが、それは、広い範囲にわたる遺伝子発現があり、神経伝達物質と受容体の何十億という分子が作られ、そのトピックに対する子どもたちの注意のレベルと感情的入れ込みを反映した化学信号によって、モジュール化が起こることを意味する。それでも、私たちの脳の神経ネットワークは、いかようにもなれるわけではない。脳の構造そのものによって、ある算数の概念は、他の概念よりも「消化」しやすいのである。

ここで私が擁護しようとしている考えは、最終的には、よりよい数学の教え方につながるものと望んでいる。よいカリキュラムは、学ぶ側の脳の長所も短所も考慮にいれたものであるはずだ。子どもたちの学習経験を最適なものにするためには、心的表象の組織化に、教育と脳の成熟とがどのような影響を与えるのかを考慮せねばならない。もちろん、学習が脳の構造をどのように変えるのかについて、私たちはまだ理解するにはほど遠い段階だ。しかしながら、わずかなものではあっても、私たちがすでに知っている事柄を役立てることはできる。私たちの脳がどうやって数学をこなしているのかについて、認知科学者たちがこの二〇年ほどで明らかにしてきた素晴らしい研究結果は、まだ世間には知られておらず、教育界に浸透するには至っていない。本書が、認知科学者と教育学者との間のコミュニケーションを向上させる触媒になれれば幸いである。

本書は読者を、生物学者の目から見た数学の旅に連れて行くのだが、文化的要素も無視してはいない。第1章と第2章では、動物と人間の赤ん坊の算術能力に関する最初の旅を通じて、私たちの数学の能力には、生物学的な前駆体があるということを、読者に納得していただこうと思う。実際、第3章では、おとなの人間の行動の中にも、数を処理する動物的やり方が数多くの跡を残していることがわかるだろう。第4章と第5章では、子どもがどのようにして数を数えて計算することを習うかを観察することによって、この初期の概算システムがどのようにして乗り越えられるのか、高等数学をマスターすることが、私たち霊長類の脳にどんな困難をもたらしているのかを理解しよう。これは同時に、現在の数学の教授法について調べ、それがどれほど私たちの心の構造に自然に適応しているかについて検討するよい機会でもある。第6章では、若いアインシュタインや計算の達人と私たちとはどこが違うのかを明らかにしようと思う。第7章と第8章で、私たちの数狩りの旅は、とうとう大脳皮質の溝にたどり着く。そこには、計算を行っている神経回路があり、そこに損傷が起こったり血管の事故があったりすると、不幸なことに、普通の人が持っている「数覚」が失われてしまうのである。

第1部　遺伝的に受け継いだ数の能力

第1章　才知にあふれた動物たち

石が一個
家が二棟
廃墟が三つ
フンコロガシが四匹
庭園が一つ
そして花々

アライグマが一頭

ジャック・プレヴェール
「財産目録」

一八世紀以来、自然誌に関する本のなかで、次のような逸話をよく目にする。

ある貴族の男が、カラスを銃で撃ち落とそうとしていた。カラスが彼の敷地に建っている塔のてっぺんに巣を作ったからだ。だが、男が塔に近づくたびに、カラスは銃弾の届かないところまで飛んでいくのだった。そして、男が立ち去るまでじっと待っていた。男があきらめて帰ると、カラスは一目散に巣に舞い戻ってきた。男は仲間に助けを求めることにした。まず、二人でいっしょに塔に入り、しばらくしてから一人だけが塔を出て行った。だが、カラスはこの罠にはまることはなかった。なんと二人目が出て行くまで、注意深くじっと待っていたのだった。三人、四人、五人と増やしても、その賢いトリは戻ってこなかった。結局は六人で行うはめになった。六人で塔に入り、そして五人が塔から出て行ったところで、カラスは意気揚々と巣に舞い戻ってきた。そして、六人目の猟師によって撃ち殺された。実際のところ、カラスはそれほど数がわかるわけではなかった。

この話が本当にあった話かどうかは、よくわからない。それが、数の能力を扱ったものなのかどうかもはっきりしない。ひょっとすると、カラスは、猟師の外見を一人一人記憶しただけであって、彼らの「数」を記憶したのではないのかもしれない。だが、私はこの話をあえて取り上げることにした。というのも、この章で取り上げる、動物の数の能力に関するさまざまな論点を示すのに、この逸話はちょうどよい出発点になるからだ。第一に私が言いたいのは、トリやほかの多くの動物が、特別な訓練をすることなく数量を知覚できるということは、厳密に統制された多くの実験によって、ある程度証明されているということである。二つ目は、こうした知覚は完璧に正確なのではなく、数が大きくなるにつれて不正確になっていくということだ。それで、カラスは、五人と六人を混同してしまったのだ。そして三つ目に、この逸話は、ダーウィン流の自然淘汰の圧力が、どのように数の領域に適用されるかも示している。もしこのカラスが6まで数えることができたならば、おそらく撃ち殺されることはなかったはずだ。どんな動物においても、捕食者の数やその恐ろしさを見積もったり、二つの食物源それぞれから得られる食物量を推測して比較したりすることは、生死に直結する問題であるはずだ。このように、進化という視点に立てば、動物がどれほど高度な数の能力を身につけているかを明らかにしてきた多くの実験を、意味のあるものとして統合できるはずなのである。

図1・1　賢いハンスと飼い主のフォン・オステン氏。彼らは、とても難しそうな一連の算術問題の前でポーズをとっている。大きい方の黒板に示されているのは、ハンスが単語を綴るのに使用した数の暗号である。（Copyright © Bildarchiv Preussicher Kulturbesitz.）

ハンスという名のウマ

二〇世紀の初め、ハンスという名のウマがドイツの新聞紙上をにぎわしていた。飼い主のウィルヘルム・フォン・オステン氏は、サーカスの調教師などではない。それどころか彼は、ダーウィンの考えに影響を受けた熱狂的進化論者であり、動物の知能の程度を実証的に調べようとした人であった。彼は一〇年以上もの長きにわたって、ハンスに、算数や字を読むこと、音楽などを夢中になって教えた。ハンスは、ゆっくりとではあったがそれらを学習し、最終的に、オステンの期待をはるかに上回る能力を身につけるまでに至った。ハンスは、とてつもない知能に恵まれた天才ウマのように見えた。なにしろハンスは、算数の問題を解いたり、単語のスペルを答えたりもできるらしいのだから。

賢いハンスの能力のお披露目は、たいてい、フォン・オステンの庭で行われた。見物客はハンスを囲んで半円形に座り、「5足す3はいくつ?」などと計算問題を出した。すると、フォン・オステンは、まずテーブルの上に何か物を五個並べ、次にもう一つのテーブルに三個並べてハンスに提示した。「問題」を出されたハンスは、足し算の答えに等しい回数だけ、蹄を地面に打ち付けることで解答を示した。だが、こんな簡単な技など、ハンスにとっては朝飯前のものだった。ハンスは、計算問題が見物客から口頭で出されても、黒板にアラビア数字で書いて出されても、たやすく答えることができたのだ（図1・1）。ハンスはまた、「5分の2足す2分の1」などのような分数の足し算もやってのけた。答えは、10分の9。これを答えるのに、ハンスは、まず九回蹄を打ち付けて、そのあとに一〇回蹄を打ち鳴らした。ハンスは、「28の約数は何と何?」という問題にも、「2、4、7、14、28」というほぼ正しい答えを導きだしたとさえ言われた。ハンスの数の知識は、今日（こんにち）の小学校の先生が、よくできる生徒に期待できるよりもずっと優れているかのように見えた。

一九〇四年九月、調査委員会が発足し、綿密な検討を重ねた結果、ハンスの妙技は本物であり、いかさまの要素は一つもないという結論に達した。そこには、ドイツの著名な心理学者、カール・シュトゥンプまでもが名を連ねていた。だが、シュトゥンプの一学生であったオスカー・プフングストは、こんな寛大な結論に満足しなかった。彼は、フォン・オステンの協力のもと、ハンスの能力の体系的な調査に乗り出した（フォン・オステン自身は、ハンスに素晴らしい能力があることをまったく信じて疑わなかった）。プフングストの一連の実験は、その厳密さと目のつけどころのよさという点で、今日の基準から見ても素晴らしいお手本である。彼はまず、「ハンスに算数の能力があるはずはない」という作業仮説を立てた。そう考えると、蹄の回数が正解に達したときに、誰かが答えを知っていて、ハンスにこっそりと合図を送ってやる必要がある。それは誰だろう？　おそらく、フォン・オステン自身か、見物客の中の誰かでなければならない。もし、こんなことが起こっているのならば、正解に達したところで、ハンスは蹄を打つのをやめることができるはずだ。

このことを証明するために、プフングストは、問題に関してハンスが知り得ることと、フォン・オステンが知り得ることとを切り離す方法を考えだした。彼は、さきほどの方法に少しだけ変更を加えた手続きを用いたのだ。まず、大きな数字で単純な足し算を黒板に書き、それをフォン・オステンにまじまじと見つめさせる。次に、その黒板をハンスの方に向け、ハンスだけがその問題を見ながら答えるようにする。だが、プフングストは、何回かの試行で、フォン・オステンにはわからないようにして、足し算の式を書き変えてハンスに提示したのだ。たとえば、フォン・オステンは「6足す2」を見たのだが、実際にハンスが答えようとしたのは、「6足す3」であるというように。

この実験と、それに続く一連の統制された実験の結果は、どれも非常に明快だった。フォン・オステンが正しい答えを知っているときにはいつも、ハンスは正しい答えに到達した。一方、フォン・オステンが正しい答えを知らなかった場合には、ハンスは失敗した。さらにハンスの誤りはいつも、フォン・オステンが期待した計算結果にぴったり一致するということが、しばしば繰り返された。と言うわけで、いろいろな算術問題を解いてきたのは、実はハンスではなく、フォン・オステン自身だったのである。そうは言うものの、ハンスはどうして「正しい」答えを返すことができたのだろうか？ プフングストは、ハンスの驚くべき能力は、蹄を打つのをやめさせるタイミングをいつも決まって知らせていた、フォン・オステンの頭や眉などのほんのわずかな動きを読み取ることにあると推測した。実のところ、プフングストは、フォン・オステンがいかさまをしていると疑ったことは一度もなかった。彼は、完全に無意識で、かつ不随意的な信号が送られているのだと考えていた。実際、ハンスは、フォン・オステンがいないときでさえ、正しい反応を示したのである。ハンスは、蹄を打つ回数が正解に近づくにつれて、見物客に生じる緊張の高まりを読み取っていたに違いない。プフングストは、ハンスが使った身体的手がかりの詳細を発見したあとでさえ、動物との不随意的コミュニケーションのすべてを排除することはできなかった。

プフングストの実験がきっかけとなり、「動物の知能」に関する研究は、著しく評判を落とした。さらには、こんな「いかさま」に気づかずにお墨付きを与えた、シュトゥンプのような専門家と自称する人たちの力量についても、おおいに疑問視されるようになった。「賢いハンス」現象については、今日でもなお、心理学の講義で教えられている。それは、実験者の期待や介入がどんなにわずかなものであっても、人間や動物でのあらゆる心理学実験の結果に致命的な影響を与えるのだという教訓のシンボルにさえなっている。歴史的に言えば、ハンスの事件は、心理学者と動物行動学者にとって決定的に重要な研究スタイルを確立するのに、きわめて重要な役割を果たした。このおかげで、厳密な実験計画が必要だという認識ができた。実際には見ることのできない、きわめて短時間の刺激であっても、動物の反応に影響を及ぼす恐れがあるのだ。だから、うまく計画された実験とは、誤りのきっかけになり得るあらゆる可能性を、最初から排除したものでなければならないのである。こうした教訓は、とくにB・F・スキナーなどの行動主義者が好むところとなった。スキナーは、動物行動の研究に厳格な実験パラダイムを持ち込み、それを発展させるために非常に多くの研究を行った。

　ハンスの事件は戒めではあるものの、心理学の発展という点からすると、残念ながらあまりよくない影響を与え続けてもいる。ハンスのあおりをもろに受けたのは、動物における数の表象の研究である。動物の数の認識の研究と言えばなんであれ、疑念を押し付けられるようになってしまった。皮肉なことに、科学者は今、動物に数の能力があることを示す研究を見るたびに、ハンスが手がかりの一つとして利用した眉を、同じようにぐっとつり上げてしまうのである！　意識していようがいまいが、このような実験は、即座にハンスの話と結びつけられる。そして、まったくの偽造だとは言われないまでも、実験計画に基本的な欠陥がないかと疑いの目で見られてしまうのだ。しかし、こんな態度はまったく馬鹿げており、先入観以外の何ものでもない。プフングストの実験は、ハンスの数の能力と称するものが間違いだったことを示したにすぎず、動物一般が算術に関するどんな事柄も理解できないと証明したわけではないのだ。それにもかかわらず、長きにわたって科学者は、動物が数に関する原初的な知識を持っているという仮説をまったく無視し、そういうふうに見える動物の行動をうまく説明できそうな、なんらかの実験上のバイアスを見つけ出そうと、そればかりに注意を向けてきた。しばらくの間は、もっとも説得力がありそうだと思われた結果さえも、彼らを納得させることはできなかった。一部の研究者は、動物が見たものの数を理解できるとは認めず、かわりに「リズム弁別」能力といったあいまいなものを動物が持っているとする方を好みさえした。要するに、当時の科学界では、味噌も糞も一緒くたに捨て去ってしまう風潮が蔓延していたのである。

もっとも懐疑的な人たちを除けば、ほとんどの研究者を納得させるに至った実験がいくつかあった。それらの実験を紹介する前に、現在ある逸話を題材にして、ハンスの話にはっきり白黒をつけておくことにしよう。今日でも、サーカスの動物たちは、ハンスのトリックにとてもよく似た方法によって訓練されている。動物が足し算をしたり、単語を綴ったりというような、はっとするたぐいの妙技を行うのを目にするとき、あなたは、それらの背景に、ハンスのような調教師との隠れたコミュニケーションが潜んでいるはずだと、自信を持って主張するかもしれない。ここで重ねて強調しておきたいのは、そのようなコミュニケーションは、かならずしも意図して取られるわけではないということだ。調教師は、自分の弟子の才能を心底確信している場合がよくある。二、三年前に私は、たまたま、スイスの地方新聞に掲載された驚くべき記事に出くわした。ある一人のジャーナリストが、ジルとキャロラインの家を訪問したところ、彼らの飼っているプーペットという名のプードルが、数に関してかなりの能力を持っているように見受けられた。図1・2には、飼い主が彼の忠実で賢いプーペットに、数字が並んだ足し算の問題を誇らしげに提示している

図1・2　現代版「賢いハンス」、犬のプーペットちゃん。数字の足し算ができることになっていた。

様子が示されている。プーペットは、前足で飼い主の手を、要求された正確な数だけつつき、正解に達したところで彼の手をぺろっとなめるという反応をした。間違えることはほとんどなかったそうだ。飼い主によると、このイヌ科の天才は、わずかな期間の訓練しか必要としなかったらしい。そして、このことがきっかけとなって、飼い主は、霊魂の再来やらそのたぐいの超常現象を信じるようになったそうだ。だが、ジャーナリストは、正解に達したときに飼い主の眉に生じるかすかな手がかりか、飼い主の手に現れるわずかな動きか、そのどちらかにイヌが反応しているにすぎないという賢明な報道をしたのであった。飼い主の言い分にも一理あるように、このことはまさしく、霊魂再来の一つの事例と言える。つまり、賢いハンスが亡霊となってよみがえってきたからだ。ハンスの事件から一世紀後、プーペットの話は、ハンスの策略を見事なまでに復元していると言えよう。

勘定奉行のネズミ公

ハンスの事件以後、アメリカのいくつかの有名な研究室では、動物の数の能力に関する研究を押し進めたが、その多くは失敗に終わった。だが、ドイツの著名な動物行動学者のオットー・ケーラーだけは、かなりの成功を収めた。彼が訓練したヤコブという名のカラスは、蓋がしてある複数の容器の中から、蓋に五つの点が描かれている容器を選択することを学習した。点の大きさや形、位置などは、試行ごとにランダムに変えたので、このカラスが問題を解けたことの説明としては、5という数を正確に知覚したということしかなかった。だが、ケーラーのグループが出した結果は、あまり注目されなかった。その理由としては、彼らの結果のほとんどがドイツ国内でしか公表されなかったということもあるだろうし、実験者との無意識的なコミュニケーションや嗅覚の手がかりなど、実験結果をゆがめかねないあらゆる手がかりの可能性を排除したと、ケーラーが他の研究者たちを納得させることができなかったということも、多少はあっただろう。

一九五〇年代から六〇年代にかけて、コロンビア大学のフランシス・メクナー、そしてそれに続くアイオワ大学のジョン・プラットとデイヴィッド・ジョンソンといった動物心理学者らが、信頼性のかなり高い実験パラダイムを導入した。ここで、その概略を紹介することにしよう。まず、一時的に食事制限を課されたラットを、AとBの二つのバーを備えた箱の中に閉じ込める。Bのバーは、少量の餌を自動的に送り出す装置に接続されている。だが、この報酬システムは、すぐには作動しない。ラットはまずAのバーを連続して押さねばならなかった。そして、ある特定の回数nだけAのバーを押してからBのバーを押せば、報酬の餌がもらえた。要求された回数に満たないうちにBのバーを押した場合には、餌がもらえないばかりか、罰も科された。ある実験では照明が数秒間消され、他の実験では、カウンターがリセットされて、もう一度最初からAのバーを押さねばならなくなった。

ラットは、この、かなりへんてこな場面でどのように振る舞っただろうか？　彼らが試行錯誤でまず気づいたのは、Aのバーを何度か押したあとに一度だけBのバーを押せば、餌が出てくるということだった。彼らは、あれこれやってみるうちに、要求されている回数をだんだんと正確に見積もることができるようになっていった。最終的に、ラットは学習フェイズの終わりで、実験者に要求された数nに関連して非常に理にかなった行動を示した。Aのバーを四回押してからBのバーを押すことを要求されたラットは、だいたい四

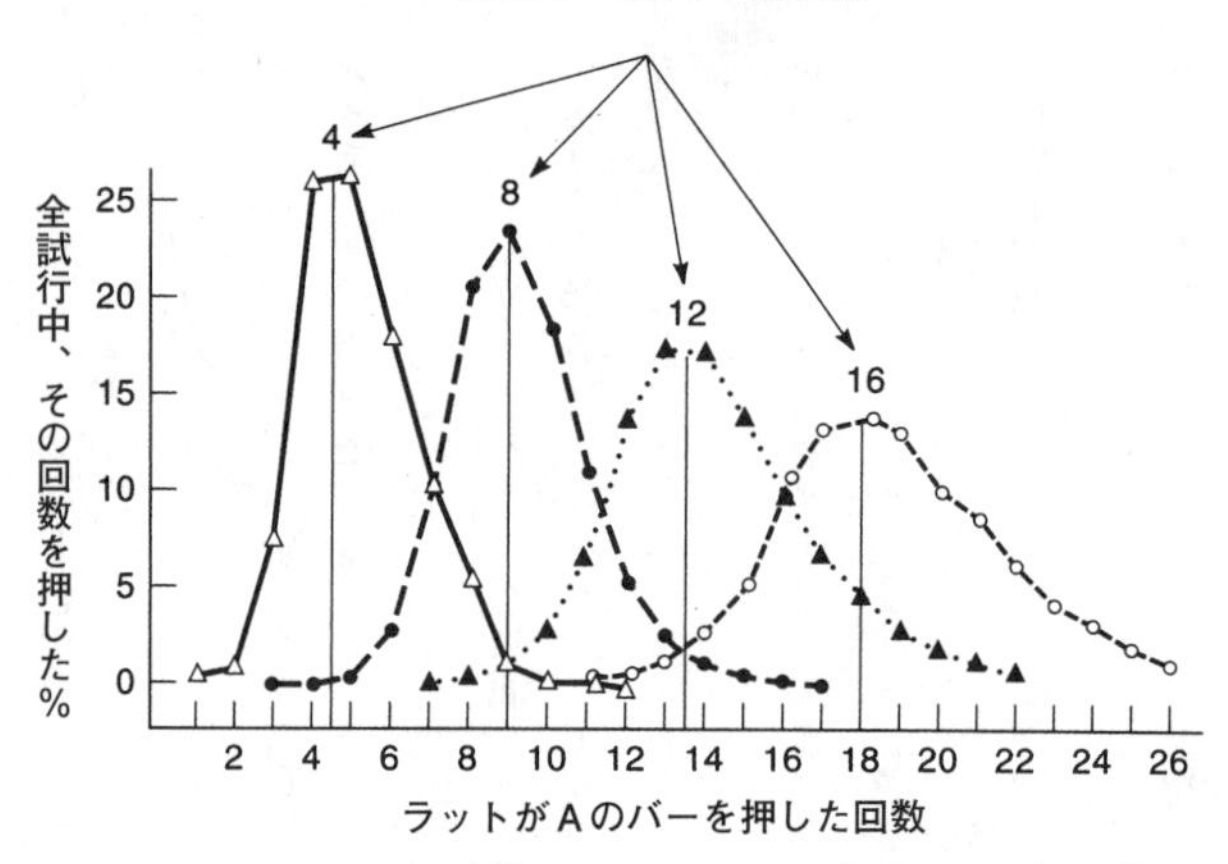

図1・3　メクナーによる実験では、ラットは、あらかじめ決められた回数だけAのバーを押し、その後でBのバーを押すということを学習した。ラットは、実験者によって決められた回数とある程度は一致する回数だけAのバーを押した。だが、数が大きくなるにつれて、数の推定がより広い範囲にばらつく傾向にあった。（Mechner, 1958 より。Copyright © 1958 by the Society for the Experimental Analysis of Behavior.）

回ぐらいAのバーを実際に押した。また、バー押し八回を要求する状況に置かれたラットは、Bのバーを押すのをぐっとこらえて、Aのバーをだいたい八回ほど押したのである（図1・3参照のこと）。要求された回数が12や16といった大きな数のときでさえも、この賢い勘定奉行たちは、最新の情報を絶えず更新し、心の台帳に書き留め続けたのである！

ここで触れておかねばならないことが二つある。一つは、ラットが、要求された回数よりもわずかに多い回数だけ（たとえば、四回のかわりに五回）、Aのバーを押すことがたびたびあったということだ。これは実に理にかなった方策である。要求された回数に達する前にBのバーを押してしまうと、罰が科されてしまう。だからラットは安全策をとって、Aのバーを一回少なく押すよりも一回多く押すことにしたのだろう。もう一つは、十分に訓練を積んだあとでさえも、ラットの反応は不正確なまま変わらなかったということだ。ラットは、Aのバーを正確に四回押すのが最適な方策であったときにも、かなりの頻度で、四回か五回、または六回押した。三回または七回押すことはほんの数試行だけだった。彼らの反応はまったく「デジタル」とは言えず、試行ごとにかなりのばらつきがあった。こうしたばらつきは、ラットが見積もるべき数が大きくなるにつれて増加した。正解が四回の場合には、彼らは三から七回の範囲で反応したのに対し、正解が一六回の場合には、一二から二四回という広い範囲で反応した。ラットは、かなり正確さには欠けるが、数の推量メカニズムを備えているように見える。それは、私たち人間が持っているデジタルの計算システムとは、まったく異なるもののようだ。

ここまで読み進んできたところで、みなさんの中には、「ドゥアンヌさん、あなたはラットに数の感覚があると仮定することに、あまりにも慎重になりすぎてはいませんか？」とか、「ひょっとすると、彼らの行動に対して、もっと単純な説明があるのではないですか？」などと思っている方が、たくさんおられるかもしれない。まずは、この種の実験では、〝賢いハンス効果〟による影響はまったくないことを述べておこう。なぜかと言うと、ラットは個別のケージで別々に飼われており、すべての実験は自動機械装置によって制御されていたからだ。ただし、ラットが本当に、バーを押した数そのものを感知していたのかどうかは定かでない。もしかすると、実験試行が始まってから経過した時間や、ほかの何らかの数以外の変数を見積もっていた可能性も十分あり得る。一秒に一回というふうに、一定速度でバーを押していたならば、先に述べたラットの行動は、数ではなく時間を見積もっていたとすることによって、うまく説明できるかもしれない。ラットは、Bのバーに移る前にAのバーを押しながら、要求されたスケジュールにしたがって、四秒、八秒、一二秒、あるいは一六秒の間待っていればよい。こうした説明は、ラットが自分の動作を数えられるという仮説よりも単純なもののように見えるかもしれない。だが実は、時間と数のどちらを見積もるにしても、複雑な作業であることに変わりはない。

　こうした時間による説明を論破するために、フランシス・メクナーとローレンス・ゲヴレキアンは、ラットに課す食事制限の程度を変えるという、きわめて単純な統制実験を行った。極度に腹がへれば、できる限り速く餌の報酬を得ようとする。そうなれば、ラットはいつもよりも速くバーを押すだろう。だが実際は、押す速さが増しても、バーを押す回数にはまったく影響がなかったのだ。訓練で四回のバー押しが正解とされたラットは、この場合でも同じように三から七回の間で反応した。また、バーを八回押すように訓練されたラットでも同様に、だいたい八回ほどバーを押した。バー押しの平均回数、そしてその結果の分布はどちらも、反応速度がより速くなってもまったく変化しなかった。ラットの行動を衝き動かすものは、時間の変数ではなく、明らかに数の変数なのである。

　それより後に行われた、ブラウン大学のラッセル・チャーチとウォレン・メックの実験では、ラットが事象の回数とそれらの継続時間のどちらにも注意を払っていることが示されている。彼らの実験では、ラットのケージに設置したスピーカーから一連の音を提示する。彼らは二種類の聴覚刺激を用意した。一方は、二つの音からなり、全体で二秒間続く系列A、もう一方は八つの音からなり、全体で八秒間続く系列Bであった。ラットは、こ

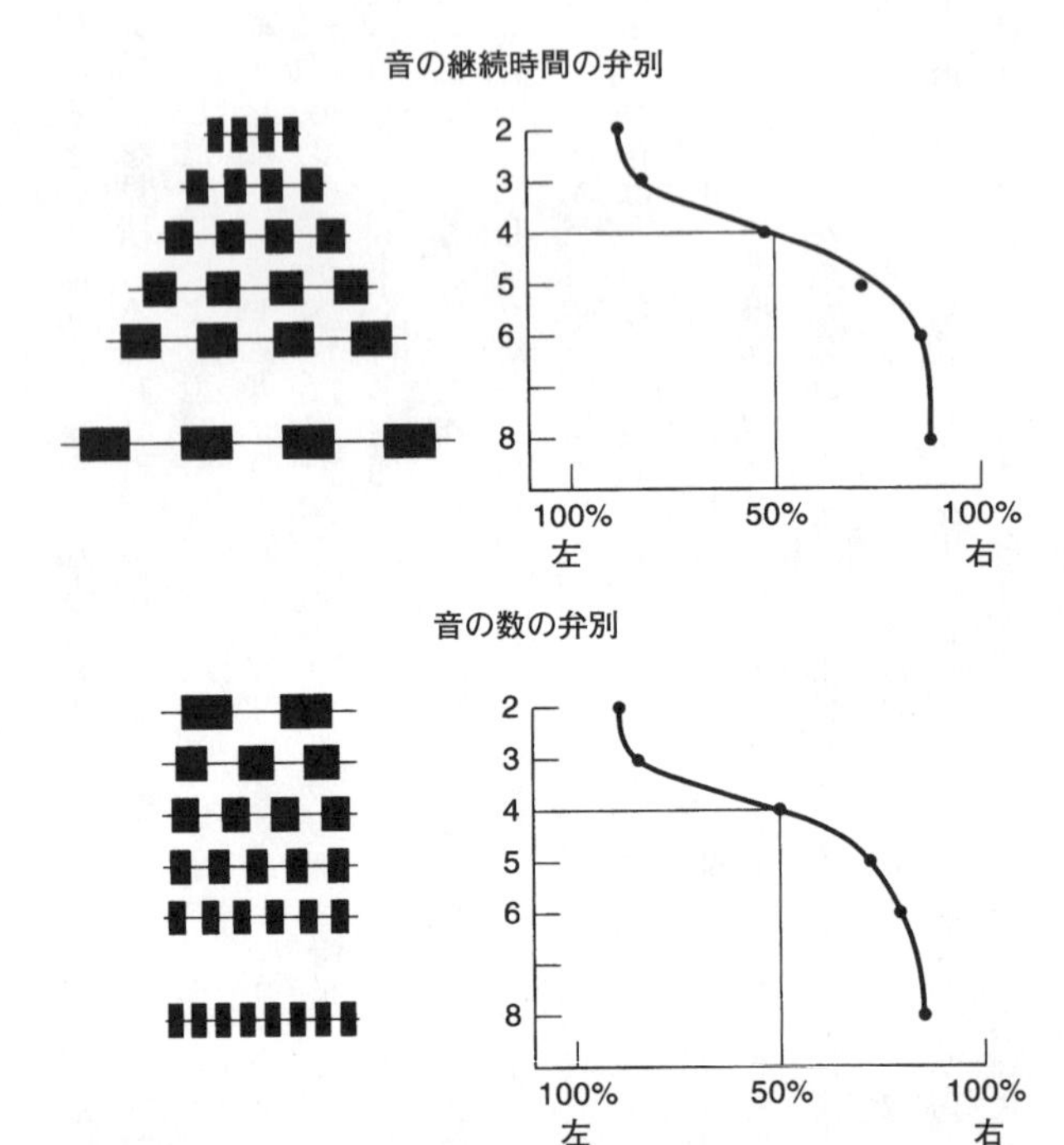

図1・4　メックとチャーチは、2つの音からなる短い系列を聴いた場合には左のバーを、8つの音からなる長い系列を聴いた場合には右のバーを押すように、ラットを訓練した。引き続く実験で、ラットは自発的にこれを一般化した。つまり、音の数が等しい系列の場合に、2秒と8秒の音の系列を弁別し（上図）、また継続時間が等しい系列でも、2つと8つの音からなる系列を弁別した（下図）。どちらの場合でも、4は、2と8の間の「主観的な中央値」であったようである。4が示されると、ラットは右と左のどちらのバーを押すべきかを判断しかねているようであった。（Meck & Church, 1983 より改訂掲載）

れらの二つの聴覚刺激を弁別しなければならない。まず、これらの聴覚刺激のいずれかが提示されたあとに、二つのバーがケージ内に挿入される。ラットが餌の報酬を得るには、系列Aが聴こえた場合には左のバーを、系列Bが聴こえた場合には右のバーを押す必要があった（図1・4参照）。

一連の予備実験を行った結果、こうした状況に置かれたラットが、正しいバーを押すことをすぐに学習できることがわかった。彼らは、音の継続時間（二秒か八秒）か、音の回数（二つか八つ）か、どちらかの明確に判別可能な変数を用いて、AとBを弁別することができた。ラットは、何に注意を払っていたのだろう？　継続時間だろうか、数だろうか？　あるいはそれらの両方だろうか？　このことを明確にするために、チャーチとメックは、次に二種類のテスト試行を用意した。一方のテスト試行では、継続時間を固定したまま、数だけ変えた一連の音を示した。つまり、刺激にはそれぞれ、二つから八つまでの音が含まれていたが、継続時間はどれも四秒なのである。もう一方のテスト試行では、数を固定したまま、継続時間だけを変えた一連の音を示した。この場合は、刺激の継続時間はそれぞれ、二秒から八秒の間のどれかであったが、どれもすべて四つの音から構成されていた。ラットは、どちらの系列の場合でも、押したバーがどうであれ、餌の報酬を必ず得ることができた。チャーチとメックは、報酬があることで彼らの決定が左右されないようにしておいて、擬人的な言い方をすれば、「ねずみくん、この新しい刺激はどのように聞こえるかね？」と、ラットに単刀直入に尋ねてみたのだ。つまり、この実験は、ラットが以前に学習した行動を、新しい状況にも一般化できるかどうかを測定したことになる。

結果は一目瞭然だった。ラットは、数と時間のいずれに対しても、同じくらい容易に一般化したのである。継続時間が固定されているとき、彼らは、音が二回鳴れば左のバーを押し、音が八回鳴れば右のバーを押すことができた。逆に、数が固定されたときは、合わせて二秒間の一連の音を聴けば左のバーを押し、八秒間の一連の音を聴けば右のバーを押した。では、それらの間に位置する値ではどうだっただろうか？　ラットは、それらを、自分が学習した刺激にもっとも近い方に振り分けているようだった。つまり、三つの音からなる新しい刺激には、訓練中に用いられた二つの音と同じ反応を示し、五つや六つの音からなる刺激には、八つの音の刺激と同じように反応した。おもしろいのは、四つの音が提示されたときである。彼らは、どちらのバーを押すべきか、判断しかねているようであった。ラットにとって、2と8の主観的な中央値は、4であるらしい！

注意してほしいのは、ラットが訓練されている時点では、のちに継続時間で異なる刺激でテストされるのか、それとも数の異なる刺激でテストされるのかを知らなかった、ということだ。だから、この実験が示しているのは、ラットが一連の音を聴いたとき、彼らの脳は、音の継続時間と数とを同時にかつ自発的に記録しているということだ。条件づけを用いているからと言って、これらの実験が、ラットに数え方を教え込んだのだと考えるのは、まったくのお門違いである。それどころか、私の目には、ラットが、視覚や聴覚、触覚、そして「数覚」に関して最高水準のハードウェアをもっているように映る。条件づけは、単に、いつも経験している知覚作用（刺激の継続時間や色、数などの表象）を、バー押しなどの新しい行動に結びつけることを、ラットに教えているにすぎない。数が、まわりの世界の複合的な変数であり、より抽象的なものであると考えるべき理由はどこにもない。色や空間内での位置、継続時間といった、いわゆる客観的で物理的な変数と呼ばれているものに比べても見劣りはしない。動物の脳にも、れっきとしたモジュールがあると仮定すれば、対象の色や位置を知覚することと同じように、それらの数を見積もることも、とくに難しいことではないように思われる。

現在では、ラットだけでなく、その他の多くの動物種が、行為、音、閃光、小粒の餌など、さまざまなものの数量に自発的に注意を向けることがわかってきている。たとえば、アライグマは段階を踏んで学習していくと、干しブドウ粒が入った複数の透明な箱から、二個と四個のブドウ粒がそれぞれ入っている箱は無視して、三個のブドウ粒が入っている箱だけを、いつも決まって選ぶことができるようになる。ラットは、囲いの内壁に縦一列に並べられた六個のトンネルの中から、たとえ各トンネル間の空間的位置が毎試行変えられていたとしても、一貫して四番目のトンネルだけを選ぶことができるようになる。鳥は、相互に連結されたケージをいくつも訪れていきながら、自分が発見した五番目のタネを拾い上げることを覚える。また、ハトはいろいろな状況下で、標的をつついた回数を見積もったり、四五対五〇などの自分がつついた回数を弁別したりすることができる。最後に、ラットなどの動物が、ある実験状況下で自分が受けた報酬や罰の数を覚えているらしいことを示す例を紹介しよう。パーデュ大学のE・J・キャパルディとダニエル・ミラーによる実験では、干しブドウと穀物という二種類の餌を報酬として得られる場合、ラットは、一つは干しブドウの数、もう一つは穀物の数、さらには全体の餌の数という、三つの異なる情報を同時に記憶していることがみごとに示されている。まとめると、算術は例外的な能力というよりも、動物界でごくありふれたものなのだ。それがあれば、明らかに生き抜くために有利である。もしあるラットが、自分のアジトが左側の四番目だと覚えていられれば、暗がりの迷路の中でいち早く巣にたどり着くことができるだろう。また、あるリスが、枝に二つの実がなっているのを見つけたが、それを無視して、三つの実がなっているほかの枝を探そうとするならば、そのリスは、冬を無事に越す可能性がより高くなるだろう。

動物の計算はどのくらい抽象的なのか

ラットは、バーを二回押したり、二つの音を聴いたり、二つのタネを食べたりするとき、これらのできごとがどれも「2」という数の例であると認識しているだろうか？　それとも、別々の感覚様式を通じて知覚された数どうしの結びつきはわからないだろうか？　別々の感覚様式の知覚や行為を一般化させる能力は、数の概念と呼ばれるものの重要な構成要素である。極端ではあるが、文句なしに認められる例として、次のようなことを考えてみよう。ある子どもが、四つの物体を見るときにはいつも決まって「よん」と言うが、四つの音を聴いたり、四回のジャンプをしたりするときは、「さん」や「よん」や「きゅう」という単語をでたらめに言うとしたら、どうだろう？　視覚刺激に関しては確かによくわかっていると言える。だが、その子どもが「4」という概念をもっているとみなすのは躊躇（ちゅうちょ）されるだろう。なぜなら、私たちは、こうした概念を持っていることの基準として、さまざまな感覚様式を通じてそれをあてはめることができると想定しているからである。実際のところ、子どもは、数詞を学習したとたんに、おもちゃの車やネコの鳴き声、下のきょうだいのいたずらなどを数えるために、それをすぐさま使うことができる。ラットではどうだろうか？　彼らの「数覚」は、ある特定の感覚様式に限定されているのだろうか、それとも、抽象的なものなのだろうか？

残念ながら、動物における感覚様式間の一般化に関する実験は、わずかな成功例しか報告されていない。だから、今のところなんとも言いようがないのだ。しかし、ラッセル・チャーチとウォレン・メックは、視覚であろうと聴覚であろうと、ある特定の感覚様式に拘束されない抽象的変数として、ラットが数を表象するということを示している。彼らはまたしても、二つのバーが設置された箱にラットを入れた。だが今回は、聴覚系列だけでなく視覚系列も提示することにした。ラットはまず、二つの音を聴いたときには左のバーを、四つの音を聴いたときには右のバーを押すように条件づけられる。また、それとは別に、二回の閃光には左のバーを、そして四つの閃光には右のバーを結びつけるようにも教えられた。注目すべきは、これら二種類の学習経験が、ラットの脳にどのように符号化されるのか、ということだ。それらは、関連のない知識の一部として別々に貯蔵されたのだろうか。それとも、「2は左、4は右」といった抽象的規則を、ラットは学習したのだろうか。それを検討するために、チャーチとメックは、音と閃光を同時に提示する試行を何度か行った。彼ら自身、それを見て驚いたのだが、一つの閃光と一つの音（つまり二つの事象）を同期させて提示したとき、ラットは迷うことなく左のバーを押したのだった。一方、二つの閃光と二つの音（つまり四つの事象）を同期させて提示した場合には、ラットは右のバーを一貫して押したのだった。ラットは、学んで得た知識を、まったく新しい状況に一般化させている。彼らが持つ、「2」と「4」という数の知識は、低次の視覚か聴覚のいずれかに結びついているわけではないのである。

二つの音と二つの閃光を同期させて提示した試行でのラットの行動は、どのくらい特殊なものかを考えてみよう。訓練中は、二つの音を聴くか、あるいは二つの閃光を見るかしたときに、どちらの場合でも同じように左のバーを押せば、かならず報酬が得られた。だから、「二つの音」と「二つの閃光」のどちらの感覚刺激も、左のバーを押すことに結びついていたのだ。にもかかわらず、これら二つの刺激が同時に提示された場合には、ラットは、4という数に結びついていたバーの方を押したのである。この知見の重要性をよりよく理解するために、この実験と以下に述べる仮想実験とを比較してみよう。たとえばラットが、円と四角形を対にして、四角形を見た場合には、必ず左のバーを押すように訓練されたとする。また、赤色と緑色を対にして、赤色を見た場合には、左のバーを押すように訓練されたとしよう。もし彼らが両方の刺激を組み合わせた「赤い四角形」を提示されたとしたならば、きっと何食わぬ顔で、ためらわずに左のバーを押すだろう。では、音と閃光の数は、なぜ、形や色とは異なる様相で把握されるのだろうか？　この実験は、数というものが、形や色と同じようには加算されないことを、ラットがある程度は「知っている」ことを示している。四角形と赤を足すと赤い四角形になるが、二つの音と二つの閃光を足しても、より強烈に「2らしさ」という感覚を呼び起こすわけではないのだ。どちらかと言えば、2たす2は4であり、ラットの脳は、算術におけるこうした基本原則を正しく理解しているように見える。

動物の抽象的な足し算能力をもっともよく示している例を挙げるとすれば、それは、ペンシルヴァニア大学のガイ・ウッドラフとデイヴィッド・プレマックによってなされた研究だろう。彼らは、チンパンジーが簡単な分数の計算をやってのけることを明らかにしようとした。最初の実験でチンパンジーに要求された課題は実に単純なものだった。二つの対象のうち、見本となる対象と物理的に同一のものを選択すれば報酬を得られるのである。たとえば、青い液体が1／2入っているグラスと、3／4入っているグラスをとなり合わせにして提示する。その場合に、チンパンジーは、見本と同一の量（1／2）の液体が入っているグラスの方を指し示せばよかった。彼らは、この単純な「物理的見本合わせ課題」を即座に学習した。次の段階では、だんだんとより抽象的な判断を迫られるようになっていった。チンパンジーはふたたび、1／2の液体で満たされたグラスを見せられたのだが、今度は選択肢として、1／2のリンゴと3／4のリンゴが提示された。選択肢はいずれも、見本刺激とは似ても似つかぬ代物だった。だが、チンパンジーは1／2のリンゴの方を一貫して選んだ。したがって、チンパンジーは、１／２のグラスと１／２のリンゴの間の概念的類似性に基づいて反応したように見える。１／４、１／２、３／４の分数でテストしても、チンパンジーは同じように成功した。チンパンジーは、１／４のパイと１／４の量のミルクが入ったグラスとが、同じ関係にあることもわかっていたのである。

さらに、ウッドラフとプレマックは、チンパンジーが二つの分数を心的に組み合わせることができることを、最後の実験で確かめた。まず見本刺激として、１／４のリンゴと１／２の量のグラスを提示し、選択肢には一枚の木製の円盤と３／４の木製の円盤を提示した。この場合に、チンパンジーは、でたらめの偶然よりもより高い頻度で、後者の円盤を選んだ。彼らは、二つの分数の足し算（１／４＋１／２＝３／４）に非常によく似た心的計算を行ったように見える。私たち人間が行うような、記号による高度な計算アルゴリズムを用いてはいないだろうが、これらの分数をどのように結びつけるべきかについて、チンパンジーはある種の直感的な理解を持っていると言える。

最後にもう一つ、ウッドラフとプレマックの研究に関する逸話を述べることにしよう。彼らは、これらの研究をまとめて論文にした。そのタイトルは当初、“Primitive mathematical concepts in the chimpanzee: proportionality and numerosity（チンパンジーにおける原始的な数学的概念──比と数）”というものだった。だが、科学雑誌《ネイチャー》に掲載されたタイトルは、編集上のミスで、"Primative mathematical concepts…"になってしまった。このミスプリントは、偶然起こってしまったものだが、実はそれほど不適切なものではなかった。というのは、チンパンジーの能力がprimitive（原始的）とは言えないからである。もし「primative」が「霊長類に特有の（specific to primates）」という意味にとれるとしよう。そうであれば、分数を抽象的に加算する能力は、他の動物種ではこれまでに観察されていないので、この新しい造語は、ここではしごく妥当であるように思える。

しかし、動物ができる数の操作は、足し算だけではない。二つの数量を比較することも、より基本的な能力の一つである。こうした能力は、たしかにさまざまな動物種で見られる。あなたが二つのお盆にそれぞれ、チョコレートを何個か置いて、それらをチンパンジーに見せるとしよう。左のお盆には、チョコレートチップを四個と三個に分けて、ふた盛りにして載せる。一方、右のお盆には、チョコレートチップを五個ひとまとまりにし、それと離れた位置にもう一つ載せるとしよう。その状況を注意深く見つめるだけの時間をチンパンジーに与えてから、どちらかのお盆を選ばせて、食べさせてみたとしよう。あなたなら、どちらのお盆をチンパンジーが選ぶと思うだろうか？　実際には、チンパンジーは訓練をしなくても、チョコレートチップを合わせた数が最大になる方をいつも選択するのである（図1・5参照）。だから、この貪欲な霊長類は、まず左のお盆の食べ物全体の数（4＋

図1・5　チンパンジーは、トレーにあるチョコレートを合計して、それらの数がより多い方を自発的に選ぶ。このことは、彼らが生まれながらにして、数を足したり比較したりすることができることを示している。（Rumbaugh, Savage-Rumbaugh, Hegel, 1987 より）

3＝7）を自発的に計算し、次に右のお盆の食べ物全体の数（5＋1＝6）も計算し、最終的に7は6よりも大きいのだから、左のお盆を選んだ方が得をすると、考えたにちがいない。もしチンパンジーが、この場面で足し算をやっているのではなく、もっとも多いチョコレートの山を、ただやみくもに選んでいるだけだとしたら、彼らは、間違ったはずだ。というのは、右のお盆に置かれた五つのチョコレートチップの山は、左のお盆のどちらの山（四つと三つ）よりも多かったからである。課題に成功するには、二つの足し算（4＋3＝7と5＋1＝6）と最終的な比較操作（7＞6）ができなくてはならない。

チンパンジーは、二つの数のうち、より大きい方を選ぶことにかなり長けてはいるが、まったく間違いをしないというわけではない。間違いの性質には重要な情報が含まれていることがよくあるが、この場合も、それらの特徴から心的表象の性質についての重要な手がかりを得ることができる。2と6のように、二つの数が大きく離れている場合には、チンパンジーはより多い方をいつも決まって選択し、間違うことはめったにない。だが、二つの数がより近接するにつれて、成績は一貫して下降していく。二つの数が一つしか違わない場合には、全体の七〇%しか成功しない。このように、誤答率が項目間の数的間隔に体系的に依存することは、距離の効果と呼ばれている。それはまた、大きさの効果を同時に引き起こす。大きさの効果とは、二数間の距離が等しい場合でも、比較される数がより大きくなるにつれて、成績が下降していくことを指す。チンパンジーは、たとえ1と2が1だけしか違わなくても、2は1より大きいことを難なく決定できる。だが、2と3、3と4などのようなより大きな数どうしになると、より頻繁に間違うようになる。こうした距離と大きさの効果は、さまざまな課題でも見られ、またハトやラット、イルカ、大型類人猿を含めた多くの動物種でも観察されている。どんな動物も、これらの行為法則から逃れられないようだ。そして、のちに述べるように、ホモ・サピエンスもその例外ではないのである。

　距離と大きさの効果がなぜ重要なのかというと、それらの効果があることによって、動物がデジタルで離散的な数的表象をもっているのではないことが明らかになるからだ。1や2や3といった数だけが、高い精度で弁別される。より大きな数になると、とたんにあいまいさが増す。数に関する内的表象は、表象される量に比例して、ばらつきが増加する。そこで、動物は数が大きくなると、nと$n+1$を区別しづらくなるのである。とは言うものの、数が大きくなると、ラットやハトの脳には手に負えなくなるのだと結論すべきではない。二数間の距離が十分に大きければ、45と50などの非常に大きい数どうしでも、動物は正しく弁別し比較できる。内的表象のばらつきゆえに動物が苦手としているのはあくまで、49と50の差がどれだけかといった計算を正確に行うことだけだ。

　私たちは数多くの例を通じて、動物が、正確さに欠けるという限界はあるにせよ、そこに機能する数学的ツールをもっていることを見てきた。動物は二つの数を足したり、二つの数のうち大きい方を自発的に選んだりすることができる。これは、驚くべきことなのだろうか？　まずは、これまで紹介してきたのとは異なった実験結果がはたして起こり得るものなのかについて考えてみることにしよう。皿一杯に盛られた餌と皿に半分しか入ってない餌を、空腹のイヌに見せた場合、より多い餌の方を自発的に選ばないことが、果たしてあるだろうか？　もしそのように行動しないならば、まったくばかげたことだ。あらゆる生物にとって、より多い方の食べ物を選ぶことは、生存するために必要な前提条件の一つだろう。進化は、食物採集や貯食、そして捕食を行うために、かなり込み入った戦略を編み出してきた。だから、多くの動物種が、二つの量を比較したり操作したりできたとしても、なんら驚くべきことではないだろう。むしろ、数量を心的に比較するアルゴリズムはおそらく、進化の歴史の初期の段階で発見されたのであり、おそらくは何度も「再発見」さえされた、というのが実状だと思われる。結局のところ、もっとも原始的な生き物でさえ、食べるものがもっとも豊富にあり、捕食者がもっとも少なく、同種の異性がもっとも多く存在するような最高の環境をめざして、終わりなき探索をしているのだ。生き物は、生き残るためには最適化しなければならないし、最適化するためには、比較せねばならないのである。

しかしながら、そのような計算や比較がどのような神経メカニズムで行われているかについて、私たちはさらに知る必要がある。トリやラット、サルの脳には、ミニチュアの計算器が埋め込まれているのだろうか。もしそうなら、どのように作動しているのだろうか。

アキュミュレータの比喩

ラットは2たす2が4だということを、どのようにして知るのだろうか？ ハトは、自分がつついた回数の四五と五〇をどのように比較するのだろうか？ 私は経験上よくわかっているのだが、こうした話を持ち出すと、だいたいは信用されなかったり、嘲笑されたり、挙げ句の果てには憤激されたりする。数学者の前で講演するときには、とくにそうである。私たちの西洋社会では、ユークリッドやピタゴラス以来、数学を、人間が達成したことの頂点に据えてきた。私たちは、数学を、骨の折れる教育を必要とする至高の能力とみなすか、もしくは生得的能力に由来するものとみなしてきた。哲学者の心には、人間の数学能力が言語能力に由来するという考えしかない。だから、言葉を持たない動物が数えることができ、ましてや計算もするといったことは、彼らにとっては思いもよらないことなのである。

このような経緯もあるので、私がこの章で述べてきた動物の行動についての報告は、無視されてしまう危険性が大いにある。こうしたことは、期待していた結果とは違ったり、一見常軌を逸しているように見えたりする科学的知見に対しては、よく起こることだ。動物でのこのような報告は、それらを支持する理論的な枠組みが何か存在しないと、孤立した知見のように思われてしまうかもしれない。それらの知見は確かにおもしろいが、最終的にはどうにもしようがなく、「数学＝言語」という等式に疑問を投げかけるほどのものではないとみなされるだろう。こんな状況はどうしても打開したい。そうするには、言葉なしで数えることがどうして可能になるのかを、わかりやすく説明してくれる理論が、どうしても必要になってくる。

そのような理論は、幸いにも存在する。私たちは、ラットとそれほど変わらない行動を示す機械装置についてよく知っている。たとえば、自家用車にはすべて、計数装置が装備されており、エンジンが回転し始めてからの走行距離を記録する。こういう「カウンター」のもっとも単純な例は、一マイルにつき一回切れ込みがやってくる、はめば歯車のようなものである。この例は、単純な機械装置が、加算されていく量をどのように記録するのかについての原理を、ある程度は示している。生物システムが、こんな簡単な計数原則を組み込めないわけがない。

自動車のカウンターは、申し分のない例とは言えない。なぜなら、それは、人間に固有のものだと考えられている象徴記号システム、つまり、デジタル表記を用いているからである。動物における数の能力を説明するには、もっと単純な比喩を探すべきだ。では、不毛の孤島に一人取り残され、何もできずにいるロビンソン・クルーソーのことを考えてみよう。議論の都合上、彼が頭をぶつけて言葉をいっさい失ってしまい、数えたり計算したりするために使う数詞もすべてわからなくなったことにしよう。ロビンソンは、自分が利用できる当座しのぎの手段だけで、そこそこに機能を果たす計算装置をどうやって作るだろうか？　これは、思ったほど難しくはない。ロビンソンが、近くで泉を見つけたとしよう。彼は、大きな丸太にアキュミュレータ・タンクとして大きな穴を彫り込み、これを泉のわきに置く。そのようにすると、水は、タンクの中に直接は流れ込まないが、小さな竹筒を用いれば一時的にタンクに向かうようになる。アキュミュレータを基本とした、このような初歩的な装置を使えば、ロビンソンは数量を数えたり、足したり、比較したりすることが、ある程度はできるようになるだろう。このアキュミュレータがあれば、ロビンソンは、ラットやハトが行うような計算手段を実際に獲得できるのである。

人食い人が丸木舟でロビンソンの島に近づいてきたとしよう。ロビンソンは、彼らを望遠鏡で発見する。ロビンソンは、どのようにして、自家製の計算装置を用いて敵の人数を記録するだろうか。彼はまず、アキュミュレータを空っぽにしなければならないだろう。次にやることは、敵が上陸するたびに、泉から水をアキュミュレータにわずかの時間だけ流し込むことだ。ここで彼が注意しなければならないのは、いつも決まった時間だけ水を流すようにすること、そして水量を常に一定になるようにすることである。そのようにすれば、数えられる敵一人一人に対して、ある決まった量の水が、アキュミュレータに流れ込むことになる。そうすると、アキュミュレータの水位は、水が流れ込んだ回数nに等しくなる。したがって、この最終水位は、上陸した敵の人数 n を表象するものとして、多少は役に立つかもしれない。このことからもわかるように、アキュミュレータの水位は、数えられた事象の数にのみ左右される。各事象の継続時間やそれらの時間間隔など、その他の変数はすべて、その水位に影響を与えることはない。だから、アキュミュレータの最終水位は、数にまったく等しいことになる。

ロビンソンは、アキュミュレータの最終水位に印をつけることによって、島に上陸した人数を記録することができるし、さらには、この数をのちの計算に利用することもできる。たとえば、翌日、丸木舟がもう一隻やってきたとしよう。敵の総勢を見積もるには、まずアキュミュレータに前日印をつけたところまで水を浸し、新しくやって来た敵が上陸するたびに、前に行ったようにして、ある一定の水量を加えていけばよい。こうした操作の後に現れる新しい水位は、最初の舟でやってきた敵と二隻目の舟でやってきた敵の人数を足し合わせた結果を示している。ロビンソンは、アキュミュレータにさまざまな印を刻み込むことによって、こうした計算結果をいつでも記録できる。

さらにその次の日、何人かの敵が島を離れるとしよう。彼らの人数を見積もるには、アキュミュレータを空っぽにして、上述の手続きをくり返し、敵が島を離れるたびに、水を一定の量だけ加えていけばよい。島を離れた敵の数は、最終的な水位によって示される。

それが、前日につけた印よりもはるか下の方にあることに、ロビンソンは気づく。彼は、二つの水位を見比べながら、やっかいな結論に達する。島を離れた人数が、ここ二日間で島にやってきた人数よりも、少ないではないかと。要するに、このような初歩的な装置を用いることによって、ロビンソンは、上述の実験での動物のように、数えたり、簡単な足し算をしたり、計算結果を比較したりできるのである。

アキュミュレータにも、明らかに好ましくない点が存在する。数はそもそもとびとびの、離散的な集合をなすものであるにもかかわらず、アキュミュレータでは、数が、「水位」という連続量によって表象されてしまう。物理システムは本来どんなものでも、むらのあるものだと仮定すると、同じ数がいつも同じ水位によって表象されるとは限らない。たとえば、水流が完全には一定でなく、秒速四〜六リットル（平均五リットル）の間でランダムに変わるとしよう。ロビンソンが水を〇・二秒間アキュミュレータに流し込んだとすると、アキュミュレータには、平均して一リットルの水が溜まることになる。だが、この量は、〇・八〜一・二リットルの間で変動もするだろう。そうなると、五つの対象を数える場合、最終水位は、四〜六リットルの間で変動することになる。四つ、あるいは六つの対象を数える場合でも、それとまったく同じ水位になることも十分あり得る。そのようなことを考えると、ロビンソンの計算装置では、4と5と6を確実に弁別することはできない。

もし人食い人が六人上陸して、のちに五人が島を離れたとしても、ロビンソンは、もう一人島に残っていることに気づかない可能性がある。ちなみに、これは、本章の冒頭で述べた逸話にあった、カラスが直面した状況とまったく同じものである！　大きく離れた数同士であれば、ロビンソンは、より正確に弁別できるはずだ。これは、まさに距離の効果と言えよう。この効果は数が大きくなると、さらによりいっそう悪化する。その結果、動物行動を特徴づけていた、あの大きさの効果も生じることになる。

みなさんの中には、私が描いた架空のロビンソンがそれほど賢くはないといって、文句を言いたくなる人もいるかもしれない。あてにならない水量のかわりに、彼はどうして小石を用いなかったのかと思うかもしれない。数えられる物体に対して小石を一つずつどんぶりに入れていけば、彼は、数における離散的で正確な表象をもち得ただろう。このようにすれば、彼はどんな複雑な引き算でも間違えることはまずなかっただろう。しかし、ここでは、ロビンソンの装置を、動物の脳に対する一つの比喩としてのみ扱おうとした。動物の神経系、少なくともラットやハトの神経系は、離散的なトークンを使用して数えることができるようには思えない。それは、基本的に不正確なものであり、数えられる項目を正確に覚えられないように見える。だから、大きな数になればなるほど、ばらつきが大きくなるのである。

ここでは、アキュミュレータ・モデルについて、かなりくだけた感じで述べたが、実際には、れっきとした数学モデルである。そのモデルの式を使えば、数の大きさや数値間の距離を関数として、動物の反応のばらつきを正確に予測することができる。そういうわけで、アキュミュレータを比喩として用いることで、ラットの反応が、なぜそれほどまでに毎試行ばらつくのかが容易に理解できるようになる。ラットは、かなりの訓練を行った後でさえ、バーを正確に四回押すことができないようだが、どの試行でも四回か五回か六回の範囲であれば反応できる。これは、私たちがするように、四と五と六を離散的で個別的なフォーマットで表象することが、基本的にできないことによるものだと考えられる。ラットにとって、数とは、おおざっぱな大きさでしかなく、時として変わり得るものである。そして、音の継続時間や色の彩度と同じくらいに、束の間でとらえどころのないものである。まったく同じ音の系列が二度提示されたとしても、ラットは、まったく同じ数だけ音が鳴ったとは知覚しないだろう。彼らが知覚するのは、心のアキュミュレータの変動する水位だけである。

アキュミュレータはもちろん、理解を助けるための比喩でしかない。それは、単純な物理的装置が、動物における算術実験を細部にいたるまでどんなふうに真似ることができるかを、たんに例示するだけである。ラットやハトの脳には、蛇口も容器もあるはずはない。

それでも、アキュミュレータ・モデルの各パーツによく似た機能をもつ神経系を、脳内で特定できないものだろうか？　これは、保留せざるを得ない問題である。現在のところ、あるいくつかの変数が、さまざまな薬物によって影響を受けることを、科学者は理解し始めたところである。たとえば、ラットにメタンフェタミンを注入すると、彼らの心のカウンターは進みが速くなる。すなわち彼らは、四つの音の系列に対して、五つか六つの音であったかのように反応するのだ。それはまるで、アキュミュレータへ流れ込む水流が、メタンフェタミンによって増進されたかのようである。数えられる各項目に対して、いつもよりも多い水量が、アキュミュレータに到達することで、最終水位が高くなりすぎるのかもしれない。だから、入力時には「4」でも、出力では「6」のように見えてしまうのかもしれない。だが、メタンフェタミンによって生み出されるそうした増進効果が、どこの脳領域で起こっているかについては、今のところほとんどわかっていない。皮質回路は、全容解明にはまだ少しも至っていないのである。

数を検出する神経細胞？

数を処理する皮質回路は謎に包まれたままだが、それらがどのように組織化されているかを推測する場合に、ニューラルネットワークのシミュレーションが功を奏する場合がある。ニューラルネットワーク・モデルとは、昔ながらのデジタルコンピュータで走らせることのできるアルゴリズムだが、それは、本物の脳回路で起こっている演算に似せて作られている。当然のことながら、こうしたシミュレーションはどんなものも、複雑な配線をはり巡らせた本物の神経ネットワークに比べれば、かなり簡略化されている。コンピュータ・モデルの大部分のものは、各神経細胞のかわりを、活性化の出力レベルが0と1の間で変動するような、デジタル・ユニットにつとめさせている。活性化したユニットは、重みづけをさまざまに変えながら、自分に連結しているユニットを、距離に関係なく刺激するか抑制するかする。これらは、本物の神経細胞どうしをつなげているシナプスに似せているのである。各ユニットは、どの段階のものでも、他のユニットから受け取った入力を合計し、その合計量がある一定の閾値（いきち）を越えるかどうかに応じて、スイッチをオンにするかオフにするかを決める。本物の神経細胞に似せるという試みは、まだ荒削りのものではあるが、本物に備わったある重要な特性だけは再現されている。それは、多数の回路内に分散して存在する神経細胞群で、非常に多くの単純な演算が同時に起こるという特性である。脳はかなりのろくて、信頼性に欠ける生物学的なハードウェアを用いているというのに、複雑な演算を瞬時に実行できる。それを可能にしているのは、大規模な並列処理であり、神経生物学者のほとんどが、それこそが鍵となる特徴だと考えている。

並列的な神経処理は、数を処理するときにも使えるだろうか？　私は、パリのパスツール研究所の神経生物学者ジャン＝ピエール・シャンジュと共同で、動物が環境から瞬時にかつ並列的に数をどのように抽出するかについての、ニューラルネットワークのシミュレーションを試験的に行ってみた。私たちのモデルでは、ラットやハトが決まりきった形で解決するような単純な課題について検討した。その際、大きさの異なる視覚対象が入力として網膜に提示されたり、頻度の異なる音が鼓膜に提示されたりする状況を想定した。こうした状況で、シミュレートされたニューラルネットワークは、異なる感覚様式からの対象を足し合わせて、その合計数を算出できるだろうか？　アキュミュレータ・モデルにしたがうと、数を計算するには、入力項目ごとに、ある一定の量をアキュミュレータに加算していかなければならない。難しいのは、これをシミュレートされた神経細胞のネットワーク上で実現することであり、視覚対象の大きさや位置、そして聴覚刺激の提示時間に左右されずに、数の表象を達成することなのである。

この問題を解決するために、視覚入力を大きさに関係なく標準化するような回路をまず考えることにした。この回路では、網膜上での対象の位置を検出する。そして、大きさや形態に左右されずに、ある程度持続して活性化する、位置マップ上の神経細胞を、各対象に割り当てる。こうした標準化の段階が非常に重要なのは、これで、どんな大きさのものでも「1」として数えるようなネットワークができるからだ。以下で述べるように、哺乳類では、こうした操作が、後頭＝頭頂連合領域で行われている可能性が高い。この領域は、形や大きさに関係なく、物体の位置を表象することで知られている。

私たちのシミュレーションでは、同じような操作を聴覚刺激でも実行してみた。入力された聴覚刺激は、各刺激間の時間間隔に影響されずに、単一の記憶貯蔵庫に蓄積される。視覚対象の大きさと形態、そして聴覚刺激の提示時間をうまく標準化することさえできれば、数を推定するのはそれほど難しいものではない。というのは、標準化された視覚マップと聴覚記憶貯蔵庫で起こっている神経活動の全体量を、評価すればよいだけだからである。このようにして得られる全体量は、アキュミュレータの最終水位に等しい。それを用いれば、数の推定値をかなりの信頼性をもって割り出すことができる。私たちのシミュレーションでは、加算操作は、視覚と聴覚のどちらのユニットからの活性化もプールする、配列をなした一連のユニットによってなされている。ある条件のもとでは、これらの出力ユニットは、受け取った活性化の全体量が、あらかじめ決められた範囲内にあるときのみ発火し、その範囲は各神経細胞が別々に決めている。このように、シミュレートされた神経細胞は、ある特定の数の物体が、ある程度見られる場合にだけ反応する、「数検出器」として働く（図1・6参照）。たとえば、ネットワークのあるユニットは、四つの対象が

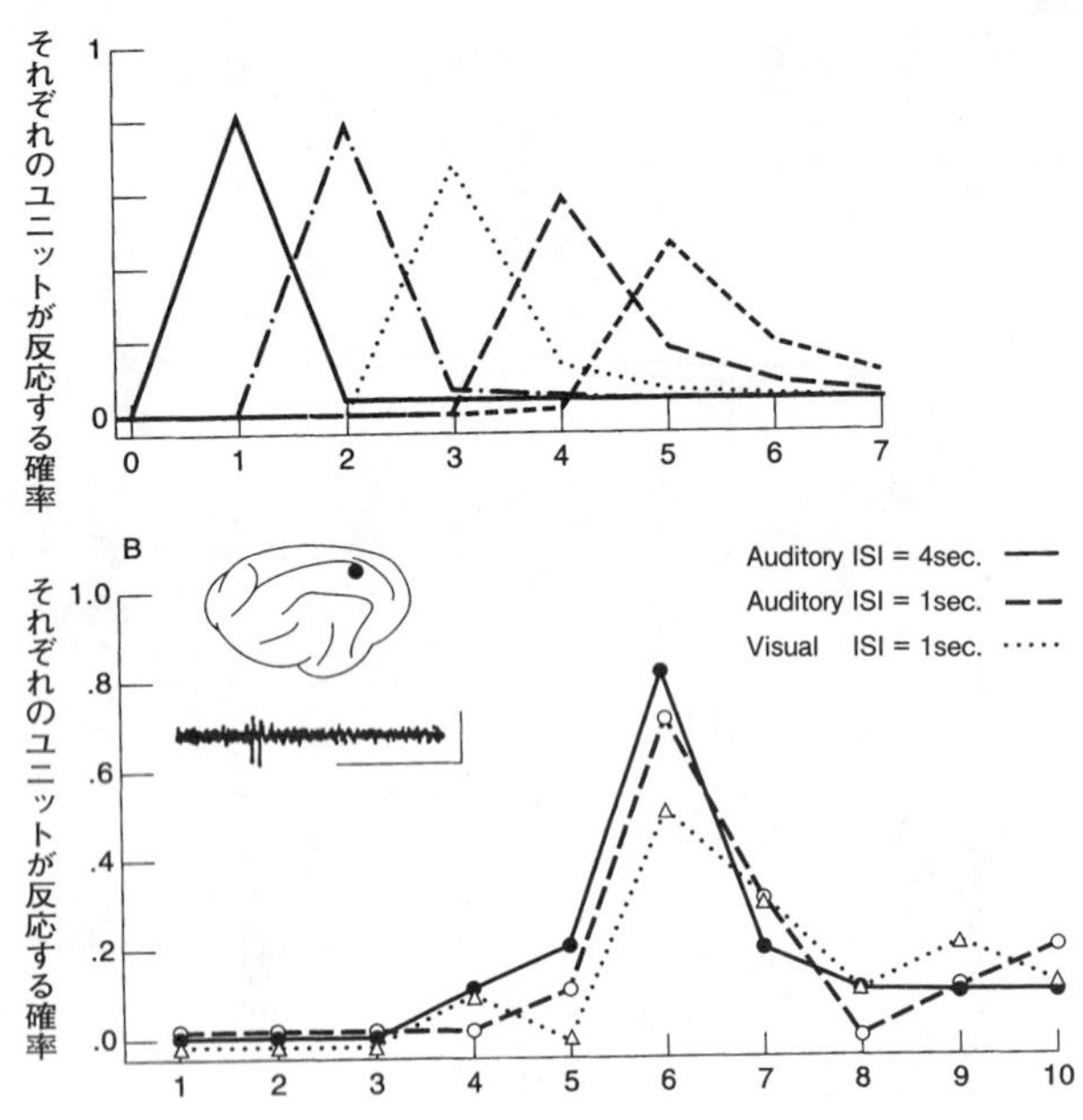

図1・6　コンピュータ上でシミュレートされたニューラル・ネットワークによって、「数検出器」を実現している様子（上図）。これらの数検出器はそれぞれ、ある特定の数だけ入力があると、差別的に反応する。曲線はそれぞれ、ある特定の数の入力に対して、それを担当するユニットが反応する様子を示している。入力される項目の数が大きくなるにつれて、反応がばらつくことに注意しよう。1970年に、トンプソンらは、麻酔状態にあったネコの連合野で、「数をコード化する」同じような神経細胞を特定した（下図）。図に示されている神経細胞は、連続して6回起こる事象に対して選択的に反応する。1秒間隔で提示された6回の閃光でも、1秒間隔、そして4秒間隔で提示された6回の音でも、同じように反応する。（上：Dehaene & Changeux, 1993 より改訂掲載。下：Thompson et al., 1970 より改訂掲載。Copyright © 1970 by the American Association for the Advancement of Science.）

提示された場合に最適に反応する。四つの斑点や四つの音、そして二つの斑点と二つの音であっても同じように反応する。この同じユニットは、三個や五個の対象が提示された場合には、たまにしか反応しない。その他の数に至っては、まったく反応しない。したがって、このユニットは、４という数の抽象的な検出器として働いていると言える。各々の数はすべて、このような検出器によってカバーされており、検出器のそれぞれが異なる一つの数に、ある程度は鮮明に反応するように設計されている。しかし、数が徐々に大きくなるにつれて、チューニングの精度は下がっていく。シミュレートされた神経細胞は、視覚と聴覚のいずれの入力もすべて同時に処理するので、配列をなした数検出器は瞬く間に反応する。したがって、それは、私たちが数えるときにするように、四つの対象数を網膜全体で並列的に見積もれるのであって、各対象を順番に定位していくことはしない。

驚くべきことに、このモデルが予測する数検出神経細胞は、少なくとも一度は、動物の脳で発見されているようだ。一九六〇年代に、カリフォルニア大学アーヴァイン校の神経科学者リチャード・トンプソンは、ネコに一連の音や閃光を提示して、そのときに起こる神経細胞の活動を一つ一つ記録した。その結果、ある特定の数の事象の後にだけ発火する神経細胞が発見された。たとえば、ある神経細胞は、どんな事象でも六回起これば、その後に決まって反応した。六回の閃光、六回の短い音、六回の長い音のいずれに対しても、この神経細胞は反応した。感覚様式には関係がないようで、その神経細胞は、数にだけ関心をもっているようであった。それは、デジタル・コンピュータのように、ゼロ・イチの離散的なやり方で反応するわけではなく、その活性化レベルはむしろ、五番目の項目後に上昇し、六番目にピークに達し、より大きな項目に対しては減少していったのである。こうした反応プロフィールは、私たちのモデルでシミュレートされた神経細胞の反応に酷似している。同じような細胞が、ネコの皮質内のある小さな領域でいくつか記録されており、それぞれが異なる数にチューニングされていた。

このように、ロビンソンのアキュミュレータに非常によく似たものが、動物の脳領域で特殊化して存在している可能性は十分にあり得る。トンプソンの研究は、一九七〇年に一流の科学雑誌《サイエンス》に掲載された。だが、反応はさっぱりだった。現在のところ、数検出神経細胞が、私たちのモデルで予測したように配線されているかどうかは、不明なままである。また、ネコの脳がほかのなんらかのやり方を用いて数を抽出するのかどうかも、よくわからないままである。この話の続きは、きっと誰かが締めくくってくれることだろう。おそらくは、動物の数の能力を司(つかさど)る神経基盤を、最新の神経記録装置を用いて、なおも精力的に探索し続けている神経生理学者が、やってくれるはずである。

曖昧な数え方

神経組織やその構造が実際にどうなっているかはさておき、アキュミュレータ・モデルが正しいとすると、結論として二つのことが必然的に導かれる。一つは、ある事象が外界で起こるたびに、動物は、内的カウンターを増加させることで数を数えることができるということ。もう一つは、動物は、人間のやり方と同じようには数えないということである。私たち人間のものと違って、動物における数の表象は、ファジーである。

私たちは、数える場合に、決まった順序からなる一連の数詞を使用する。そこには、誤りが入り込む余地は残されていない。数えられる対象は、数詞の系列に沿って一つずつ対応づけられていく。だが、ラットではそうはいかない。彼らの数は、アナログ式のアキュミュレータの水位である。ラットが全体量に対象を一つ加えるとしよう。その場合、この操作は、人間が行う論理的に厳密な「＋1」というものに、ほんの少し似ているにすぎない。それはあたかも、ロビンソンのアキュミュレータに一杯の水を加えるようなものである。ラットのこのようなありさまは、『鏡の国のアリス』のなかでアリスが見せた計算に対するとまどいを、思い起こさせもする。

「おまえは足し算ができるのか？」と白の女王がいいました。「1たす1たす1たす

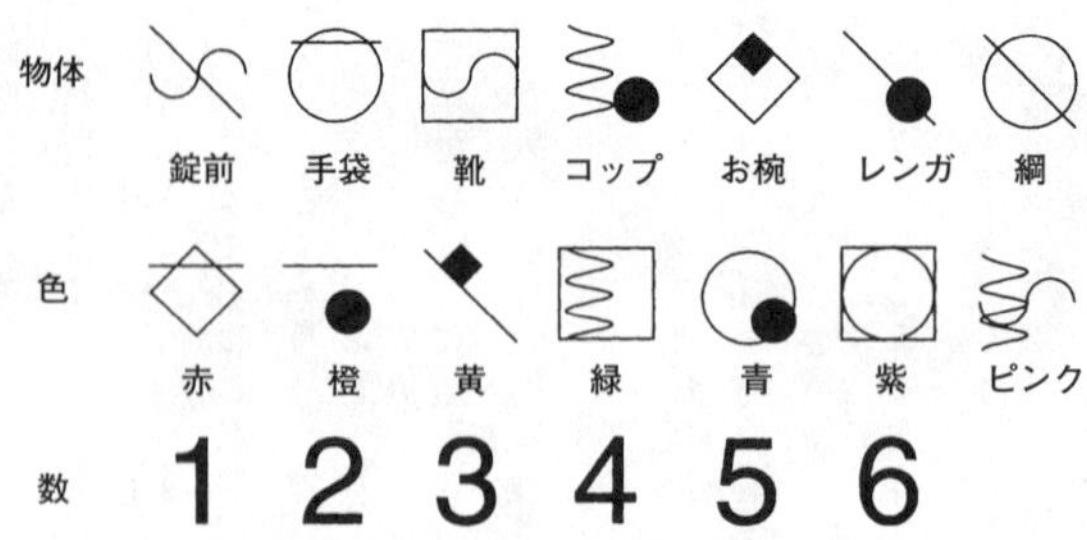

図1・7　日本の霊長類学者の松沢哲郎は、少数のサブセットからなる視覚シンボルを、アイという名のチンパンジーに教え込んだ。その結果、対象物の名前や色、そして6までの数について答えることができるようになった（Matsuzawa, 1985より。Copyright © 1985 by Macmillan Magazines Ltd.）

1たす1たす1たす1たす1たす1たす1は、いくつじゃ？」

「わかりません」とアリス、「数えきれなかったんですもの」

「この子は足し算はできぬのじゃ」と、赤の女王が横やりを入れました。

アリスは言葉で数える時間が十分になかったのだろうが、「1たす1」や「1たす1たす1」程度のものであれば、その合計を推定できただろう。同じように、ラットは、言葉やデジタルな記号なしに、なんとかして大ざっぱにでも数えなければならない。それは、私たち人間が行う、言葉を使用して数える行為とは大いに異なるので、動物のことを語る場合に「数」という言葉を使わないほうがよいかもしれない。というのは、私たちはたいてい、数という言葉に離散的なシンボルという意味を含めてしまうからである。こういう理由もあって、数量の知覚を記述する場合に、科学者は、numberとは言わずに、numerosityとかnumerousnessという用語を用いる。動物は、アキュミュレータによってある程度の数は推定できる。だが、それらの数を正確に把握することはできない。だから、動物の心には、ファジーな数しか存在しないのである。

動物に数の象徴的な表記法を教えることは、ほんとうに不可能なのだろうか？　私たち人間の数字や数詞によく似た離散的な系列をなす数のラベルを動物に理解させて、これらのラベルが正確な量を表すことを教えられないものだろうか？　実際には、このような実験がいくつか行われており、ある程度の成功を収めている。一九八〇年代に、京都大学霊長類研究所の松沢哲郎は、チンパンジーのアイに恣意的なサインを教え、それを用いて対象の数を示すようにさせた（図1・7）。小さな線画は単語の役割を果たしている。それらがタッチパネル上にいくつかのキーとなって表示される。アイは、自分が見たものを記述するのに、どのキーでも押すことができた。長期間の訓練の末に、アイは、物体を表す記号を一四個と、色の記号を一一個、正しく使えるようになった。私たちの最重要課題である数については、1から6までのアラビア数字を学習した。たとえば、赤い鉛筆を三本見せられたとき、アイはまず、「鉛筆」を意味する記号（四角形の中に黒い菱形がはめ込まれている線画）を指さし、次に「赤」を意味する記号（菱形の上の部分に水平線が交差している線画）を、そして最後はアラビア数字の「3」を指さした。

こうした一連の動作は、精緻化された一種の運動反射であっただけの可能性も拭いきれないが、松沢は、それらの線画がある程度は単語のように機能することを確かめている。単語は、それらの組み合わせだけで新しい状況を記述することができる。たとえば、アイが「歯ブラシ」という新しい記号を教えられたならば、「五本の緑の歯ブラシ」や「二本の黄色い歯ブラシ」のように、その記号を新しい文脈に適用することができた。そうは言っても、こうした一般化の能力には、かなりの頻度で間違いがいつまでもつきまとった。

一九八五年に松沢がこれらの結果を最初に報告して以来、アイは、数の能力を安定したペースでめきめき上達させていった。現在のところ、アイは1から9までのアラビア数字を理解しており、九五％の正答率で物体の数を見積もることができる。反応時間を記録してみると、アイは、三個や四個以上の対象に対しては、人間のように一つずつ数えているように見える。アイはまた、アラビア数字を大きさの点から順序づけることも学習した。繰り返しになるが、こうした新しい能力を獲得するには、かなりの時間が必要だった。

松沢の初期の研究以来、数のラベル学習は、チンパンジーを対象にして、少なくとも三カ所の霊長類訓練センターで別々に追認されている。同じような能力は、私たち人間とかけ離れた動物種でも実証されている。イルカは、恣意的な対象物と魚の正確な数を結びつけるように訓練できる。およそ二〇〇〇回にも及ぶ訓練試行後、イルカは、二つの選択肢から、より多い量の魚を示す恣意的対象物を選ぶことができるようになった。アリゾナ大学のアイリーン・ペッパーバーグは、アレックスという名のヨウムに数多くの英単語を教えたのだが、その中には1から6までの数詞も含まれていた。アレックスの実験でびっくりするのは、サインやプラスチック片をまったく必要としないことである。つまり、問題はある程度標準的な英語で尋ねられ、アレックスは間髪入れずに、聞き取れるほどの明瞭さで単語を発音して答えるのである！　たとえば、赤色と緑色の鍵、そして赤色と緑色のおもちゃを一列に並べて提示して、「赤い鍵はいくつ？」とアレックスに尋ねると、彼はそのような複雑な問題にも答えることができる。当然のことながら、アレックスは、ほぼ二〇年にもわたる長期間の訓練を受けている。しかしながら、この結果から、数のラベルづけが哺乳類に限定されるわけではないということが、明らかになった。

　より最近の研究では、チンパンジーが数の記号を用いてある程度は計算できることが示されている。サラ・ボイセンは、シバという名のチンパンジーに簡単な足し算をしたり、数を比較したりすることを教えた。彼女はまず、0から9のアラビア数字が指し示す量をシバに教えることにした。この種の実験は、並々ならぬ忍耐力を必要とする。二年の間に、段階的に難しくなっていく課題を、シバの進み具合に応じて提示していった。シバはまず、六区画に分割されたトレーの上に一つずつビスケットを置くといった単純な課題を行うよう命じられた。第二段階では、一個か二個、もしくは三個のビスケットをトレー上に提示して、黒い点が描かれた三個のカード（1〜3）の中から、ビスケットの数に対応するものを選ばせるようにした。その結果、シバは、数にだけ注目するようになり、ビスケットと点の数を対応させることができるようになった。第三段階では、点のカードとそれに対応するアラビア数字を一つずつ置き換えていった。その結果、シバは、1、2、3のアラビア数字を認識できるようになり、ビスケットをいくつか見せられると、その数に対応した適切な数字を指さすことができるようになった。最終段階では、サラ・ボイセンは、シバにそれと逆のことをやらせた。シバは、点が描かれている複数のカードの中から、提示されたアラビア数字に対応するカードを選ぶという課題をこなした。

同じような手続きを用いることにより、シバの知識は、0から9までのすべての数字に段階的に拡張されていった。訓練の最終段階では、シバは、数字とそれに対応する量の間を自由自在に行き来できるようになった。これは、象徴的な知識の本質とみなすことができるかもしれない。記号とは、その恣意的な形態に拘束されない、潜在的な意味を表す。記号の理解は、形態だけからその意味を引き出さなければならないが、記号の産出は、ある意図された意味をもとにして恣意的な形態を復元しなければならない。チンパンジーのシバが、長期間の厳しい訓練を通じて、これらの変換をどちらもマスターしたことは、紛れもない事実である。

しかし、人間の記号における重要な特徴は、記号を連結して一つの文にすることであり、文の意味は個々の単語の意味から引き出されるということである。たとえば、２＋２＝４のような式を表現するには、算術記号を連結しなければならない。シバもまた、複数の数字を連結して記号による計算にすることができるだろうか？　このことを確かめるために、ボイセンは、記号による足し算課題を考え出した。彼女は、シバの檻の中の複数の場所にオレンジを隠した。たとえば、テーブルの下に二個と、箱の中に三個というふうに。シバはまず、オレンジの隠し場所をあちこち探し回り、最後に出発点に戻ってきて、探し出したオレンジの総数に一致するアラビア数字を、複数の数字の中から選ぶことになっていた。シバは、まさに最初の試行から成功した。記号による実験もすぐに試された。すなわち、前とはちがって、シバが檻の中をうろついている間に、オレンジではなくてアラビア数字を発見するというものだった。たとえば、テーブルの下には「２」のカードがあり、箱の中には「４」のカードが隠されている。シバは探索し終えると、自分が見た数字の合計（２＋４＝６）をいつも決まって正しく報告できた。この場合も最初の試行からできた。

このことが示しているのは、シバが各数字を理解し、それらを心の中で量と結びつけ、これらの量を合計した結果を見積もり、最終的にはその結果に対応した数字を形態的特徴から選ぶことができるということだ。とは言え、人間が示すような記号による計算能力にまで到達するかというと、それはまったくありそうにない。

チンパンジーよりも知的にはるかに劣る動物種でさえ、数の記号を用いて初歩的な心的操作を行えるようになる。たとえば、ジョージア州立大学のデイヴィッド・ウォッシュバーンとドゥウェイン・ランボーが訓練を行った、エイベルとベーカーという名のアカゲザルは、アラビア数字によって示される数量を比較することができた。その能力には目を見張るものがある。「2 4」のようなアラビア数字の対が、コンピュータのディスプレイ上に提示される。彼らはジョイスティックを操作して、どちらかの数字を選ぶことができた。そして、その数字に対応した数の分だけ、フルーツキャンディ（霊長類が特に喜ぶごちそう）が、機械から自動的に与えられる。彼らが数字の「4」を選べば、キャンディを四個もらえたが、数字の「2」を選ぶと、二個のキャンディしかもらえなかった。したがって、より大きな数字を選ぶということに対する欲求は、きわめて重要なものだった。たしかに、この課題はこれまでに述べられた比較課題にかなり似ているが、違う点は、彼らが直接餌に向かい合うのではなく、アラビア数字という量を表す象徴的な表象に向かっているだけだということだ。彼らは、数字の意味を、つまり数字が表す量を、記憶から引き出さなければならなかったのである。

私が言っておきたいのは、次のことだ。つまり、エイベルとベーカーはシバと違って、テストが始まる前にアラビア数字を用いた訓練をいっさい受けていなかったということである。だから、彼らがより大きな数字の方を一貫して選ぶことを学習するには、何百試行も要した。シバは、数字が示す量をすでに知っていたので、同じような数の比較課題でも、試行の初めから正しく答えることができた。訓練の後であれば、エイベルもベーカーもとてもよくできた。彼らは、数字どうしが十分に離れている場合はまったく間違いをしなかったが、一つしか離れていない数字の対では、七〇%ほどの成功率にまで落ちた。私たちはここでも、もはやお馴染みとなった距離の効果、すなわち数の近いものどうしを混同する傾向を見出すことができる。

数字対実験に引き続き、エイベルとベーカーは、1から9までの数字を三つ、四つ、そして五つ並べた場合でも成功し続けた。彼らが、ありとあらゆる数字配列を丸暗記して答えていたのでないことは明らかだった。「5821」のようなランダムな順序で並んだ新しい数字配列を提示された場合でも、彼らは、確率的に予測されるよりもはるかに高い成功率で、より大きい数字の方を選んだ。

　最後に私がぜひ紹介しておきたいのは、シバがある単純な課題で、どういうわけか壁にぶつかってしまったという話である。その課題とは、二つの選択肢のうち、より少ない数の方を選ぶといったものだった。実験状況は、きわめて単純なもののように思えた。シバにまず、餌の集合を二つ見せて、シバがそのうちの一方を指さしたら、その餌の方を実験者が相手のチンパンジーに与えて、シバはもう一方の餌の方を受け取った。こうした新しい状況では、より少ない餌の方を指さすと、より多い餌を受け取ることができるので、シバは得をすることになる。だが、シバは、これはまったくできなかった。シバは、なぜかより多い餌の方を選び続けた。それはあたかも、最大量の餌の方をどうしても選ばずにはいられないかのようであった。サラ・ボイセンは、次に、実際の餌のかわりに、数に対応したアラビア数字を用いることにした。すると、シバは、最初の試行からより小さい数字をすぐに選ぶことができたのである！　数の記号は、直接的な身体反応からシバを解放するように見えた。それらは、より多い餌の方をいつも選ばざるを得ないという、制しがたい衝動に影響されないで行動させるように導くようである。

動物の数の能力の限界

　記号による計算を動物ができたかどうかを実証しようとする試みは、どれほどの意味をもっているのだろう？　そのような能力は、厳しい訓練を課して無理やり強制された、単なるサーカスの曲芸とみなすほうが無難なのだろうか？　またそのような訓練によって、動物は「課題遂行機械」に変身するが、結局のところは、動物の一般的な能力について何も教えてくれないのではないだろうか？　あるいは、動物にも、数を扱う能力が、人間とほぼ同じように備わっているのだろうか？　これまで述べてきた実験の重要性を軽んじないようにしつつ、頭に無理矢理にでもたたき込んでおいてほしいことがある。それは、動物は一般に、数に対する抽象的なラベルを心の中で操作することはできない、ということだ。私は、ヨウムやイルカ、マカクザルでの実験について紹介してきたが、記号による足し算を行う例は、チンパンジー以外の動物種ではまったく知られていない。そんなチンパンジーでさえ、人間の子どもに比べると、はるかに幼稚な能力しかもっていないように見える。何年間も試行錯誤をくり返した末に、シバは0から9までの数字をやっと獲得できたにすぎない。結局のところ、チンパンジーは、数字を用いたとしても、間違いを犯さなくなるわけではない。数の課題で訓練を施された他のいかなる動物とも、なんら変わるところはないのである。これに対して、人間の幼児は、自発的に指を折りながら数え、多くの幼児は三歳ごろまでに10まで数えることができるようになる。そして、彼らは、はるかに込み入った文法構造を持つ、数桁の数字にまで急速に移行していく。動物が何かをやってのけるには、同じレッスンを何百回もくり返し行う必要がある。だが、人間の脳は、言語をやすやすと吸収し発達していくように見える。まさにこの点が、動物の対極にあると言える。

では、私たちは、動物における数の能力について、どういったことを心に留めておけばよいのだろうか？　一つは、数量を把握したり記憶したり比較したり、おおざっぱだが足し算したりする能力が、さまざまな動物種で明らかに見られるということ。もう一つは、アラビア数字を指さすことのように、抽象度のある程度高い行動レパートリーを数の表象と結びつける能力は、おそらくは二、三の動物種に限定されたものであり、しかも、それほど高度なものではないということである。これらの行動は、つまるところ、数量を表すラベル、つまり「記号」として機能しているかもしれない。それは、動物が数を表象するのに使用する心のアキュミュレータの水位を段階づけているかのようである。動物は、長期間の訓練を行いさえすれば、「アキュミュレータの水位がxとyの間にあるときは2を、yとzの間にあるときは3を指させ」といった、一連の行動系列を記憶することが可能になる。これは、もしかすると、条件づけられた行動がただ連なったものにすぎず、並外れた柔軟さを示す人間の行動とは、似ても似つかぬものなのかもしれない。人間は、「二個のリンゴ」や「2たす2は4」、そして「二ダース」などのさまざまな状況の中で、

「2」という単語を使用する。動物が数量のおおざっぱな表象を操作できるということを聞いて、みなさんは驚くかもしれない。だがその一方で、動物に抽象的な言語を教えることは、彼らの自然な傾向に逆らっているようにも思える。たしかに、動物が自然界で記号を獲得することは、まずあり得ない。

動物から人間へ

進化は保守的なメカニズムである。ある有用な器官が突然変異によって現れると、自然淘汰はそれを次世代に伝えるように働く。たしかに、生命を有機的に構成していく主な原動力となるのは、そうした好ましい特性を固定することである。そのように考えると、私たち人間にもっとも近縁なチンパンジーが、数に関するなんらかの能力をもっており、またラットやハトやイルカなどの、私たちにそれほど近縁でない動物も、数の能力をまったく欠いているわけでないならば、私たちホモ・サピエンスは、彼らとなんら変わることのない形質を受け継いできた可能性が大いにある。私たちの脳は、ラットと同じやり方で数量を知覚したり、記憶したり、比較したりできるアキュミュレータを備えているのかもしれない。

人間と（チンパンジーを含めた）動物の認知能力には、著しい違いがいくつも存在する。

一つは、私たち人間が、並外れた能力で数理言語を含めた記号体系を発達させてきたことである。私たちはまた、脳に備わった言語器官で、自分の考えを表現したり、それらを他者と共有したりもできる。さらに私たちは、過去に経験したできごとに関する回顧的記憶と、将来起こり得そうなことを前もって見通す能力に基づいて、込み入った行動計画を立てることができる。これらの能力はいずれも、動物界ではほかに見られない。しかし、そのことから、数を処理するための脳の装置が、人間と動物ではまったく別物であるはずだとみなしてもよいだろうか？　私は、本書の至るところで、次のようなきわめて単純な仮説を立証しようと思っている。それは、ラットやハトやサルなどで見られるものとさほど変わらない、量に関する心的表象を、私たち人間が備えている、いうことだ。私たちは、それらの動物と同じように、視覚対象や聴覚対象の数を即座に把握したり、それらを足したり、また比較したりすることもできる。これらの能力のおかげで、一群のものがいくつの要素から成るものか即座に割り出すことが可能になり、それだけでなく、アラビア数字のような抽象的な数詞を理解するための基礎ともなっているのではないかと、私は推測している。重要なのは、進化の中で獲得してきたこの数覚が、より高度な数学能力を芽吹かせるための種子の役割を果たしたということである。

次の章では、人間における数の能力をつぶさに見ていき、動物の行うような数の処理方式の痕跡を、人間の中に探すことにしたい。まず紹介するのは、子どもが、学校の教室に初めて座るはるか以前から、驚くほど数に対する高い運用能力を発揮するという話である。正確にいうと、座れるようになるはるか前から、数がわかるのである！　これは、数の処理に関する動物の痕跡が人間にあるかどうかを示す、もっとも劇的な証拠だと思われる。

第2章　数える赤ちゃん

魂は不死なるものであり、すでにいくたびとなく生まれかわってきたものであるから、そして、この世のものたるとハデスの国のものたるとを問わず、いっさいのありとあらゆるものを見てきているのであるから、魂がすでに学んでしまっていないようなものは、何一つとしてないのである。だから、徳についても、その他いろいろの事柄についても、いやしくも以前にも知っていたところのものである以上、魂がそれらのものを想い起こすことができるのは、なにも不思議なことではない。

プラトン『メノン』

赤ちゃんは、出生後間もないころから、算術の抽象的な知識を持っているのだろうか？こんな問いは、愚問に思えるかもしれない。直感的には、赤ちゃんとは、学習能力以外はどんな能力も前もって身につけていない、まっさらな存在であるとみなされているからである。だが、私たちの作業仮説が正しいならば、ヒトの脳には、生まれながらにして数量を理解するためのメカニズムが備わっている。それは、私たちの進化の歴史の中で連綿と受け継がれてきたものであり、最終的に数学の習得に導いていく。数詞を学習するには、この原型的な「数のモジュール」が必要である。それも、一歳半ごろに起こる言語獲得の活発な時期（この時期を心理学者は「語彙の爆発」と呼ぶ）よりも前に、前もって存在していなければならない。そのように考えると、赤ちゃんは生まれて一年たったころには、算術の断片を理解していなければならない。

赤ちゃんを創る――ピアジェ理論

赤ちゃんには数の能力があるか？　こんなテーマは、一九八〇年代初頭になってからやっと実証的に検討されるようになったにすぎない。発達心理学はそのころまで、構成主義に牛耳られていた。それは、人間の発達について、「0歳児は数がわかる」という着想などあり得ないものとして片づけてしまうような人間観だった。構成主義の理論は、五〇年ほど前に、ジャン・ピアジェが創設した。その理論にしたがうと、論理・数学能力は、外界の規則性を観察し、それを内在化し、抽象化することによって、赤ちゃんの心の中に徐々に構成されていくものだ。出生直後の新生児の脳は、どんな概念的知識もまったく存在しない白紙にすぎず、遺伝子は、赤ちゃんをとりまく環境についてのどんな抽象的観念も与えていない。彼らはたんに、単純な感覚運動装置と汎用的学習メカニズムを与えられているにすぎない。彼らはそれらを利用して、環境と相互作用しながら、自分自身を徐々に構成していくのである。

構成主義の理論によると、0歳児はみな「感覚運動」の段階にある。彼らは、自分をとりまく環境を五感にたよって探索し、運動行為を通じてそれを制御することを学ぶ。このプロセスを通じて、子どもは、明確な規則性にめざとく気づいていくのだと、ピアジェは主張する。その例としては、遮蔽物の背後に見えなくなった物体は、その遮蔽物が取り除かれればかならず現れるということや、二つの物体が衝突しても、それらは合体して一つになることはない、ということなどが考えられる。そうした発見に導かれて、赤ちゃんは、自分のまわりの世界に関する、より高度で抽象的な心的表象を徐々に構成していく。そのように考えると、構成主義が思い描く抽象的思考の発達とは、心理学者が発見し分類した心的機能に関する階段（ピアジェの段階）を、一歩一歩登っていくことを意味することになる。

ピアジェとその後継者は、子どもが数の概念をどのように発達させていくのかについて、多くの推察を行ってきた。数も、まわりの世界に関する他の抽象的表象と同じように、感覚運動的に環境と相互作用していく中で構成されるにちがいないと、彼らは考えた。この理論が主張するのは、つまりこういうことだ。子どもは、算術に関するいかなる概念も、あらかじめ用意されることとなく生まれてくる。そして、数がどういうものであるかをきちんと理解するためには、かなりの時間を割いて、まわりの環境を注意深く観察する必要がある。子どもは、物体の集合を操作することによって、最終的には数の特性を自ら発見する。つまり、物体の位置が動いたり、それらの見た目が変わったりしても、数は変わらないということを発見するのである。シーモア・パパートは一九六〇年に、この過程を次のように記述している。

乳児にとって、物体は存在さえしない。つまり、経験によって得た知識を構成して実体のあるものにするには、初期的な組織構造が必要となる。乳児は、探検家が山を発見するように、物体の存在を発見するのではない。音楽を発見するように、その存在を発見するのである。人は、年とともに音楽に耳を傾けて過ごすことが多くなる。だが、そのようになるまでは、音楽は耳障りな雑音にすぎない。子どもは、たとえ「物体を獲得した」としても、それからが長い旅の始まりである。彼らは、分類の段階、そして系列化の段階、さらには包摂（ほうせつ）の段階を経てはじめて、数の段階に到達するのである。

ピアジェと彼の仲間は、幼児は算術を理解できないという証拠をせっせと集めたように見える。たとえば、あなたがおもちゃをハンカチの下に隠してしまうとしよう。生後一〇カ月の赤ちゃんであれば、そのおもちゃに手を伸ばすことはまずない。この発見は、ピアジェ自身が思いついたことであるが、このことから彼は、「赤ちゃんはおもちゃが視界から消えたとたん、存在しなくなると考えている」と解釈した。このことは、ピアジェの用語で言えば「対象物の永続性」ということになる。対象物の永続性を赤ちゃんが持っていないとすると、赤ちゃんは、自分をとりまく世界にまったく注目していないことにならないだろうか？　彼らが対象物の永続性を理解していないのなら、いったいどうやって、抽象的でとらえどころのない数の特性を知ることができるというのだろうか？

ピアジェによる他の観察例として、数の概念は四、五歳にならないと生まれてこないことを示しているように思えるものがあった。その歳になるまでは、「数の保存」とピアジェが呼ぶ課題に、子どもは失敗するのだ。まず、ビンとコップをそれぞれ六個ずつ、横二列に等間隔で配置する。それを子どもに見せて、「ビンとコップ、どちらが多い？」と尋ねる。そうすると、子どもは「同じだよ」と答える。このとき彼らは、ビンとコップを一つ一つ対応させて答えているかのような印象を受ける。そのあとで、コップの列の間を拡げて、ビンの列よりも長くなるようにする。当たり前だが、こんな操作をしても数は変化しない。しかし、さきほどの質問をもう一度すると、子どもは決まって「ビンよりもコップの方が多い」と答えるのだ。物体の配置が変化しても、それらの数は変わらないということを、子どもは正しく理解しているようには見えない。このような現象を、心理学者は「数の保存」ができない、という言い方で呼び慣わしてきた。

構成主義者は、子どもが数の保存課題に合格したとしても、算術の概念を理解したことにはならないと言う。七、八歳になるまでは、簡単な数のテストで子どもを罠にかけるのは非常に簡単だからだ。たとえば、子どもに六本のバラと二本のチューリップからなる花束を見せて、「バラと花、どっちが多い？」といった、おとぼけな質問をするとしよう。すると、ほとんどの子どもが「花よりもバラが多い」と答えるのである。このことから、ピアジェは、数学者が算術の土台となると考えている集合論のもっとも初歩的な基礎知識が、理性の時代に入る前の子どもには欠如していると結論した。部分集合は、それが引き出された元の集合よりも多くの要素をもつことはない。そのことを、子どもはないがしろにしているように見える。

ピアジェの知見は、私たちの教育システムに多大な影響を与えてきた。ピアジェが導き出した結論により、教育に携わる人々は、悲観的な態度と「待って見守る」というポリシーを植え付けられてしまった。この理論によると、子どもは、成長という不変の過程に導かれ、ピアジェの想定した段階をある決まった順序で移行していく。六、七歳以前の子どもでは、算術に対する「準備」はなされていない。だから、数学の早期教育を施しても無意味であり、有害でさえある。幼い頃に数学を教えると、子どもの頭の中で数の概念が歪んでしまいかねない。そうなると、数学の本質をまったく理解しないまま、暗記に頼って学んでいかなくてはならない。算術がどんなものであるかを理解できないままでいると、どうなるか。おそらく、子どもは、数学に対する不安感を募らせていく。ピアジェの理論によれば、論理、そして集合の系列化をまず教えたほうがよいという。というのも、これらの概念は数の概念の獲得に先行すると考えられているからだ。このことが理由で、今日でも就学前の子どものほとんどが、数えることを学ぶはるか以前に、異なるサイズの積み木を順番に積み上げていくことに、一日のほとんどの時間を捧げているのである。

この悲観主義は、妥当なものだろうか。ネズミやハトは、対象の空間的な配列を変えても、その対象の数がわかることに苦労しない。またチンパンジーは、二つの数量のうちより多い方を自発的に選ぶ。四、五歳に達する前の子どもが、算術に関して、動物にこんなに水をあけられているなどということが、考えられるだろうか。

ピアジェの誤り

私たちは現在、これらの点に関してピアジェの構成主義が間違っていたことを知っている。幼児が、算術について大いに学ぶ必要があるのは確かだ。また、数の概念的理解は、年齢が上がり教育を施すことに伴って、よりいっそう深まっていくのも事実である。だが、彼らは出生時でさえ、数に関する真の心的表象を欠いているわけではない。私たちはただ、彼らの年齢にふさわしい研究法を用いてテストしさえすればよいのである。だが残念なことに、ピアジェが好んだ課題は、子どもが本当にできることを示すようにはなっていない。なぜかというと、それらの課題は、実験者と被験児のあいだの対話に依存しているからで、そこが欠点である。子どもは、尋ねられた質問を正しく理解しているのだろうか？　さらに言えば、子どもは、これらの質問を、大人が意図したと同様に解釈しているのだろうか？　この点はもっとも重要であるが、子どもはそのように考えてはいないと思われる理由がいくつか存在する。動物実験と非常によく似た状況に子どもを置いた場合や、言語に関与しない方法で彼らの能力を調べた場合には、子どもは、数の能力を存分に発揮することがわかっている。

では、ピアジェの古典的な課題である数の保存を例にとってみよう。一九六七年、一流

並び換える前　　　　並び換えたあと

図2・1　2列のおはじきが完全に一対一対応する場合（左図）、3、4歳児はそれらが等しいと答える。下の列におはじきを2つ加えて長さを短くすると（右図）、子どもは上の列の方が多いと答える。これが、ピアジェによって初めて発見された古典的な誤りである。つまり、子どもは数ではなくて長さに基づいて答えるのである。だが、M&Mのキャンディを並べた場合は、子どもは下の列を自発的に選ぶ。このことは、メレールとビーヴァー（1967）の研究で明らかになった。だから、ピアジェ課題での誤りは、算術を理解できないことを示すものではなく、数の保存課題での当惑させる実験状況を反映しているにすぎないのである。（Mehler & Bever, 1967 より）

の科学雑誌《サイエンス》で、当時マサチューセッツ工科大学心理学科に在籍していたジャック・メレールとトム・ビーヴァーは、この課題の結果が、文脈と子どもの動機づけレベルに大きく左右されることを明らかにした。彼らは、二歳から四歳の子どもに対して、二種類の試行からなる課題を行わせた。一つ目の、古典的保存課題によく似た実験では、実験者がおはじきを二列に並べた。一方の列にはおはじきを六つ並べたが、それらの間隔は短かった。もう一方の列は、間隔をより長くしたが四つしかなかった（図2・1）。どちらの列のおはじきが多いかと子どもに尋ねると、三、四歳の子どものほとんどが間違って、長いが個数の少ない列の方を選んでしまった。これは、ピアジェの古典的保存課題での誤答パターンを思い起こさせる。

だが、二つ目の試行では、おはじきを、ごちそう（M&Mのキャンディ）に取り替えた。ここが、メレールとビーヴァーの実験のみそである。子どもは紛らわしい質問をされるかわりに、こんどは二つの列のうちの一方を選んで、それをすぐさま食べてもよかった。この手続きの利点は、言語理解の問題を回避しながら子どもの動機付けを高めて、より多いごちそうの列の方を選ばせることにある。たしかにキャンディを使うと、大多数の子どもが、列の長さと数が相反していようとも、二つの数のうちより多い方を選ぶのである。このことは、甘味に対する欲求をばかにできないのと同じように、子どもの数の能力も、取るに足らないものとして片づけてはいけないという、見事な証拠を提供している。
三、四歳の子どもは、キャンディの列であれば、より多い数の方を選ぶ。このことは、ピアジェの理論に真っ向から対立するとしても、さほど驚くほどのことではないかもしれない。だが、本当に驚くことがある。メレールとビーヴァーの実験で、おはじきでもM&Mでも、この課題を何食わぬ顔でこなす奴らがいる。それが、なんと、被験者としてもっとも幼い二歳ごろの子どもであるのだから、驚きである。彼らより年上の子どもだけが、おはじきの数を保存することに失敗した。したがって、数の保存課題におけるパフォーマンスは、二歳と三歳の間で一時的に低下するようである。だが、三、四歳児の認知能力が、二歳児に劣るなどということはまず考えられない。となると、ピアジェの課題は、子どもの数の能力を正しく測定していないことになる。これらの課題には、三、四歳の子どもを混乱させるなんらかの理由があって、そのために、年下の連中とほぼ同じくらいの程度にまで、課題をできなくさせているようだ。

では、いったいどういうことが起こっているのだろうか。私の考えはこうだ。つまり、三、四歳の子どもは、実験者の質問を大人とはまったく違ったふうに解釈している、ということである。質問の言葉遣いと子どもが置かれた文脈。これらが、数ではなく列の長さを判断するように尋ねられていると子どもに信じ込ませ、あらぬ方向に導くのではないだろうか。ピアジェの古典的実験では、実験者がまったく同じ質問（「それは同じものですか？　それともこっちの列の方が多いですか？」）を二度繰り返すことを思い出そう。実験者はまず、二つの列を完全に一対一に対応させた状態で、この質問をする。そして、それらの長さに修正を加えたあとにも、まったく同じ質問をもう一度する。

この二回も続く質問を、子どもはどのように受け止めるだろうか？　ちょっと考えてみればわかるように、子どもにとっても、二つの列の数が同じことは明らかだ。つまらない質問をまったく同じように二度も繰り返す大人を見て、子どもはどうもおかしいと感じているにちがいない。たしかに、会話しているときに、話し手の間ですでに理解されたことをもう一度尋ねることは、会話における通常のルールを逸脱している。この内的葛藤に直面すると、子どもは、二番目の質問が、最初の質問と表面上はまったく同一であるけれども、同じことを意味してはいないと解釈するのではないだろうか。そうだとすると、次のような推論が彼らの頭の中でなされているのかもしれない。

この人は二度も同じ質問をするけど、どうしてかな？　この人は違う答えを期待しているのかな？　きっとそうだ。けど、さっきの状況に比べて変わったのは、あれだけだよな。二つの列のうちの一つの列の長さが変わったこと。そうすると、この新しい質問は、数について尋ねているように聞こえるけど、ほんとうは、それらの列の長さを尋ねているのかもしれない。そうにちがいない。数でなく長さに基づいて答えればいいんだな。きっとそうだ。

この一連の推論は、非常に高度ではあるけれども、三、四歳児であれば、十分手の届く範囲内にある。実際のところ、この種の無意識的な推論は、かなり多くの文の解釈の基礎になっており、非常に幼い子どもが発したり理解したりする文にも含まれている。私たち大人もみな、この種の推論を幾度となく機械的に行っている。文を理解するには、その文の文字どおりの意味だけではわけがわからず、話し手によって最初に意図された実際の意味を思い起こす必要がある。多くの場合に、実際の意味が、文字どおりの意味とまったく反対になることがある。たとえば、おもしろかった映画を「悪くない出来だったね」と言うし、「お塩を取れる？」とお願いして、「はい」という答えだけしか返ってこなかったら、たしかに満足しない。このような例は、私たちが会話をするときにはいつも、話し手の意図に関して複雑な無意識的推論を行うことにより、その文を解釈し直していることを示している。幼い子どもは、保存課題をやるときに実験者と会話する。そのときに、彼らがこれと同様のことをしていないと考える理由はどこにもない。実際のところ、この仮説は、なかなかいい線をいっている。というのは、心理学者が「心の理論」と呼ぶ、他者に関する意図や信念、知識について推論する能力が立ち上がってくるのが、まさに三、四歳ごろであるからだ。つまり、メレールとビーヴァーが発見した、子どもが保存課題をしくじり始める時期、それがまさにこの時期なのである。

エディンバラ大学のふたりの発達心理学者、ジェームズ・マクガリーグルとマーガレット・ドナルドソンは、ピアジェの課題で子どもが数の保存に失敗するのは、実験者の意図を誤って理解するからだ、とする仮説を実際に検証した。彼らは、二種類のタイプの実験を行った。半分の試行では、これまでの実験と同じタイプの課題を行い、実験者が一方の列の長さを伸ばして、「どちらが多い？」と尋ねる。だが、もう半分の試行では、ぬいぐるみのクマがたまたま長さを変えてしまうようにする。実験者が都合よく目をそらしている間に、クマさんが、二つの列のうち一方を長くする。そのあとで、実験者が振り返って、「なんてこった。このばかなクマさんがめちゃくちゃにしてしまった」と叫ぶ。ちょうどそのときに、「どちらが多い？」と子どもに再び質問する。基本的な考えでは、この状況であれば、この質問が真実味をもって聞こえて、その結果文字どおりの意味で解釈されるだろう、というものだ。クマさんがきっちり同じ長さだった二つの列を乱してしまった。そこで大人は、物がいくつあるかがわからなくなった。だから、大人は子どもに尋ねるというわけである。その結果、この状況では、ほとんどの子どもが列の長さに影響されずに、数に基づいて正しく答えることがわかった。だが、列の乱れが実験者によって意図的になされた場合には、先の課題をできた同じ子どもでも、長さに基づいて判断してしまい、いつもかならず失敗した。この結果は、二つのことを意味している。一つは、幼い子どもでさえ、まったく同じ質問を、文脈に応じて二つの異なるやり方で解釈できるということだ。もう一つは、ピアジェに引きずられることなく、まっとうな文脈で質問しさえすれば、子どもは正しく答えられるということだ。なんのことはない、彼らは数を保存できるのである。

私は、この議論を誤解されたまま置いておくわけにはいかなかった。私は、子どもがピアジェの保存課題に失敗することが、些細な問題だとはまったく考えていない。それどころか、この問題は、世界各国の多くの研究者を依然惹きつけてやまない、活発な研究領域なのである。子どもはなぜ、数を判断すべきときに、列の長さのような誤った手がかりによって、いとも簡単にだまされるのか？　このことについて、これまで何百もの研究が積み重ねられてきた。それなのに、現在でもその理由ははっきりしていない。科学者の中には、ピアジェの課題の失敗が、前頭前野の成熟具合に左右されると考える者もいる。その領域は、ある方略を選択したら、攪乱があってもそれを固持し続けることを可能にしている。この考えが正しいならば、ピアジェの課題は、攪乱刺激に抵抗する能力を示す一つの行動指標として、新しい意味を持つことになる。こういう考えをさらに発展させようとすると、新たに本をもう一冊書かなければならなくなる。だからここでは、かなり控えめではあるが、次のことだけ読者のみなさんにわかってもらえれば、それで十分である。つまり、ピアジェの課題がどういうものでないかについては、現在はわかっている。これらは、子どもが数の概念をいつ理解し始めるかを知るためのよい課題ではない。このことは、考案者のピアジェには、思いも寄らないことだっただろう。

より幼い子どもへ

子どもは、かつて可能だと考えられた時期よりもはるかに早い時期に「数を保存する」。そのことを示唆する研究を、私はこれまでのところで紹介してきた。これらの知見は、数の発達に対するピアジェ流の時間尺度に疑問を投げかける。だが、だからといって、構成主義全部がダメだということにはならない。ピアジェの理論は、少ない紙面で言い尽くせるほど簡単なものではないし、また上述の結果をうまく説明する術もいくつか用意している。

ピアジェなら、これらの知見に対して、こんなふうにぼやいたかもしれない。つまり、オリジナルの数の保存課題で、相反する手がかりをいくつか取り除いて方法を修正すると、子どもの課題は簡単になりすぎてしまう。保存課題が子どもを誤った方向に導くことを、ピアジェは十分認識していた。実際には、彼は確信犯で、列の長さと数が葛藤を起こすように、意図をもって課題をデザインしたのである。彼の考えでは、算術の概念的基礎をほんとうに獲得したというには、子どもが、列の長さや実験者の言葉遣いなどの無関連な変化に惑わされないで、なされた操作の論理的帰結を考慮することにより、数がより多い列がどちらかを純粋に論理的な基本事実をもとに予測できるようにならなければならない。数の概念的理解をもつとは何を意味するのか。そのことについて、ピアジェがもっとも重要と考えたものは、誤った方向へと導く手がかりへの抵抗であったように思える。

ピアジェはまた、このように議論したかもしれない。つまり、より多いキャンディの列を選ぶことは、数の概念的な理解を必要とするのではなく、より大きなかたまりを認識したり、それに定位づけたりするのを可能にさせる感覚運動的な協応を必要とするだけである。ピアジェは自分の研究を通じて、幼い子どもの感覚運動的知能を最後まで強調し続けた。だから、子どもがある早い段階で「より多い方を選択する」という方略を発見することは、喜んで受け入れただろう。だが、この方略は、論理的な基礎を理解せずに使用されていると、彼はきっと主張したであろう。そして、子どもが大きくなったらやっと、自分の感覚運動能力を考慮しながら、数のより抽象的な概念に達すると主張したであろう。この態度を明確に示しているのは、ピアジェがオットー・ケーラーの鳥類やリスでの数の知覚に関する研究の話を耳にしたときである。そのときのピアジェの反応はというと、動物は算術の概念的理解は獲得できないが、「感覚運動的な数」なら獲得できる、というものだった。

一九八〇年代に入るまで、ピアジェの理論に挑んだ実験でも、赤ちゃんが数の概念をいっさい持たないとする彼の中心的仮説には、本気で取り組むことはなかった。結局のところ、メレールとビーヴァーのおはじき課題を行ったもっとも幼い子どもでも、もう二歳になっていた。それまでに学習が起こる時間は十分にあった。この流れのなかで、乳児を対象とした科学的研究は、突如として理論的にもっとも重要なものになった。一歳未満の赤ちゃんでも、環境との相互作用を通じて数を抽象化する機会をもつ前に、数に関するなんらかの概念をすでに獲得しているということを示せるだろうか？ 答えは、イエスである。一九八〇年代に入ると、六ヵ月齢児、そして新生児でも、数の能力をもつことが相次いで証明された。

そんな幼い時期における数を操る能力の存在を証明するには、当然、言葉で質問する手段などはとれない。そこで、科学者はどうしたかというと、赤ちゃんが新奇なものに対して興味を示すことに目を付けた。親であれば誰もが知っているように、赤ちゃんは同じおもちゃを何度も見ていると、結局はそれに対する興味を失っていく。ちょうどそのときに、新しいおもちゃを見せると、興味は復活することがある。この基本的な観察は、実験室や厳格に統制された状況で実際に追認される必要はあるが、そのことから、赤ちゃんが最初のおもちゃと新しいおもちゃとの違いに気づいていたことがわかる。この方法を拡張すれば、赤ちゃんにどんな質問でもすることができる。このような方法のおかげで、研究者は、乳児や新生児が非常に幼い時期でさえ、色や形や大きさ、そして数などの違いを知覚できるということを証明できるようになったのである。

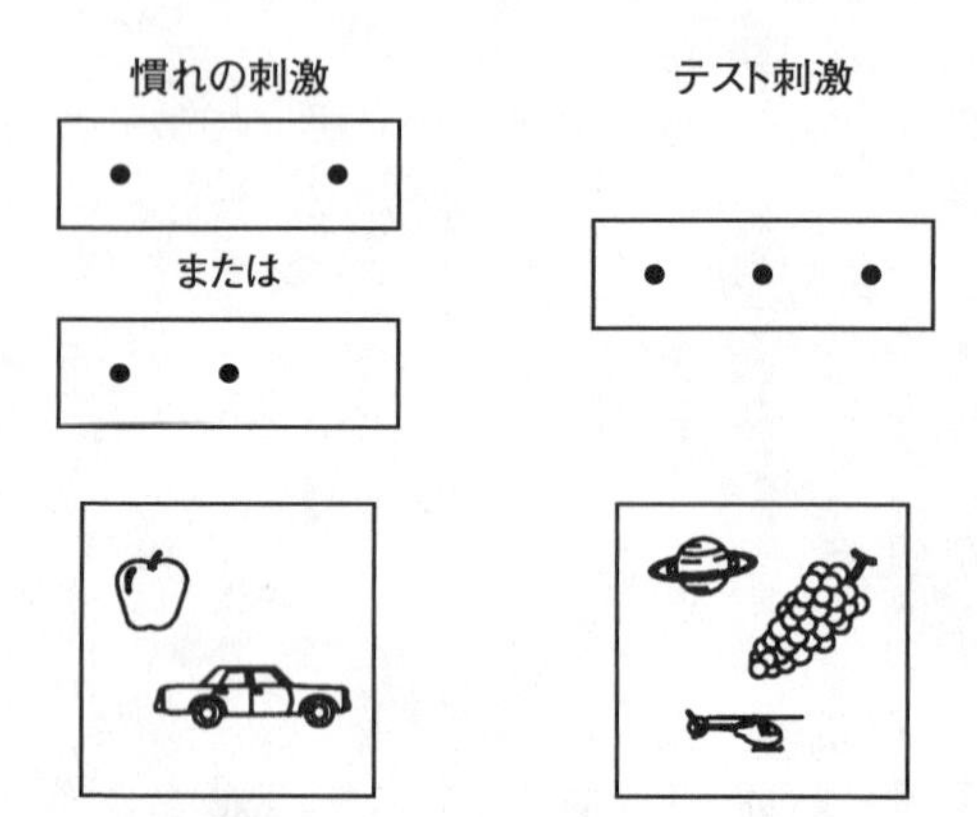

図2・2　赤ちゃんは2と3の数を弁別できるか。このことを調べるために、彼らに2個の物体を繰り返し提示した（左図：馴化段階）。この後に、彼らは、2個の物体よりも3個の物体（右図）の方をより長く注視した。物体の位置や大きさ、同一性は毎試行変えられた。だから、赤ちゃんを新たに惹き付けたわけを、数に対する感受性以外のもので説明することはできない。（上：Starkey & Cooper, 1980 によって使用された刺激。下：Strauss & Curtis, 1981 によって使用された刺激によく似たもの）

赤ちゃんが小さい数を認識できることを最初に確かめた実験は、一九八〇年に、ペンシルヴァニア大学のプレンティス・スターキーの研究室で行われた。被験児は、生後一六週から三〇週までの乳児七二名であった。赤ちゃんはそれぞれ、母親の膝の上に座らされて、スライドが投影されるスクリーンを見せられた（図2・2）。赤ちゃんの目にビデオカメラの焦点を合わせて、視線方向を録画した。そして、実験の詳細な手続きを知らない人にその映像を見てもらって、赤ちゃんがどちらのスライドをどれだけ見続けていたかを正確に測定してもらった。赤ちゃんがスクリーンを見なくなり始めたら、新しいスライドをスクリーンに映す。まずは、基本的に同じ性質をもつスライドを示した。つまり、大きな黒い点が水平方向に並んだもので、それらの間隔は毎試行異なるが、つねに二個あった。この試行が続くと、赤ちゃんは、このような反復する刺激をだんだんに見なくなった。そこで今度は、予告なしにそのスライドから、三個の点を含む新しいスライドに切り替える。そうすると、赤ちゃんはすぐさま、これらの予期しなかったスライドを、これまで以上に長く注視し始めた。スライドが切り替わる直前には、注視時間が一・九秒だったのに、新しいスライドを導入すると、一枚目から二・五秒に跳ね上がった。したがって、赤ちゃんは、二個の点から三個の点への切り替えに気づいたと言える。同じ手続きでテストされたその他の赤ちゃんは、三個から二個への切り替えに気づいた。これらの実験は当初、六、七カ月齢の赤ちゃんで行われたのだが、それから数年後には、メリーランド大学ボルチモアカウンティ校のスー・エレン・アンテルとダニエル・キーティングが、出生後数日の新生児でも、2や3の数であれば弁別できることを、同様の手続きを用いて証明した。

赤ちゃんが気づいたのは、他のなんらかの物理的変化ではなくて、本当に数の変化なのかを確かめるには、どうすればよいだろうか？　スターキーとクーパーの最初の実験では、黒点が一列に並んでいた。このようにすると、点が作る全体的形態によって、数以外の手がかりを与えることはなかった（他の並べ方にすると、数はたえず形と交絡する。二個の点は線分になり、三個の点は三角形になるからだ）。彼らはまた、点の間隔も変えた。そうすれば、点の密度や線分の長さも、2と3を弁別する際の手がかりにはならないだろう。その後、ピッツバーグ大学のマーク・ストラウスとリン・カーティスが、より統制のとれた実験を行った。彼らは単に、さまざまな種類の自然物が写ったカラー写真を用いただけだったが、対象の大きさや配置、撮影法の点では、さまざまなものが用意されていた。唯一変化しなかったのは、対象の数だけだった。実験は、対象が二個の場合と三個の場合を半分ずつにして行った。赤ちゃんは、考えられるあらゆる物理的変数に多少は影響を受けるにせよ、数の変化には、必ず気づいていた。さらに近年では、オランダのニーメーヘン・カソリック大学の心理学者、エリック・ファン・ルースブロークとアド・スミッツマンが、お互いを何度も隠しながら動くランダムな幾何学図形を用いて、この実験の追認を試みた。その結果、五カ月齢児が、動いている対象の同一性に気づいており、それらの数を理解できることがわかった。

赤ちゃんの抽象能力

数に対するこれほど早熟な感受性は、赤ちゃんの視覚系が優れていることの単なる現われなのか、それとも、より抽象度の高い数の表象があることを示すものなのか、現在のところ、答えはわかっていない。ごく小さな子どもに対しては、私たちは、ラットやチンパンジーで問題にしたのと同じことを、やはり問題にしなくてはならない。たとえば、赤ちゃんは一連の音の中から一定の音の数を引き出せるのだろうか？　「３」という抽象的概念が、三つの聴覚刺激と三つの視覚刺激のどちらにも同じようにあてはまることを、赤ちゃんはわかるのだろうか。この問題は、とくに重要な点である。さらには、数の表象を心の中で組み合わせて、１＋１＝２のような初歩的計算を行うことができるだろうか？

最初の質問に答えようとして科学者がしたことは、視覚で行われた、もともとの数の認知実験を、たんに聴覚に置き換えることだった。彼らは、三つの音からなる音列を何度も繰り返し聞かせることによって赤ちゃんを飽きさせた後で、二つの音からなる新しい音列を聞かせ、赤ちゃんの興味が回復するかどうかを調べた。これらの実験は、とくに示唆に富む。というのも、ある実験では、なんと生後四日の赤ちゃんが、話された音声をより小さな単位、つまりシラブルに分節化し、その数を数えることができることを示唆しているからである。だが、そのような幼い子どもで実験を行う場合には、子どもの視線を追うよりも吸啜（きゅうてつ）反応を利用した方が、かなりお手軽である。パリ認知科学・心理言語学研究センターのランカ・ビエリヤック＝バビックらは、おしゃぶりを圧力変換器とコンピュータに接続して、それを赤ちゃんにくわえさせた。赤ちゃんがおしゃぶりを吸うと必ず、コンピュータがそれを察知して、その後すぐに「バキフ(bakifoo)」や「ピロファ(pilofa)」といった無意味な単語がスピーカーから流れる。単語はどれも同じシラブル数のものにした(たとえば、シラブル数「3」に統一した)。おしゃぶりを吸うと音が流れるという、この特殊な状況に赤ちゃんを置くと、おしゃぶりを吸う率が上昇していくので、興味が高まってゆくのがわかる。だが、しばらくすると、おしゃぶりを吸わなくなってゆく。聞かせて吸う率の落ち込みは、コンピュータによって検出される。すると今度は、二つのシラブルをもつ単語がすぐに切り替わって提示される。赤ちゃんの反応はどうか。彼らはすぐさまおしゃぶりを意気揚々と再開して、この新しい構造をもつ単語を聴こうとする。この反応はシラブル数に関連しているだろうか。それとも、目新しい単語が出てきたせいにすぎないのだろうか。このことを確かめるために、シラブル数は同じままだがまだ聞かせたことのない単語を、統制群として何人かの赤ちゃんに聞かせてみた。その結果、統制群では反応が見られなかった。単語を提示する時間と速度は、いろいろなタイプのものを使用したので、最初の単語と二番目の単語を区別する唯一の変数は、シラブルの数であったとしか考えられない。

そうなると、かなり幼い子どもでも、環境内の物体の数にも、音の数にも同じように注意を払っていることになる。これに加えて、カレン・ウィンが最近行った実験のおかげで、ぬいぐるみの示す二回と三回のジャンプを、六カ月齢の赤ちゃんが弁別することもわかっている。つまり、赤ちゃんは行為の数もわかるのである。だが、フランスの詩人ボードレールのことばを敷衍（ふえん）して説明すると、赤ちゃんは、音と視覚対象の「照応（コレスポンダンス）」に気づくだろうか？　雷が三回光ると、同じ数だけ雷鳴がとどろくことを、彼らは期待するだろうか？　要するに、視覚と聴覚はそれぞれ独立した経路で、数の抽象的表象にアクセスするのか、ということである。この疑問には、肯定的な答えを与えられる。というのも、アメリカの心理学者プレンティス・スターキーとエリザベス・スペルキ、ロッシェル・ゲルマンが、大変巧妙な実験を行ってくれているからだ。赤ちゃんの心に関するこのような難解な問題は、一九八〇年代の認知革命前には、実質上答えるのは無理だと考えられていた。そういう理由もあって、私は個人的に、彼らの研究を実験心理学の記念碑として高く評価している。

このマルチメディア実験について説明しよう。被験児は六～八カ月齢の赤ちゃんで、彼らをひとりずつ二台のスライドプロジェクタの前に座らせる。左右に並んだスクリーンには、なじみの物体（訳注：はさみや歯ブラシなど）を投影し、左には二個、右には三個示した。その際、物体の配置はランダムになるようにした。それと同時に、スクリーンの間にあるスピーカーから太鼓の音を流して、赤ちゃんに聞かせた。あとはいつものように、どちらのスクリーンをどのくらい見ていたかを実験者が判断できるように、隠しカメラで赤ちゃんの視線方向を録画した。

最初、赤ちゃんは、興味深そうにスクリーンを目で探索する。三個の物体が投影されたスクリーンは、二個のものよりも明らかに複雑である。だから、赤ちゃんは、三個の物体があるスクリーンの方に、わずかではあるが、より多くの時間と注意を向ける。だが、この傾向は、何試行かのうちにしだいに消えていき、それと入れ替わりに今度は、目を奪うような結果が現れる。すなわち、聞こえてくる音と同じ数の物体が映されたスライドの方を、赤ちゃんがより長く見つめるようになるのだ。つまり、赤ちゃんは、太鼓の音が「トン、トン、トン」と三回聞こえる場合には、三個の物体の方を一貫してより長く注視する。だが、太鼓の音が「トン、トン」と二回聞こえると、今度は二個の物体の方を好んで見るのである。

だから、たとえ音の数が試行ごとに変化しても、赤ちゃんが音の数を同定し、それを目の前にある物体の数と一対一の対応をつけていると言っても、言い過ぎではないだろう。両者の数が一致しない場合、赤ちゃんは、そのスライドをそれ以上眺めることはしないで、もう一つのスライドの方をのぞいてみようとする。この方略はかなり複雑で精巧なものだ。

そんなことを、生まれてわずか数カ月しかたっていない赤ちゃんがやってのける。この事実はまさしく、彼らの数的表象が、低いレベルの視覚と聴覚に直結したものではないことを示している。もっとも単純な説明は、赤ちゃんが、聴覚的パターンや物体の幾何学的形態ではなく、数を実際に知覚しているというものだ。物体を三つ見る。音を三つ聞く。いずれにせよ、彼らの脳では、「3」という数のまったく同一の表象が活性化するものと思われる。この表象は、内的で抽象的なものであり、また感覚様式を超えたものでもある。そのような表象によって、赤ちゃんは、一方のスクリーン上にある物体の数と、同時に聞かされる音の数との対応性を検出することができる。動物がまったく同じように振る舞うことを思い出そう。動物もまた、三つの音と三つの光のいずれにも等しく反応する神経細胞を備えているらしい。おそらく、赤ちゃんの行動も、数の知覚に関する抽象的なモジュールがあることを反映しているのだろう。そのようなモジュールは、進化の長い歴史を経て、動物と人間の脳の奥深くに埋め込まれてきたのである。

1たす1はどのくらい？

赤ちゃんと動物の行動の比較を、もう少し続けることにしよう。前章では、「オレンジ二個＋オレンジ三個」といった単純な足し算の答えを、チンパンジーが大まかになら引き出せることを見てきた。このことは、赤ちゃんにも当てはまるだろうか？　これは、一見したところ、かなり大胆な仮説のように思える。私たちは、子どもの数学の理解は、小学校にあがる直前ごろから始まると思いがちである。「0歳児は計算能力をもつか」といった、固定観念を打ち壊す疑問は、一九九〇年代になってやっと実証的な検証を受けるようになった。そのころまでには、数の知覚実験は、赤ちゃんと動物のいずれにおいても数多く行われるようになっていた。それらの研究が、この種の実験が試みられたり、その結果が興味を惹きつけたりするような素地を、科学界に用意したと言える。

一九九二年、ある有名な論文が《ネイチャー》誌に発表された。そのタイトルは、「人間の乳児における足し算と引き算」。この研究を行ったのは、アメリカの若い研究者カレン・ウィンである。赤ちゃんは、物理的にあり得ない事象にめざとく気づく。この能力を利用して、彼女は単純だが非常に巧妙な実験を行った。それまでのいくつかの研究で明らかになっていたのは、一歳に満たない赤ちゃんが、基本的な物理法則にそぐわない「不思議な」事象を目撃したときに、ひどく困惑するということである。たとえば、ある物体が支えを失っても、なぜか空中に浮いたままになっているとしよう。すると赤ちゃんは、このようなシーンを疑い深いまなざしで見つめる。同じように、二つの物体が空間内で同じ場所を占めるとしよう。このようなシーンも、赤ちゃんをびっくりさせる。また、ある物体をスクリーンの背後に隠して、そのあとにそのスクリーンを取り除く。この場合、物体がそこになかったならば、赤ちゃんはびっくりすることがわかっている。つまり、この結果は、五カ月齢でも「見えないもの（out of sight）」は「心に存在しない（out of mind）」わけではないことを示している。そうなると、この結果はあのピアジェの理論にそぐわないことになるが、現在では、一歳未満の赤ちゃんがピアジェの求める「対象物の永続性」課題に失敗する理由が、ある程度わかってきている。それはつまり、手を伸ばす動きをコントロールする前頭前野が未成熟なせいなのだ。一歳未満の赤ちゃんは、隠された物体に対して適切に手を伸ばすことができない。その観察例をもとにして、彼らがその物体はすでに消えてしまったと思っているとすることはできないのである。

このようなすべての状況において、赤ちゃんが驚いているかどうかは、物理法則に従う状況である統制条件のときに比べて、スクリーンの探索に費やした時間が有意に増えるかどうかで確かめられる。カレン・ウィンが行った実験の独創性は、このアイデアを赤ちゃんの数覚を調べるために利用したところにあった。彼女は、数の変換として解釈される事象、たとえば、モノ＋モノという状況を赤ちゃんに提示した。そして、赤ちゃんが正確に「二個のモノ」という答えを期待するのかどうかを実験した。

生後五カ月の実験協力者が実験室に到着すると、まず人形劇用の舞台の前に座らされる。

最初の一連の事象：1+1

1. 第1の物体が壇上に置かれる

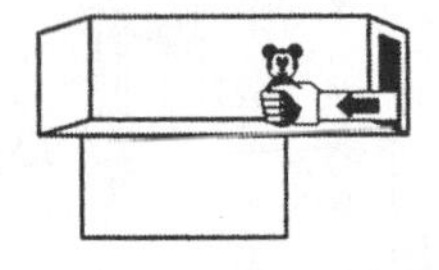

2. スクリーンが上がる

3. 第2の物体が足される

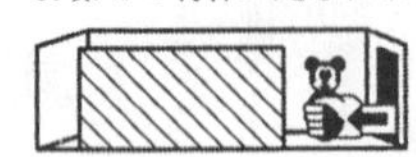

4. 手が空で引っ込む

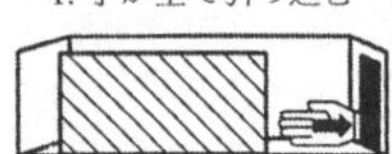

あり得る結果：1+1=2

5. スクリーンが下がると…

6. 2個の物体が現れる

あり得ない結果：1+1=1

5. スクリーンが下がると…

6. 1個の物体が現れる

図2・3　カレン・ウィンの実験では、4、5カ月齢児が、1＋1が2になると期待していることが示された。まず、おもちゃがスクリーンの背後に1つ隠される。次に、おもちゃをもう1つ隠す。スクリーンが降りたとき、ある場合は2つ、ある場合は1つだけ、おもちゃが現れた。赤ちゃんは、1＋1＝2よりも1＋1＝1の方を、つねにより長く注視した。つまり、赤ちゃんは2つのおもちゃが現れるのを期待していると言える。（Wynn, 1992 より改訂掲載）

舞台の前には、上がったり下がったりするスクリーンが備え付けてある（図2・3）。舞台の右脇から実験者の手が現れる。そして、ミッキーマウスを一つ舞台上に置く。そのあとスクリーンが立ち上がり、ミッキーマウスを覆い隠す。ふたたび、実験者の手が現れる。そして、もう一つのミッキーマウスをスクリーンの背後に置き、最後は手に何もないことを誇示しながら、その手を引っ込める。これらの一連の事象をつなげると、足し算を具体的に描写していることになる。つまり、スクリーンの背後にぬいぐるみがまず一つあって、そのあとでぬいぐるみがもう一つ足されるという状況は、まさに「1＋1」である。赤ちゃんは、ぬいぐるみが二ついっしょのところを見ることはなく、一度に一つだけしか見ない。こんな状況でも、スクリーンの背後にぬいぐるみが二つあるはずだと、赤ちゃんは推論したのだろうか。

このことを確かめるには、スクリーンが下げられたときに、予期しない結果を示せばよい。つまり、ミッキーマウスを一つだけ登場させればよいのである。赤ちゃんに気づかれないようにしながら、二つのうちの一つを、隠し扉を通じて取り除く。赤ちゃんの驚きぐあいを推定するには、まず「1＋1＝1」の不可能な事象を注視する時間を測定する。そして、その注視時間を、二つのぬいぐるみが現れる期待通りの結果（「1＋1＝2」）に対する注視時間と比較すればよい。結果は、赤ちゃんは、1＋1＝2（可能な事象）よりも、

1＋1＝1（不可能な事象）の方を、平均して一秒以上も長く注視したのだ。だが、この結果だけでは納得しない人がいるかもしれない。というのも、赤ちゃんは、足し算をやっているのではなくて、二つの物体よりも一つの物体をより長く注視しただけかもしれない。だが、この説明は支持されない。なぜかというと、1＋1のかわりに2－1の操作を提示した場合には、結果が逆になるからである。この実験条件では、スクリーンの背後にぬいぐるみが二つあるのを発見した場合（2－1＝2）に、赤ちゃんはびっくりした。彼らはこの不可能な事象を、2－1＝1の可能な事象よりも、およそ三秒も長く注視したのである。

ここでことさらに疑り深さを発揮して、これらの結果を、赤ちゃんに正確な計算ができる証拠として認めないこともできる。ウィン自身も、そのように述べている。つまり赤ちゃんが、ぬいぐるみが足されたり取り出されたりするときには全体の合計が変わることを知っているだけのことかもしれない。だから、これらの計算結果が正確にわからなくても、「1＋1は1でないだろう」とか、「2－1は2にならないだろう」と、彼らが理解している可能性は十分にある。だが、なんとかひねり出したこの説明も、実証的な検証の前にはひとたまりもない。単に、1＋1が2になる場合と3になる場合を実験的に検討してみれば、それだけで解決する。さすが、彼女はこの追認実験も行っている。その結果、この場合でも五カ月齢児は、二つのぬいぐるみが現れる可能な事象よりも、三つのぬいぐるみが現れる不可能な事象の方をより長く注視した。ここまできたら、もはや何も言うことはない。赤ちゃんは、1＋1が1でも3でもなくて、正確に2だということを知っているのである。

この能力に関しては、赤ちゃんもラットもシバ（前章で紹介した計算ができる天才チンパンジー）もみな同じである。最近では、カレン・ウィンとまったく同じ実験デザインを用いて、野生のアカゲザルで実験をした研究者もいる。ハーヴァード大学の霊長類学者マーク・ハウザーだ。彼は、サルがハウザーの存在に興味を示してこちらを見ているときに、ナスを立て続けに二つ、箱の中に隠した。そのうちの何回かの試行では、ナスを一つ隠してから箱を開けた。その際に、別の人がサルをビデオで撮影して、彼らの驚きの程度を測定した。この野生の状況では、どうなっただろうか。この結果は、きわめて重要であり、また興味をそそるものでもある。サルは、赤ちゃんよりもはるかに強烈に反応した。つまり、あるはずのナスが消えてしまう「手品」試行では、彼らはかなり長い間、その箱をじろじろと見つめたのだ。だから、少なくとも動物のいとこと同じくらいには、人間の赤ちゃんにも算術能力が備わっていることは明らかである。これらのことから、言語をもたない生き物でも、数の初歩的計算を行えることがうかがえる。

赤ちゃんのこの能力は、実際にはどの程度抽象的なのだろうか。カレン・ウィンの実験からは、それはわからない。赤ちゃんは、スクリーンの背後に隠されたぬいぐるみに関して、物体の消失や出現に即座に気づくほど精度が十分に高い、一種の心的な写真のような、鮮明で現実的なイメージを心に留めているのかもしれない。あるいは、スクリーンの背後で出し入れされるぬいぐるみの数を、それらの位置や種類には気を取られずに記憶するだけかもしれない。このことをはっきりさせるには、ぬいぐるみの位置や種類に関する詳細な心的モデルを赤ちゃんに作らせないようにし、それでも、彼らがその数を予測するかどうかを見ればよい。パリにある私たちの実験室でエチエンヌ・ケクランが行った最近の実験は、この考えをもとにしている。この実験は、ウィンの研究とほぼ同じデザインで行われたが、一つだけ異なる点があった。それは、ぬいぐるみがゆっくり回転するテーブルの上に置かれるという点である。そのテーブルは、ぬいぐるみがスクリーンの背後に隠されるときも、一定の速度で回転し続けた。この状況では、スクリーンが下げられても、ぬいぐるみがどこにあるかを予測できない。彼らは、予測される場面の心的イメージを詳細には構成できないだろう。彼らができることと言えば、位置がわからない、回転する二つの物体の、抽象的な表象を構成することだけである。

結果はどうなったかというと、驚いたことに、四、五カ月齢の赤ちゃんは、物体の動きによって少しも惑わされることはなかったのだ。彼らはこの状況でも、１＋１＝１と２－１＝２などの不可能な事象に驚いたのである。だから、彼らの行動は、物体がこの位置にあるはずだという期待に影響されているわけではない。彼らはスクリーンの背後に、物体の正確な配置を見ようとするのではなく、物体が、一つでも三つでもなく、二つあることだけを予想しているのである。ジョージア工科大学の心理学者トニー・サイモンと彼の同僚は、赤ちゃんが、スクリーンの背後にある物体がなんであろうがとくに気にとめず、それらの数だけを計算していることを示した。四、五カ月齢の赤ちゃんは、算術操作の途中で物体の外見が変化しても、さほど驚かないのである。これは、より年長の子どもとは違う点である。スクリーンの背後に、二つのミッキーマウスが隠されたとしよう。そして、スクリーンが下げられる。そのときに、ミッキーマウスのかわりに赤いボールが二つ現れても、赤ちゃんはさして驚かないのだ。しかし、もしボールが一つしか現れなかったら、赤ちゃんの興味は大いに喚起される。赤ちゃんの数の処理過程に関する限り、ミッキーマウスがボールに姿を変えたり、ヒキガエルが王子様になったりしても、何の問題もなく受け入れられる。物体が消失したり、新たに現れたりしなければ、赤ちゃんは、そのような操作も算術上正しいと判断し、驚く様子を微塵(みじん)も見せない。逆に、物体が消失したり、パンと魚の奇跡のようにわけもなく複製したりすると、本当に奇跡を目の当たりにしているかのようになるが、それは、私たちの心の奥底に潜む数的な期待に一致しないからであろう。少数の物体の数を記憶に留めるのは、赤ちゃんにもできることであるばかりか、赤ちゃんの数覚は、物体が動いたり、外見が突然変化したりしても騙されないほどに洗練されているものだと言える。

赤ちゃんには手に負えない計算

ここまでの実験の話をすることで、赤ちゃんは数に関する天賦の才を持っていると、みなさんに納得していただけたと思いたい。だが、だからと言って、あなたのうちの一番幼い子どもを数学の夜間授業に参加させるべきだと言いたいわけではない。また、あなたの子どもが初歩的な足し算をまったくできないとしても、神経学者に診てもらうことをお勧めするわけでもない。生まれて一年の間に、アラビア数字で書かれた計算式や、さらには日本のひらがななどを赤ちゃんに提示すると、（彼らはもちろんまったくそれらを理解できないが）知能を引き上げることができるなどという謳い文句を武器にして、商売をする詐欺師がかなりいるが、私が論じたピアジェへの反証が、その根拠を与えるものだと受けとられたら、私は咎（とが）められるべきだ。幼い子どもは、たしかに数の能力をもっている。だが、その能力は、もっとも初歩的な算術に限られている。

まず、赤ちゃんが1と2と3の計算はできても、4を越える数に対しては正確に計算できなくなることを述べよう。二個と三個の物体を含む実験であればどんなものであっても、赤ちゃんはそれらを弁別できることがわかっている。だが、3と4の弁別に関しては、たまにしか成功しない。一歳以下の赤ちゃんでは、四個と五個、あるいは四個と六個の点であっても、それらを区別することはできない。だから、赤ちゃんは、1と2と3に関する正確な知識しか、もち合わせていないように見える。これに関しては、赤ちゃんの能力は大人のチンパンジーにかなわないらしい。チンパンジーは、六個と七個のチョコレートチップを区別する課題でも、まぐれ当たり以上の成績を挙げることができる。

しかし、赤ちゃんの算術世界の境界は4である、と結論を下すのは時期尚早だ。これまではどの研究も、赤ちゃんの心にある小さい数に対する正確な表象にしか目を向けてこなかった。だが、赤ちゃんも、ラットやハトやサルと同じように、数に対する大まかではあるが連続的な心的表象はもっている可能性も大いにある。この表象は、ラットとチンパンジーで見出された距離の効果と大きさの効果におそらく従うだろう。だから、赤ちゃんがnと$n+1$を区別しづらくなるのは、ある限界を超えたところであると予測することができる。このことは、4以上の数で実際に観察される。だが、かなり離れた数同士を対にして提示するのであれば、彼らは、4を超えてもそれらを認識できるというふうに考えられないわけでもない。したがって、赤ちゃんは、2+2が3か4か5かはわからないかもしれないが、「2+2=8」を示すシーンを見せられると、この場合はさすがにびっくりするかもしれない。この予測は、私が知る限り、まだ検証されていない。もしこのことが正しいとわかれば、赤ちゃんがもつ数の知識の範囲は、格段に拡張されることになるだろう。

赤ちゃんにはできない算術がもう一つある。大人であれば、物がそこにいくつかあると自動的に推論する状況で、赤ちゃんは必ずしも同じ結論を引き出すわけではないのである。たとえば、スクリーンの背後から、赤いトラックのおもちゃと緑色のボールが交互に現れるとしよう。あなたは、そこには少なくとも二つの物体が隠れていると即座に結論するだろう。そして、スクリーンが取り除かれたとき、そこに一つの物体、たとえば緑色のボール一つしか見あたらなかったら、あなたは大いに困惑するはずだ。だが、赤ちゃんは異なる反応を示す。スクリーンが降りて、物体が一つある場合と二つある場合のどちらに対しても、一〇カ月齢の赤ちゃんは少しも驚く様子を見せない。形態や色のまったく異なるものが、スクリーンの背後から交互に現れたとしても、それは、物体が複数あることを示す十分な手がかりとみなしているわけではないのだ。赤ちゃんにとって日頃からなじみのある物体(たとえば、自分が使っている哺乳ビンやお気に入りの人形など)を用いて実験したとしても、反応は同じである。一二ヵ月齢になると、彼らはやっと、二つの物体を期待し始める。そのときでも、形の異なる物体でしか、実験は成功しない。もし色か大きさのいずれかだけが変えられるとしたら、どうなるだろうか。大小二つのボールがスクリーンの両端に交互に現れる場合を考えよう。この場合、一二ヵ月齢の赤ちゃんでも、スクリーンの背後に二つの異なる物体があると推論することは、十分にできないように思われる。

赤ちゃんが絶対的な信頼を置いているように見える手がかりは、物体のとる軌跡だけである（図2・4）。スクリーンを一枚から二枚にして、その間に隙間を設ける。この状況で同じ実験を繰り返すとしよう。一つの物体が右のスクリーンの端と、左のスクリーンの端から交互に現れると、赤ちゃんは、二つの物体が左右のスクリーンの後ろに一つずつあると推論する。ある一つの物体が、一方のスクリーンからもう一方のスクリーンへ、その隙間に一瞬でも姿を現さずに移動することはできないと、彼らは知っているのだ。だが、一つの物体がちょうどよいタイミングでこの隙間に実際に現れるならば、赤ちゃんの期待は入れ替わって、一つの物体が現れることを再び予測するようになる。逆に言えば、一つのスクリーンの場合でも、実験の初めに二秒間だけ、二つの物体が舞台上で同時に提示されれば、最終的には二つの物体が現れることを、赤ちゃんは期待するのだ。

このように、物体の空間的軌跡に関する情報は、数の知覚にとって決定的に重要な手が

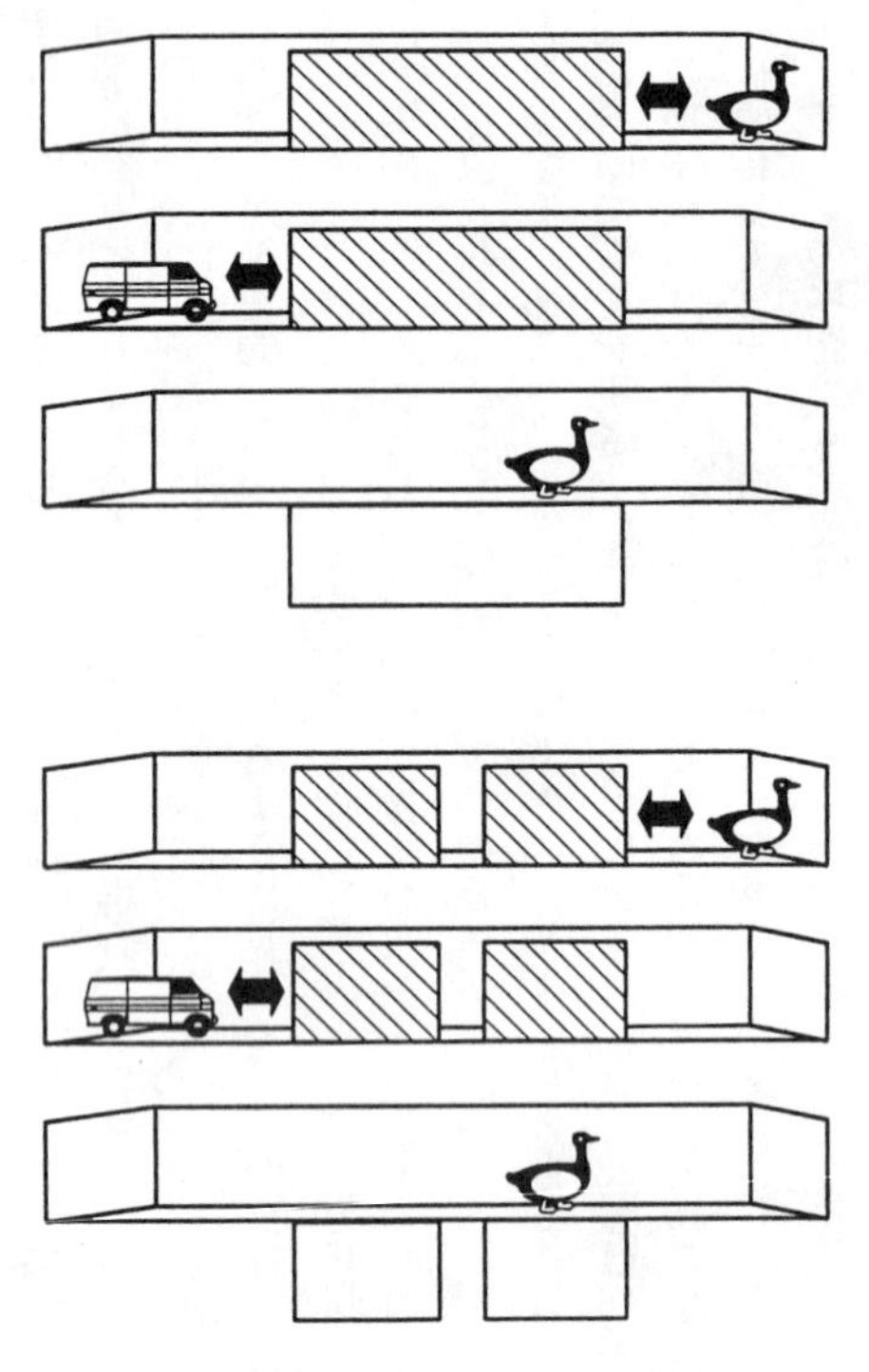

図2・4　赤ちゃんは、物体の同一性でなくその軌跡に基づいて、数を期待する。上の状況では、アヒルとトラックがスクリーンの左右に交互に現れる。物体の同一性が変化しているにもかかわらず、赤ちゃんは、スクリーンが降りて物体が1つしか現れなくても、まったく驚く様子を見せない。下の状況では、スクリーンの間に隙間がある。だから、この隙間に姿をまったく見せないで、ある物体が左から右のスクリーンへ移動することは物理的に不可能である。この状況では、赤ちゃんは2つの物体を予測する。スクリーンが降りて、物体が1つ現れない場合は、びっくりする。（Xu & Carey, 1996 より改訂掲載）

かりとなる。注意しておきたいのは、この結論が、上述した回転テーブルの実験結果と少しも矛盾しないということである。その実験が示していたのは、スクリーンの背後の物体が動いていようが止まっていようが、赤ちゃんには関係ないということだった。だが実際のところは、その実験でも、軌跡に関する情報が非常に重要であると思われる理由がある。「1＋1＝2」の状況を考えてみよう。実験者がスクリーンの背後にある回転テーブルに、一つめのミッキーマウスを置く。そしてその直後に、同じ姿形をしたミッキーマウスがスクリーンの右側の実験者の手の中にあるとしよう。この場合に、それが一つめのミッキーマウスと同一のぬいぐるみであることは、物理的にあり得ない。なぜかというと、このぬいぐるみが、姿を見せずにスクリーンの背後から離れることは、とてもできないと思われるからだ。だから、赤ちゃんは、一つめのぬいぐるみと外見上はまったく同一のぬいぐるみがもう一つあると結論する。つまり、合わせると、そこには二つのぬいぐるみがあると期待する。ぬいぐるみの位置が予測できなくなるまで、立て続けに動かされたとしても問題はない。「2」という抽象的な表象がいったん活性化されれば、この種の変型や変更にだまされることはなくなる。たしかに、時間と空間の点から決まる、離散的な物体の位置に関する空間情報は、赤ちゃんの脳の中で数の表象を立ち上げるのになくてはならないものだ。だが、この表象がいったん活性化されれば、それはもはや必要とされないのである。

要するに、赤ちゃんの数的推論は、物体の時空間的な軌跡によって完全に規定されていると言ってもおかしくないように思う。ある物体の動きを赤ちゃんが見て、その動きが物理法則の範囲内では一つの物体によって引き起こされようがないならば、少なくとも二つの物体があるはずだと彼らは推論する。そうでなければ、彼らは、一つの物体しかないといったデフォルト仮説にしがみつく。たとえ、物体の形態や大きさや色が変わり続けるとしても、彼らはそうする。このように、赤ちゃんの数モジュールは、物体の位置と軌跡、そして遮蔽の情報にかなり敏感である一方で、形や色の変化に関しては完全に気づかないのである。つまり、「物体が何であるかは気にするな。位置と軌跡だけに注意せよ」が原則なのである。

かなり間抜けな探偵だけが、利用できる手がかりのうち半分も見逃してしまう。赤ちゃんがかなり高水準のパフォーマンスを示すことに私たちは慣れてしまったので、この方略は見た目ほど賢いものではないかもしれない、と自問することが必要だ。赤ちゃんの推論手順には欠陥があるだろうか。それとも、それが逆に、シャーロック・ホームズに匹敵するほどの知恵の証拠になっているのだろうか。結局のところ、犯罪者がいろいろな人物になりすますことは、誰もが知っていることである。同じように、身のまわりに存在する物体が、見る角度によって変わることもよくある。たとえば、人間の横顔と正面顔は、似ても似つかぬ視覚対象である。だが、赤ちゃんは、それらがたんに同じ人物を違う角度から見たものであることを、どこかで学習したはずだ。また、赤い小さなゴム風船は、膨らませると、ピンク色の大きな風船にあっという間に様変わりするが、いっぽうで、トラックのおもちゃがボールに変身することはまずあり得ない。このことを、赤ちゃんはどのようにしてあらかじめ知るのだろうか。こうした事柄は、いわば逸話的なものであるから、前もって知りようがない類の情報である。それは、新しい物体に出くわすたびに、一つ一つ学習されなければならない。しかし、学習するには、先入観をあまりもちすぎてはいけない。このことは、一つの物体だけがそこに現れるという仮説を、赤ちゃんがデフォルト値として採用している理由であるかもしれない。物体の形態や色が不可思議に変形するのを見るとしても、そのことに矛盾する明らかな証拠をつかむまでは、彼らはこの仮説を変更することはしない。彼らは、有能な論理学者のようだ。

進化的な観点から考えてとくに注目すべきことは、自然というものが、もっとも基本的な物理法則を土台にして算術の基礎を作り上げたということである。人間の「数覚」には、少なくとも三つの法則が利用されている。一つめは、一つしかない物体は、複数の場所を同時に占有することはできないということ、二つめは、二つの物体は、同じ位置を占有することはできないということ、三つめは、物体は突然消えたり、何もなかった場所に突然現れたりはできない、つまり物体の軌路は連続的でなければならない、ということである。これらの三法則は、非常に幼い赤ちゃんでさえも理解している。このことは、乳幼児心理学者のエリザベス・スペルキとルネ・バイヤールジョンの一連の研究により明らかになった。そうは言うものの、私たちをとりまく物理的環境には、これらの法則に当てはまらないものもないわけではない。その中でもっとも顕著なのは、影や鏡の映像や透明なものによって引き起こされるものである（このことは、これらの「物体」が幼児を大いに熱狂させ、あるいは混乱させもすることの説明になるかもしれない）。だから、動物と人間の脳に備わっているように見える数の理論のいくつかは、これらの三原則にしっかりと規定されている。赤ちゃんの脳が物体の数を予測するには、それらの原則に依存せざるを得ない。それは、物体の視覚的特徴など、偶然に起こり得るほかの手がかりを、数に役立てることをかたくなに拒む。このことは、赤ちゃんの「数覚」が進化的産物であることを指し示す証拠と言える。なぜならば、物理的対象に関する基本的特徴と逸話的特徴の選り分けを可能にするのは、進化だけがなせる業（わざ）だからである。進化は、何百万年という長いタイムスケールで起こる試行錯誤を通じて、それを可能にしたと言える。

実は、この離散的な物理的対象と数に関する情報との強固な結びつきは、年齢がかなり高くなっても持続する。その頃になると、この結びつきがマイナスの方向に働き、数学の

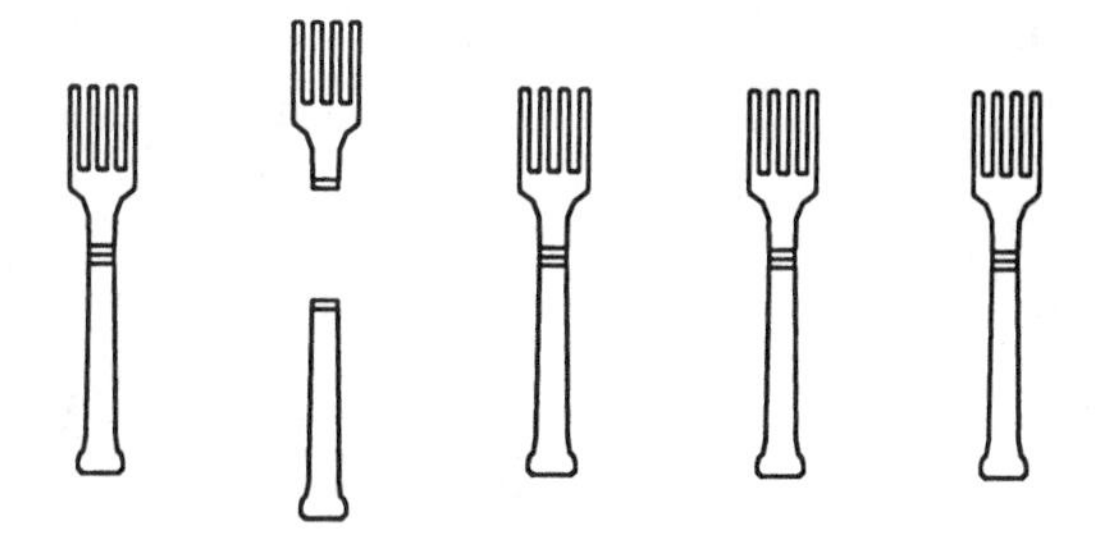

図2・5　3、4歳の子どもはこの図を見て、「フォークが6本ある」と考える。彼らは、離散的な物理的対象をそれぞれ1項目とみなして数えずにはいられないのである。（Shipley & Shepperson, 1990 より改訂掲載）

学習を阻害する。もし身近に三、四歳の子どもがいるなら、次のような実験をやってみてほしい。図2・5のような絵をその子どもに見せて、フォークがいくつあるかを聞いてみよう。すると、子どもは間違った数を導き出して、あなたはそれを見て驚くことになるだろう。子どもはどうするかというと、フォークのあらゆる要素を一項目とみなして数えてしまうのである。つまり、折れたフォークを二度も数えて、「六つ」という誤った数を導き出す。子どもに、「この二つに分かれている部分は一つとみなして数えるべきなんだよ」と説明するのはきわめて難しい。同じように、子どもに赤いリンゴを二個と黄色いバナナを三本見せて、「いくつの色がありますか？」とか、「何種類のくだものがありますか？」などと尋ねてみるとしよう。答えは明らかに二つである。それなのに、子どもは間違って五つと答える。

つまり、年齢がかなり高くなるまでは、あらゆる対象を一項目とみなして数える衝動を抑えきれないのである。「数は物理的対象が離散的に集合することで生じる」という有名な言葉があるが、それは、赤ちゃんの脳の奥底に深く埋め込まれているのである。

氏、育ち、そして数

私はこの章を通じて、赤ちゃんを、融通が利かない鈍い生き物であるかのように述べてきた。幼い子どもで行われた実験を議論する際に、私たちがつい忘れてしまいがちなのは、これらの実験が、生後数日から一〇～一二カ月齢までのさまざまの時点の赤ちゃんを対象にして行われているということである。実際のところ、赤ちゃんにとって最初の一年間というのは、脳がもっとも可塑性に富む時期だ。赤ちゃんは毎日、膨大な量の知識を新たに吸収していく。だから、能力が固定した不変のシステムとして、彼らをみなすのはあまりよくない。赤ちゃんは生まれてすぐに、自分の母親の声と顔を見分けられるようになり、また自分の周囲で話されている言語も処理し始める。さらに、彼らは身体の動きをコントロールするやり方も自ら発見する。このリストは、挙げればきりがない。このように、発達とは、一般的に学習と発見が重なるようにして起こっていく。だから、数の発達だけがこの普遍的な規則から逃れられるとは、とうてい考えられない。

赤ちゃんの知能は流動的である。このことを正しく評価してもらうには、この章で述べた彼らの数の能力を、ダイナミックな枠組みの中に据える必要がある。生後一年間における数の表象の発達過程が、いまだにそれほど明らかになっていないことを考慮すると、これはなんとも冒険的な試みではある。だが、やろうと思えば、これらの能力が月日とともに成熟していくさまを順番に追っていくような、仮の筋書きくらいなら描けないことはない。

では、出生直後の話から始めよう。出生時に数の弁別能力があることは、すでに証明済みである。新生児は、二個と三個の物体を容易に弁別する。おそらくは三個と四個もできるだろう。彼らはまた、二つの音と三つの音の数の違いに気づく耳も持っている。だから、彼らの脳にはおそらく何らかの数の検知器が備わっており、出生前にはすでに準備されているようだ。この検出器を配線するには、設計図が必要となる。それはおそらく、私たち人間の遺伝子に書き込まれている。１や２、３といった数を学習するのに必要な情報を、赤ちゃんがそんな早い時期に環境からどうにかして引き出すというのは、どうにも信じがたいのだ。かりに出生前や出生後数時間という、視覚的な刺激作用がないに等しい期間に学習が可能だとしても、問題が解決するわけではない。というのも、数をまったく無視する生き物がそれらを認識できるようになるとは、とうてい考えられないからである。それは、まるで白黒テレビに色を学習させるようなものである。そこで、もっとも可能性が高いのは、脳の神経細胞のネットワークが、遺伝子による直接的な制御と環境からのわずかばかりの誘導によって自発的に成熟し、数の同定に特殊化した脳モジュールが配線されるということだ。何百万年もの進化過程のなかで、人間はそれを遺伝子に符号化して受け継いできた。生まれながらに備わるこの原型的な数のシステムを、私たち人間は他の多くの動物たちと共有しているのだろう。このことは、前章でも論じた結論である。

新生児が視覚と聴覚両方の数の検出器を備えている可能性は十分にある。だが、これらの二つの入力様式が、出生直後から、数の手がかりを互いに関連づけて共有することを示した証拠は、これまでにまったく報告されてない。現在わかっているのは、六、七カ月齢の赤ちゃんだけが、二つの音と二つの絵を、または三つの音と三つの絵を結びつけることができるということだ。より幼い赤ちゃんでの決定的な実験を待ちながらも、感覚様式間の数の対応を赤ちゃんに可能にさせるのは、脳の成熟ではなく学習であると主張することはできる。一つの物体が音を一つだけ出す。二つの物体が音を二つ発する。このことを耳にすることで、赤ちゃんは、物体の数と音の数のあいだの恣意的でない関係を発見するのかもしれない。だが、この構成主義への回帰は妥当なものだろうか。物体は一つだけでも、一つ以上の音を出すこともあるし、また音をいっさい出さないこともある。つまり、環境の手がかりは、学習を支えるには不確実性が高すぎて、あいまいなものとしか言いようがない。だから、赤ちゃんが音と物体の対応に注意を向けるのは、生まれながらの数に対する抽象能力に起因するものではないかと、私は考えている。

同じような不確実性は、足し算や引き算の能力にも関係している。カレン・ウィンの実験（1＋1と2－1）でもっとも幼い赤ちゃんは、四カ月半であった。これだけの時間があれば、物体の足し算的なふるまいを、赤ちゃんが経験的に発見するには十分かもしれない。もしそうだとすれば、結局のところ、ピアジェは部分的には正しかったことになる。赤ちゃんは、自分をとりまく環境から計算の基本法則を抽出しなければならない。とは言え、ピアジェが想定したよりもはるかに幼い時期に、赤ちゃんはそれを行わなければならないことにはなる。だが、この知識はむしろ、生まれながらのものであり、赤ちゃんの脳構造に埋め込まれているのかもしれない。そして、四カ月齢あたりで、スクリーンの背後に隠れた物体の存在を表象できる能力が立ち上がってくるとすぐに、この算術の知識が顕在化してくるのかもしれない。

その起源がなんであれ、まだ未熟ではあるが、数に関するアキュミュレータによって、赤ちゃんは六カ月齢という早い時点で、物体や音の小さい数を認識したり、数同士を結びつけて初歩的な足し算や引き算を行ったりできるようになる。だがおもしろいことに、彼らが持っていない単純な算術的概念が一つある。それは、数の順序性である。赤ちゃんは、「3は2より大きい」ということをいつごろ理解するのだろうか？　赤ちゃんを対象にしてこの問題を検討した実験は、これまでに二つしかなく、どちらの研究も説得力のあるものではない。しかし、それらの結果が示唆しているのは、だいたい一五カ月齢に達するまでは、順序性に関する能力が目に見える形で現れてはこないということだ。このころになると、子どもはやっと、マカクザルのエイベルとベイカーや、チンパンジーのシバのようにふるまい始める。つまり、彼らは、おもちゃの二つの集合を見て、より多い方を自発的に選択するのである。それより年齢の低い赤ちゃんは、数がもつ自然な順序性に気づいていないようである。それはあたかも、彼らの数検出器が、一個と二個、三個の物体に反応するようにプログラムされているにもかかわらず、それらの間にある特定の関係を考慮していないかのようだ。赤ちゃんにおける1、2、3という数の表象は、青、黄、緑といった大人がもつ色の知識に譬えられるかもしれない。私たち大人は、これらの色をそれぞれ認識できるし、色の混ぜあわせ方（青＋黄＝緑）について知っていることもある。だが、それらの色に対する順序概念は、まったく持っていない。同じように、3が2より大きいとか、2が1より大きいとかいうことを知らなくても、物体の数が一個か二個か三個かを理解したり、1たす1が2になることを理解したりすることは、不可能ではないのである。

この予備的なデータが信頼できるものであるとすると、赤ちゃんの心の中でもっともゆっくり立ち上がってくるのは、「より小さい」や「より大きい」といった概念になる。それらがどこから生じるのかと言うと、おそらくは足し算や引き算の特徴を観察することから生じるのであろう。「より大きい」数とは、足し算によって到達可能な数であり、また「より小さい」数とは、引き算によって到達可能な数である。「＋1」という足し算の操作を使えば、1から2へ、そして2から3へも同じように移行できるので、2と1の間にも3と2の間にも同じように、「より大きい」という関係が存在することを、赤ちゃんは発見するのであろう。子どもは、一つずつ数を足していく計算を繰り返し行うことによって、1と2と3に対する検出器が再帰的な順序で発火するのを自分の心の中で意識できるようになる。そして最終的には、それぞれの数が数列のどの位置にあるかを学習するのであろう。

そうは言うものの、これはまだ仮説的なシナリオにすぎない。これが認められるにせよ否定されるにせよ、まずは全体を明らかにするような実験がなされなければならない。この段階で私たちが実際に知っているのは、赤ちゃんが、ほんの一五年前に考えられていたよりも、はるかに優れた数学者であるということくらいである。生後初めての誕生日に、赤ちゃんがケーキの上に灯されたロウソクを吹き消す。そのときに、親は自分の子どもを誇らしく思う理由がそれなりにある。なぜなら、学習か、皮質の単なる成熟か、いずれの結果にせよ、計算の基本と驚くほど鋭い「数覚」を、彼らはすでに獲得しているからである。

第３章　おとなの脳に埋め込まれた物差し

あなたがたに一つ忠告しよう。「２＋２＝４」以外の、自分の信念すべてを疑ってみよ。

ヴォルテール『四〇枚の金貨をもつ男』

私は、長い間、ローマ数字について不思議に思っていることがあった。最初の三つの数字は平易なのに、その他の数字は複雑で不可解なのは、ちょっとした矛盾ではないか。最初の三つの数字ⅠとⅡとⅢは、自明の規則にしたがっており、対象と同じ数だけ棒が並んでいるだけだ。しかし、ローマ数字のⅣはこの規則に従わず、意味が定かではない「Ｖ」という新しい記号を導入している。それに加えて、どういうわけか、「５－１」という引き算も同時に導入している。「6−2」や「7−3」、「2×2」では、なぜいけないのだろうか？

数の表記法の歴史を繙く(ひもと)と、最初の三つのローマ数字が、生きた化石のようであることに気づく。それらは、人間がまだ数を書き記す術(すべ)を発明していなかった遠い昔、所有するヒツジやラクダの頭数と同じ分だけ小枝に刻み目をつければ十分だった、あの遠い昔に、私たちを引き戻す。一連の刻み目は、現在にまでその形態をとどめたまま残ったので、過去に計算がなされていたことを示す証拠となった。これは、まさに象徴的な表記法の始まりと言える。というのも、刻みを五つ入れれば、五つの物体からなるどんな集合をも表す記号となるからだ。

だが、この歴史的な遺物は、四番目のローマ数字をめぐる謎をより深めるだけだ。人々はなぜ、使い勝手がよく簡単だったはずの表記法を放棄したのだろうか？　Ⅳは記号のかたちと意味のつながりが恣意的(しい)なので、読み手の注意と記憶に負荷を課すが、IIIIは簡単で、並の羊飼いなら誰でもその数を理解できる。それなのに、どのような経緯で、ⅣがIIIIに取って代わるようになったのだろうか？　もう少し的を絞って、次のように考えてみよう。数の表記体系が、何らかの理由で改訂されることになったとしよう。そうなったとしても、なぜ最初の三つの数字のⅠ、Ⅱ、Ⅲだけが、その改訂から免れたのだろうか？

くさび型文字表記	𒁹	𒈫	𒐈	𒐉	𒐊
エトルリア文字表記	I	II	III	IIII	Λ
ローマ数字表記	I	II	III	IV	V
マヤ文字表記	•	••	•••	••••	—
中国語の漢字表記	一	二	三	四	五
古代インド文字表記	—	＝	≡	+	Y
手書きアラビア文字表記	1	२	३	४	५
現代のアラビア数字表記	1	2	3	4	5

図3・1　世界中で、人々はいつも、同一の印を書き連ねることによって、最初の3つの数字を表記してきた。このアナログ表記は、ほとんどの文明で、3や4を越えると採用しなくなる。このことは、人間の「即時的」把握の限界を示している。（Ifrah, 1994 から引用）

それは、偶然に起こった歴史上のできごとにすぎないのだろうか？　ローマ数字の表記法の運命と、それが今日にまで廃れずに残ってきたことには、何か偶然のできごとの支配があったに違いない。そうではあるが、ローマ数字Ⅰ、Ⅱ、Ⅲのこの特異性は、地中海沿岸各国の歴史を超越する、普遍的な特徴を備えている。ジョルジュ・イフラーは、数の表記法に関する包括的な本の中で次のように述べている。どの文明においても、初期のころには最初の三つの数が、ローマ数字のように、「1」を意味するシンボルを必要な数だけ書き連ねることによって示されていた。すべてではないにしろ、ずいぶん多くの文明が、3を越えると、この方法を使用しなくなる（図3・1

参照)。たとえば、中国語では、1、2、3を、平行線を用いて一、二、三と記す。だが、4はまったく異なる記号（四）を使用する。アラビア数字ではどうだろうか。それらは一見恣意的に見えはするが、実際には同じ原則から派生している。アラビア数字の「1」は一本の線であり、「2」と「3」も、実際は二本および三本の水平線に由来する。それらは、手で書くことによって変形し、水平線がつなげられるようになったのだ。つまり、純粋に恣意的なものと見なせるのは、アラビア数字でも「4」とそれ以降の数字だけなのである。

人間社会の多くは、世界中のいたるところで、同じような解決に徐々に収束していった。ほぼすべての社会は、最初の三つもしくは四つの数を、それらの数に対応する分だけ印をつけることによって表記し、それ以降の数については、本質的に恣意的なシンボルによって表記するという点で共通している。この現象は、通文化的に見事に一致する。それゆえ、その背後には、なにかそれなりの理由があるものと思われる。その理由とは、いったい何だろうか。

「19」を表すのに一九個の印を一直線に並べるとしよう。そうすると、数の読み書きに耐え難いほどの負荷を課すことは言うまでもない。一九本もの線を書き連ねる作業は、時間もかかるし、誤りも犯しやすくなる。読み手にとっても、19と18、19と20を区別することは、たいへんな作業に違いない。そこで、線をただ書き連ねるよりも、より簡潔な数の表記法が現れてくるのは、必然だったと思われる。だが、この説明でもまだ不十分な点がある。なぜ、どの社会でも一貫して、3以下をこの体系から排除することにしたのだろうか。5や8や10以下ではだめだったのだろうか？

この点に関しては、赤ちゃんの数の弁別能力の話を持ち出して、それとの類似点を比較してみたくなる。人間の赤ちゃんは、1と2、もしくは2と3であれば、なんなく弁別できる。だがこれ以上の数になると、彼らの能力は追いつかない。赤ちゃんが数の表記法の変遷に大きな影響を与えているわけはないが、おとなでも数の弁別能力はあまり変わらないままだとしたら、どうだろう？　そうだとすると、次のような説明が可能になるかもしれない。つまり、IIIIとIIIIIは見てのとおり一目で弁別できないため、3を越えると、線を並べて表記しても読みとることができないのではないだろうか。

ローマ数字を見ていると、動物や人間の赤ちゃんで見られる原初的な数の能力が、どの程度まで人間のおとなに影響を及ぼしているかを確かめてみたくなる。本章では、とりわけローマ数字のような生きた化石に注目しようと思う。そしてそれこそが、人間の算術の根幹に、私たちを立ち戻らせてくれる。実際、量に関する原初的な表象が私たちの内部にあることを示す証拠は、数多く存在する。数学に関する言語や文化によって、私たちは、動物がもつ数の表象の限界をはるかに超えることができるようになった。しかし、この原初的なモジュールは、今でもなお、私たちの数に対する直感の中心的存在である。数を知覚したり、それについて考えたり、書いたり、話したりする場合には、それがかなりの影響を絶えず与えているのである。

1、2、3、それ以上

私たちが一度に把握できる対象の数には、厳密な制約がある。この事実は、少なくとも一世紀も前から、心理学者の間では知られていた。ジェームズ・キャッテルは、一八八六年にライプチヒ大学の研究室で、黒点が描かれたカードを被験者に一瞬だけ見せた場合に、3以下であれば、それらの数を正確に把握できることを実証した。3より大きくなると、間違いがより頻繁に起こった。プリンストン大学のH・C・ウォレン、のちにはソルボンヌ大学のベルトラン・ブルドンが新しい研究方法を発展させて、対象の数を把握するのにかかった時間を厳密に測定した。一九〇八年ごろのブルドンの時代には、自由に使える高性能の実験装置はまったくなかった。そこで、実験をするためには特殊な装置をあれこれといじくりまわす必要があり、そのほとんどで、彼自身が被験者となった。ここで、彼の原著論文を引用することにしよう。

私の目から一メートル離れたところに、光点が一列に並んでいた。中央に長方形の開口部がある銅板を、ある一定の高さから落とすと、一瞬だけ光点を見ることができた……。私は、厳密に調整されたヒップ・クロノスコープ［一ミリ秒まで正確に測定できる電子クロノメーター］を用いて、反応時間を測定した。光点が見えるとその瞬間に、クロノスコープを通じて電気回路が閉じる。この回路には、バッカル・スイッチが設置されていた。そのバッカル・スイッチには、二つの銅片がついており、それらの片側は、絶縁するためにカバーで覆われていた。私は、この二枚の銅片を歯の間に固定して、それらを接触させるために、歯で噛みしめた。そして、光点の数がわかったらすぐに、何個あるかを口頭で答えた。答えるには、口を開かなければならないので、回路はオフになるのだった。

ブルドンは、この初歩的な装置を用いて、人間の視覚による数の把握に関する基本法則を発見した。光点の数を言うのにかかる時間は、１から３まではゆるやかに上昇する。だが４以上になると、急激に上昇する。それと同時に、間違いの数も同じように上昇する。この結果は、何度も繰り返し追認されており、今日でも信頼のおけるものとして認められ

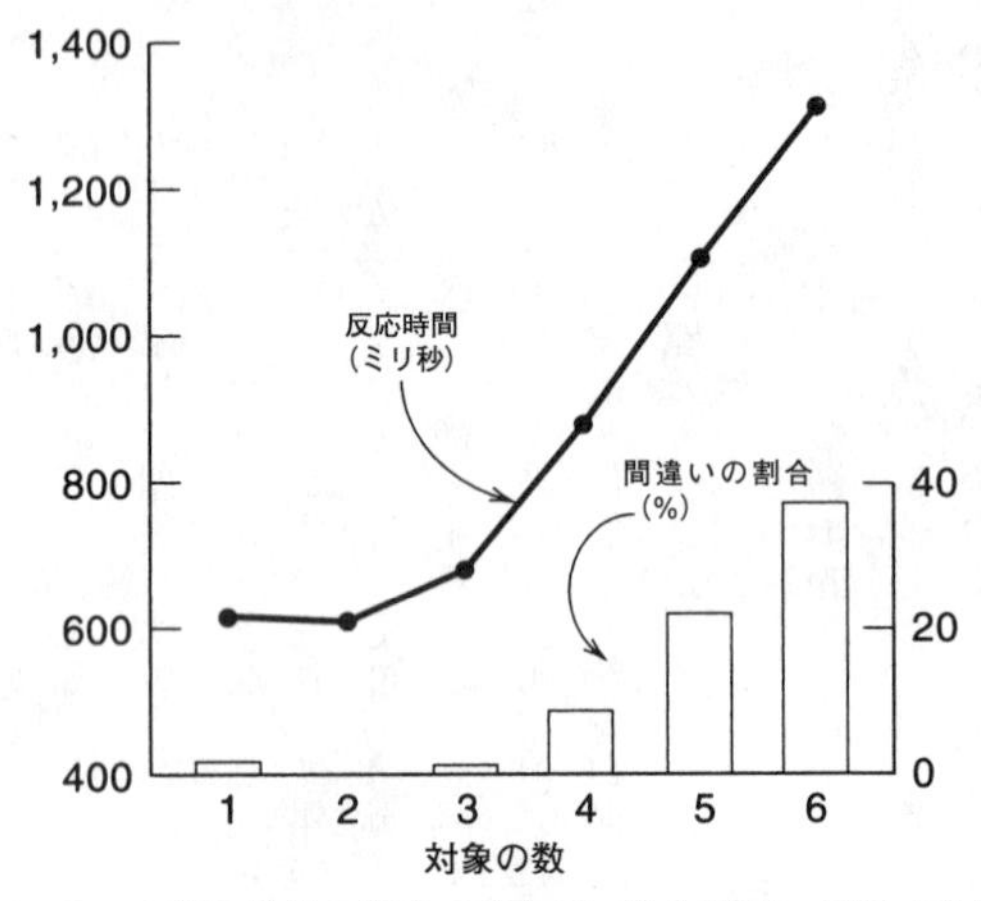

図3・2　1〜3個の対象の集合であれば、数を即座に把握できる。だが4個以上になると、スピードが急激に落ち始める。間違いの数も同様に、4から増加し始める。（Mandler & Shebo, 1982から引用）

ている。一個と二個と三個の物体の存在を知覚するだけであれば、五〇〇ミリ秒たらずしかかからない。だが、それ以上になると、スピードも正確さも急激に落ちていくのである（図3・2参照）。

反応時間の曲線を厳密に吟味すると、いくつかの重要な点が浮き彫りになる。三個と六個の間では、反応時間は線形に上昇する。つまり、それは、光点が一個増えるたびに、反応時間がある一定の量だけ増えることを意味する。おとなであれば、三個以上になると、一個の光点を同定するのに、およそ二〇〇から三〇〇ミリ秒かかる。一個につき二〇〇から三〇〇ミリ秒上昇するという、曲線のこの傾きは、おとなができるだけ速く数を唱えた場合にかかる時間におおむね一致する。子どもでは、数を唱えるスピードは遅くなり、一個の数につき一、二秒かかる。反応時間曲線の傾きは、同じ量だけ増加する。そこで、三個以上の光点からなる集合を把握するには、おとなも子どもも同じように、かなりゆっくりとしたスピードでそれらの光点を数えなければならないのである。

それにしても、なぜ、1や2や3といった数は、そんなに速いスピードで把握されるのだろうか？　この範囲では、反応時間の曲線は平坦である。このことから示唆されるのは、三個までであれば、一つずつ数える必要はないということだ。1、2、3といった数は、数えなくても認識されるようである。

数えないで数を把握する。これは、いったいどのようになされるのだろうか？　心理学者は、今でもなお、それについてあれこれと考えを巡らせているが、少なくとも、それについての名前だけは用意している。それは、「スービタイゼイション」、または「スービタイジング」能力と呼ばれており、「即刻」を意味するラテン語の「subitus」から来ている。だが、スービタイゼイションは、どんなに速くても、決して「即刻」ではないので、これは、誤った名称と言えなくもない。三個の黒点を同定するには、だいたい五〇〇ミリ秒か、六〇〇ミリ秒ほどかかる。これは、単語を声に出して読んだり、見知っている人物の顔を同定したりするのにかかる時間と同じである。また、この時間は、いつも一定というわけではない。実際は、1から3にかけて、ゆっくりと上昇しているのである。だから、スービタイゼイションは、知覚される数が大きくなるほど、より複雑な一連の視覚的操作を必要とするらしい。

では、これらの操作とはどんなものであろうか？　一般に受け入れられている理論によると、このような説明になる。私たちが一つ〜三つの対象を即座に知覚できるのは、それらが単純な幾何学的形態を構成するからである。つまり、一個の対象は「点」を、二個の対象は「線」を、三個の対象は「三角形」を構成するのだ。だが、対象を完全に一直線に並べて、幾何学的手がかりをいっさい排除したとしても、私たちはそれでもなおスービタイズする。だから、この仮説では、この結果を説明できない。たしかに、ローマ数字のⅡとⅢを区別する場合、どんな幾何学的変数が関わっているかは不明だ。それでも私たちは、それらをなんなくスービタイズする。

心理学者のラナ・トリックとゼノン・ピリシンは、スービタイジングが起こらない状況を発見した。その状況とは、対象が重なって、それらの位置が簡単には知覚できないような場合である。たとえば、同心円を見る場合、それらが2か3か4かを決めるには、数える必要がある。だから、スービタイジングが可能になるには、物体が離れて位置していないといけないように思われる。このことは、前章で述べたような、物体がいくつあるかを決めるのに、赤ちゃんが手がかりとして用いていたものでもある。

したがって、人間のおとなにおけるスービタイジングは、赤ちゃんや動物での数の弁別と同じように、空間内に存在する対象を位置づけ、追跡することに特殊化した視覚系の回路に基づいて行われているのではないかと、私は考えている。脳の頭頂後頭領域には、視野内にある、適度に密集した物体の位置を、並列的に即座に割り出す神経集合体がある。これらの領域の神経細胞は、物体がどんなものであるかに関係なく、それらの位置を符号化し、さらには遮蔽物の背後に隠された物体の表象を維持することも行うようだ。そこで、それらが抽出した情報は、理論的には抽象的なものであり、アキュミュレータに注ぎ込まれていく。それらの領域は、スービタイゼイションをしているとき、視覚がとらえたひとつながりの情景を離散的な対象に即座に分割しているのではないかと、私は考えている。そしてそのあとで、対象を勘定することはそれほど難しいことではないので、対象の数を推定できるのである。この演算が単純な皮質回路でどのように実現されているかについては、1章で取り上げたように、ジャン゠ピエール・シャンジュとともに考えた、ニューラル・ネットワークのシミュレーションで示したとおりである。

では、このメカニズムは、なぜ3と4の間に違いをもたらすのだろう？　ここで、数が大きくなるにつれ、アキュミュレータの精度が悪くなっていくことを思い出そう。数が大きくなると、nという数と、それに隣接する$n-1$と$n+1$は、ますます区別がつきにくくなる。私たち人間のアキュミュレータが誤りを犯しやすくなる最初のポイントは4であり、3や5と混同するようになる。この理由から、4を越えると、私たちは数えなければならなくなるのである。アキュミュレータは数の推定値なら与えはするが、その推定値はもはや十分に正確ではないので、それを単一の語で呼称することはできないのである。

しかしながら、私がここで大まかに述べた「対象の位置に関する並列的加算」理論は、スービタイゼイションに関する唯一の理論ではない。UCLAの心理学者ランディ・ガリステルとロッシェル・ゲルマンは、私たちがスービタイズする場合、たとえ意識していなくとも各対象を一つ一つ、それもものすごい速さで数えていると主張した。つまり、スービタイジングは、一種の「言葉なしの高速カウンティング」であると考えた。このことは直感に反するように思えるが、実際には、スービタイジングを行うには、それぞれの対象に対して一つずつ注意を向けていく必要がある。つまり、それは、系列的な段階アルゴリズムに頼ることになる。この点は、私の仮説と異なるところであるが、根幹のところの違いは検証可能だ。私のモデルでは、スービタイジングの間は、視野内にある対象がすべて、注意を必要とせずに同時に処理される、つまり、認知心理学の用語で言う、「前注意的並列処理」であると仮定している。私が行ったニューラル・ネットワークのシミュレーションでは、対象が一個、二個、三個のいずれであっても、数検出器はほぼ同じ時間で反応した（だが、入力される数が大きくなるにつれて、数の推定に必要とされる正確な活性化パターンに落ち着くまでには、わずかであるがより長い時間がかかる）。きわめて重要なのは、次の点である。ガリステルとゲルマンの「高速カウンティング仮説」では、心的な「スポットライト」、すなわちタグ付けのプロセスによって、各対象が一つ一つ選び出される必要があるのだが、私の数検出器にはそんなものは必要ない。つまり、すべての対象が一度に並列的に処理されるのである。

今のところ、この問題は決着がついていない。だが、スービタイジングには注意の系列的定位を必要としないという証拠がある。それは、脳損傷患者から得られるもので、もっともよい証拠だと思われる。すなわち、彼らは視野内にある対象に対して注意を向けて探索することができず、そうなると、数えることもできないのである。私は、パリにあるサルペトリエール病院のローラン・コーエン博士とともに、I夫人という患者を検査した。彼女は妊娠中に高血圧が原因となり、後頭皮質領域に脳梗塞が起こった。まる一年経っても、彼女の視知覚能力は、依然として後遺症を抱えたままであった。彼女は人の顔を含めて、ある種の視覚的形態を認識できなくなってしまい、視覚像が変にゆがむことにも悩まされていた。彼女に複雑な画像を見せて、それが何であるかを尋ねると、肝心な部分を見落としてしまうことが多く、それが全体として何を表しているかを知覚できなかった。神経学者は、この障害を「同時失認」と呼んでいる。この障害のために、彼女は数えることもできなかった。モニターに黒点が四個か五個もしくは六個、瞬間的に提示されると、それらのうちのいくつかをいつも決まって数え忘れてしまった。数えようとはするのだが、それぞれの対象に一つ一つ注意を向けることができない。そして、対象を半分ほど数えたところで、すべて数え終えたと思ってしまい、数えるのをやめてしまう。同じ障害をもつほかの患者は、反対の間違いパターンを示した。彼女は、すでに数えてしまった項目を覚え切れずに、同じ項目を何度も繰り返し数え続けた。実際には四個の黒点しかない場合にも、彼女はまったく動じずに一二個の黒点があったと答えた。

このように、ふたりの患者は、数えることに関して深刻な障害をもっていた。にもかかわらず、一個か二個か三個の黒点であれば、それらの数を答えることになんら問題はなかったのである。少ない数であれば、ほとんどいつも完璧に、自信をもって即座に答えた。たとえば、I夫人は、三個の対象を提示された場合には、全体の八％しか間違いをしなかった。だが四個になると、全体の七五％も間違いを犯してしまった。この解離は、私たちが何度も観察してきたことである。つまり、たとえ脳損傷によって、各対象に対して一つ一つ注意を向けることがまったくできなくなっても、少ない数の知覚については損なわれないで保持され続けているのである。このことから強力に示唆されるのは、スービタイジングとは、たんに視野内の対象を並列的に前注意的レベルで抽出しているにすぎず、系列的なカウンティングとは関連がないということだ。

大きな数を見積もる

映画『レインマン』で、ダスティン・ホフマンが演じるレイモンドは、天才的能力を示す自閉症の男性として描かれている。その中のあるシーンで、奇妙なできごとが描かれている。ウェイトレスが、つま楊枝の容器をまるごと床に落としてしまうのだが、レイモンドは、「八二、八二、八二……全部で二四六本」ととっさにつぶやいた。それはあたかも、楊枝八二本をひとまとまりにして数えているかのようであった。しかも、私たちが「2と2、だから4」と言うのにかかる時間よりも、彼ははるかに短い時間でそれをやってのけた。レイモンドのような計算の達人については、6章で詳しく考えることにする。現段階で私は、ダスティン・ホフマンのこの技を額面通りに受け入れる気はない、ということだけを述べておくことにしよう。逸話的な報告によれば、自閉症の人のなかには、一瞬にして数を見積もる人がいるそうだ。だが反応時間を測定して、彼らが実際に数えているかどうかを確かめた研究はまったくない。私の経験から言うと、レインマンの能力をまねることはそれほど難しいことではない。前もって数えておいたり、いくつかの点をひとまとめにしてそれらを心の中で足し合わせたり、あるいは、はったりをかましたりすれば、比較的簡単である（たった一回でも、講義室にいる人数を正確に言い当てることに成功すれば、あなたはきっと伝説の人になれる）。そこで、スービタイジングの限界が3か4であるということに関しては、すべての人間に等しく当てはまると考えても問題はないと思われる。

しかし、この限界の性質はどういったものだろうか？　数における並列的な把握能力は、三個以上になると本当に麻痺するのだろうか？　3や4といった限界に達すると、私たちは必ず数えなければならないのだろうか？　実際のところ、おとなであれば誰でも、多少不正確でよければ、3や4以上の数を見積もることができる。ならば、スービタイジングの上限は、乗りこえられない障壁ではなく、単なる境界線であると言った方がいい。それを越えると、推定の世界が拡がっているのである。人混みを見て、そこに八一人いるか、八二人いるか、八三人いるかはわからないだろう。だが、私たちはわざわざ数えなくとも、八〇人か一〇〇人かそこらだろうと推定することはできる。

この数の推定は、一般的に言って妥当である。人間が数の推定を行う場合、その数値は真の数値から一貫した規則に基づいてばらついている。この状況については、心理学者がこれまで詳しく調べてきた（図3・3）。たとえば、対象が規則正しく並んでいる場合に

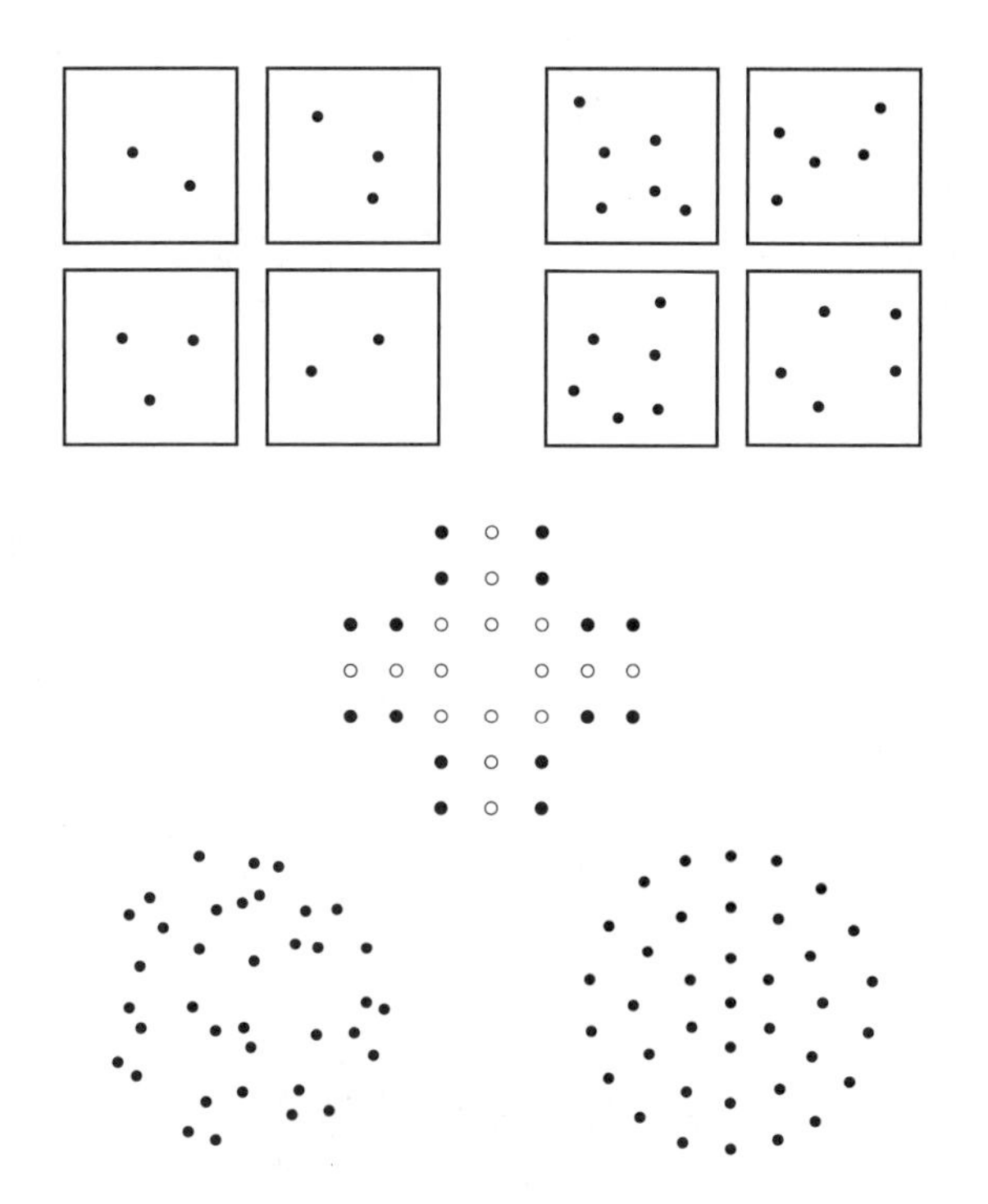

図3・3　2と3の違いは即座に知覚可能である（左上の図）。だが5と6は数えないと区別できない（右上の図）。大きな数の知覚は、対象の密度や空間配置、および対象の空間分布の規則性などに左右される。中央の図は、1972年にウタ・フリスとクリストファー・フリスによって最初に報告された、「ソリテア錯視」である。私たちの知覚装置は、黒点よりも白点の方がより多くあると、誤って把握する。その理由は、白点がより密集して分布しているためだと思われる。下の図では、ランダムに分布した黒点（左）は、規則正しく並んだ黒点（右）よりも少なく見える。実際は、どちらも37個の点からなる。

は、私たちはみな数を過大評価する傾向がある。逆に、対象が不規則に散在している場合には、数を過小評価する傾向がある。この傾向が出るのは、おそらく、私たちの視覚系がそれらを小グループに切り分けるからであろう。私たちの数の推定はまた、文脈にも左右される。まったく同一の三〇個の黒点であっても、そのまわりに一〇個、あるいは一〇〇個の黒点があったら、それに左右されて、黒点の数を過小評価したり過大評価したりしてしまう。だがそうは言っても、日常生活でそれらの正確さを確かめることをほとんど経験しないことを考えると、私たちの数の推定は、それなりに正確なものだと言える。ある集団の人数が一〇〇人か、二〇〇人か、五〇〇人かといったことについて、私たちは実際のところ、正確なフィードバックをこれまでに何回くらい得ていることだろうか？　しかし、ある実験室の実験によると、「ここには二〇〇個の黒点があります」といったふうに、たった一回でも正しい数の情報を教えられさえすれば、一〇から四〇〇の黒点の推定は十分に改善することがわかっている。数の推定システムを調整するには、何回か正確な測定を行いさえすればよいのである。

大きな数に対する私たちの知覚は、動物の数の能力を支配している法則に厳密に従っており、例外はほとんどない。私たちは、81と82のような隣接する数どうしよりも、80と100のような大きくかけ離れている数どうしの方が、区別しやすい。つまり、距離の効果の影響を受けている。私たちはまた、数の知覚において大きさの効果の影響も受ける。等しい距離であっても、10と20のような小さい数どうしよりも、90と100のような大きな数どうしを区別するときの方が、より多くの時間がかかってしまうのだ。

これらの法則がすばらしいのは、信頼性の高い数学的法則性を含んでいる点にある。こんな発見は、心理学の分野では珍しい。たとえば、ある人が黒点一〇個の集合をもとにして、それと一三個の点の集合とを弁別した（したがって、二数間の距離は「三」）ところ、正解率九〇％だったとしよう。次に、基準となる数を二倍にして二〇にする。この状況で、正解率九〇％で正しく弁別するには、提示する黒点を、基準となる数からどのくらい引き離す必要があるだろうか。この答えは、実に簡単である。たんに二数間の距離を二倍して、六にすればよいのである。つまり、二六個の黒点を対にして提示すればよい。基準となる数を二倍にすれば、二数間の距離も二倍にする。そうすれば、私たちは、ある一定のレベルでそれらを弁別することができる。この乗法原則は、それを発見したドイツの心理学者にちなんで、「ウェーバーの法則（スカラー法則）」としても知られている。このように、私たちの数の推定を支配する法則は、動物の行動を支配する法則に酷似している。このことから、数の大ざっぱな知覚に限って言えば、人間はラットやハトとそれほど変わらないということがわかる。大きな数を知覚したり推定したりする場合には、私たちの数学的才能はすべて、なんの役にも立たないのである。

記号の背後に潜む量

数の知覚に関して言えば、私たちは他の動物とそれほど変わらない。このことは、別段驚くほどのものではないように思える。哺乳類というのは、基本的に類似した視聴覚装置を共有している。嗅覚に代表されるいくつかの領域においては、人間の知覚能力は、他の動物種よりもはるかに劣っていることがわかっている。しかし、言語となると、私たちの能力は、他のどんな動物ともかけ離れているはずだと考えたくなるかもしれない。私たち人間と他の動物を分け隔てているのは、言葉やアラビア数字といった、数に関する恣意的記号を使用する能力にある。これらの記号は離散的な要素から成り立っており、形式的な操作に基づいて扱われる。そこには曖昧さは存在しない。私たちの内観から推測すると、1から9までの数の意味はどれもすべて同じ精度で心的に表象されるように思える。たしかに、これらの記号は、私たちには等価なものであり、それらはどれも同じように簡単に使いこなせるもののようである。そして、二つの数を足し合わせたり比較したりする場合には、コンピュータのように、いつも一定のわずかな時間でできると、私たちは感じている。まとめると、数の記号を発明したことによって、私たちは、曖昧な数の量的表象から、逃れられるはずだったのである。

こんな直感は、なんと間違っていることだろう！　たしかに、数の記号は、他のどんな動物も到達し得なかった領域である、精密な算術への扉を開いてくれはするが、動物の大ざっぱな量的表象から、私たちを根本的に切り離したわけではない。そうではなくて、私たち人間の脳は、アラビア数字を目にするたびに、それをアナログ式の量として扱わざるを得ず、徐々に正確さを減じながら心的に表象する。それは、ラットやチンパンジーとほとんど変わらない。記号から量へのこの変換は、私たちが心の中でする演算の速度に対し、重要で測定可能なコストを課している。

この現象が最初に明らかになったのは、一九六七年のことだ。この研究はその当時、革新的なものとみなされて、《ネイチャー》誌に掲載された。ロバート・メイヤーとトーマス・ランダウアーは、アラビア数字を二つ提示して、それらのどちらが大きいかを被験者に判断させ、それを遂行するのにかかった時間を正確に測定した。彼らの実験では、まず数字対（たとえば、9と7）が一瞬だけ提示される。被験者は、二つある反応キーのうちのどちらかを押すことによって、より大きい数字がどちらであるかを報告した。

この比較課題は初歩的で単純ではあるが、見かけほど簡単なものではない。おとなであってもこの課題を完了するには、五〇〇ミリ秒以上もかかることがしばしばある。また結果を見ると、間違いをしないわけでもない。もっとびっくりするのは、数字対の組み合わせによって成績が体系的に変わることである。2と9のように、二つの数字が大きくかけ離れている場合には、被験者はかなり速く正確に反応した。だが5と6のように、二つの数字が近接する場合には、一〇〇ミリ秒以上も反応時間が遅くなり、一〇回に一回は間違いをするといったありさまだった。さらには等しい距離であっても数が大きくなると、反応も徐々に遅くなっていった。つまり、大きい数字を選ぶ場合に、1と2では簡単であるが、2と3になると少々難しくなり、8と9の場合にはかなり難しくなると言える。

誤解が生じないように言っておくが、メイヤーとランダウアーの実験に参加した人たちは、「規格外の」人々ではなく、私やあなたのようなごく普通の人たちである。私は一〇年以上もの間、数の比較課題を行ってきた。だが距離の効果に影響されず、2と9と同じくらいの速さで5と6を比較する被験者には、いまだに出くわしたことがない。私はかつて、前途有望な若き科学者を対象に実験を行ったことがある。その中には、フランスにある数学のカレッジで頂点に位置する高等師範学校と理工科専門学校の学生も含まれていた。8と9の数字対の大きい方を判断しようとした場合に、彼らも同じように反応時間が遅くなり、間違いも犯したのである。このことを目の当たりにして、彼らはすっかり魅了されていた。

体系的なトレーニングを積んでも意味がない。私は数年前に、オレゴン大学の学生の何人かにトレーニングを行ってもらって、距離の効果を克服できるかを検討した。課題はできるだけ簡略化して、コンピュータの画面には、1と4と6と9の数字しか提示されなかった。学生らは、提示された数字が5よりも大きい場合には右のキーを、5よりも小さい場合には左のキーを押すよう求められた。これ以上単純な状況は、ほとんど思いつかない。というのも、1か4なら左のキーを、6か9ならば右のキーを押せばよいだけだからである。だが一六〇〇回もの訓練試行を何日もかけて行った後でも、被験者は、5に近接する4と6の数字を見た場合には、より離れている1や9の数字を見た場合よりも時間がかかり、間違いも犯しやすいままであった。実際には、訓練を重ねるにつれて、反応時間は全体的に速くなってはいくが、距離の効果それ自体、——つまり、5に近い数字と遠い数字の間の差は、訓練を行ってもまったく変化しなかった。

数の比較課題におけるこの結果は、どのように解釈したらよいだろう？ 私たちの記憶が、ありとあらゆる数字の比較に対して反応リストを貯蔵していないのは明らかだ。仮に、1は2より小さい、7は5より大きいなど数字のあらゆる組み合わせを丸暗記によって学習するとしたら、比較に要する時間が、二つの数の間の距離に応じて変わることはまずないだろう。では、距離の効果は、どこから来るのだろうか？ 見た目の形に関して言えば、

4と5も1と5も同じくらいにしか似ていない。だから、4が5よりも大きいか小さいかを判断する際に、数字の形を見分けるうえでの問題が原因だとは思えない。明らかに、脳が数字の形を見分けるのに立ち止まらねばならないはずはない。量的な意味のレベルで、数字の4が1よりも5に近いと、脳は即座に認識する。アラビア数字の量的な性質を示すアナログ式の表象は、それらの間の近接関係を保持しながら、私たちの皮質にある脳溝や脳回のどこかに隠されている。私たちがある数字を見るときは必ず、その量的表象が即座に引き出されるので、近くにある数字に対して、より大きな混乱を導いてしまうのである。

この現象をより明確に示す実証例は、二桁の数字同士を比較する場合に起こる。71が65よりも大きいか小さいかを判断する状況を考えてみよう。理にかなった一つのやり方は、まず10の位の数字（7と6）にのみ注目して、7は6よりも大きいから、71は65よりも大きいと判断すればよい。その場合、1の位の数字がなんであるかを考慮する必要はまったくない。この種のアルゴリズムは、コンピュータでも数を比較する場合に使用可能である。しかし、人間の脳では、このようにはなされていない。65といくつかの二桁の数字を比較する際にかかる時間を測定してみると、なだらかな連続した曲線になる（図3・4）。比較する数字が、基準となる数の65に近くなればなるほど、比較に要する時間は連続的に増加する。10の位の数字と1の位の数字の両方が、この漸次的な増加に影響を与えている。

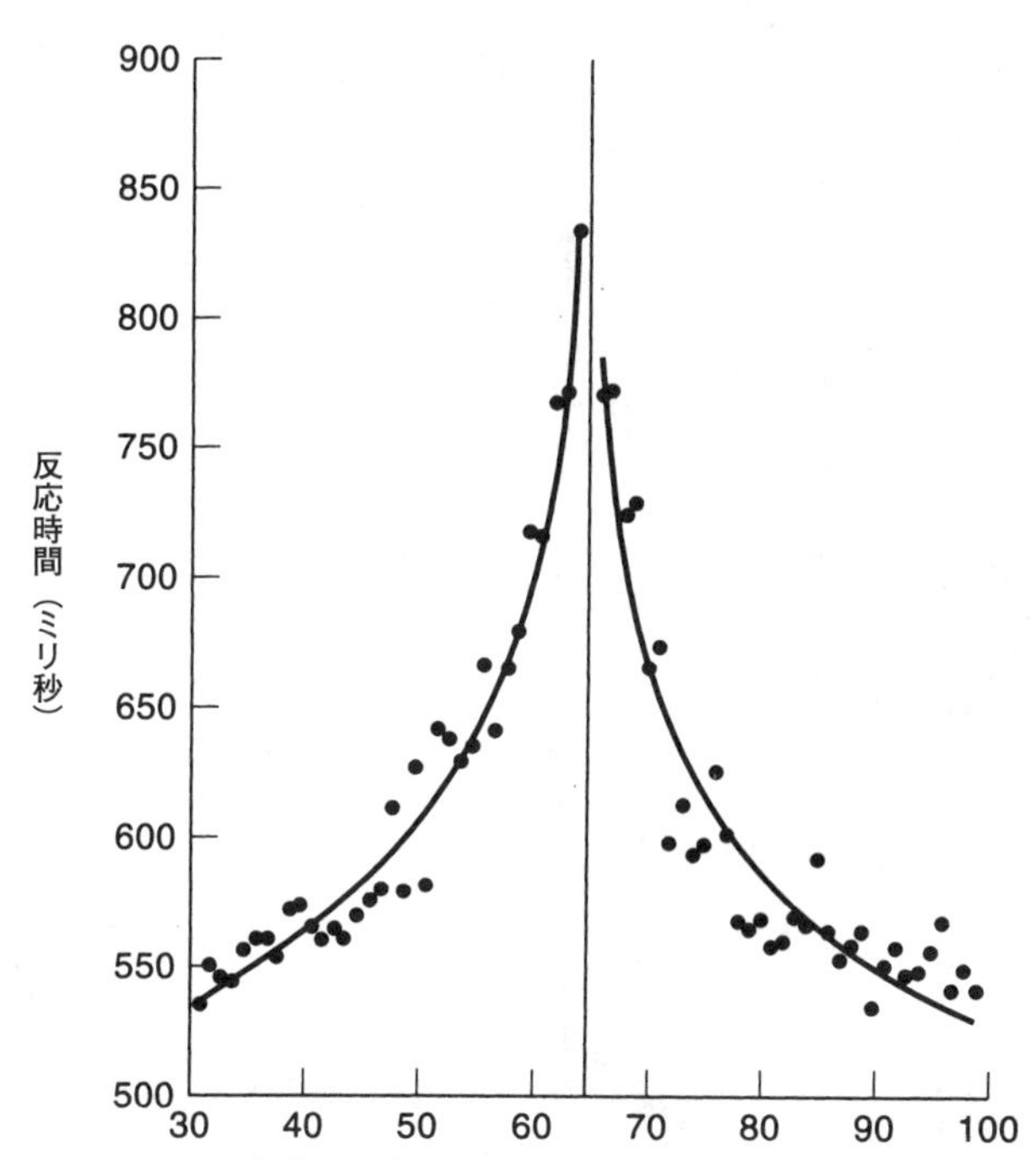

図3・4　2つの数字を比較する場合、どれだけの時間がかかるだろうか。35人のおとなの参加者を募って、彼らに、31から99の2桁の数字をすべて提示して、65よりも大きいか、もしくは小さいかを分類してもらった。同時に、彼らの反応時間をミリ秒単位で測定した。黒点はそれぞれ、ある特定の数字に対する平均反応時間である。提示された数字が65に近くなるにつれて、反応時間は漸次的に長くなった。これを、距離の効果と呼ぶ。（Dehaene et al., 1990から引用）

したがって、71は65よりも大きいと判断する時間は、79は65よりも大きいと同じ判断に達する時間よりも長くなってしまうのである。どちらの場合も、10の位が7で同じなのに、そうなるのだ。また10の位の数字が変わっても、反応時間の増加を示す曲線は漸次的なカーブを乱すことがない。69と65を比較する場合に、最初から10の位の数字だけを選択的に注意しようとすればはるかに難しいはずなのに、71と65よりもわずかに時間がかかるにすぎないのである。

私の頭に思い浮かぶ説明はただ一つ。私たちの脳が二桁の数字を全体的に把握して、それを内的な量（もしくは大きさ）に心の中で変換するということだ。この段階では、今対象となっている量を導いた数字の情報は、もはや脳には存在しない。この比較操作は、数量にだけ関連しており、数量を示す記号には関係ないのである。

心で把握する大きな数

二つのアラビア数字を比較する際の速度は、二数間の距離だけでなく、それらの数としての大きさにも左右される。2が1よりも大きいと判断するよりも、9が8よりも大きいと判断する方が、より多くの時間を要するのだ。等しい距離であっても、大きな数は小さな数よりも比較するのが難しい。大きな数でこのように速度が落ちることは、ここでも赤ちゃんや動物の知覚能力を思い起こさせる。赤ちゃんや動物もまた同じように、数の距離と大きさによって影響される。この共通点は注目に値するものであり、このことは、アラビア数字のような記号を見たときでも、私たちの脳が、赤ちゃんや動物で見られるものと非常によく似た、量の内的表象を引き出していることを裏づけている。

実際のところ、二つの数を区別する際の難易度は、二数間の絶対的な距離というよりも、大きさに比例したそれらの距離に左右される。これは、動物の場合と非常によく似ている。主観的な言い方をすると、つまり、8と9の間の距離は、1と2の間の距離と同一ではない。私たちが数を測定する場合に使用する「心の物差し」は、目盛りが一定の間隔で並んでいるわけではない。その物差しは、より大きな数ほど、より狭い範囲に間隔が圧縮される傾向にある。私たちの脳は、計算尺上の対数尺度に非常によく似たやり方で、量を表象している。この尺度上では、1と2、2と4、4と8の間隔が等しい空間で割り当てられる。だから、計算の正確さと速度は、数が大きくなるにつれて、やむを得ず減少していくのである。

大きな数は心の中で間隔が圧縮されているといった仮説を裏づけるには、これまでの数多くの実証的な研究結果を参考にする必要があるだろう。内観法にもとづいた実験はいくつか存在しており、「5により近い数を主観的に評定するとしたら、4と6のどちらか」

といった類のものである。この質問はこじつけがましく聞こえるが、ほとんどの人々は、「等しい距離だけど6の方があまり違わないように思う」と答える。他の実験では、それよりもより巧妙で非直接的な方法が使われている。たとえば、あなたがランダムな数を生み出すマシンになりすまして、1から50の中から数をランダムに選ばなければならないとしよう。この実験を非常に多くの人たちにやってもらうと、たちまち体系的なバイアスが現れてくる。つまり、私たちは、大きな数字よりも小さい数字をより頻繁に生み出す傾向があり、けっしてランダムには反応しないのである。それはまるで、「心の壺」に小さな数が過剰に表象されており、私たちがそれらを多く引き当てているかのようである。このことから納得させられるのは、サイコロや本物の乱数生成マシンのような、ランダムを「客観的に」作り出すものに頼らないと、私たちは決してランダムを生成することなどできないということだ。

小さい数に対するこのバイアスは、直感を用いて統計的分析を行ったり解釈したりする場合に、時として致命的な結果を広範囲にわたってもたらすのではないかと、私は考えている。次の問題を考えてみることにしよう。

・問題

ここに数列が二つあります。これらはコンピュータによってランダムに生成されたものです。みなさんにやってもらいたいことは、各数列が、1から2000までの数の標本から、どの程度ランダムに（言い換えれば、どの程度一様に）抽出されているかを感じるままに評定してもらうことです。その際、計算して確かめることはしないでください。

数列A
879　5　1322　1987　212　1776　1561　437　1098　663

数列B
238　5　689　1987　16　1446　1018　58　421　117

大部分の人々は、数列Bの方が数列Aよりもより一様に数が分布している、つまり「よりランダム」であると答える。数列Aには、大きな数が頻繁に現れすぎているように見える。だが数学的な観点から言えば、BではなくAの方が、1から2000までの数の連続体の標本をみごとに抽出している。数列Aの数はどれも、約200ずつ規則的に離れて分布しているが、数列Bの方は、指数関数的に分布しているからだ。私たちが数列Bを選びたくなる理由は、それが、心の物差しという私たちの心的観念にもっともよく適合するからである。心の物差しとは、大きな数が小さな数よりもあまり目立たないように圧縮された数列として思い描いてもらえばよい。

圧縮効果は、私たちが測定単位を選ぶ場合にも見受けられる。フランス共和制時代の一七九五年四月一七日、「フランス革命暦」ではⅢ年芽月（七月）一八日、パリではメートル法が制定された。この単位は、バラバラの基準を統一するために制定され、10の累乗を基本としたナノメートルからキロメートルまでの大きな範囲を網羅していた。10の累乗のどれもがある特定の名前、ミリメートル、センチメートル、デシメートル、メートルなどを授かったのだが、これらの単位は依然として互いが離れすぎていたために、日常的に使用する場合には実用的でなかった。そこでフランス立法府は、「十進法の各単位を二倍したものと、半分にしたものを使用する」と定めた。この法律の制定が発端となって、今日でも「1、2、5、10、20、50、100……」といったお決まりの系列が、貨幣や紙幣の基準に使用されている。それは小さな概数だけで構成されていながら、指数関数的な増減を示す数列に似通っているために、私たちの数覚にぴったり適合するのである。一八七七年には、チャールズ・レナード大佐が、同じような制約から、もう一つの準対数的な増減を示す数列（100、125、160、200、250、315、400、500、630、800、1000）に基づいて、ボルトの直径や車輪のサイズなどの産業製品を標準化する方法を採用した。ある連続体が離散的なカテゴリーに分割されるとしよう。すると、直感はすぐさま、頭ごなしに、圧縮された尺度を選ぶように指図する。こうして選ばれた尺度は、たいていは対数的なものであり、数に関する私たちの内的表象と整合性が高いのである。

数の意味への反射的アクセス

アラビア数字は、まず網膜上での光子の配列として現れる。そのパターンは脳の視覚領域で特定され、その形態が、よく見知っている数字のものだとわかる。しかし、これまでに述べてきた多くの例を通じて、脳がほとんど休むことなく数字の形態を認識していることがよくわかる。脳はある量を目にすると、すぐさま驚異のスピードで、連続的で圧縮された表象を再構成する。量へのこの変換は、意識されないまま、驚異の速度で自動的に生じる。「5」という数字の形態を見て、それを「量的な5」に即座に変換しないようにすることは、実質的に不可能である。この変換にまったく意味がない状況においてさえも、そうなのだ。つまり、数の理解とは、一つの反射とみなすことができる。

では、二つの数字が左右に並んで提示されて、あなたはそれらが同じ数字かどうかをできる限り速く答えるとしよう。この場合、二つの数字が同じ形態をしているかどうか、数字の視覚的形態にだけ注目して判断すればよいと、あなたは思うかもしれない。だが実際に反応時間を測定してみると、この推測が間違っていたことが明らかとなる。8と9は違う数字だと判断するには、2と9の判断に要する時間よりも長い時間を要する。ここでも、数どうしの距離が私たちの判断速度に影響を与えている。8と9が表象する量はかなり似通っている。そのため、それらが異なる数字であると反応するのに、無意識なレベルで戸惑ってしまうのである。

これと似た「理解反射」は、数字を記憶する場合にも見られる。「6・9・7・8」という数字のリストを記憶したら、次の問題に答えてみよう。「5はリストにありましたか?」「1はリストにありましたか?」どちらの問題が難しいだろうか? 最初の問題の方が二番目の問題よりも難しくはなかっただろうか? 問題の答えはいずれも「いいえ」である。だが実験を行ってみると、対象となった数字が記憶されたリストから離れていればいるほど、反応時間はだんだんと速くなることが示されている。このリストは、明らかに、一連の恣意的記号としてだけ記憶されているのではない。実際は、7と8に近い量の総体として記憶されているのである。そこで私たちは、1がそのリストにないことを即座に言うことできるのだ。

理解反射を抑制することは、はたして可能だろうか？　この問題に答えるには、被験者が数字の意味を知らない方が有利である状況で、実験を行う必要がある。イスラエルの研究者、アヴィシャイ・ヘニクとジョセフ・ツェルゴフのふたりは、「1と9」のように、異なる大きさの数字を対にしてモニター上に提示した。実験参加者には、大きなフォントで記された数字の方を指し示すように指示して、それを行うのにかかる時間を測定した。実験参加者がこの課題で要求されているのは、数字の「数的な大きさ」をできる限り無視して、「物理的な大きさ」に注意を向けることである。だが反応時間を分析してみると、またしても、数字の理解がどれほど自動的でかつ不可避的なものなのかを露呈する結果となった。数字の物理的次元と数的次元が一致する「1と9」のような場合では、それらの次元が一致しない「9と1」のような場合よりも、実験参加者ははるかに簡単に反応した。「1」という記号が9よりも小さい量を示すことを、私たちは片時も忘れられないのである。

これだけではない。まだまだびっくりすることがある。それは、私たちが数字を見たという自覚がない場合でも、脳の中では数量へのアクセスが起こっているという事実だ。モニター上にある記号をほんの一瞬だけ提示すれば、見えたという意識は持てない。「サンドイッチ・プライミング」と心理学者が呼ぶテクニックのみそは、ターゲットとなる単語や数字の前後に意味のない文字列を提示することにある。たとえば、まず「########」を見せて、次に「five」を提示する。それから、また「########」を見せて、最後に「SIX」を提示する。最初から三つ目までの文字列をすべて、たったの五〇ミリ秒間しか提示しなかったとしよう。そうすると、プライム刺激の「five」は、他の文字列に挟まれた結果、見えなくなってしまう。読みづらいということでなくて、意識の流れから消滅してしまう。厳密に統制された実験状況では、プログラムを書いた実験者本人でさえも、単語が隠されているかどうかを判別できないのである。結局、見たという意識を伴うのは、最初の文字列「########」と最後の単語「SIX」だけである。そうは言うものの、五〇ミリ秒のあいだは、「five」というごく普通の視覚刺激が網膜上に存在していた。実際には、その単語は、実験参加者も意識できないレベルで、脳にある心的表象と接触している。このことは、ターゲットとなった「SIX」という単語を言うのにかかる時間を測定することにより明らかになる。つまり、その反応時間は、プライム刺激とターゲット刺激の間の数的距離に応じて体系的に変化するのである。「SIX」と口にする場合、それに先行するプライム刺激が、「two」のような距離のあるものよりも、「five」のように近接しているもののときの方が、実験参加者はより速く反応できる。このように、理解反射は、この状況にも埋め込まれており、「five」という単語を見たという意識がないながらも、それは依然として「6に近い量」として脳で解釈されているのである。

私たちは、脳回路で処理され続けている自動的な数の演算をまったく自覚していない。だが、日常生活のなかでもそれらの影響力はたしかに存在するし、いろいろと目に見える形で示すこともできる。パリにある鉄道の主要な駅では、プラットホームを数で示している。駅は別々の区画にそれぞれ分割されているのだが、そのレイアウトには数の自然な順序を中断させているところがある。一一番ホームは一二番ホームの隣にあるのだが、一三番ホームははるか向こうにあるのだ。私たちの心には、数量の連続性がかなり深く刻み込まれている。だから、このレイアウトになっていると、多くの旅行者は迷子になってしまう。私たちの直感は、一三番ホームが一二番ホームのすぐ隣にあるはずだと、頭から決めつけているのである。

同じような話なのだが、ここにもう一つ、あなたの注意を惹きつけるのにもってこいの話がある。

「アヴィラの聖テレサは、一五八二年一〇月四日の夜更けから一五日の夜明けにかけて息を引きとった」

これは誤植ではない。聖テレサが亡くなった夜は、偶然にも、教皇グレゴリウス一三世がユリウス・カエサルによって制定されたユリウス暦(旧太陽暦)を改正して、現在も使用されているグレゴリオ暦に変更した夜だったのである。当時の暦は、何世紀も経るうちに、だんだんと夏至や冬至といった天文学的なできごとから逸れていってしまった。そのために、調整の必要に迫られて、一〇月四日の翌日が一〇月一五日に変更されたのだった。これは、時間を厳守するための決定ではあったが、数の連続性という私たちの直感を大いにあたふたさせるものである。

数の自動的解釈は、広告の分野でもよく利用されている。非常に多くの小売業者が、わざわざ四〇〇ドルのかわりに三九九ドルの値札をつけている。それは、顧客が三九九ドルを「だいたい三〇〇ドル」と自動的に考えることを彼らがよく理解しているからであり、冷静になって考えてはじめて、その値段が四〇〇ドルに限りなく近いことに気づくのである。

最後は、私自身の経験を例に挙げよう。華氏温度の話である。私が生まれ育ったフランスでは、氷点を〇度、沸点を一〇〇度とする摂氏温度だけを採用している。アメリカ合衆国で二年間過ごした後でも、私は、三二度を「寒い」と思うことができないままだった。

というのも、私にとって三二度というのは、とても暖かい晴れた日の通常の温度を、自動的に思い起こさせるからである。逆に言えば、ヨーロッパを旅するアメリカ人が、三七度という数字が人間の体温を表すことを知ったら、ほとんどの人がびっくりするのではないかと思う。このように、数量に対して意味を自動的に帰属させる指令は、私たちの脳の奥深くに埋め込まれており、それを変更したいと思っても、なかなか思うようにはならないのである。

空間の感覚

数は量の感覚を引き起こす。だが、それだけではない。数は、空間の拡がりといった避けがたい感覚も引き起こす。数と空間の密接な結びつきは、私が行った数の比較実験で明らかになった。周知のように、被験者の課題は、ある数が65よりも大きいか小さいかによって分類することだった。その際に、二つの反応ボタンが用意され、彼らは、一方のボタンを左手で、もう一方のボタンを右手で押した。私は細かいところに徹底的にこだわるタイプの実験者なので、ボタンの機能を体系的に変えてみることにした。つまり、半分の被験者には、「65より大きい」場合には右手で、「65より小さい」場合には、左手で反応してもらった。もう半分の被験者には、それとは反対の指示をした。その結果、この一見なんの関連もなさそうな変数が、なんとも重要な効果を持っていたのである。「大きい・右側」群の被験者は、「大きい・左側」群の被験者よりも、より速く反応し、間違いもはるかに少なかった。標的の数が65よりも大きい場合、被験者は左手でボタンを押すよりも、右手でボタンを押す方がより速く反応した。反対もまたしかりで、65よりも小さい場合は、右手よりも左手で押した方がより速かった。被験者の心の中では、それはまさに、大きい数は空間の右手側と、そして小さい数は空間の左手側と自然に結びついているかのようであった。

この結びつきがどの程度自動的なものかどうかは、よくわかっていなかった。この問題を解決しようとして、私は、空間と量のどちらにも関与しない課題を用いて検討を行った。この課題では、ある数字が奇数と偶数のどちらかを判断するように要求した。他の研究者もそれに続いて、より恣意的な課題を与えた。たとえば、ある数字の綴りが子音と母音のどちらで始まるかを区別させたり、ある数字の形態が対称かどうかを判断させたりした。その結果、この場合でも同様の効果が現れた。つまり、数が大きくなればなるほど、右手は左手よりもますます速い反応を示したのである。一方、逆の場合も同じで、数が小さくなればなるほど、左手での反応バイアスはますます大きくなった。私は、この発見を、ルイス・キャロルに敬意を表して「スナーク（SNARC）効果」と名付けた――これは、

「Spatial-Numerical Association of Response Codes（反応コードにおける空間と数の結びつき）」の頭文字をとったものである（キャロルの滑稽なナンセンス詩、『スナーク狩り』は、架空の怪物スナークを執拗に探しまわる物語である。スナークを目にしたものは誰一人いなかったが、スナークの行動はかなり詳細に知られており、朝寝坊の習性や、海水浴用更衣室車を溺愛することなどがわかっていた。クォークであろうが、ブラックホールであろうが、普遍文法であろうがなんであれ、自然をより正確に記述しようとして執拗に追い求める科学者のイメージに、これはまさにぴったりの比喩である。キャロルが用いたもともとのスペル「Snark」がうまく頭文字になる用語を思いつかなかったのは残念だった）。課題自体が数に関連しないものであっても、数字を見るだけでいつもスナーク効果が起こるという事実は、実験参加者の脳の中で量の情報が自動的に活性化し、それによってスナーク効果が引き起こされるということを裏づけている。

私は同僚らとともに、「SNARC狩り」を目的として、数多くの実験を行ってきた。その結果、おもしろい発見にいくつか出くわした。一つは、数の絶対的な大きさには関係がないということである。実際には、実験で使用された数の範囲内での大きさが重要であった。たとえば、0から5の間の数だけを用いた実験では、4と5が右側の空間と選択的に結びつき、4から9の数のみが用いられた場合では、同じ4と5が左側の空間と結びついた。もう一つは、反応する際に用いる手にも関連がないということである。実験参加者が手を交差して反応した場合でも、大きな数と関連していたのは、右側の空間のままであった。右側の反応をたとえ左手で行ったとしても、結果は同じだった。こちら側よりあちら側の方がより素早く反応できることを、被験者はもちろん、まったく気づいてはいなかった。

数と空間の自動的な結びつきに関するこの発見によって、単純だが非常に強力な比喩が導かれる。それは、心の物差しという数量における心的表象である。言ってみれば、数が心の中で一本の線の上に並んで、それぞれの位置ごとに、ある特定の量が対応している、というものだ。近い数どうしは、隣接する位置に置かれた表象になっている。したがって、数における距離の効果に現れるように、私たちがそれらの隣りあった数を混同しがちなのは無理もない。さらに言えば、その心の物差しは、比喩的なものではあるが、方向性をもつもの、すなわちゼロが最左端にあり、それより大きな数は右方向に延びていくものと思われている。こういった理由により、反射的にアラビア数字を量に符号化する場合には、小さい数は左側、大きい数は右側といった、数の自動的な方向づけもまた伴うのである。

左から右へと延びていくこの特別な軸の起源は何だろうか？　それは、利き手や大脳半球の優位性といった、生物学的要因と関連しているのだろうか。それとも、文化的要因だけで決まるものなのだろうか？　私は、最初の仮説を検証しようとして、左利きの人たちで実験を行ってみた。しかし、彼らは、右利きの人たちとなんら変わりはなく、この場合も大きな数は右側の空間と結びついていた。私は次にイラン人の学生二〇人を対象として、二番目の仮説を検討してみた。欧米の伝統とは違って、彼らは最初にまず、右から左へと文字を読むのを学んだ人たちであった。今度は、かなり明確な結果が得られた。全般的に見ると、イラン人学生は、数と空間に関する選択的な結びつきを示さなかった。だが個別に見ると、西洋の文化に触れた程度に応じて、その結びつきの方向が変化していた。フランスに長く住んでいるイラン人学生は、フランス生まれの学生とまったく同じようにスナーク効果を示したのに対し、二、三年前にイランから移住してきた学生では、大きな数は空間の右手側ではなくて、左手側と結びつく傾向にあった。このことから、文化的影響が一つの主要な要因と考えてよいようだ。つまり、読み書きの方向が、数と空間の結びつきにおける方向を決定しているようである。

ちょっと考えてみればわかることだが、西洋の書式形態は、数の日常的な使用に広汎な結果をもたらしている。数を書き連ねていく場合、小さい数はかならず最初に現れる。つまり左側に現れる。このようにして、定規やカレンダー、数表、図書館の書棚、エレベータのドアの上にある階を示す数字、コンピュータのキーボードなどは、左から右といった形式になっている。この慣習は、幼少時代から内在化され始める。アメリカの幼児ではすでに、左から右へと物の集合を探索するのに対し、イスラエルの幼児は、右から左へと反対方向から探索する。西洋社会の幼児は、数えるときもつねに左から始める。そうこうするうちに、数え始めと数え終わりの地点を、空間内のさまざまな方向と規則正しく結びつけることにより、それは、数における心的表象の重要な特徴として内在化されていく。

この潜在的慣習が破られると、私たちは突如としてその重要性に痛いほど気づくようになる。パリにあるシャルル・ド・ゴール空港の二番ターミナルを入っていくと、旅行者は困った状況に陥ってしまう。小さい数で示されたゲートが右側に、大きな数で示されたゲートが左側に延々と続くのである。ゲート番号を指定された後に、旅行者が誤った方向に進んでいくのを、私は何度も目撃したし、何を隠そう私自身もそうだった。これは、一種の見当識障害であり、繰り返し訪れたとしても完全には克服し得ないものである。

数はまた垂直軸とも結びついているものと思われる。だがこれまでのところ、実証的な研究はなされていない。私はかつて、同僚とともに、イタリアのトリエステ近郊のホテルに宿泊したことがある。そのホテルは、アドリア海にそびえ立つ崖から、ぶらさがるようにして建てられていた。入り口は最上階にあり、この理由もあってか、フロアーは上から下へと順番がつけられていた。エレベータに乗るたびに、私たちはいつも混乱に見舞われた。エレベータが上昇すると、フロアーを示す数が点滅して上昇していくことを、私たちは無意識のうちに期待する。だがこのホテルでは、その反対のことが起こるために、私たちは数秒もの間まごついてしまった。私たちは、一つ上の階に行くにはどのボタンを押せばよいかを、やっとの思いで理解したのだった。もし建築家や人間工学の研究者がこの本を読んでくれたならば、左から右へ、下から上へといった順番をつける際の一貫した規則を、将来ぜひとも採用してほしいものである。というのも、このことは、少なくとも西洋文化圏においては、私たちの脳が期待するようになった慣習であることに違いないからである。

数に色はついているか？

大多数の人々は、心の中に左から右へと延びていく物差しをもっており、その存在には少しも気づいていない。しかし、中には、数に鮮やかなイメージをもつ人がいる。綿密な調査結果によると、数が色を帯びたり、空間の中でかなり正確な位置を占めたりしている人が、全人口のおよそ五%から一〇%の割合で存在する。一八八〇年代にはすでに、ジョン・ゴールトン卿は、数に異常なまでに鮮明な性質を与えている人が知り合いにいることを報告した。そのほとんどは女性であり、その数の性質は、他の人には理解不能だった。

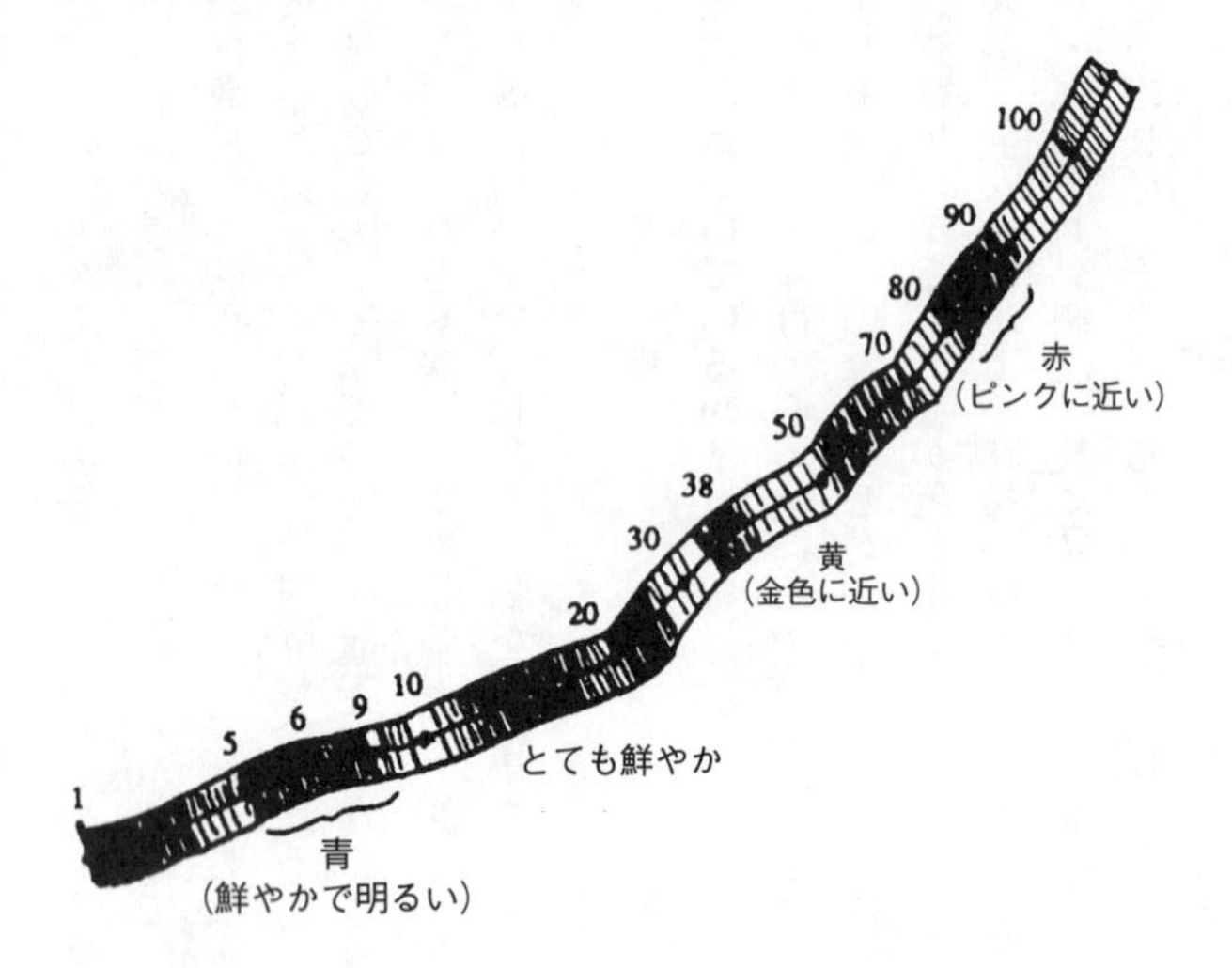

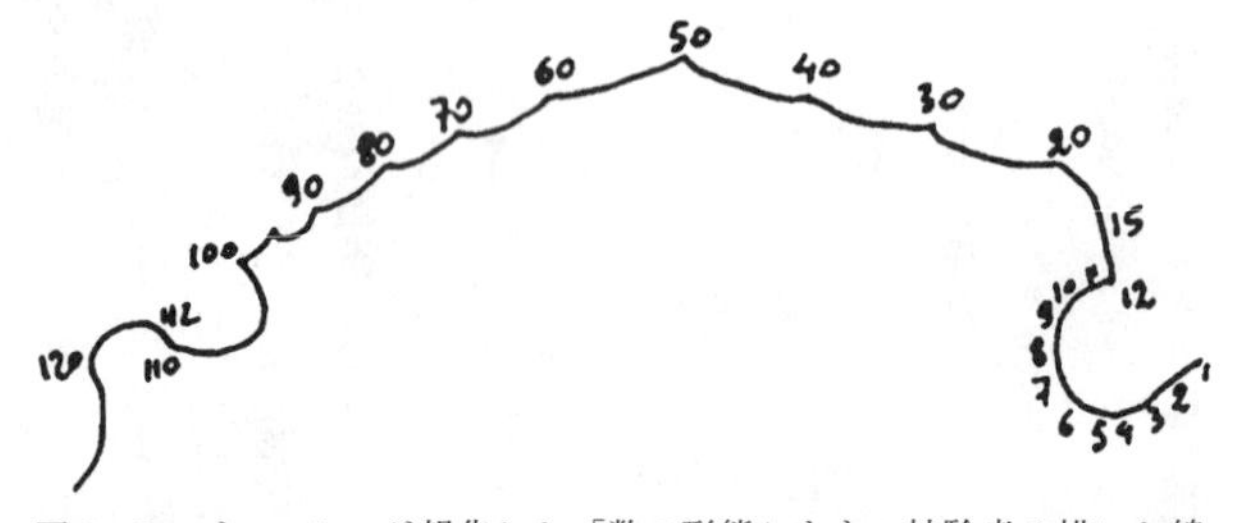

図3・5　ゴールトンが報告した「数の形態」をもつ被験者の描いた線画。1人の数の形態は、右側に延びていくカラフルなリボンのようなものだった（上図）。もう1人の数の形態は、最初の部分が時計の文字盤に似た曲線をしており、それ以降はねじれごとに数が並んでいた（下図）。（Galton, 1880から出版社の許可を得て転載。Copyright © 1880 by Macmillan Magazines Ltd.）

そのうちの一人は、数を、右方向にうねりながら延びていくリボンのようなものだと表現した。そのリボンは、青から黄、そして赤へと、徐々に変化していく鮮やかな色を帯びていた（図３・５）。もう一人は、１から12までの数が緩やかな円形のカーブを描いており、10と11の間にはわずかなとぎれがあると主張した。12を越えると、その曲線は、反りかえって左方向に延びていき、10ごとに明確な尖りがあった。三人目の人では、１から30までの数字が垂直に並んでおり、40以降からは右側に向かって徐々にズレていくのだと主張した。彼の言葉を借りると、「それらの数字は、およそ半インチの長さをしており、暗灰色と茶色を混ぜたような色をした背景の上に、明灰色で輝いていた」

この「数の形態」は、たしかに風変わりなものである。だが、これは、ゴールトンの数に対する情熱に心打たれて、彼を喜ばせようとやっきになった、ヴィクトリア朝時代の人々の創意に富んだ精神から生み出された、たんなるでっちあげではない。ゴールトンの調査後一世紀を経て行われた最近の調査によると、現在でもそれとよく似た数のイメージをもつ学生がいることがわかった。――同じような曲線や直線があったり、同じような変わり目が10ごとにはっきりとあったりする。さらには、数と色の結びつきに一貫した傾向があった。ほとんどの人が、黒と白を、０と１、あるいは８と９に結びつけていた。２、３、４といった小さな数は、黄、赤、青と結びついており、６、７、８などの大きな数は、茶、紫、灰色と結びついていた。

これらのことを統計的に判断すると、数に形態を体験すると主張する人の大部分が偽りではないことがわかる。彼らは、非常に鮮明な正真正銘の知覚イメージを忠実に記述しているように思われる。そのような人の一人に、五〇本の色鉛筆を渡して、数のイメージを、一週間を隔てて二度描いてもらったところ、彼女はまったく同じ色を選んで、同じようにグラデーションを描いてみせた。彼女はまた、いくつかの数の心的イメージをより正確に描くには、何種類かの色を混ぜ合わせる必要があるとさえ感じていた。

このようなことは稀であり、また奇妙でもある。だが、数の形態は、「ごく普通の」数量の表象と多くの特徴を共有している。整数はいつも順番に、ひとつづきの曲線上に表現されており、1は2の隣に、2は3の隣にある。10ごとの境界、つまり、29と30の間などでは、方向が急に変化したり、小さな不連続点があったりすることがたまにある。だが、雑然とした数のイメージ（たとえば、同一の曲線上で素数や平方数がいっしょに集まっているようなイメージ）が見えると主張した人は、いまだかつて一人も存在しない。したがって、途切れず順序立てて並ぶことが、数の形態の形成を促す主要な変数だと言える。数と空間の関係もやはり、「数の形態」においても保持されている。数の形態のほとんどは、数が大きくなっていくと、右側上方に向かって延びていく。結局のところ、数の形態は、より大きな数になると徐々にあいまいになっていくと、大部分の人が主張する。このことは、動物や人間の数に関わる行動を特徴づけ、私たちがより大きな数を心的に表象する際の精度に限界をもたらす、大きさの効果と圧縮効果を思い起こさせる。

つまり、数の形態とはそもそも、私たちの誰もが共有する物差しを鮮明に意識できるようになったものなのかもしれない。大部分の人々において、物差しとは、巧妙な反応時間実験を行ったときにしか現れてこないものだが、数の形態は、意識の中に容易に呼び出すことができるし、色や形状のような視覚的特徴もより鮮明である。これらの装飾イメージは、いったいどこから生じるのだろうか？　この質問に対して、数の形態が見える人は、「それらが八歳以前のある時に天から舞い降りてきた」とか、「気づいたときには、それらがすでに見えていた」と答える。また、家族のメンバーで、同じタイプの数の形態を共有することがたまにある。しかし、このことは、ある共通の遺伝的要素の関与をかならず示すものではない。家族で共有される環境が決定要因となる可能性も否定できないからである。

私の憶測では、数の形態とは、空間と数に関する脳地図が形成される過程で、なんらかの作用が働くことで見えるようになるのではないかと考えている。第2章で見たように、赤ちゃんは、おそらくは数に関する「心的地図」をすでに持っている。三歳から八歳の間には、学校教育で、大きな数や十進法の位取りなどの知識をどんどん教えられる。この知識に順応するには、もともとある心の物差しを、洗練した形に再構成していかなければならない。算術の獲得に関しては、「数の地図」にささげられた皮質領域が漸進的に拡張することによって起こるという仮説が提案されている（動物では、手を用いて複雑な操作を行う課題を学習した場合に、感覚運動野で皮質領域の拡張が見られることがわかっている）。第7章と第8章で見るように、頭頂後頭領域にある、頭頂葉と後頭葉と側頭葉がちょうど交差する部分である、下頭頂野（かとうちょうや）は、算術の知識に関する神経回路の拡張が起こっている可能性の高い領域として、一番の候補地である。ニューロンの総数は決して増えることはない。そこで、数に関する回路を洗練させるには、色や形態や位置の符号化を担当する、周辺の皮質領域を犠牲にしなければならない。ある少数の子どものケースでは、数に関連しない領域の縮小化が、一定の期間内に達成できなかった、という場合もあったかもしれない。この場合には、数や空間や色を符号化する脳領域の重複がそのまま変わらないのかもしれない。このことが原因となって、数の色や位置を「見る」という制しがたい感覚につながるのかもしれないと、私自身は考えている。同じような過程で、音が形を伴い、味が色を呼び起こすような心象である、（詩人や音楽家に多い）共感覚といった関連する現象も説明できるかもしれない。

　この理論は、推測の域を出るものではない。だが、数の地図が、その他の皮質領域を占領してますます洗練したものになっていく道筋を支持する証拠がないわけではない。神経心理学者のJ・スポルディングとオリヴァー・ザングウィルは、二四歳のある患者の左半球頭頂後頭領域を切除したときに、彼の数の形態が突如として消失したことを記している。その領域は古くから、暗算に中心的な役割を果たす場所として疑われてきたところだった。その患者は、計算と空間定位の両方に重度の問題を抱えていたのは確かである（この神経学的症状については、第7章でより詳しく論じる）。つまり、この症例から言えるのは、数と空間の両情報が隣り合う領域で同時的に符号化されるために、「数を見る」という主観的感覚が生じるということである。

　奇妙な主観的感覚が脳領域の重複によって生み出されるという仮説は、手足の切断手術を受けた患者の研究で確認されている。一方の腕を切断すると、その腕を制御していた体制感覚野が機能しなくなり、頭などのそれに隣接する表象によって占領される。まれな症例ではあるが、顔のある特定の場所を刺激すると、失われた腕があたかも触られたような感覚を生じることがある。すると、患者は、「幻肢」があるような印象を強くもつようになる。たとえば、顔に水が一滴したたると、あたかも存在しない腕がバケツに浸されているかのように感じるのである。数の形態とは、つまり数が色や形の幻覚を引き起こす現象であり、幻肢と同じような過程で、皮質マップの重複により発生するのではないかと、私自身は考えている。

数の直感

ここでやっと、本章の総括ができるところまで辿り着くことができた。ローマ数字の謎、そしてアラビア数字の大小評価に要する反応時間、また少数の人々で見られる奇妙な数の幻覚。これらの話はすべて、私たち人間の数に関する心的表象の特異性を見事なまでに浮き彫りにしてくれた。数量の知覚や表象に特殊化した器官は、人間の脳のある部分に寄り集まって存在している。それは間違いなく、動物や人間の赤ちゃんで見出された原型的な数の能力に直結しているはずであり、以下の点が特徴と言える。すなわち、それは3以下の数であれば、正確に符号化できる。また、数が大きかったり数どうしが隣接したりすると、数を区別しづらくなる。さらには、それが数量と空間的地図を結びつける傾向があるので、それによって、方向性をもった心の物差しが比喩として表に現れるのである。

人間のおとなは、ことばや数字を用いた数を扱えるので、赤ちゃんや動物と比べれば、数をよりうまく扱えるのは当然である。次章では、言語によって、いかに正確な計算や数量の伝達が容易になるかを述べようと思う。しかし、数の表記法を正確に利用できるからといって、私たちに与えられた、量に関する連続的でおおざっぱな表象が消されるわけではない。実験的研究によってわかってきたのは、それとはむしろ反対のことである。つまり、人間のおとなの脳は、数字を見るときは必ず、量との近接関係を保持したまま、それを内的なアナログ式の大きさに即座に変換する。この変換は、自動的で無意識的なものである。それによって、私たちは、8は7と9の間の量であり、2よりも10に近い量など、シンボルの意味を即座に割り出すことができるのである。

量的表象は、進化の歴史によって連綿と受け継がれてきたものである。そして、この量的表象こそが、私たちの直感的な数の理解の基礎になっている。もし私たちが、「8」に対応する、言語によらない内的な量的表象をもっていなかったならば、私たちはおそらく数字の8に意味を付与できなかっただろう。さらには、意味を理解せずに、ただアルゴリズムに従うだけのコンピュータと同じように、私たちもひょっとすると、純粋に形式的なデジタル記号の操作しかできなくなっていたかもしれない。

量を表象するのに用いられる心の物差しは、数の直感に限界があることを示す、明らかな証拠とも言える。心の物差しはそもそも、正の整数と、それらの近接関係しか符号化できない。このことは、私たちが整数の意味を直感的に理解できる理由を示している。しかし、それと同時に、私たちが整数以外の数を直感的に理解できないことの一因にもなっている。現代数学者が数と呼ぶものには、ゼロや負の数、分数、πなどの無理数、$i=\sqrt{-1}$のような複素数が含まれている。だが、1／2や1／4などのもっとも単純な分数を除けばこれらはすべて、過去の数学者を概念的に苦悩させたものであった。そしてそれらは、現在でも子どもたちを悩ませ続けている。

紀元前五世紀ごろ、ピタゴラスと彼の学派の人たちにとって、数は、分数や負の数を除けば、整数だけに限定されていた。$\sqrt{2}$のような無理数は、直感にきわめて反するものとみなされていた。言い伝えによると、メタポントゥムのヒッパソスは、無理数の存在を証明し、整数によって支配されたピタゴラス学派の世界観をつぶそうとしたのだが、そのことで反感を買い、船から突き落とされて暗殺されてしまった。ディオファントス、そしてそれ以後のインドの数学者らも、計算アルゴリズムに精通していたにもかかわらず、数式を解くときに負の数を受け入れようとはしなかった。パスカルもまた、答えが負になる「0－4」のような引き算を、まったくナンセンスなものだとみなした。負の数の平方根として得られる複素数は、一五四五年、イタリアのジローラモ・カルダーノによって考案されたものだが、それ以後一世紀にもわたって、それが意味するものをめぐって抗議の嵐が吹き荒れた。複素数が「虚数」などと呼ばれるのは、複素数を否定したデカルトのせいだ。一方、ド・モルガンは、複素数を、「意味を欠いたもの、さらに正確に言えば、自己矛盾した滑稽なもの」とみなした。この手の数は、数学の基礎が厳密に確立するまでは、数学界では受け入れられなかったのである。

　これらの数学的実体は、私たちの脳に前もって存在するどんなカテゴリーとも一致しないがために、私たちにとって受け入れがたいものであり、直感にもそぐわないものなのである。正の整数は、数に関する生得的な心的表象と、ごく自然な形で共鳴する。だから、四歳の子どもでも、それらを理解できるのだ。しかし、整数以外の数は、脳の中に直接類似したものが存在しない。それらをちゃんと理解するには、新しい心的モデルをつなぎ合わせて、直感的に理解できるような形にしなければならない。教師がやっていることは、まさにこれである。彼らは、零度以下の温度計や銀行からの借金を比喩として用いたり、心の物差しをたんに左側に延ばしたりして、負の整数を紹介している。このことに関して言えば、イギリスの数学者ジョン・ウォリスが一六八五年に、複素数の具体的な表象として、複素数はいわば一つの平面であり、その平面上に「現実の」数が水平線に沿って実在するというモデルを紹介したことは、彼が数学界に残したかけがえのない功績と言える。脳が直感モードで機能するには、イメージが必要なのだ。数の理論に関して言えば、進化は、正の整数に限って、それらの直感的な視覚的イメージを私たちにもたらしたのである。

第2部　概数を越えて

第4章　数の言語

たとえば1000のような、何か大きな数を指すとき、心はたいてい、その適切な概念を持ってはおらず、ただ、十進法という適切な概念によってそういう概念を生み出すことができる力だけを持っている。十進法という概念があるから、その数が理解できるのだ。

デイヴィッド・ヒューム『人間本性論』

私たちが心に持つ数の表象が、ラットと同じような、大ざっぱなアキュミュレータだけであったとしよう。私たちは、1、2、3という数については、どちらかというと正確に把握できる。しかし、それ以上になると、私たちのもつ心の物差しは、ますます濃くなる霧の中に消えてしまう。9という数を、その隣の8や10と混同せずに思い浮かべることはできないだろう。たとえ、円周を直径で割った値が一定であると理解したとしても、πという数は、「およそ3」としか知りようがないだろう。こんな曖昧なことでは、貨幣経済やほとんどの科学的知識は混乱をきたし、実際、今あるような人間社会はとても成り立つまい。

ホモ・サピエンスだけがどうして、概算以上のことをするようになったのだろうか？人間だけが持っている、記号を使った数え方のシステムを作る能力が、おそらく、もっとも重要な要因だろう。まだ理解できたとはとても言えないが、人間の脳のある種の構造のために、私たちは、話し言葉であれ、身振りであれ、紙に書いた形であれ、どんな任意の記号でも、心的表象を伝えるものとして使うことができるようになった。言語の記号は、世界を、区切られたカテゴリーに分割する。そこで私たちは、正確な数字を名指し、それともっとも近い数字とを違うカテゴリーとして分けることができるようになった。記号がなかったなら、私たちは、8と9の区別ができないかもしれない。私たちの持っている洗練された数の記述法があってこそ、「光の速度は一秒間に二九九、七九二、四五八メートルだ」などという正確な思考を表現することができるのだ。まさにこの、数の概算から記号を使った表象への移行について、本章で取り上げたいと思う。それは、文化の歴史において起こったことでもあれば、算数の言葉を習ううちに、どの子どもの心の中でも起こることである。

駆け足でたどる数の歴史

私たちの種が最初に言葉を話し始めたとき、1と2、おそらくは3までぐらいしか名付けることはできなかっただろう。1らしさ、2らしさ、3らしさは、私たちの脳が、実際に数えることなく容易に計算できる認知的量だ。そこで、それらに名前をつけることは、たとえば、赤い、大きい、暖かいなどの他の感覚属性に名前をつけるのと同じくらい容易だったに違いない。

言語学者のジェームズ・ハーフォードは、1、2、3というこの最初の三つの数が非常に古くて、特別な地位を持っていることを示す十分な証拠を集めた。格と性の語形変化を持つ言語ではしばしば、「1」と「2」と「3」だけが、語形変化のある数詞である。たとえば、古代ドイツ語では、「2」は、数える物の文法的性によって、「zwei」にも、「zwo」にも、「zween」にもなる。また、最初の三つの序数は特別な形をしている。たとえば、英語では、ほとんどの序数は「th」で終わるのだが（fourth, fifth など）、「first」、「second」、「third」だけは違う。

1、2、3は、単語ではなくて語形変化だけで表すことのできる唯一の数である。多くの言語で、単語は、ただ単数か複数かの印を持っているだけではない。特定の語の終わり方で、二つの物（dual）と二つ以上の物（plural）を区別できることもあれば、三つの物（trial）を表現するための特別な語形変化を持つ言語もある。たとえば、古代ギリシャ語では、「o hippos」はウマ一般を表し、「to hippo」は二頭のウマを表し、「toi hip-poi」はとくに指定しない数のウマを表す。しかし、3より大きい数に対して特別な文法的操作を発達させた言語は存在しない。

さらに、最初の三つの数字の語源も、その古さを示している。「2」という単語と「second」という単語はともに、しばしば、「もう一つの」という意味も持っている。たとえば、「to second」（補佐する）と動詞に使ったり、「secondary」（次の）のように形容詞で使ったりするときがそうだ。「three」というインド＝ヨーロッパ語の語根は、かつて、「a lot」（たくさん）や「beyond all others」（何よりも上回る）と同義の、もっとも大きな数を表す言葉だったのではないかと示唆している。たとえば、フランス語の「très」（非常に）、イタリア語の「troppo」（多すぎる）、英語の「through」、ラテン語の接頭辞「trans-」などである。そこで、おそらく、インド＝ヨーロッパ語が持っていた数詞は、「1」、「1ともう一つ」、「たくさん」（3以上）だけだったのではないかと思われるのだ。

今では、私たちの祖先が3以下の数を示す言葉しか持っていなかったかもしれないとは、とても信じられない。それでも、それはあり得ないことではない。今日(こんにち)に至るまで、オーストラリア先住民のワルピリ族の人たちは、「1」、「2」、「少し」、「たくさん」という量を表す言葉しか持たずに暮らしている。色の領域では、アフリカの言語の中には、黒、白、赤の区別しか持たないものもある。言うまでもなく、このような限界は、まったく語彙だけの問題だ。ワルピリ族の人々が西欧人と出会うようになったあとでは、彼らは容易に英語の数詞を覚えたのだから。つまり、彼らが数を概念化する能力は、彼らの言語に少ない数の単語しかないことによって制限されているわけではなく、ましてや（言うまでもなく）、遺伝子によるのでもない。この問題についてはあまり研究がないのだが、彼らも3以上の数の量的概念を持っているが、それは非言語的で、おそらく概算であるようだ。

どうやって人間の言語は、3という限界を超えることができたのだろうか？　より進んだ計数システムへの移行には、からだの部位を数えることがかかわっていたようだ。すべての子どもは、彼らの指が、どんな物の集合に対しても一対一対応できることを自分で発見する。最初の物体に対して一本の指を立て、二番目の物体に対して二本目の指を立て、という具合だ。このメカニズムでは、三本の指を立てるという仕草が、3という量を示す記号となる。これが明らかにすぐれているところは、必要とする記号がいつでも「手元」にあることだ。この数え方のシステムでは、数（digit）はまさに話者の指（digit）なのである！

そこで、歴史的に見ると、指を始めとするからだの部位が、からだをもとにした数の言語を支えてきたことがわかるが、今でもそのようなシステムを使っている、孤立した集団がいくつかある。3以上の数を表す言葉を持たない多くの先住民の集団は、そういう役割を果たすための、数を表す身振りを豊富に持っている。たとえば、オーストラリアとニューギニアを隔てるトーレス海峡の先住民たちは、からだのいろいろな部位を決められた順序で指し示すことで、数を表している（図4・1）。右手の小指から親指（1から5）、次に右腕を上って行ってから左腕を下がり（6から12）、左手の指（13から17）を通って、左足の指に行き（18から22）、左と右の脚を経て（23から28）、最後に右足の指で終わる（29から33）。数十年前、ニューギニアの学校で、算数の時間に先住民の生徒たちがちょこまか手を動かしているのを見て、先生たちが驚いた。まるで、計算するとからだが痒くなるかのようだった。実のところ、生徒たちは、英語で教えられている数と計算を、素早くからだの部位を指すことで、自分たちの母語である数字のボディ・ランゲージへと変換していたのだった。

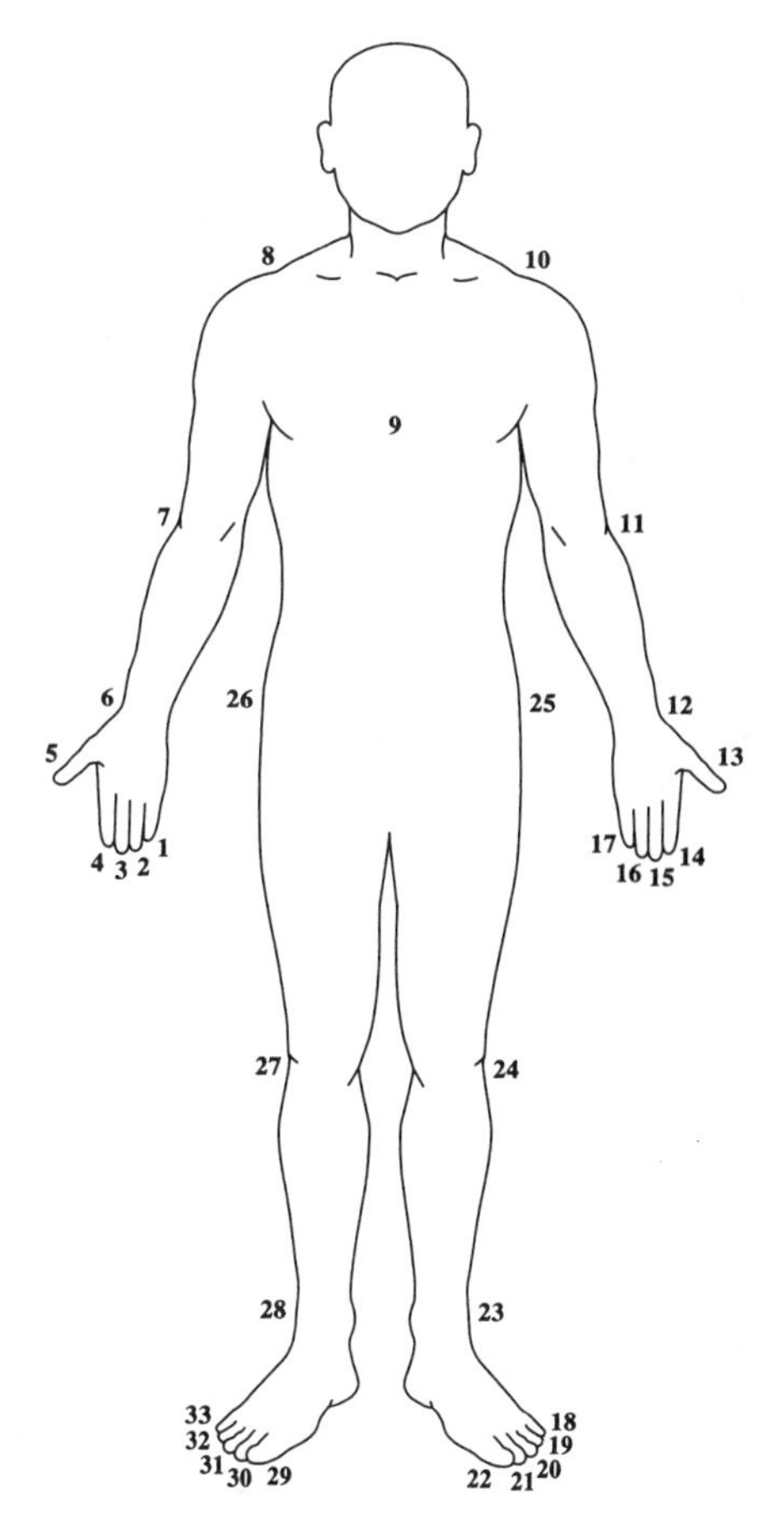

図４・１　トーレス海峡の先住民たちは、からだの決まった部位を指し示すことで数を表す。（Ifrah, 1994 より）

もう少し進んだ数え方のシステムでは、もはや指差しの必要はない。からだの部位に名前をつければ、それが対応する数字を思い起こさせる。そこで、ニューギニアの多くの社会では、「6」は文字通り「手首」であり、「9」は「左胸」なのである。同様に、中央アフリカからパラグアイまで、世界中のいくつもの言語で、「5」という単語の語源は「手」という言葉にあるようだ。

第三のステップが、からだをもとにした言語と、現代の私たちが持っている、からだとは切り離された数詞とのギャップを埋めてくれる。からだの部位を指し示すことには、深刻な限界がある。指は有限集合であり、それもさして大きくはない。たとえ足の指やからだの目立つところを全部数えたとしても、それで30かそれ以上の数を表すことはできない。すべての数にいちいち任意の名前をつけるのも、あまりに不便である。解決策は、いくつかの小さな数を組み合わせて大きな数を表現することができるような、文法を作り出すことだ。

数の文法は、おそらく、からだを基にした数え方から自然に生まれてきたのだろう。パラグアイの先住民の社会では、6という数は、「手首」などの任意の名前ではなく、「片手の上にのった1」と表現される。「手」という言葉自体が5を意味しているので、ボディ・ランゲージの本質から、彼らは6を「5と1」と表現するようになるのだ。同じように、7という数は「5と2」であり、それが10まで続く。10は、単純に「二つの手」（二つの5）と表される。この初歩的な例のうしろには、現代の記数法を組織する原理が隠れている。それは、もととなる数を選び（ここでは5）、大きな数は、足し算や掛け算の組み合わせで表現することだ。それが一旦発見されれば、これらの原理は任意の大きな数に拡張することができる。たとえば11は、「二つの手と一本の指」と表現でき、22は、「四つの手と二本の指」と表現できる。

ほとんどの言語は、10や20などを基数に選んでおり、その名称は、しばしば、より小さな単位の短縮形である。たとえば、アリの言語では、10は「ムブーナ」と言う。これは「モロ・ブーナ」の短縮形なのだが、文字通り、「二つの手」という意味だ。一旦新しい形が固定されると、それ自体、より複雑な構築の中に組み入れられていく。そこで、21を表す言葉は、「二つの10と1」のように表すことができる。現代の英語で使われている、11、12、13、50などのいくつかの数詞のような不規則な構造も、同様の短縮のプロセスで説明することができる。これらの単語は、かつて、「1と10」、「2と10」、「3と10」、「5つの10」といった複合語だったのだが、それが変形し、短縮して今の言葉になったのである。

20を基数にすることは、おそらく、手の指と足の指全部で数える古代の伝統を反映しているのだろう。このことは、マヤのいくつかの方言やグリーンランドのエスキモーなどに見られるように、同じ言葉が、20という数字も「一人の人」という意味も持つのはなぜかを説明する。93のような数字は、「四人のあとに一番目の足の3」というような短い文で表すことができる。苦し紛れの構文ではあるが、現代フランス語で「quatre-vingt-treize」(4×20＋13)と表現するのと変わりはない。このような方法で、人類は、最終的にどんな数字でも正確に表現することを学んだのである。

数の痕跡を長く残す

数に名前をつけるだけではなく、その記録を長く残せるようにすることも決定的に重要だ。経済的、科学的な理由で、人類は、重要な出来事、日付、量、または交換など、つまり、数字で表せるものすべての、長く残る記録を維持することのできる書字システムを素早く発達させた。このように、数を書くことの発明は、おそらく、口頭での計数システムの発達と並行して発展していったのだろう。

数を書き記すことの起源を理解するためには、時間をずっとさかのぼらねばならない。オーリニャシアン期(紀元前三万五〇〇〇年から二万年)のいくつかの骨には、数を書くためのもっとも古い方法が示されている。ある集合を、同じ数の刻みで表す方法だ。これ

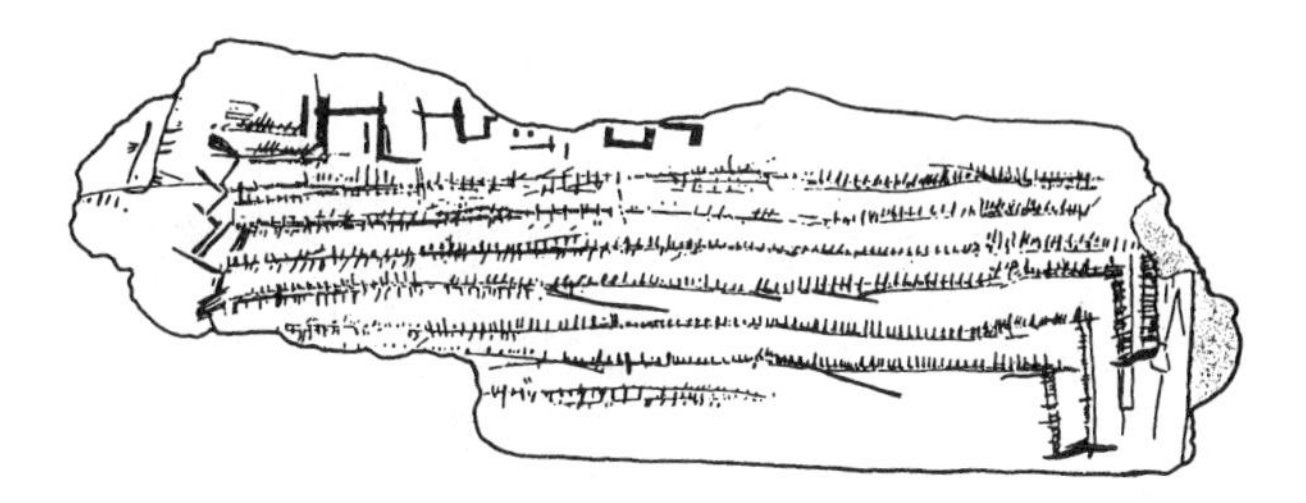

図4・2　この小さな骨の板は、1969年に南フランスのグロット・デュ・タイで発見された。後期旧石器時代（およそ紀元前1万年）に属し、規則的に配列された印が彫られている。それらの刻み目のいくつかは、およそ29の下部集合にまとめられているので、この板は、新月から次の新月までの間に過ぎた日数を記録したものではないかと考えられている。（Marshack, 1991から出版社の許可を得て転載。Copyright © 1991 by Cambridge University Press.）

らの骨には、いくつもの平行な刻みが彫りつけてあり、小さな囲みにグループ分けされていることもある。これは、昔の人類が、一頭の獲物を捕るたびに刻みを一つつけることによって、狩りの記録を残したものなのかもしれない。これより少し新しい骨の板につけられた刻みの周期的な構造を辛抱強く解明したところ、これは、二回の満月の間に何日が過ぎたのかを記録する、月の暦であった可能性が示唆されている（図4・2）。

一対一対応の原理は、数を記録するもっとも単純で基本的な方法として、世界中で何度も「再発明」された。シュメール人は、粘土の球の中に、彼らが数えた数だけの大理石を入れた。インカ人は、紐に結び目をつけることで数を記録し、それを古文書として保管した。そしてローマ人は、最初の三つの数を表すのに、垂直の線を使った。最近になっても、パン屋の中には、客のつけを記録しておくのに、刻みをつけた棒をいまだに使っているところがある。「calculation」（計算する）という言葉自体、ラテン語の「calculus」から来ているのだが、それは小石という意味だ。このことは、盤の上で小石を動かしながら数を操作していた遠い昔を思い出させる。

見た目は非常に単純であるにもかかわらず、一対一対応の原理は、素晴らしい発明だった。これによって、長続きする、正確で、抽象的な数の表象を持つことができるからだ。一連の刻み目は抽象的な数の記号となり、それが家畜であれ、人間であれ、借金であれ、はたまた満月であれ、どんなものの集合をも指し示すことができる。これはまた、人間の感覚器官の限界を超える道具ともなる。人間も、ハトと同様に、四九個の物体を五〇個の物体と区別することができない。しかし、棒切れに四九個の刻み目をつけておけば、この正確な数を永久に残しておくことができる。数えたのが正しいかどうかを確かめるには、一つの物に一つの刻み目を対応させて、物を一つ一つ動かしていけばよいのである。こうして、一対一対応の原理を使うと、心の物差しで正確に記憶しておくには大きすぎる数の、正確な表象を持つことができるのである。

明らかに、一対一対応にも限界はある。刻み目をたくさんつけることは、読むにも書く

にもはなはだ不便だ。先に見たように、人間の視覚では、ぱっと見たときに三つ以上の集合の数を把握するのは無理である。三七個の刻み目がずらずらとつながっているだけでは、それが三七頭のヒツジをさすのだと理解するのは難しい。そこで人類は、刻み目をグループ化したり、新しい記号を導入したりして、単調な数の列は素早く捨て去り、大きな数を、一目でもっと簡単に読み取れるものに分解することを始めた。これがまさに、私たちが、五つの線をひとまとめにし、見た目にわかりやすく書くときにしていることなのである。このテクニックを使えば、21は、卌卌卌卌|のようになるが、|||||||||||||||||||||よりも間違いなく読みやすい。

しかしながら、このシステムがうまくいくのは紙の上だけである。棒に彫り込むとき、木の目にそって彫るのは時間がかかる。木に角度をつけて刻みを入れる方がずっと簡単であり、これがまさに羊飼いたちが何千年も前に採用した方法である。彼らは、5と10を表すのに、いつも決まってVやXのような斜めの線の記号を選んだ。もうおわかりの通り、これがローマ数字の起源である。この幾何学的な形は、木の棒にどうしたら簡単に刻み込めるかで決まったのだ。書く媒体が違えば、違う形が選ばれる。たとえば、シュメール人は、柔らかい粘土板に書いていたが、ペンでもっとも作りやすい形を採用した。それが、三角形の「ツメ」と棒状の「柱」を組み合わせた、有名な「くさび形」文字である。

これらの記号をいくつか足し合わせると、他の数を書き表すことができる。ローマ数字の7は、5＋1＋1（Ⅶ）と書く。その数の値は、構成要素の数字の和であるという、この加算の原理は、エジプト、シュメール、アズテカを含む多くの数の表記法のもとになっている。加算表記は、時間と空間の節約になる。38のような数は、本当に一対一対応の表記であれば、三八個の同一の記号が必要なわけだが、ローマ数字では七個しかいらない（38＝10＋10＋10＋5＋1＋1＋1，XXXⅧ）。それでも、読んだり書いたりするには、まだ時間がかかる。L（50を表す）やD（500を表す）といった数に固有の記号を導入すれば、多少は簡潔にすることができる。1から9までの数と10から90までの数と100から900までの数に、それぞれ別の記号をあてる気があれば、おそらく繰り返しは払拭できる。この方法を採用したのがギリシャ人とユダヤ人で、彼らは、数の替わりにアルファベットの文字を使った。このやり方だと、345のような複雑な数も、たった三つの文字で表すことができる（ギリシャ語ではTME，300+40+5）。しかし、これは使う側にかなりのコストがかかる。1から999までの数を表すのに必要な二七の記号の持つ値をすべて覚えるには、大変な努力が必要だ。

あとから考えれば、非常に大きな数を表すのに、加算だけではうまくいかないことは明らかなようだ。掛け算がどうしても必要になる。足し算と掛け算を混合した最初のハイブリッド方式は、四〇〇〇年前にメソポタミアで現れた。300のような数を、ローマ数字のCCCのように、100の記号を三回繰り返す替わりに、マリ市の住民は、単純に「3」の記号の次に「100」の記号を並べて書くことにしたのだ。残念なことに、彼らはまだ1の位と10の位の数は加算原理で書いていたので、その表記法は簡潔とはほど遠いものにとどまっていた。たとえば、2342は、「1＋1　千、1＋1＋1　百、10＋10＋10＋10、1＋1」と書いていくのである。

のちの表記法では、掛け算原理の強さがさらに洗練されていった。とくに、およそ五世紀前に中国人が、今日に至るまで使われている、完全に規則的な表記法を発明した。それは、1から9までの数と、10、100、1000、10000のそれぞれに対する一三個の任意の記号だけで作られている。2342は、単に「二千三百四十二」となる。これは、口頭で二千三百四十二と唱えることを一語一語対応で書いたものだ。こうして、この時点で、書くことは、口頭で数えるシステムを直接反映したものになったのである。

位置と値の原理

最後にもう一つの発明によって、数の表記はさらにずっと効率のよいものになった。位置と値の原理である。数の表記の中で個々の数字が占める位置によって、その数字の値が変わるとき、その表記は位置と値の原理に従っている。そこで、222を構成している三つの数字はどれも同じではあるのだが、それぞれ異なる位を表している。100が二つ、10が二つ、1が二つ、である。位置と値の表記では、基数と呼ばれる特別な数がある。私たちは10を基数に使っているが、これだけしかないわけではない。数の中で隣に続く場所は、順次、1の位（10の〇乗＝1）、10の位（10の一乗＝10）、100の位（10の二乗＝100）というように、基数のべき乗を表しているのだ。ある数が表す大きさは、それぞれの数字を、そこに対応する基数のべき乗の数に掛け、それらをすべて足し合わせたものである。だから、328は、3×100＋2×10＋8×1を表している。

位置と値の対応は、単純なアルゴリズムを用いて計算をしようとするならば、絶対に必要である。ローマ数字を使って、XIV×VIIを計算してみてください！　計算は、ギリシャ人のアルファベット表記でもとても不便だ。なぜなら、N（50を表す）という数がE（5を表す）という数の一〇倍だとは、見ても少しも感覚がわいてこないからだ。これこそ、ギリシャ人とローマ人が、算盤なしには計算ができなかったおもな理由である。それとは対照的に、私たちのアラビア数字は、位置と値の原理に基づいており、5、50、500、5000の間の大きさの関係が一目瞭然である。位置と値の表記法だけが、掛け算の複雑さを、2×2から9×9までの結果の表だけを覚えることにまで簡素化できる。その発明は、数の計算の技術に大変革をもたらした。

四つの文明が位置と値の原理を発見したようだが、そのうちの三つは、現在の私たちが使っているアラビア数字の簡潔さには、とても到達しなかった。と言うのは、この表記法は、他の三つの発明、すなわち、「ゼロ」を示す記号、基数を一つにすること、そして、1から9までの数には加算原理を使わないという三要素が加わらなければ、高度に有効にはならなかったからである。たとえば、バビロニアの天文学者たちが紀元前一八世紀に編み出した、位置と値の最古のシステムを見てみよう。彼らの基数は60である。そこで、43345のような数は、12×60の二乗＋2×60＋25なので、12と2と25の記号を連ねて書くことになるのだ。

原則的には、0から59までの数のそれぞれに対し、六〇個の異なる記号が必要になる。しかし、六〇個の任意の記号を覚えるのは実用的ではなかったろう。そこでバビロニア人は、これらの数を、10を基数にした加算を用いて書くことにした。たとえば、25という数は、10＋10＋1＋1＋1＋1＋1となる。そうなると、43345という数は、10＋1＋1（×60の二乗という意味にとる）、1＋1（×60という意味にとる）、10＋10＋1＋1＋1＋1＋1という、なんだか意味不明のくさび形文字の羅列になるのだ。このように、加算原理と位置と値の原理の混合で、しかも10と60の二つの基数を持つため、バビロニアの表記法は、教養のあるエリートにしか理解できない、ぎごちないシステムであった。そうだとしても、それはその当時、非常に高度な表記法だった。バビロニアの天文学者たちは、このシステムを十分に使いこなして天体の計算を行ったので、一〇〇〇年以上にわたって他に類を見ないほどの正確さという地位を保持できた。それがうまくいった理由の一部は、分数の表現が簡単であったことだ。2、3、4、5、6はどれも60の除数なので、1/2, 1/3, 1/4, 1/5, 1/6 はみな、60をもとにした単純な表現で書けたのである。

今日の標準から見て、バビロニアのシステムには、もう一つの決定的な欠点があった。一五世紀にわたって、ゼロの表記がなかったのだ。ゼロがあると何がよいのか？　複数の数字からなる数の中で、ある特定のランクの単位が欠けていることを示し、なおかつ、そのランクの場所はとっておけるようになるのだ。たとえば、アラビア数字による503は、五つの100、10はなし、と3というユニットがあることを示している。ゼロがなかったため、バビロニアの科学者たちは、数字があるべき場所をただ空けておいた。この空白には意味があるのだが、それは繰り返し曖昧さの原因となった。301（5×60＋1）、18001（5×60の二乗＋1）、1080001（5×60の三乗＋1）などの数は、51、5　1（空白が間に一つ）、5　　1（空白が間に二つ）のように似たような数字の列となってしまう。そこで、ゼロがないことにより、多くの計算間違いが生じた。さらに悪いことには、孤立した「1」のような数字には、いくつもの意味があり得た。それは、もちろん、一つという量も表すのだが、「1に続いて空白」（つまり、1×60）でもあり得たし、「1に続いて二つの空白」（つまり1×60の二乗＝3600）である可能性すらあった。どの解釈が正しいのかは、文脈によって決めるしかない。紀元前三世紀になるまで、バビロニア人たちは、この空白を埋めて、その単位は存在しないことを示す特別な記号を導入することはなかった。そのときでさえ、その記号は場所をとっておくという意味でしかなかった。それは決して、「量の不存在」または「1のすぐ下に来る整数」という、今日の私たちが持たせている意味を獲得することはなかったのである。

バビロニアの天文学者たちの位置と値の表記法は、彼らの文明が滅びるとともに消えてしまったようだが、のちに、三つの文明が新たに非常によく似たシステムを再発明した。紀元前二世紀の中国の科学者は、ゼロという数字なしで、5と10を基数とする、位置と値の原理を作り出した。マヤの天文学者は、最初の千年紀の後半に、5と20を基数とする混合で、完全なゼロも使って書かれた数で計算した。そして、インドの数学者がとうとう、10を基数とした位置と値の法則で、現在世界中で使われているものを人類に与えてくれたのである。

もとはと言えばインド文明の才能によって生み出されたものを、「アラビア数字」と呼ぶのは、少し不公平であるように思う。私たちの数の表記を「アラビア」と呼ぶのは、単に、西欧世界がこれを最初に発見したのが、ペルシャの偉大な数学者たちが書いた数学の書物からであったという理由に過ぎない。今日使われている数の計算手法の多くは、ペルシャの科学者の研究に基づいている。「アルゴリズム」という名称は、そのような学者の一人である、モハメッド・イブン・ムサ・アル‐フアーリズミの名前から来ている。彼のもっとも有名な著書は、線形方程式を解く方法を書いた、『還元と単純化について』という書物だが、それは、「代数学」という新しい科学を作る基礎となった、いくつかの書物の一つである。しかし、ペルシャ人の才能がいくら素晴らしかったとしても、インド製の数の表記法がなければ、ペルシャ人の発見も日の目を見なかったに違いない。

インドの表記法における、ある一つのユニークな発明には、特別の敬意を表さねばならない。それは、他のすべての位置と値のシステムが持っていないものだ。すなわち、一〇個の数を表す数字として、その表す量とはまったく関係のない任意の形が選ばれているのである。一見すると、任意の形を使うことは不利であるに違いないと思える。線を並べる方が、いくつの数を表しているのかがよくわかり、習うのも簡単であるように見える。おそらく、それが、シュメールや中国やマヤの科学者たちの暗黙の論理であったのだろう。しかしながら、先の章で見たように、それは正しくないのである。人間の脳は、五つの物を数える方が、任意の形を認識してそこに意味を連想するよりも時間がかかるのだ。私たちの知覚装置が、任意の形の持つ意味を素早く再現する能力を、私は「理解反射」と名付けたのだが、インドとアラビアの位置と値の表記法は、みごとにそれを活用している。この計数の道具は、一〇個のわかりやすい数字とともに、人間の視覚と認知のシステムに非常によくマッチしているのである。

数言語のめくるめく多様性

今日では、ほとんどどの国の人でも、数を書くときにはみな同じ規則に従い、アラビア数字の十進法を使っている。数字の形だけが、今でも少しばかりの変異を保っている。私たちのアラビア数字の替わりに、イランのような中東の国では、インド数字と呼ばれる、別の形の集合を使っている。しかし、そういうところでさえも、標準的なアラビア数字が普通になりつつある。アラビア数字が勝利をおさめるのは、帝国主義のせいでもなければ、商売のやり方が標準化されたからでもない。数の表記の進化に収斂(しゅうれん)が起きたとすれば、それはおもに、位置と値の表記法が、これまでに作られた中でももっとも使いやすいからだ。こぢんまりしていて、必要な記号の数が少なく、習うのも簡単で、読んだり書いたりする速度が速く、それによる計算アルゴリズムが簡単であるなど、素晴らしい性質をいくらでも挙げることができる。これらすべては、普遍的に採用されるにふさわしいものだ。実際、この先新しい発明をして、このシステムをさらに改良できるのかどうか疑問である。

口頭での数の数え方には、そのような収斂は見られない。人間の言語のほとんどが、和と積の組み合わせに基づく数の文法を持っているのだが、よく見ると、数え方のシステムの多様性には目を見張るものがある。第一に、さまざまな数が基数に使われている。オーストラリアのクイーンズランド地方では、先住民はいまだに2を基数に使っている。「1」は「ガナル」、「2」は「ブルラ」、「3」は「ブルラ＝ガナル」、「4」は「ブルラ＝ブルラ」である。古代シュメールでは、それとは対照的に、10と20と60が同時に基数として使われていた。だから、5566は、「サル（3600）、ゲスーウーエス（60×10×3）、ゲスーミン（60×2）、ニスミン（20×2）、アス（6）、つまり、3600＋60×10×3＋60×2＋20×2＋6＝5566である。基数20には、その達人もいた。それは、アズテカ、マヤ、ゲール語民族を支配し、今でもエスキモーとヨルバの人々に使われている。「80」が「四つの20」であるフランス語や、しばしばスコア（20）で物を数えるエリザベス朝時代の英語にも、その痕跡を見ることができる。

基数を10にとる十進法は、今ではほとんどの言語を乗っ取ってしまったが、数の文法には、まだまだ変異が残っている。簡潔さの極みは、文法が十進法の構造を完全に反映している、中国語のようなアジアの言語である。そのような言語では、1から9までの数字に対する九つの数の名前しかない（いち、に、さん、し、ご、ろく、しち、はち、きゅう）。そこに、四つの乗数である、10（じゅう）、100（ひゃく）、1000（せん）、10000（まん）を足す。数の名前を言うには、それを十進法で分解して読むだけでよい。つまり、13は「じゅう　さん」、27は「に　じゅう　しち」、92547は、「きゅう　まん　に　せん　ご　ひゃく　し　じゅう　しち」である。

このエレガントな規則性は、同じ数字を読むのに二九もの言葉を必要とする英語やフランス語と実に対照的だ。これらの言語では、11から19までの数と、20から90までの二桁の数には特別な言葉があり（eleven, twelve, twenty, thirty など）、その見た目は、他の数から類推がつかない。70を「60と10」と言ったり、90を「20×4と10」と言ったりする、さらに奇妙なフランス語については、言うまでもないだろう。フランス語は、また、1という数をめぐっては、実に混乱を招く音声脱落や接続の規則がある。21は、「vingt-et-un」であり、「vingt-un」ではないのだが、22は「vingt-deux」であり、「vingt-et-deux」ではない。81は「quatre-vingt-un」であり、「quatre-vingt-et-un」ではないのだ。同様に、100は「cent」で「un cent」ではない。さらに奇妙きてれつなのは、432を、「vierhundert-zweiunddreissig」（400と2と30）と言って、10の位と1の位をひっくり返すドイツ語である。

数の言語におけるこのめくるめく多様性は、実用的にはどんな結果をもたらしているのだろうか？　どんな言語も平等なのだろうか？　それとも、どれかの数え方の方が、私たちの脳の構造にはより適しているのだろうか？　ある国は、その数え方のシステムがよかったがために、数学で有利なスタートを切ったのだろうか？　これは、数を操ることが成功の鍵である、昨今の激しい国際競争の世の中では、決してつまらない疑問などではない。おとなになると、自分たちの数え方のシステムがどれほど複雑であるのか、ほとんど気づかない。何年もの訓練の結果、76は、「なな　じゅう　ろく」ではなく、「60と16」でもなく、「ななじゅうろく」と読むべきだとすっかり受け入れるように、私たちは慣らされてしまった。そこで、私たちは、自分の言語と他の言語とを客観的に比べることができない。いろいろな数え方のシステムの相対的な有効性を測るには、厳密な心理学的実験をしなくてはならない。驚いたことに、このような実験は、アジアの言語に比べて英語やフランス語が劣っていることを、繰り返し示している。

英語を話すコスト

次の数字を声に出して読んでみよう。4、8、5、3、9、7、6。さて、目を閉じて二〇秒間それらを記憶してから、また暗唱してみよう。あなたの母語が英語なら、およそ五〇パーセントの確率で失敗する。しかし、もしも母語が中国語なら、成功は保証されたようなものだ。実のところ、中国語ではおよそ九個の数字まで記憶できるが、英語では平均七個しかできないのである。なぜ、この違いが出てくるのだろう？　中国語を話す人たちの方が知能が高いのだろうか？　たぶん、そうではなくて、彼らの数詞はたまたま短いのだ。数のリストを覚えようとするとき、私たちは、普通はそれを言葉の記憶に入れておこうとする（「five」と「nine」、「seven」と「eleven」など、名称が似ている数を覚えるのが難しいのは、そのためだ）。この記憶は、およそ二秒しかデータを貯めておけないので、記憶を再生するためには繰り返し言わなくてはならない。そこで、私たちの記憶容量は、二秒以下で何個の数詞を言えるかにかかっていることになる。より速く言える人は、記憶力がよいのだ。

数を表す中国語の単語は、驚くほど短い。ほとんどの数は、四分の一秒以内に言うことができる（たとえば、4は「す」、7は「ち」）。英語で言うと「four」と「seven」であるが、それらの方が長く、発音するには三分の一秒ほどかかる。数の覚えやすさに関する英語と中国語の差は、見たところ、完全にこの長さの違いによるようだ。ウェールズ語、アラビア語、中国語、英語、ヘブライ語などのようなさまざまに異なる言語において、ある言語で数を発音するのにかかる時間と、その話し手の記憶容量との間には相関関係があり、それは何度も再現されている。この分野では、優秀賞は中国語の広東方言に与えられる。それがもっとも短く、香港の住人の数字の記憶量は、およそ一〇個というとんでもない大きさだ。

まとめると、人間の記憶の固定量としてよく引き合いに出される「マジカルナンバー、7」は、人類に普遍的に見られる定数ではない。それは、ホモ・サピエンスの中の特別な集団で、たまたま九〇%以上の心理学研究が対象としてきた人間である、アメリカの大学生の数字記憶の標準に過ぎないのだ！　数字の記憶は、文化と学習に依存する値で、固定された生物学的記憶容量のパラメータで指し示すことのできるものではない。その値が文化によって違うということは、中国語のようなアジアの数の表記法が、西欧の数のシステムよりも覚えやすいのは、それらがよりこぢんまりとしているからだということを示唆している。

中国語はぜんぜん話せないとしても、まだ希望はある。数字の記憶をよくするトリックがいくつかあるのだ。まず、数を覚えるときには、思いつく限りもっとも短い言葉を使うこと。83412のような長い数を覚えるときには、電話番号のように、数字一つ一つを暗唱することで覚えるのがもっともよい。第二に、数字を、二つか三つの小さなブロックにまとめてみるとよい。三つの数字をまとめて四つのブロックにすると、あなたの作業記憶は一二個の数字にまで跳ね上がる。合衆国の電話番号は、「503　485　98　31」のように、地域コードを示す三つの数字のあとに、三つ、二つ、二つの数字からなる三つのブロックでできているが、すでにこの戦略を応用しているのだ。それとは対照的に、フランスでは、「85　98　31」を、「はちじゅうご　きゅうじゅうはち　さんじゅういち」のように二桁の数字として読むが、これはおそらく、思いつく限りでもっとも記憶に負担をかけるやり方だろう！

三番目のトリックは、数字を、よく慣れ親しんだ背景におくことである。徐々に増加する列や、徐々に減少する列としてとらえられないか、よく知っている日付や郵便番号など、すでに知っているなんらかの情報と関連しないか、探すのである。いくつかのよく知っている事項を使って数字をコードし直すことができれば、それらは簡単に覚えることができる。心理学者のウィリアム・チェイスとK・アンデルス・エリクソンの指導のもとで二五〇時間の訓練を終えた、あるアメリカ人の学生は、このようなコード化のし直しの方法を使って、なんと八〇個という驚くべき数字まで覚えることができるようになった。彼は優秀な長距離走者で、長距離走の時間の記録をすでに大量に心の中のデータベースとして蓄積していた。そこで彼は、八〇個の数字を三つか四つごとに分け、長期記憶の中に貯めてある試合記録のシリーズとして覚えたのだ！

これらのガイドラインにそってやれば、電話番号などを覚えるのには、何の苦もないはずだ。しかし、中国人でない限り、やはり難しいことに変わりはない。数の名称は、数えたり計算したりするのに決定的な役割を果たしており、ここでも、成績が悪いのは、数の名称として非常に長い言葉を使っている言語のせいである。たとえば、ウェールズ人の生徒は、イギリス人の生徒に比べて、平均すると、「134＋88」を計算するのに一・五秒長くかかる。年齢と教育程度を同じとすると、この差はもっぱら、問題と途中計算を発音するのにかかる時間のせいであるらしい。ウェールズ語の数の名称は、たまたま英語の名称よりもずっと長いのだ。英語もとても最適とは言えない。いくつかの実験によると、日本人と中国人の子どもは、アメリカ人の子どもよりも計算がずっと速いということが示されている。

もちろん、言語の影響を、教育程度、学校にいた時間、両親の期待などなどの影響と切り離すことは難しい（事実、日本の算数教育の方が、合衆国の標準的なそれよりもいろいろな点で優れていることを示す証拠がいくつもある）。それでも、まだ就学前の子どもがどのようにして言語を獲得するかを研究すれば、それらの変数はすべて脇にどけることができる。すべての子どもは、母語の語彙と文法を自分の力で発見するという、たいそうな仕事に直面する。子どもたちはどうやって、「soixante-quinze」や「fünfundsiebzig」などという句にさらされるだけで、フランス語やドイツ語の規則を見いだすことができるのだろう？　そして、フランス人の子どもは、「cent deux」と「deux cent」の違いをどうやって見いだすのだろうか？　たとえ子どもは生まれながらの言語学者で、ノーム・チョムスキーやスティーヴン・ピンカーが主張するように、脳には言語のための器官が備わっており、そのおかげで、どんなに難解な言語規則でも本能的に学習できるのだとしても、数を表す規則をすぐに経験で習得することはできず、言語によっても異なる。

たとえば、中国語では、10までの数詞を習ってしまえば、あとの数詞は単純な規則によって簡単に作り出すことができる（11＝10と1、12＝10と2、20＝二つの10、21＝二つの10と1などなど）。それとは対照的に、アメリカの子どもたちは、1から10までの数のみならず、11から19までの数も、さらに20から90までの10台の数も、機械的に覚えねばならない。彼らはまた、たとえば、「twenty forty」や「thirty eleven」などは数の言葉の列としては不適当だというような、数に固有の多くの文法を、独力で見いださねばならないのである。

ケヴィン・ミラーとその同僚たちが行った素晴らしい実験で、彼らは、年齢などを合わせた、アメリカの子どもと中国の子どもに、声に出して数を順に数えるように指示した。

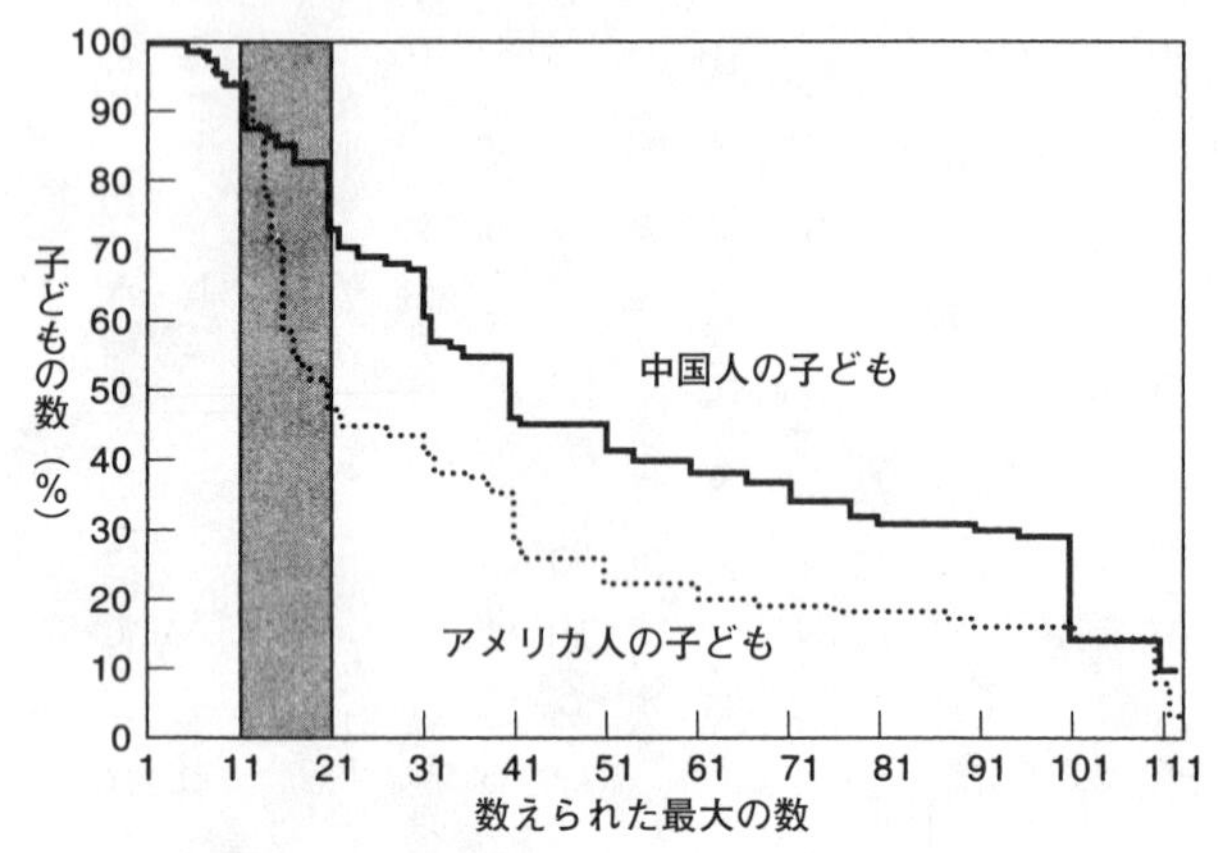

図4・3　ケヴィン・ミラーと彼の同僚たちが、アメリカ人の子どもと中国人の子どもに、どれだけ大きな数まで数えられるかを尋ねた。同じ年齢で比べると、中国人の子どもの方が、アメリカ人の子どもよりもずっと大きな数まで数えられた。（Miller et al., 1995 より、出版社の許可を得て改訂掲載。Copyright © 1995 by Cambridge University Press.）

驚いたことには、言語が異なることによって、アメリカの子どもは、中国の子どもに比べておよそ一年もの遅れがあったのである。四歳のときには、中国の子どもは平均して40まで数えることができた。その同じ年齢で、アメリカの子どもは、やっとのことで15まで数えるのがせいぜいだった。彼らが中国の子どもに追いついて、40や50まで数えられるようになるには、あと一年かかった。彼らは単に、中国の子どもよりも全体的に遅かったのではない。12という数までは、両者はほとんど同じ立ち位置にいた。しかし、「13」と「14」という特別な数に到達したところで、アメリカの子どもは突然につまずくのだが、中国の子どもは、中国語が例外なく規則的であるため、ほとんど苦労することなく先へ進めたのである（図4・3）。

ミラーの実験は、数えるシステムが明確であることが、言語獲得の上で非常に重要であることを疑問の余地なく示している。このことはさらに、子どものしがちな計算の誤りを分析することを通じても証明が可能だ。アメリカの子どもが、「にじゅうはち、にじゅうく、にじゅうじゅう、にじゅうじゅういち」などと言っているのを聞いたことがないだろうか？　このような文法的誤りは、数の文法を経験的に推測するのが難しいことの印であるが、アジアの国々ではまったく見られない。

計数システムの影響は、学校に入ってからも続く。中国語での数字の読み方は、アラビア数字の書き方の構造と直接に対応している。だから、中国の子どもは、アメリカの子どもに比べて、十進法に基づく位置と値の原理を学習するのが、ずっと楽なのだ。10を表す棒をいくつかと、1を表す小さな立方体をいくつかとを与えられ、これで25を作るように言われると、中国の生徒はすぐに二本の棒と五個の立方体を選ぶ。つまり、彼らは十進法がわかっているのだ。同じ年齢のアメリカの生徒は、違う行動をする。彼らのほとんどは立方体を一生懸命二五個数え、10をひとまとめにした、手っ取り早い手段を使うことができない。さらに悪いことには、20の立方体を集めた一つの棒を与えてやると、10を表す棒を二本使うよりも、こちらの方を多く使う。つまり、彼らは「25」という言葉の表面的な形だけに注目しているようだが、中国の生徒は、もっと深く十進法の構造を理解しているのである。十進法は、アジアの言語では明瞭な概念だが、西欧の子どもにとっては頭の痛いものなのだ。

これらの実験結果が示す結論は、はっきりしている。西欧の計数システムは、アジアの言語のそれに比べて、短期記憶にとどめておくのが難しい、計算の速度を遅くする、算術と十進法の理解を困難にするなど、多くの点で劣っているのだ。文化進化が起こっていれば、フランス語の「quatre-vingt-dix-sept」などという馬鹿げた数え方は、とっくの昔に排除されてしまって当然だったはずだ。不幸なことに、学校教育と学界による標準化のおかげで、言語に自然淘汰は働かなくなってしまった。子どもが投票できるなら、彼らはおそらく、数の数え方に大幅な改定を加え、中国式に改めることに賛成するだろう。このような改革は、綴り方を変えようなどという失敗するに決まっている改革よりも、理想的ではないと言えるだろうか？ これまでに大きな言語改革が成功した例が、少なくとも一つある。二〇世紀の初頭、ウェールズ人は、現代のフランス語よりも複雑だった彼らの伝統的計数システムを廃止し、中国のものに似た、単純化された方法を採用することに決めた。残念ながら、ウェールズ人の改革は、また別の間違いによって足をすくわれた。新しいウェールズの数の名称は、文法的には規則正しく、それゆえに学習しやすかったが、あまりにも長過ぎたので覚えられなかったのだ！ 心理学の実験結果からすれば、中国語の広東方言のように、その良さが十分検証されている計数法を採用するべきだということになるのだろうが、国益の点からすると、それはほとんどあり得ないだろう。

量のラベルづけを習う

数の語彙と文法を習うだけがすべてではない。「two hundred and thirty」は正しい英語だが、「two thirty and hundred」はそうではないと知るだけでは、たいして役には立たない。何よりも、子どもは、これらの数が何を意味しているのかを知らねばならない。計数システムの強みは、言語的な記号と、それが表す量とを正確に結びつける力にあるのだ。子どもが100までの数を暗唱できたとしても、それらがどれほどの量であるのかを知らなければ、単なるオウム返しに過ぎない。それでは、子どもはどうやって、「いち」、「ろく」、「はち」などの意味を習うのだろうか？

子どもにとって最初の基本的な問題は、これらの言葉が、色、大きさ、形、その他の環境中の次元を示すものではなく、数を示すものだと認識することだ。「三匹のヒツジ」という句と「大きなヒツジ」という句を考えてみよう。これらを最初に聞いて、「3」という言葉の意味も「大きい」という言葉の意味も知らない子どもには、「大きい」という言葉はそれぞれのヒツジの物理的な大きさを示すが、「3」という言葉はヒツジの集合全体の数を示すということなど、知りようがない。

実験によると、二歳半ごろまでには、アメリカの子どもは数を示す言葉と他の形容詞とを区別している。一匹の赤いヒツジの絵と、三匹の青いヒツジの絵を見せられ、「赤いヒツジはどれ?」と聞かれると、子どもは迷わず最初の絵を指差し、「三匹のヒツジはどれ?」と聞かれると、迷わず二番目の絵を指差す。この年齢までに、子どもはすでに、「3」というのは一つの物体ではなくて、物体の集合に対して当てはまるということがわかっている。彼らは、「三匹の小さなヒツジ」とは言うが、「小さな三匹のヒツジ」とは言わない。つまり、かなり幼いころから子どもは、数の言葉は他の言葉と違う特別のカテゴリーに属することがわかっているのである。

彼らは、どうやってそれがわかるのだろう? おそらく、文法も意味も、あらゆる手がかりを使っているのだろう。文法だけでも、おおいに助けになっているかもしれない。母親が赤ちゃんに、「チャーリー、見てごらん、三匹の子犬(three little doggies)がいるわ」と言ったとしよう。チャーリー坊やは、「3」というのは特別な形容詞だと推測するかもしれない。なぜなら、「素敵な」のような他の形容詞は、「素敵な子犬(the nice little doggies)」のように、つねに冠詞（theやaなど）を伴うからだ。「3」には冠詞をつけなくてもよいということは、「3」は子犬全部の集合に当てはまることを意味しているのかもしれない。したがって、それは、「いくらか」とか「たくさん」のように、数または量を示すものなのだろう。

もちろん、このように理詰めで考えても、「3」という言葉が正確にどれほどの量を指し示しているのかを決める役には立たない。実際、まるまる一年をかけて、子どもは「3」という言葉が数を表すという認識は得るものの、それが示す正確な値はまったくわかっていないようなのだ。「おもちゃを三つください」と言われると、ほとんどの子どもは、正確な数などおかまいなしに、単純におもちゃの山を持ってくる。おもちゃが二つ描いてある絵と三つ描いてある絵を選ばせても、彼らの反応はランダムだ。もっとも、一つしか描いていない絵は選ばない。彼らは数の言葉を言うことができ、それが量と関係しているに違いないこともわかるのだが、その正確な意味には無頓着なのだ。

この段階を超えて、「3」という言葉が意味する正確な量を理解するようになるには、おそらく、意味論上の手がかりが必須である。ちょっとした幸運によって、チャーリー坊やは、ママが言っていた三匹の子犬を見る。彼の感覚システムがどれほど洗練されているかは第2章で見た通りだが、そこで彼は見たものを分析し、小さくて、うるさくて、動き回っている数匹の動物を認識する。それは、だいたい三匹いる（こう述べてももちろん、チャーリーが、「3」という単語がこの数に対応していることを理解しているわけではない。チャーリーの内的、非言語的アキュミュレータが、三つの物体の集合を見たときに固有の状態に達したという意味に過ぎない）。

本質的には、チャーリーがしなくてはならないのは、言語以前に持っているこれらの表象を、聞いた単語と関連させることだけだ。数週間か数カ月たてば、「3」という単語は、小さな物や、動物や、動きや、騒音などにつねに伴って発せられるわけではないが、彼の心のアキュミュレータが、三つの物体の存在に伴う特別の状態になったときに発せられるのだということを認識するはずである。つまり、数の言葉と、彼がすでに持っている非言語的な数の表象との相関が、「さん」は3を意味すると結論するのを助けてくれる。

これらを相関させるプロセスは、「異なる音の単語は異なる意味を持つ」という、「対照の原理」によって加速される。チャーリーがすでに「犬」という単語と「小さい」という単語を知っていれば、まだ知らない「3」という単語が、動物の大きさや種類を示すものではないことを保証する。仮説をさらにせばめていくことで、この単語は量としての3を表しているのだと、さらに素早く理解することができる。

丸めた数、正確な数

子どもが数を表す単語の正確な意味を理解したあとでも、彼らはさらに、言語の中でそれらをどう使うかを支配しているいくつかの慣習を把握せねばならない。その一つは、丸めた数と正確な数の違いである。それを示すジョークを紹介しよう。

自然史博物館で、来館者が学芸員に「あそこの恐竜はどのくらい古いのですか？」と尋ねた。「七〇〇〇万と三七年前」というのが答えだった。来館者が、その答えの正確さに驚愕していると、学芸員が説明した。「私はここで三七年働いているんだが、私がここに来たとき、こいつは七〇〇〇万年前のものだと言われたのですよ」

ルイス・キャロルは、論理と数学を土台にしたおもしろい言葉遊びでよく知られているが、しばしば、物語の中に「数のナンセンス」を散りばめている。以下は、ほとんど知られていない彼の著作、『シルヴィーとブルーノ』の中の一例である。

私たちが部屋に入ってくると、「邪魔しないで」とブルーノが言った。「畑にいるブタの数を数えているのだから！」

「何匹いるんだい？」と私は尋ねた。

「およそ一〇〇〇と四頭」、とブルーノは答えた。

「だいたい一〇〇〇頭ということでしょ」と、シルヴィーが訂正した。「と、四頭なんて言ったって意味がないわ。四頭かどうかなんてわからないもの！」

「君の言うことは、また間違っている！」と、ブルーノは勝ち誇って大声を上げた。「僕が確かだと知っているのは四頭だけだ。彼らは、窓の下のあそこで地面を掘っくり返しているからね。僕が完全には確かだとわからないのは、一〇〇〇の方なのさ！」

このようなやり取りは、なぜ常軌を逸して聞こえるのだろう？　それは、どこの世界でも暗黙のうちに前提されている、数を支配する原理を侵しているからだ。その原理は、「丸めた数」と呼ばれる特別な数は、ある量の概略を表すことができるが、それ以外の数はすべて、正確な意味を持つ数だ、というものだ。恐竜が七〇〇〇万年前のものだと言うとき、この数は、暗黙のうちにプラスマイナス一〇〇〇万年の概数と理解される。その規則は、数の正確さは、右から数えて最後のゼロでない数字まであるということだ。メキシコ・シティの人口は三九、〇〇〇、〇〇〇人だと私が主張したならば、この数は一〇〇万人の範囲内で正確だという意味で言っているのであるが、もしも、住民の数は三九、四

五二、〇〇〇人だと言ったならば、だいたいプラスマイナス一〇〇〇人の範囲で正確だと言っているのである。

この慣習は、ときとして逆説的な状況を生む。正確な量がたまたま丸めた数と同じ数になったときには、それを言うだけでは不十分になる。そのときには、それが正確な数だということを示す副詞や言い回しを加えなくてはならない。たとえば、「今日、メキシコ・シティの人口はちょうど三九〇〇万人です」などのように。これと同じ理由で、「19だから、だいたい20だ」という文は成り立つが、「20だから、だいたい19だ」という文は成り立たない。「だいたい19」というフレーズは明らかに矛盾しており、19という正確な数を、概数を表すために使う理由がない。

世界のすべての言語は、概数の集合を持っているようだ。どうして、どこでもそうなのだろう？　おそらくは、すべての人間が同じ心的装置を持っているからで、したがって、誰もが、大きな数を概念化するのに困難を覚えるからだろう。数が大きくなるほど、その心的表象は不正確になる。言語は、それが思考の忠実な担い手であろうとすれば、大きくなるほど不正確になることを表現する方法を編み出さねばならなくなる。丸めた数は、そのような装置である。伝統的には、それは大まかな数量を指し示している。「この部屋には二〇人の学生がいる」という文は、本当は一八人しかいなくても、二二人いても、ともに正しいと見なされるが、それは、「二〇人」という単語が、心の物差しの上の少し広い範囲を指すことができるからだ。そういうわけで、二週間は正確には一四日であるにもかかわらず、フランス語を話す人々は、「一五日」で「二週間」を表してもまったくおかしくないと思うのである。

概算は、私たちの心的生活の中で非常に大切なので、ほかにも多くの言語メカニズムがあって、それを表現することに使われる。すべての言語は、数の不正確さのいろいろな程度を表現する、いくつもの語彙を備えている。「およそ」、「だいたい」、「頃」、「ほとんど」、「大ざっぱに言って」、「概略」、「多かれ少なかれ」、「近く」、「ほとんどない」などなど。ほとんどの言語はさらに、二つの並列した数を「または」などの接続詞でつないで信頼区間を示すという、興味深い構文を採用している。二、三冊の本、五から一〇人、一二歳か一五歳の少年、三〇〇から三五〇ドル、などである。こういう構文があると、ただの概数だけでなく、そこにどれだけの正確さがあるかも賦与することができる。こうして、同じ主たる傾向があっても、それを、10か11、10から12、10または15、10か20などの表現で、不正確さの度合いも示すことができるのである。

タイス・ポルマンとカレル・ヤンセンが行った言語学的分析によると、二つの数をつなげる構文には、ある種の暗黙の規則があるという。どんな間隔でも許されるというわけではない。少なくとも一つの数は丸めた数でなければならない。たとえば、「二〇か二五ドル」と言うことはできるが、「二一ドルか二六ドル」と言うことはできない。もう一方の数は、同じ桁でなければならない。たとえば、「一〇ドルか一万ドル」というのは、ひどく奇妙に聞こえる。ルイス・キャロルからのもう一つの引用が、この点をよく表している。

「あなた、どれだけ遠くから来たの？」と若い婦人がさらに尋ねた。

シルヴィーは困った様子で、「一、二マイルだと思います」と自信なさそうに答えた。

「一、三マイルだ」とブルーノが言った。

「一、三マイルとは言わないの」とシルヴィーが訂正した。

若い婦人はうなずき、「シルヴィー、あなたは正しいわ。一、三マイルとは、普通は言わないわね」

「普通になるさ。何回も繰り返していればね」とブルーノが言った。

ブルーノは間違っている。「一、三マイル」は、二つの数を含む構文の基本的規則に反しているので、絶対に普通には聞こえない。このような規則は、私たちがどんな表象について伝え合いたいのかを考えれば、理解できる。その表象とはすなわち、心の物差しに沿ったあいまいな間隔である。「二〇か二五ドル」と言うとき、私たちが本当に意味しているのは、「私の心のアキュミュレータ上でだいたい20だが差が5ほどある、ある曖昧な状態」なのだ。21から26、10から1000、1から3という間隔はどれも、アキュミュレータ上であり得る状態ではない。なぜなら、最初の例は正確すぎ、あとの二つは不正確すぎているからだ。

なぜ、いくつかの数は他の数よりもよく現れるのか?

ちょっと賭けをしてみよう。本をランダムに開いて、最初に出会う数字を書き留めてみよう。その数字が4、5、6、7、8、または9であれば、あなたが一〇ドルもらう。1か2か3であれば、私が一〇ドルもらう。ほとんどの人は、この賭けに乗るのだが、それは、6対3で自分が勝つ確率があると信じているからだ。それでも、この賭けをすると負ける。信じられるかどうかわからないが、1、2、3という数字が書物に現れる確率は、その他すべての数字が現れる確率のおよそ二倍なのである!

九つの数字はどれも同じで交換可能に見えるので、この結果は強く直感に反する。しかし、それは、書物に現れる数は、乱数製造機からとってきたものではないということを忘れているからだ。書物上のどの数字も、一人の人間の脳が他の脳に、ある数の情報を伝えようとした事実を表している。そこで、それぞれの数字がどれほどの頻度で使われるかは、ある程度、私たちの脳がどれほどの頻度でそれぞれの数字に対応する量を表象するかによって決まってくる。数が心的に表象される正確さが減ると、知覚そのものが影響されるばかりでなく、その数を言おうとすることも影響を受ける。

ジャック・メレールと私は、単語の頻度を示す表の中で、数の単語を体系的に調べてみた。このような表には、たとえば「5」という単語が、書字言語でも発話でもどれほどの頻度で出現するかが書いてある。この頻度表は、フランス語から日本語、英語、オランダ語、カタロニア語、スペイン語、さらには、南インドとスリランカで話されるドラヴィダ語の一つのカンナーダ語まで、非常に多くのさまざまな言語について用意されている。文化的にも言語的にも地理的にも、これらは非常に多様であるにもかかわらず、これらのすべての言語で共通の結果が得られた。数が出現する頻度は、数が大きくなるほどシステマティックに減少するのだ。

たとえばフランス語では、「1」という単語はおよそ七〇語に一回、「2」という単語は、およそ六〇〇語に一回、「3」という単語は、およそ一七〇〇語に一回の頻度で出現する。頻度は、1から9まで減少し、11から19までも、また10から90までの二桁の数でも減少する。このような減少傾向は、書かれた数でも話される数でも、アラビア数字でも、

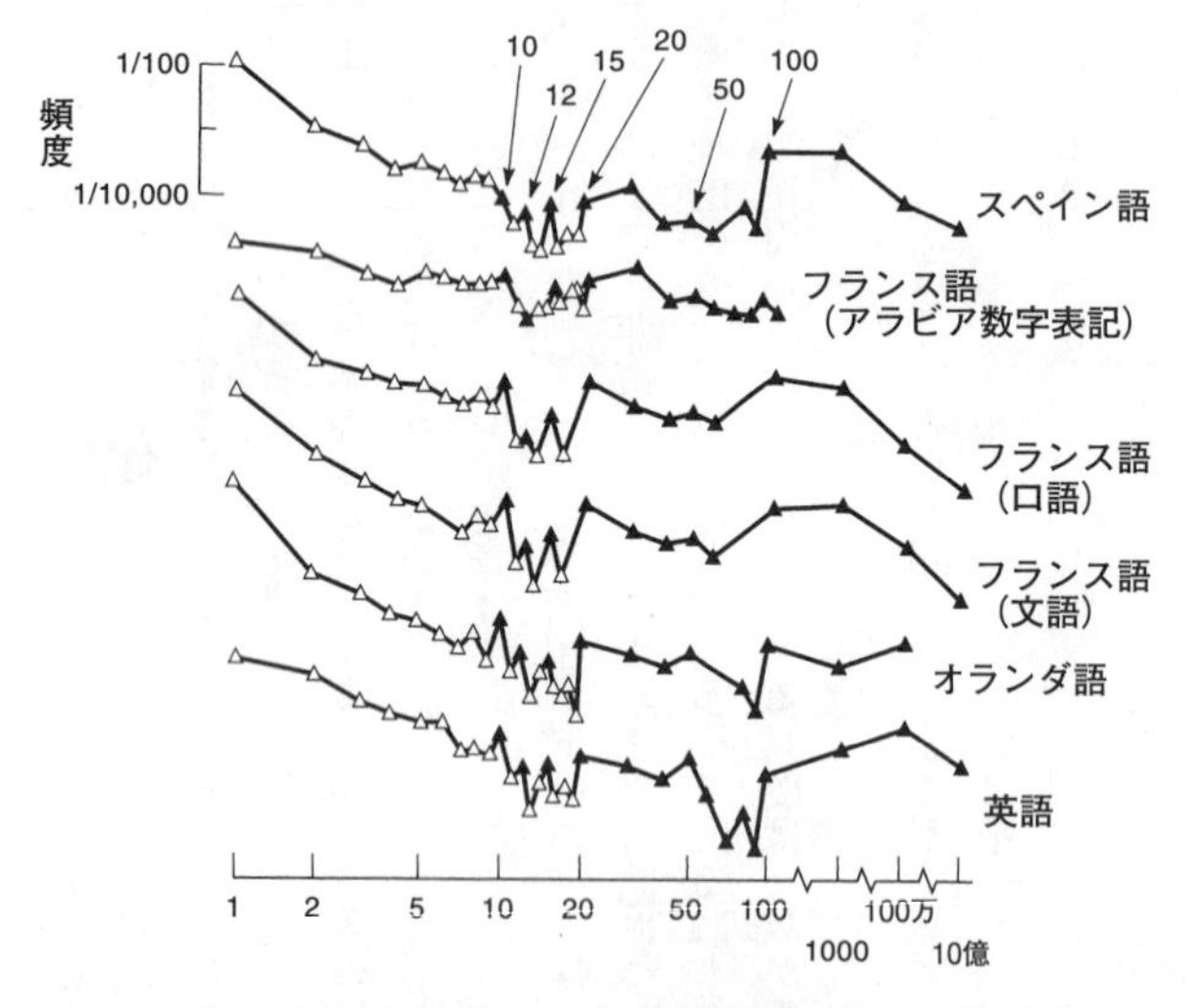

図4・4　すべての言語において、数の単語が書かれたり話されたりする頻度は、10、12、15、20、50、100などの概数を除き、数が大きくなるにつれて減少する。たとえば、私たちは、2という数を9という数の2倍も多く見聞きする。（Dahaene and Mehler, 1992より）

「一番目」から「九番目」の序数でも見られる。ここにはいくつかの例外があるのだが、そこにも普遍性がある。「ゼロ」という単語は非常に頻度が低く、10、12、15、20、50、100に、ちょっとした上昇のピークがあるのだ（図4・4）。驚いたことに、このような言語に共通に見られる規則性は、たとえば、日本語には「teen」という語が存在しないとか、オランダ語では10の位と1の位が逆転するとか、フランス語で70、80、90は実は20が基数で数えられているなど、数を表現するそれぞれの方法の大きな違いをさしおいて、出現したのである。

私はここでももう一度、このような言語の規則性は、私たちの脳が数量を表象するやり方を反映しているのだと主張したい。それでも、この結論に飛びつく前に、いくつかの代替仮説を検討しておかねばならない。こんなことになる原因は、曖昧さにあるのかもしれない。多くの言語では、「1」を表す単語は、冠詞の「a」と区別がつかない。このことは、フランス語の「un」ではそうなる可能性があるが、英語では、「one」は数しか表さないので、そんなことは起こらない。また、「2」以上になると、このような曖昧さはなくなるが、それでも、2以上になると頻度は激減する。

もう一つの可能性は、環境中の多くの物は1を出発点として数えることになっている、私たちの数え方が原因になっているということだ。どんな町でも、一〇〇番がついている家よりも一番がついている家の方が多いが、それは、すべての通りには一番があるが、一〇〇番までいかない通りはいくつもあるからだ。この効果も、小さな数の頻度が多いことには寄与しているかもしれないが、ちょっと計算してみれば、1から9までの間であっても、数の頻度が指数関数的に減少するということを説明することはできない。

純粋に数学的な説明も、少しは考慮してみるに値する。ほとんどの人は、次の、非常に直感に反した数学の法則を知らないだろう。本質的に均等な分布のところからランダムにいくつかの数を引いてくると、1から始まる数の方が、9から始まる数よりも多くなるのだ。この奇妙な法則は、ベンフォードの法則と呼ばれている。アメリカの物理学者のフランク・ベンフォードは、奇妙なことを見つけた。大学図書館で、対数表の最初のページの方が、最後のページよりもよれよれになっていることを発見したのだ。さて、対数表はおもしろくない小説ではないので、人々が途中で投げ出すことはない。では、同僚たちはなぜ、表の最初のページを最後のページよりもよく使うのだろうか？ それは、小さな数の方が大きな数よりもよく出てくるからだろうか？ ベンフォードは、アメリカの湖の面積、彼の同僚の住所の番地、整数の平方根などおよそどんな数も、およそ六倍の確率で、1で始まる方が9で始まるよりも多いことを発見し、彼自身も驚いたようだ。およそ三一％の数は1で始まるのだが、2で始まる数は一九％、3で始まるのは一二％で、その数字はどんどん小さくなっていく。数字が n で始まる数の確率は、$P(n) = \log_{10}(n+1) - \log_{10}(n)$ という数式で非常に正確に予測することができた。

この法則がなぜ起こるのかについては、まだよくわかっていないのだが、一つだけ確かなことがある。これは純粋に形式的な法則であり、完全に、私たちが数を数える文法構造に依存したものだということだ。心理学的なものは関係ない。コンピュータでランダムにアラビア数字の数を打ち出させても、それをアルファベット表記させても、この結果は出てくる。唯一の制限要因と見られるのは、数が、たとえば1から10000のように、数桁にわたって十分均一な分布をしているところから選ばれるということらしい。

ベンフォードの法則は、確かに、自然言語の中で小さな数が出現する頻度を上げる要因になっているに違いない。しかし、それで説明がつく部分は限られている。この法則は、複数の数字からなる数の一番左側の数の頻度にしか当てはまらないので、私たちが1から9までの数をどれほどの頻度で指し示すかに対しては何の影響も及ぼさない。しかし、ジャック・メレールと私が測定したことは、実に単刀直入に、人間の脳は、1という量について話すほうが、9という量について話すよりも重要だと考えていることを示している。ベンフォードの法則とは違って、この事実は、複数の数字を含む大きな数の生産とは何の関係もない。

数の表記に関する文法が、私たちに小さな数をよく生み出すようにさせているのではないとしたら、そうさせているのは、母なる自然自身なのだろうか？ 私たちの周囲には、少ない数の物の集合の方がずっと多く存在するのだろうか？ 一つの例として、最近は自分の子どもの数について話すとき、せいぜい3か4までの数字で十分である！ しかし、数が大きくなるほどその頻度が減るということの一般的説明としては、これは誤解を招く。哲学者のゴットローブ・フレーゲとW・V・O・クインはずっと以前に、客観的に見て、環境の中に大きな数よりも小さな数の方が多くあるということはないと証明した。どんな状況でも、限りなく多くの物を数え上げることはできる。どうして私たちは、「一そろい」のトランプと言うのを好み、「五二枚のトランプ」とは言わないのだろう？ 世界がおもに小さな集合から成り立っているというのは、私たちの知覚認知システムがもたらす幻想である。私たちの脳がどう考えようと、自然はそのようにはできていない。

その点を、哲学的議論を持ち出さずに証明するために、数を示す接頭辞がついた単語の分布を考えてみよう。「bicycle（二輪車）」、「triangle（三角形）」などである。「2」という単語の方が「3」という単語よりも多くあるのと同様、「bi-」「di-」「duo-」という意味の接頭辞で始まる単語の方が、「tri-」という意味の接頭辞で始まる単語よりも多い。決定的なことに、このことは、小さな数が増えるような環境からのバイアスがほとんどないと考えられる領域でも成り立つ。時間を考えてみよう。私の英語辞書には、「bi-」や「di-」という接頭辞がついた、時間に関連する単語が一四個収録されているが（二年置き、性的不活発時期など）、「tri-」がついた単語は五つ（三年置き、三週間置きなど）、「4」を示す前置詞がついた単語も五つ、「5」を示す接頭辞がついた単語はたった二つしか収録されていない（五年置き、五カ年という、ほとんど使われない単語）。つまり、数が大きくなるほど、そのような言葉が使われる回数は減少する。これは、環境からのバイアスによるものだろうか？　自然界で、物事が二カ月ごとに起こる方がとくに多いということはない。そうではなくて、問題は私たちの脳だ。脳が、小さい数や丸めた数で起こる現象に、より注意を向けているのである。

もしも小さい数の単語に対するバイアスが、環境からのバイアスなしに起こるのだとしたら、逆に、客観的なバイアスが言語の中には反映されないということも起こるだろう。圧倒的に多くの車が、二つの車輪ではなくて四つの車輪を持っているにもかかわらず、2を接頭辞につけた単語（bicycle）はあるのに、4を接頭辞につけた単語（quadricycle?）はない。数に関する世界の規則性は、それが十分小さな数である限りにおいてのみ、言葉に表されているようである。たとえば、三つの葉を持った植物に対しては、数字を前につけた単語を持っているが（三つ葉）、それより大きな数の葉や花びらを持った植物や花には、特別な呼び方がない。「octopus」のような単語は、大きな数を正確にわざわざ表現しているが、それは稀である。最後の例として、*Scolopendra morsitans* という節足動物を挙げよう。これは二一個の体節と四二本の足を持った節足動物なのだが、英語では普通、「centipede」(百足(むかで))と呼ばれている。しかし、フランス語では「mille-pattes」(千足)と呼ばれる! 私たちは確かに自然界の数の規則性に注意を払っているのだが、それは、私たちの認知装置に合致する限りの話であり、それは、小さな数や丸めた数に偏っているのである。

人間の言語は、私たちが動物や赤ちゃんと共有している、数の非言語的表象によって深く影響されている。私は、これだけでも、数が大きくなるほどにそれを示す単語の頻度が減るという普遍的な傾向を説明することができると考えている。私たちが、大きな数よりも小さな数をずっと頻繁に表現するのは、私たちの心の物差しの表象が、大きな数になるほど不正確になっていくからである。量が大きいほど、その心的表象は曖昧になり、その量を正確に表現する必要性を感じる頻度も減るのである。

丸めた数は、大きさの幅の全体を意味することができるので、例外的だ。そこで、「10」、「12」、「15」、「20」、「100」などの単語の頻度は、その両隣の数の単語に比べて増すのである。まとめると、数が使われる頻度について、全体としての減少傾向と、いく

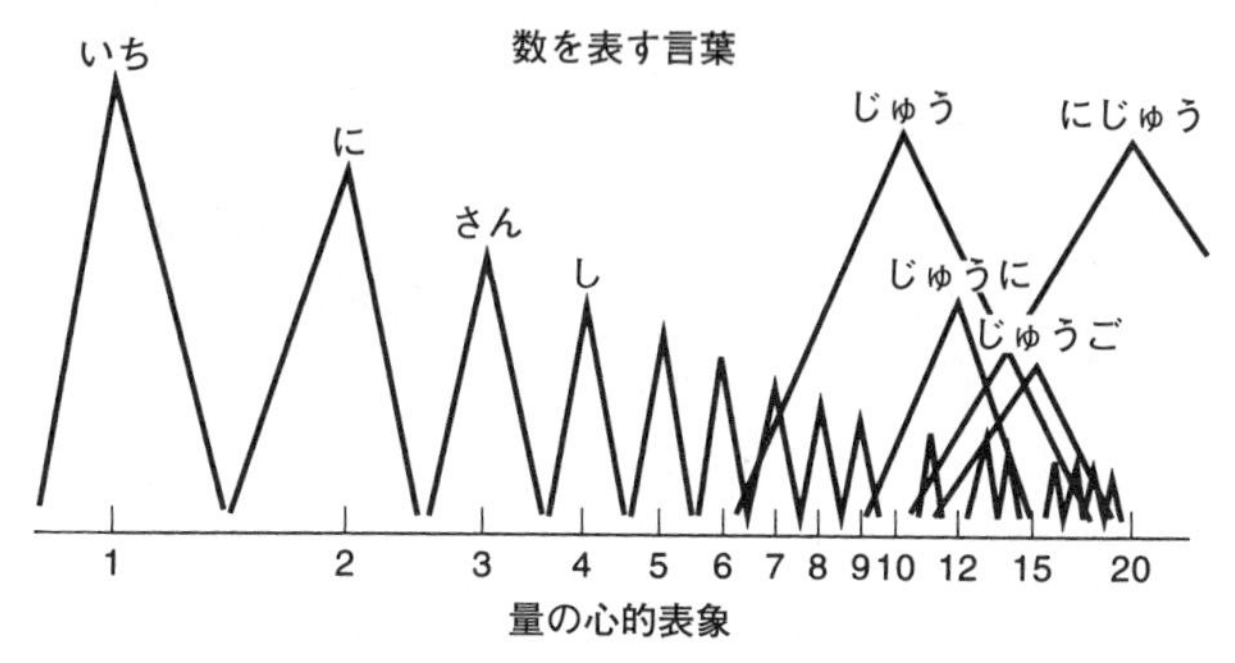

図4・5　数が大きくなるほど使用回数が減るのは、量の心的表象の作られ方のためである。数が大きくなるほど、その心的表象は曖昧になる。そこで、それらに対応する単語を使う頻度は減少する。10、12、15、20などの概数は、他の数の単語よりも使われる頻度が高いが、それは、これらの数がより広い範囲の量を指し示すことができるからである。（Dahaene and Mehler, 1992を参考）

つかの数に見られるピークとの双方は、心の物差しのラベル付けで説明することができる（図4・5）。子どもが言語を獲得していくとき、それぞれの桁全体に名前をつけることを習う。彼らは、「2」という単語は、彼らが生まれたときから知っている一つの感覚に当てはまることを発見する。「9」は9という正確な量にだけ当てはまるもので、それを正確に表象するのは難しいことも発見する。そして、人々はしばしば、5から15までのどんな量を意味するときでも「10」という言葉を使うことがあることも発見する。そこで、彼らは、「2」や「10」という単語を、「9」という単語よりも多く発することになるが、そういうわけで、数の現れる頻度は、一定の分布を見せることになる。

最後に細かい点を一つ。私たちの研究で、すべての西欧の言語において、13という数の単語は、12や14よりも少ないことがわかった。これは、13という数には不吉な力があるという、「悪魔の数」の迷信がもたらした結果であるらしい。それはあまりにも強いので、アメリカの高層ビルには一三階がない。こんな迷信が存在しないインドでは、13という数が出てくる頻度は少しも減っていない。数が出現する頻度は、たとえそれがつまらないことであっても、私たちの精神生活にとっての重要度を忠実に反映しているらしいのである。

文化進化に対する脳の制限要因

数の言語をめぐる分析から、数学と脳の関係について、どんなことがわかるだろうか？まず、数を数えるシステムは、脳によって、脳のために進化してきたということがある。「脳によって」というのは、数の表記法の歴史は明らかに、人間の脳の発明の才と、数表記の新しい原理を我が物とすることのできる能力によって制限されてきたからだ。「脳のために」というのは、数の発明は、それが人間の知覚と記憶の限界に沿っている場合にのみ、世代から世代へと伝承され、人類の潜在的計算能力を増加させてきたからである。

数字の歴史がランダムな要因によって翻弄されてきたのではないことは確かだ。そこには、歴史上の運不運を超えた、規則性がはっきりと見て取れる。国境を越え、海を越え、すべての人種や文化や宗教の男も女も、同じ数字表記の方法を繰り返し発明してきた。位置と値の原理は、およそ三〇〇〇年の間をおいて、中東とアメリカ大陸と中国とインドで再発見された。すべての言語で、数が大きくなるほど、その出現頻度は減少する。すべての言語で、丸めた数字は正確な数字とは区別されている。これらの驚くべき通文化的現象は、遠く離れた文明どうしの間であったかなかったかわからない交流の結果などではない。そうではなくて、彼らはみな同じ問題に直面し、それらを解決するのに用いることのできた脳が同じものだったため、同じ解決法を見つけたのだ。

人類が、数のより高い有効性に向かってゆっくりと進んで行く様子について、まとめてみよう。通例、歴史とは直線的にばかり進むものではなく、文化の中には、そのいくつかの段階を飛ばしてしまったものもあるので、このまとめはおおいに図式的なものではある。

1．口頭で数を数えることの進化

出発点：動物と共有している、数量の心的表象。

問題：これらの量を、どうやって発話で伝達するか？

解決：「いち」、「に」、「さん」という単語を直接に、心の中に持っている1、2、3という量に対応させる。

問題：3以上の数をどうやって表すか？
解決：からだの部位に一対一対応をつける（12＝左の胸をさす）。

問題：手がふさがっているときにどうやって数えるか？
解決：からだの部位の名称を数の名称にする（12＝左胸）。

問題：数が無限にあることに比べると、からだの部位は限られた数しかない。
解決：数の文法を発明する（12＝二つの手と二本の指）。

問題：だいたいの量を表すにはどうするか？
解決：「概数」の集合を選び、二語の構文を発明する（たとえば、「一〇から一二人」というような）。

2．書く数字の進化

問題：数を永久に記録するにはどうするか？
解決：一対一の対応。骨、木などに刻み目をつける。（7＝|||||||）
問題：この表象はとても読みにくい。
解決：刻み目をグループ化する。（7＝||||◇||）。それらのグループのいくつかを、より単純な記号で置き換える。（7＝Ⅶ）
問題：大きな数になると、それでもまだ多くの記号を要する。（e.g., 37＝XXXⅦ）
行き止まり1：さらに多くの記号を付け加える。（e.g., L instead of XXXXX）
行き止まり2：1の位の数、10の位の数、100の位の数に、それぞれ個別の記号を与える（345＝TME）。
解決：足し算と掛け算を組み合わせて数を表現する（345＝3百、4十、5）
問題：こう書いてもまだ、「百」や「十」を繰り返し言わねばならない。
解決：それらの言葉を削除し、現代の位置と値の表記の先祖となる表記になる（437＝4　3　7）。
問題：この表記では、ある桁の数字が存在しないときに曖昧になる（407を4　7と書くと、

47と混同しやすい)。

解決:場所をとっておくための記号、ゼロの記号を発明する。

数を数える方法の文化進化は、人類がどれほど発明の才に長けているかを証明している。何世紀にもわたって、よく考えられた表記の方法が発明され、つねに改良され、人間の心により合致し、数をより使いやすくするよう洗練されてきた。数の表記の歴史は、数とは人類を超越した理想の概念であり、人間の心とは独立に数学的真実へと近づかせてくれるものだという、プラトン的考えとはまったく折り合わない。プラトン主義的な立場の数学者、アラン・コンヌの意見とは違って、数学的対象は「文化によって汚されていない」ことなどないのだ。少なくとも、それは、すべての数学的対象の中でもっとも中心的である数には当てはまらない。数と計算システムの進化を動かしてきたのは、数の「抽象的な概念」でもなければ、天上世界の数学の概念でもない。もしも、何世代もの数学者たちが主張してきたように、そうだったのならば、私たちが使い慣れている十進法よりも、二進法の方がずっと論理にかなった選択だっただろう。少なくとも、7や11などの素数や、12など、たくさんの除数を持つ数が、計算の基礎として選ばれたはずだ。しかし、私たちの祖先は、もっと曖昧な基準で選んできた。10を基数とすることが広く見られるのは、たまたま私たちが一〇本の指を持っていたからだ。私たちが直感的に数を認識する方法が、ローマ数字の構造のもとにはある。そして、短期記憶に限界があることこそが、大きな数をなるべくこぢんまりとした形に書こうとする要因となってきたのだ。最後の言葉は、哲学者のカール・ポパーにおまかせしよう。「自然数とは人間のなす技であり、人間の言語と思考の産物である」。

第5章　大きな計算のための小さな頭

2足す2は4
4足す4は8
8足す8は16
はい、繰り返して！　と先生が言う

ジャック・プレヴェール「学習帳」

野心（ambition）、注意散漫（distraction）、醜化（uglification）、嘲り（derision）。これらは、チャールズ・ラトウィッジ・ドッジソン師、またの名、ルイス・キャロルでよく知られた数学教授が、四則計算のそれぞれに対して、いたずら心でつけた名称である。キャロルは、自分の学生たちの計算能力について、たくさんの幻想など抱いていなかった。そして、彼は正しかったのだろう。子どもが容易に数の文法を獲得する一方で、計算を学習するのは大変なことだ。子どもどころか、おとなでさえも、もっとも初歩的な計算をしばしば間違える。「７×９」や「８×７」を、絶対に間違えないと言い切れる人がいるだろうか？　何人の人が、「113－37」や「100－24」を二秒以内に暗算できるだろうか？　計算の誤りはあまねく誰にでもあるので、みんなの前で「いつだって算数はできた試しがないんです」と認めても、馬鹿な人だと烙印を押されるどころか、みんなの同情を買うくらいだ。アリスは、不思議の国を旅しながら計算しようとして、「えーっと、４掛ける５は12、４掛ける６は13、４掛ける７は……まあ、どうしましょう！　こんな具合じゃ、20にまで絶対に行き着かないわ！」という窮状に陥るが、多くの人々が、自分もこんなことになったことがあると感じるに違いない。

暗算はどうしてこんなに難しいのだろう？　この章では、人間の脳内にある計算アルゴリズムについて検討してみよう。このことについては、まだまだよくわかってはいないのだが、一つだけ確かなことがある。暗算は、人間の脳にとってかなり難しい問題であるということだ。この脳に、何十もの複雑な掛け算を覚えたり、二桁の引き算を一〇回、一五回と次々にこなしたりといった仕事ができるように仕向けたものは何もない。おおまかな数量に関する生得的な感覚は、遺伝子の中に組み込まれているのだろうが、シンボルを用いた正確な計算ということになると、そのための原資はないのである。計算のために特別に設計された脳の部分がないことを補うために、私たちの脳は、別の回路を動員してこなくてはならない。これには、大変な労力を要する。速度が遅くなる、集中力が必要になる、よく間違うなどということは、私たちの脳が算術に「対処する」ために動員しているメカニズムの危なっかしさをよく表している。

数えること——計算のABC

生まれてから六、七歳までの間に、たくさんの計算アルゴリズムが日の目を見るようになる。小さな子どもは算術を再発明するのだ。自発的に、または仲間のやり方をまねて、子どもは計算のための新たな戦略を編み出す。彼らはまた、個々の問題にもっとも適した戦略を選ぶことも学習する。彼らの戦略の大部分は、言葉を使ったり、使わなかったり、指を使ったり、使わなかったりしながら数えることをもとにしている。子どもは、カウンティングを習う前から、しばしばこのようなことを自分で発見する。

ということは、カウンティングは、人間の脳に生まれつき備わった能力なのだろうか？　カリフォルニア大学ロサンゼルス校心理学教室のロッシェル・ゲルマンとランディ・ガリステルは、そうだということを示した第一人者だ。彼らによれば、子どもは、学習によらずにカウンティングのための原理を賦与されている。それぞれの物は一回ずつ数え、一回しか数えてはいけないことや、数の言葉は一定の順番で言わなくてはならないこと、また、最後の数字がひとかたまりの集合体を構成する個々のものの総数であることなどは、教えられなくてもわかる。ゲルマンとガリステルは、このようなカウンティングのための知識は生得的であり、数に関する言葉を習う以前から存在して、学習を導いているのだと主張している。

ゲルマンとガリステルの理論ほど、激しく議論されたものもないくらいだ。多くの心理学者や教師たちにとって、カウンティングは、模倣学習の典型なのだから。初めのうちは、何の意味もない機械的な行動である。カウンティングは、模倣学習の典型なのだから。初めのうちは、何の意味もない機械的な行動である。カレン・フューソンによると、子どもたちは初め、「いちにいさんしいごー……」と、少しも切れ目なく唱えているということだ。あとになってから、この連続体を単語に切り離し、もっと大きな数に拡張し、具体的な場合に当てはめることを学習していく。子どもたちは、他のおとなが数を数えるのを見ることによって、カウンティングとはどういうことかを徐々に身に付けていくのである。フューソンによれば、最初のうちは、ただおうむ返しに言っているだけなのである。

何年にもわたる議論と数十の実験が重ねられ、だんだんわかってきた真実はと言えば、「すべて生得」と「すべて学習」の両極端の中間あたりにあるらしい。カウンティングのいくつかの側面は非常に早くから身につくが、その他の面は、学習と模倣によって獲得されるようだ。

驚くほど早くから数の能力があることの例として、カレン・ウィンが行った次のような実験を見てみよう。二歳半では、子どもはまだ、他人が音や動作を数える場面をあまり見たことがないだろう。それでも彼らは、《セサミ・ストリート》のビデオを見てビッグ・バードが何回飛び跳ねたか数えてと言われると、いそいそとこの仕事をこなすのである。同様に、子どもは、テープに録音したトランペットの音、ベルの音、水のはねる音、コンピュータのブーという音などのさまざまな音を聞かされると、音源が見えなくても、その数をカウンティングすることができた。そういうわけで、子どもはかなり早いうちから、とくに教えられなくても、カウンティングという行為が抽象的なものであり、すべての聴覚刺激や視覚刺激に当てはまるものだということを理解しているらしいのである。

かなり早くから現れる数の能力として、こんなものもある。三歳半という早い時期から、子どもは、数を言う順序は非常に大事であるが、それぞれの物を一回しか数えない限り、物を指差す順序はどうでもよい、ということを理解している。非常によく考えられた一連の実験の中で、ゲルマンとその同僚たちは、通常の数え方の規則が破られている場面を子どもたちに見せた。その結果、三歳半の子どもたちは、かなり微妙な数え方の間違いに気づき、それを直せることがわかった。彼らは、誰かが数えるときに数字の順番を間違えたり、一つの物を数え忘れたり、同じ物を二回数えたりすると、必ずそれに気づいた。一番重要なのは、子どもが、このような決定的な誤りと、正しくはあるが普通ではない数え方とをしっかりと区別していたことだ。たとえば、列の真ん中から数え始めたり、一つ置きに数え始めたりしても、結局すべての物を一回ずつ数えるのであれば、それは全然かまわないと子どもたちは考えたのだった。さらにすごいことには、彼らは、列のどこから数え始めることもやぶさかでなかったばかりか、あらかじめ決めた物を必ず三番目に数えるようにする方策を編み出すこともできた。

これらの実験が示しているのは、四歳になるころまでに、子どもはカウンティングの基礎を習得しているということだ。彼らは、何も考えずに他人の行動を模倣するだけで満足してはいない。彼らは、数えるという行為を新しい状況にも一般化する。こんなに早い能力の芽生えがどこから来るのかは、ほとんどわかっていない。数えようとする物体と言うべき数との間には、完全な一対一対応がなければならないという考えを、子どもはどこから得ているのだろう？　ゲルマンとガリステルと同じく、私も、この能力は人間という種に遺伝的に備わったものだと考えている。一定の規則に従って単語を言うことは、人間の言語能力から自然に出てくるものなのだろう。一対一の対応規則については、実は、動物界にも広く見られる。ラットが迷路を通って餌を探すとき、彼らはそれぞれの側枝を一回ずつ、そして一回限り探索するのだが、それは、探索時間を最小にするには合理的な行動である。私たちが一つの物体を視野の中で探すとき、私たちの注意は、それぞれの物体に交互に向けられる。カウンティングのためのアルゴリズムは、単語を唱えることと、十分な探索をすることという、人間に備わった二つの基本的な能力の交点にあるのだ。そういうわけでヒトの子どもはそれを簡単に制圧する。

子どもが、「どうやって」数えるかを急速に身につける一方で、彼らは初めのうち、「なぜ」数えるのかは気にとめていないようだ。おとなは、数えるのが何のためなのかを知っている。私たちにとって、数えることは、ひとかたまりの集合体を成す個々の要素の総数、すなわち集合の基数を把握するという確かな目的のための道具だ。私たちはまた、本当に重要なのは、最終的な数であることも知っている。それこそが、集合全体の基数なのだ。幼い子どもには、この知識があるのだろうか？　それとも、彼らにとって数えることは、いろいろな物を順番に指差しながら奇妙な言葉を発していくという、面白い遊びにすぎないのだろうか？

カレン・ウィンによれば、子どもは四歳の終わりごろになるまで、カウンティングの意味はわかっていない。三歳の娘がいたら、彼女のおもちゃを数えるように言い、ついで、「おもちゃをいくつ持ってる？」と尋ねてみよう。たいていの場合、彼女はランダムな数を答えるのであって、先ほど数えた数を言うとは限らない。この年齢の子どもはみな、「いくつ？」という質問を、それに先立って数えたことと結びつけていないようなのだ。彼女は、カウンティング行為自体が「いくつ」という質問への適切な答えであるかのように、すべてをもう一度数え直すかもしれない。同様に、二歳半の男の子に、おもちゃを三つ持ってくるように言ってみよう。たとえ、すでに5または10まで数えることができていたとしても、たぶん、持てるだけのおもちゃを適当に抱えて持ってくるに違いない。この年齢では、数えるというメカニズムはすでに十分作動しているのだが、何のために数えるのかはわかっていないらしく、数えるべき状況に置かれても、数えることを思いつかない。

　およそ四歳になると、カウンティングの意味がやっとわかるようになる。でも、どうやって？　この過程には、言語以前の数量の表象が、おそらく決定的に重要な役割を果たしているのだろう。出生直後の、まだ数えることなど始まるずっと前から、子どもたちは自分の内部にアキュミュレータを持っており、それが彼らの周囲に存在する物体のおおまかな数を知らせていることを思い出そう。このアキュミュレータが、数えることに意味をもたらす助けとなる。子どもが二つの人形で遊んでいるとしよう。彼のアキュミュレータは自動的に彼の頭の中に2という量の表象をもたらす。先の章で述べたプロセスのおかげで、子どもは「2」という単語がこの量に当てはまることを教わっているので、数えることをしなくても「二つの人形」と言うことができる。さて、何も特別な理由はなしに、彼は人形で「数える遊び」を始め、「いち、に」という言葉を発したとしよう。最後に数えた「2」という数が、二つの人形から成る「集合」の基数にまさに当てはまる単語だということに気づいて、彼は驚くに違いない。こんなことが一〇回か二〇回起これば、彼は、数えるときにはいつでも、最後に到達した単語が特別な意味を持つことを、正しく推論しているかもしれない。最後の単語こそが、心のアキュミュレータが与えてくれている量と合致する表象を示しているのである。カウンティングは、ただ単に面白い言葉遊びだったのが、突然、特別な意味を獲得する。カウンティングは、「いくつあるか言う」ための最良の方法なのだ!

未就学児はアルゴリズムの設計者

数えるのは何のためかを理解することは、数に関する発明の数々を引き起こす突破口である。数えることは、算術におけるスイス・アーミーナイフのようなもので、子どもたちは自動的にそれをすべてのことに使い始める。数えることの助けを借りて、ほとんどの子どもは、特別に教えられなくても、数を足したり引いたりする方法を発見していく。

すべての子どもが自分で見つける最初の計算アルゴリズムは、二つの集合の基数をすべて指で数えあげることにより、足し合わせることだ。ごく小さな子どもに、２と４を足すように言ってみよう。子どもは普通、二本の指を順番に上げることにより、まずは最初の数字、２を数える。そして、続いて指を四本上げることにより、二番目の数字である４を数える。そして、最後に全部をもう一度数えることにより、合計の６に達する。この最初の「指」アルゴリズムは、概念的には簡単なのだが、とても遅い。これを実行するのは、本当にまだるっこしいのだ。私の四歳の息子は、「３＋４」を計算するのに、左手の指を三本上げ、次に右手の指を四本上げる。そして、自分が自由に使うために残っている唯一のとがった物である自分の鼻先を使って、全部を数えるのである！

初めのうち、子どもたちにとって、指を使わずに計算するのは困難である。言葉は発したとたんに消えてしまうが、指はずっと見えるようにしておけるので、途中で気を散らされることがあっても、数を忘れないですむ。しかし、もう数ヵ月たつと子どもたちは、指で数えるよりももっと効率のよい足し算アルゴリズムを発見する。２と４を足すとき、彼らが「１、２、３、４、５、６」とつぶやくのが聞こえる。彼らは「２＋４」という計算式の最初のオペランド（演算数）である２をまず数え、それから第二のオペランドとして特定されている数である４だけさらに数えるのだ。これは、ある種の再帰性を伴うので、注意をこらさねばならない戦略である。なぜなら、第二の段階で、いくつ数えたかを数えておかねばならないからだ！　子どもたちは、しばしばこの再帰性を明確に表現する。「1、2、……3は1、4は2、5は3、……6は4、……6」という具合に。この段階の困難さは、劇的にテンポが遅くなり、極度な集中を必要とすることに現れている。

もっとよい方法がすぐに見つかる。ほとんどの子どもたちは、両方の数を数え直さなくてもよいことに気づく。そうではなくて、「2＋4」を計算するには、2から始めればよいのだ。単純にそこから、「2……3……4……5……6」と言えばよいのである。計算をさらに短くするには、いつでも、二つのうちの大きい方の数から始めればよいことも、子どもたちは学習する。「2＋4」を計算するように言われると、彼らは自動的にこの問題を「4＋2」に書き換える。その結果、二つの数のうちの小さい方の数だけ数えればよくなるのだ。これは、「最小戦略」と呼ばれている。これは、就学前のほとんどの子どもの計算のもとになっている、標準的アルゴリズムである。

子どもが、足すべき二つの数の大きいほうから始めることを一人で考えつくとは、なかなか素晴らしいことだ。このことは、彼らが、「$a+b$」はつねに「$b+a$」に等しいという、加法の可換性を非常に早い時期から理解していることを示している。実験によると、この原理は五歳ですでに理解されているということだ。論理について何年間もがっちりと教育を受けたあとでなければ、子どもに算術を理解できるはずはないと主張している教師や理論家が何人束になってかかってきても、気にすることはない。真実は、そうではないのだ。学校にあがる何年も前から指を使ってカウンティングしている子どもは、加法の可換性を本能的に理解しているのだが、その基礎となる論理は、わかるとしてもずっとあとになってからなのである。

子どもは、計算のアルゴリズムを驚くべき直感で選ぶ。彼らは、素早く、多くの足し算と引き算の戦略を身につけていく。しかも、このめくるめく可能性の中で道を見失うことなく、それぞれの個別の問題にもっとも適した戦略を慎重に選ぶことを学んでいく。「4＋2」では、4から数えていくことを選ぶだろう。「2＋4」では、「2＋4」を「4＋2」と逆転させることを忘れないはずだ。もっと難しい「8＋4」が出てきたら、彼らは、「8＋2」が10であることを覚えているかもしれない。もしも、4を2と2に分解することができれば、単純に「10、11、12」と数えればよくなるのである。

計算の能力は誰にも同じ順序で現れてくるのではない。どの子どもも、コックの弟子が手あたりしだいにレシピを試しているように、結果の質を評価し、その方向で行くべきかどうかを決めている。子どもが自分で身につけるアルゴリズムを評価する際には、計算を完了するのにかかる時間と、正解に達する確率の両方を勘案している。児童心理学者のロバート・シーグラーによれば、子どもはそれぞれのアルゴリズムの成功率について、詳細な統計をそろえている。少しずつ、彼らはそれぞれの計算問題に対してもっとも適切な戦略に関するデータベースを改良していく。この過程で、算数の教育が、子どもに新しいアルゴリズムを示したり、最適な戦略を選ぶ規則を明快に教えたりすることによって、特別に重要な働きをしていることに疑いの余地はない。それでも、発明しては選択するというこのプロセスの肝心のところは、ほとんどの子どもにおいて、学校にあがるずっと前に出来上がっているのである。

では、子どもが自分自身の計算アルゴリズムを設計するのにどれほど賢いかを示す、最後の例を見てみよう。これは、引き算の場合である。幼い子どもに、「8－2」を計算させてみよう。彼が、「8……7は1……6は2……6」とつぶやくのが聞こえるかもしれない。彼は、大きな方の数の8から始めて逆方向に進んでいる。では、今度は「8－6」を聞いてみよう。子どもは、「8、7、6、5、4、3、2」と逆に数えていくだろうか？　違う。彼は、「6……7は1……8は2……だから2！」と、もっと迅速な解決法を見つけるはずだ。彼は、小さい数から大きい数へと行くステップの数を数えている。自分の行動を賢く計画することにより、子どもは、驚くべき節約性に気づくのだ。「8－2」と「8－6」を計算するには、同じステップの回数、二回が必要である。しかし、彼はどうやって適切な戦略を選択するのだろう？　最適戦略は、引くべき数の大きさによって決まる。それが、「8－5」、「8－6」、「8－7」のように最初の数の半分よりも大きければ、二番目の戦略がよい。「8－1」、「8－2」、「8－3」のように、そうでなければ、後ろから逆に数える方が早い。子どもは、この規則を自分で見つけ出すほど十分賢い数学者であるばかりか、自分が自然に身につけている数量の感覚を、これに当てはめることもできているのである。正確にどの計算戦略を選ぶかは、最初の素早い推定に導かれている。四歳と七歳の間で、子どもは、計算とはなんであるかの直感的な理解を示し、最適戦略をどうやって選ぶかもわかるようになる。

記憶の登場

ストップウォッチを持って、七歳の子どもが二つの数を足し算するのにどれだけ時間がかかるかを計ってみよう。小さい方の数が大きくなるのに比例して、計算時間が長くなることがわかるだろう。これは、子どもが最小アルゴリズムを使っていることの証拠である。たとえ子どもが言葉や指を使って計算している証拠を見せなくても、反応時間を見れば、頭の中で数字を唱えていることがわかる。「5＋1」、「5＋2」、「5＋3」、「5＋4」と計算するにつれ、一〇〇分の四秒ずつ時間がかかるようになる。この年齢では、それぞれの計算ステップに四〇〇ミリ秒ずつかかるのだ。

もっと年齢が上がるとどうなるのだろう？　一九七二年にカーネギー・メロン大学の心理学者、ガイ・グローンと彼の学生のジョン・パークマンが最初にこの実験をしたとき、大学生であっても、計算時間は小さい方の数の大きさに依存することを発見して、彼らは不思議に思った。違いは、余計にかかる時間の長さが、一単位当たり二〇ミリ秒と、ずっと短いことだけだった。この発見をどう解釈すればよいのだろう？　どんなに才能のある学生でも、一数字当たり二〇ミリ秒とか、一秒当たりに五〇個の数字などといった、信じられない速さで計算することなどできない。そこで、グローンとパークマンは、混合モデルを出した。試行の九五％において、学生たちは、結果を直接に記憶から取り出しているに違いない。残りの五％では、記憶はもう取り出せないので、一数字当たり四〇〇ミリ秒の速度で実際に計算せねばならないのだろう。すると、加算の時間は、平均すると一単位当たり二〇ミリ秒の増加を見せることになる。

これはよくできた仮説ではあるが、新しい発見によってすぐに窮地に追い込まれることになった。学生たちの反応時間は、足す数が大きくなるとともに線形に増加するのではないことがわかったのだ（図5・1）。「8＋9」といった大きな数の計算は、特段に長い時間がかかったのである。二つの数字を足すのにかかる時間をもっともよく推測するのは、その二つの数を掛け合わせた値か、または、それを足した数字の平方根であった。このこ

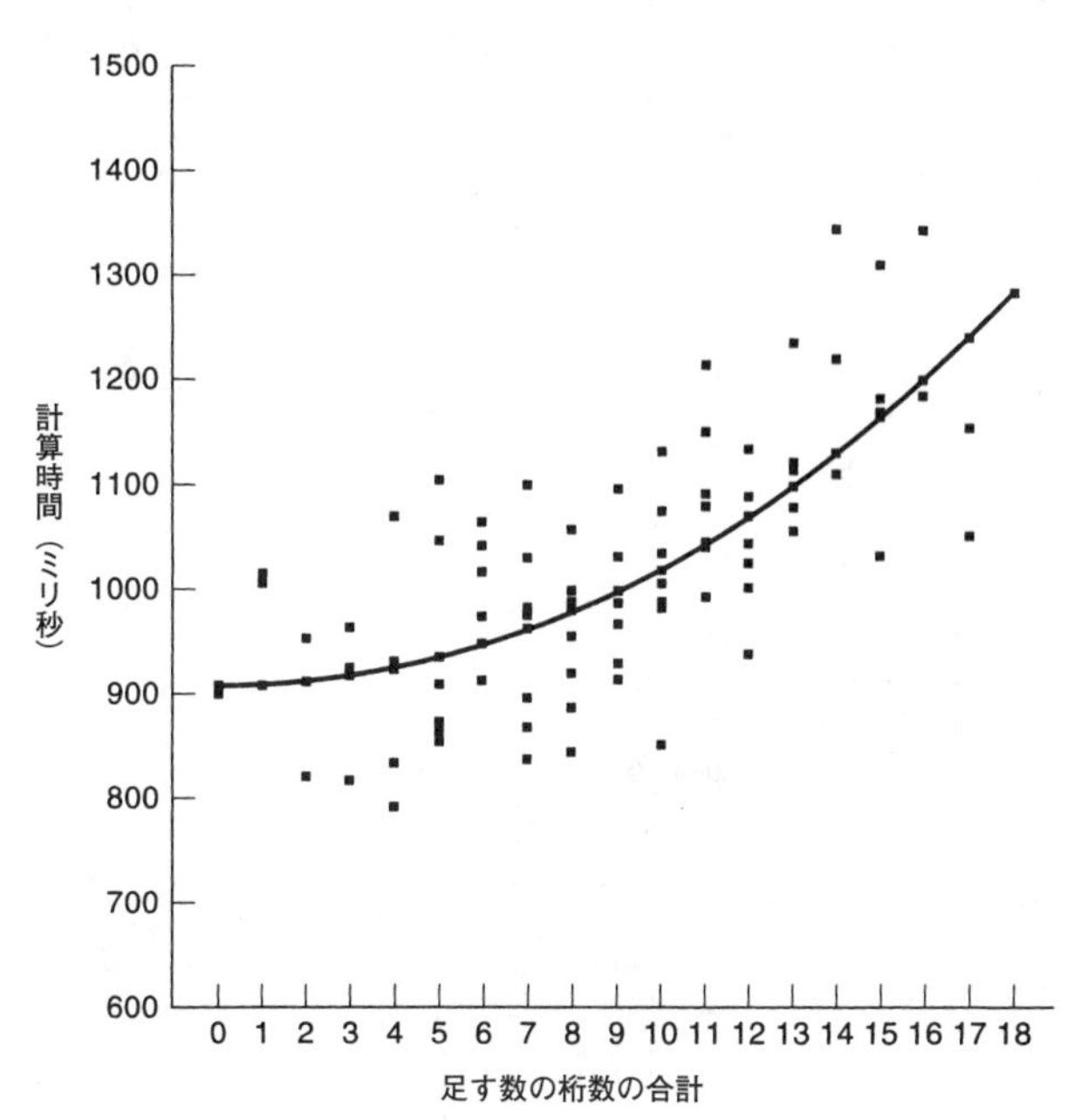

図5・1 問題のサイズ効果。おとなが足し算をするのにかかる時間は、足す数の大きさが大きくなるほど、急激に増加する。（Ashcraft, 1995 より、著者、出版社の許可を得て転載。Copyright © 1995 by Erlbaum (UK), Taylor & Francis, Hove, UK）

とは、実験参加者が本当に計算をしているという仮説とは相容れない。この理論に対するとどめの一撃、二つの数字を掛け合わせるのに要する時間は、それらを足すのに要する時間と本質的に変わらないという発見であった。もしも実験参加者が、ほんの五％だけでも本当に計算しているのだとしたら、掛け算は足し算よりもずっと時間がかかったはずである。

この難局から抜け出す道は一つしかない。一九七八年、クリーブランド州立大学のマーク・アッシュクラフトとその同僚たちは、若い人たちは、足し算にせよ掛け算にせよ、ほとんど計算によって解いているのではないという仮説を出した。そうではなくて、たいていの場合、彼らは結果を記憶した表から持ってきているのだ。しかし、この表に到達するには、数字が大きくなるほどにずっと長い時間が必要となる。「２＋３」や「２×３」の結果を思い出すには一秒以下しかかからないのだが、「８＋７」や「８×７」の結果を思い出すには、およそ一・三秒かかるのである。

記憶を取り戻すことに対して、数の大きさの効果が出ることには、複数の原因があるのだろう。先の章で説明した通り、数が大きくなるほどに、私たちの心的表象の正確さが急速に落ちる。それを獲得した順序も、要因の一つかもしれない。なぜなら、小さい数字を含む簡単な計算結果は、もっと大きな数字を含む複雑な結果よりも前に学習していることが多いからだ。第三の要因は、練習の量である。数が大きくなるほど、その出現頻度は減るので、大きな数を含む掛け算に関する訓練の量は少なくなる。マーク・アッシュクラフトとその同僚たちは、子どもの教科書に、足し算や掛け算の問題がどれくらいの頻度で現れるかをまとめてみた。そうしたところ、ずいぶんと間の抜けた実態がわかった。7、8、9の掛け算の方がずっと難しいにもかかわらず、子どもは、2や3の掛け算の方をずっと多く訓練されていたのである。

おとなの暗算の過程で記憶が中心的役割を果たしていることは、今ではあまねく受け入れられている。だからと言って、おとなが、他に多くの計算戦略を持っていないということではない。実際、ほとんどのおとなは、「9×7」を計算するのに（10×7）－7を用いるというような、間接的な方法をこっそり使っている。このことも、大きな数の足し算や掛け算問題の答えに余計な時間がかかる原因の一つである。しかしながら、ここで大事なのは、暗算システムにおける大きな激変は、就学前に起こるということだ。子どもは、突然、単純な数え戦略に裏打ちされた直感的な数量の理解から、機動的な算術の学習へと転換するのである。この大きな転換が、子どもが最初に算数でつまずく大きな困難に出会う時期と一致しているのは、驚くべきことではない。まったく突然に、算数で先に進むには、数に関する大量の知識を記憶に貯めていかねばならなくなるのである。ほとんどの子どもは、できる限りの努力でこの時期をくぐり抜けて行く。しかし、あとで見るように、子どもはしばしばこの過程で、それまで持っていた算術に関する直感を失ってしまう。

掛け算表――不自然なやり方か？

足し算と掛け算の表ほど、何度もたたきこまれる練習もない。子どものときには誰でも、かなりの時間をさいてこれらを習ったし、おとなになってからも、つねにこれに頼っている。どんな学生も、毎日、何十もの初歩的な計算を行っている。私たちは、一生の間に一万回以上の掛け算問題を解くことになるはずだ。それでも、私たちの算術の記憶は、たいしたことはない。「3×7」などのような掛け算をこなすのに、ほとんどの若いおとなは一秒以上かかる。誤答率は一〇から一五％だ。「8×7」や「7×9」などのもっとも難しい問題では、四回に一回は間違うし、集中して答えを出すのに二秒以上かかる。

なぜそうなのだろう？ 0か1を掛ける掛け算は、一生懸命習わなくてもよい。さらに、一度「6×9」や「3×5」を覚えてしまえば、「9×6」と「5×3」は、乗法の可換性によって容易にわかる。そうすると、あと残っているのは、四五個の足し算と三六個の掛け算とを覚えなくてはならないだけだ。それを覚えておくのが、なぜこれほど難しいのだろう？ 結局、何百もの他のさまざまな事実が寄せ集まって、私たちの記憶はできている。友達の名前、彼らの年齢、住所、人生で起こったさまざまな出来事が、私たちの記憶の全部のセクションに場を占めている。子どもが算術に苦労しているまさにその時期、彼らは毎日一〇個以上の新しい単語を実に苦もなく獲得していくのだ。おとなになるまでに、彼らは、少なくとも二万個の言葉とその発音と綴りと意味とを覚えることになる。ならば、何年もの訓練を経ているのに、掛け算表を覚えるのだけが、どうしてこうも難しいのだろうか？

答えは、足し算と掛け算表の特別な構造にある。算術の結果は、でたらめではないし、相互に独立でもない。そうではなくて、それらは密接に絡み合っており、にせの規則性や、誤解を招く韻や、混乱のもととなる語呂合わせに満ちているのである。次のような住所録を覚えなくてはならないとしたら、どうなるだろう？

・チャーリー・デイヴィッドはジョージ通りに住んでいる
・チャーリー・ジョージはアルバート・ゾウイ通りに住んでいる
・ジョージ・アーニーはアルバート・ブルーノ通りに住んでいる

そして、彼らの職場の住所は次のとおりだ。

・チャーリー・デイヴィッドはアルバート・ブルーノ通りで働いている
・チャーリー・ジョージはブルーノ・アルバート通りで働いている
・ジョージ・アーニーはチャーリー・アーニー通りで働いている

こんなややこしいリストを覚えるのは悪夢に違いない。ところが、これは実は、隠れた足し算や掛け算の表を表しているのである。0、1、2、3、4、などの数字が、ゾウイ、アルバート、ブルーノ、チャーリー、デイヴィッドといった名前で置き換えてあるのだ。自宅の住所は足し算で、職場の住所が掛け算である。だから、この六つの住所は、「3＋4＝7」、「3＋7＝10」、「7＋5＝12」という足し算と、「3×4＝12」、「3×7＝21」、「7×5＝35」という掛け算を表している。こんな不自然な角度から眺めてみれば、おとなにとっての算術表が、それに初めて出会う子どもにとって本質的に困難なものであることが改めてわかるというものだ。こんなものを覚えるのが難しいのは、当然である。結局のところ、そのほとんどを覚えてしまうということの方が、もっとも驚くべき事柄かもしれない！

しかしながら、先の質問にまだ答えていない。このようなリストは、なぜ覚えるのがこんなに難しいのだろう？　一キロバイト以下の小さなメモリーしか備えていないどんな電子機器でも、そのすべてを記憶するのになんの手間もかからない。実を言えば、このコンピュータのアナロジー自体が、右の問いへの答えのようなものだと言っていい。私たちの脳が算術の結果を覚えられないとしたら、それは、人間の記憶の構造が、コンピュータとは違って「連合」によるものだからなのだ。ばらばらの情報も、連合によって結びつけられ、記憶の再構築が可能となる。意識的にせよ、無意識的にせよ、私たちが過去の事実をよみがえらそうとするときには、この再構築のプロセスを起動させている。一段一段と、プルーストのマドレーヌの香りは、音、視覚、言葉、過去の感情に満ちた、豊富な記憶の宇宙を連想させていく。

連合記憶には、強みもあれば弱みもある。ぼんやりとした追憶から始めて、もう忘れ去られたかと思われた記憶のすべてを取り戻すことができるときには、これは強みである。今日のどんなコンピュータのプログラムでも、「内容で検索」という、これに近いことができるものは一つもない。アナロジーを生かして、他の状況で獲得した知識を新しい状況に当てはめるのを可能にするときにも、これは強みである。しかしながら、連合記憶は、掛け算表の場合のように、いくつもの知識を、どんなことがあっても決して互いに干渉しないようにとどめて置かねばならないときには、これは弱みである。トラに出会ったときには、ライオンに関連した記憶をすぐさま起動させねばならない。ところが、「7×6」の結果を思い出そうとするときに、「7＋6」や「7×5」が出てきてしまっては困るのだ。数学者にとっては残念なことに、私たちの脳は、何百万年にもわたって、算術の領域でいくらかの弱みがあっても、連合記憶の強みの方が大きく、弱みを補って余りある環境で進化してきた。現代の私たちは、算術の領域でも不適切な連合がどうしても出てきてしまう、こんな記憶システムとともに生きていくほかないのである。

連合記憶がどのように困った、干渉の影響をもたらすかについては、いくらでも例を挙げることができる。世界のすみずみから、何万人という学生たちが計算プロセスの科学的研究に参加し、何十万という反応時間計測と、何万という誤差計測に貢献してくれている。そのおかげで、今や、どんな計算の間違いがもっとも高い頻度で起こるのか、正確に知られている。「7×8」を計算しよう。56の替わりに、63、48、または54という答えが出てくることがしばしばある。55という答えは、正解と1しか違わないのだが、こんな間違いをする人はほとんどいない。実のところ、すべての誤りは掛け算表から来ており、それも、もとの計算問題と同じ列か行のものだ。なぜか？　「7×8」を見れば必ず、正解の56を思い起こすだけでなく、それと強く連合している隣接した「7×9」、「6×8」、「6×9」も思い出されてしまうからだ。これらの結果のどれもが、言葉になるプロセスで前面に出ようと競争する。そこでしばしば、「７×８」を思い出そうとして、「６×８」が出てきてしまうのである。

算術記憶の自動化は、子どものころから始まる。七歳ぐらいですでに、二つの数字を見ると、脳が自動的にそれを足してしまっている。このことを示すために、カナダのアルバータ大学の心理学者であるジョアン・ルフェーブルとその同僚たちは、たいへん気の利いた実験を編み出した。彼らは実験参加者に対して、これから２と４のような二つの数字を見せますから、それを覚えてくださいと言う。それから三つ目の数字が出てくるのだが、実験参加者は、それが先に見た二つの数字のどちらかと同じであるかどうかを判断するように言われる。その結果は、無意識のうちに足し算が行われていたことを示していた。三つ目に出てきた数字が、６のように、最初の二つの数字の和と同じだったときには、実験参加者は、それは最初の二つの数字とは異なると正確に判断したにもかかわらず、判断に時間がかかったのだ。５や７のように、和とは関係のない数字では、そのような判断の遅れは見られなかった。パトリック・ルメールとその同僚たちによる最近の研究では、この同じ効果が七歳の子どもでも見られている。２と４を見ただけで、そこに＋記号がなくても、私たちの記憶は自動的にその和も思い起こしてしまうらしい。そうすると、こちらの数字も記憶の中で生きているものだから、それを本当に見たのかどうか、わからなくなってしまうのだ。

ではここで、計算記憶の自動性を示す、あなた自身で試せる驚くべき例を紹介しよう。次の質問にできるだけ早く答えてください。

−2＋2＝？
−4＋4＝？
−8＋8＝？
−16＋16＝？

では、12と5の間の数字を一つ選んでください。早くして！　選びましたか？

あなたが選んだのは7ではないだろうか？

私はどうやってあなたの心が読めたのだろう？　12と5という数字を出しただけでも、無意識のうちに、12−7＝5という引き算の引き金が入る。12と5を逆にしてやっていた最初の足し算課題も、この効果を助長していただろうし、「12と5の間」という曖昧な言い方は、この二つの数字の間の距離を測ろうと、自動的にさせていたかもしれない。これらすべての要因が、自動的に「12－5」を計算するように起動させ、それが意識の上にも上ってきたということだ。そして、あなたは、数字を選ぶにあたって自分の「自由意志」で選んだと思い込んでいるのである！

私たちの記憶は、また、足し算と掛け算の結果をはっきりと分けて置いておくことにも苦労している。私たちは、しばしば自動的に足し算の問題を、対応する掛け算の問題で答えてしまうことがあるが（「2＋3＝6」）、その逆（「3×3＝6」）は滅多に起こらない。さらに、「2×3＝5」が間違いだと認識するには、「2×3＝7」が間違いだと認識するよりも時間がかかるのだが、それは、前者の答えは足し算においては正しいからである。

テキサス大学のケヴィン・ミラーは、新しい算術の結果を獲得していく過程で、こういった干渉がどのように進んでいくのかを研究した。三年生では、ほとんどの生徒がすでにたくさんの足し算の結果を暗記している。彼らが掛け算を習い始めると、足し算の問題を解くのにかかる時間が一時的に長くなり、そして、「2＋3＝6」などの記憶違いがそのころに現れ始める。つまり、いくつもの算術の結果を長期記憶におさめておくことは、ほとんどの子どもにとって大きなハードルであるらしい。

言葉による記憶が助けにくる

算術の表を記憶の中に貯蔵しておくことがそれほど難しいのならば、脳は、最終的にどうやってそれを成し遂げているのだろう？　算術の結果を記録しておく古典的な方法は、それを言葉の記憶としておくことだ。「3かける7は21」といった言葉は、「きらきら星よ」や、「天にましますわれらの父よ」というのと同様、一語一語を言葉として貯蔵しておくことができる。言葉の記憶は非常に容量が大きくて長持ちするので、これは合理的な解決法だ。実際、何年も前に聞いたスローガンや歌詞を今でもたくさん覚えている人は、たくさんいるはずだ。教師たちは昔から、言語記憶の巨大な可能性を認識していた。多くの国々で、暗唱することは、今でも算術を教える一番主要な方法だ。私は今でも、小学校のときに、算数を習い始めたばかりの同級生とともに、掛け算表をみんなで声を揃えて暗唱した、あの大声の美しくはないコーラスを覚えている。

日本人は、この方法をもう一歩発展させている。彼らの掛け算表は、「九九」というちょっとした韻を踏んだ詩になっているのだ。「九九」という言葉は、文字通りには、「9と9」という意味で、詩の最後の「9×9＝81」から来ている。日本の表では、「×」と「＝」は言わないので、二つの掛ける数と結果だけが並んでいる。たとえば、「2×3＝6」は、「にさんがろく」として覚えるのだが、文字通りに言えば、「2、3、6」ということだ。歴史的に、いくつかの決まりが出来上がっている。九九では、数字は漢字で書いてあるのだが、読み方は場合によって異なる。たとえば、8は普通は「はち」と読むのだが、「8×8＝64」のときには、「はっぱろくじゅうし」となって、「はっ」と「ぱ」になっている。その結果、全体のシステムはとても複雑でしばしば固有の読みが出てくるのだが、統一された形になっているので、おそらく記憶の負荷は少なくなっているのだろう。

算術表は言葉にして覚えるという事実は、興味深い結果をもたらしているように思われる。計算が、学校で習う言葉と密接に連結するようになるということだ。私のイタリア人の同僚は、二〇年以上もアメリカに住んでいるので、今や完全にバイリンガルである。彼は英語を流暢(りゅうちょう)に読み書きし、彼の文法は確かで、語彙も豊富である。ところが、暗算をする段になると、いまだに母語であるイタリア語で数をぶつぶつつぶやいている。これは、ある年齢を過ぎると、脳は算術の学習の可塑性(かそせい)を失ってしまうということを意味しているのだろうか？　その可能性もあるが、本当の説明はもっと簡単なことかもしれない。算術表を覚えるのは実に大変な仕事なので、バイリンガルであっても、新たな言語でまた一から数字を覚えるよりは、母語に戻る方が節約的なのだろう。

バイリンガルでなくても、同じようなことは経験する。複雑な計算をするときには、ついつい数を声に出して言ってしまうものだ。算術を言葉にすることがいかに重要かということは、アルファベットを声に出して唱えながら、同時に何かを計算してみるとわかる。やってごらんなさい。ひどく難しいことがよくわかるはずだ。なぜなら、声に出して言うと、大脳の言語産生システムがいっぱいになってしまい、暗算に必要な容量がなくなってしまうのである。

掛け算表が言葉でコードされていることを示すさらに良い証拠は、計算間違いの研究である。「5×6」を計算するとき、しばしば間違えて36と言ったり、56と言ったりさえするが、それは、問題中にある5や6という数字が、答えに影響を与えているかのようだ。脳の回路は、数字が二つあると自動的に二桁の数字として読む傾向があるので、「5×6」は、否応なく56を喚起してしまう。さらに奇妙なことには、この読みのバイアスは、結果の妥当性と複雑なやり方で相互作用している。「6×2＝62」や、「3×7＝37」のようなひどい間違いは、まず絶対に起こらない。ほとんどの場合、こういう間違いをするのは、二桁の数字として読んだときの値が、掛け算表にある答えと合致していそうなときなのである（たとえば、「3×6＝36」とか、「2×8＝28」など）。このことは、読み間違いが起こるのは掛け算が終わったあとではなく、計算している最中、つまり、読みのバイアスが算術の記憶へのアクセスに影響を与えることはできるが、すっかりそれを乗っ取ってしまうことはないとき、である。つまり、読むことと算術の記憶とは、同じ数字の言語化を利用する、非常に密接な関係にあるのだ。おとなの脳にとっては、掛け算とは、単に「３×６」を「じゅうはち」と読み替えることなのである。

言語記憶は十分重要なのではあるが、暗算の最中に動員される唯一の知識の源泉ではない。掛け算表を暗記するという困難な仕事に立ち向かうときには、脳は、ありとあらゆる技巧を駆使する。記憶がだめなら、何かを参照にして足し算や引き算を何回か行うという計算に頼る（たとえば、「８×９＝（８×10）－８＝72」）。なにが何でも、近道の機会があれば絶対に逃さない。次の計算が正しいかどうかを判断してください。「５×３＝15」、「６×５＝25」、「７×９＝20」。三番目の掛け算の答えが間違いだと言うために、本当に計算が必要だっただろうか？　たぶんそうではない。それには少なくとも二つの理由がある。まず、20というのは、大ざっぱに見て大間違いだ。実験によると、ひどい間違いであるほど、反応時間が短くなる。真の答えと桁が大きく違うときには、実際に計算をするのにかかる時間よりもずっと短い時間で、それが間違いだとわかるのだが、このことは、脳が、正確な計算をするのと平行して、答えのだいたいの大きさを見積もる作業もしていることを示している。第二に、「７×９＝20」では、パリティが破れている。この二つの掛け数は両方とも奇数なので、結果は奇数でなければならない。反応時間を分析すると、脳は無意識のうちに、足し算と掛け算におけるパリティの法則をチェックしており、それが破られているとすぐに反応することがわかる。

心の中の「バグ」

ここで少しだけ、二桁以上の数の計算を取り上げてみよう。「24＋59」を計算せねばならないとする。コンピュータでは、数マイクロ秒しかかからない計算だが、あなたは二秒以上かかる。少なくともコンピュータの数十万倍だ。この計算に、あなたは集中力のすべてを総動員するだろう（あとで見るように、複雑な計算では、自動的ではない活動をコントロールしている前頭葉前野がおおいに活動している）。あなたは、いくつものステップを注意深くたどらねばならない。一番右の数字である4と9を切り離し、それらを足して（4＋9＝13）、3を書きとめておき、1を繰り上げる。一番左の数字である2と5を切り離し、それを足して（2＋5＝7）、そこに繰り上がってきた1を足し（7＋1＝8）、最後に8と書く。これらのステップは必ずこの順番で行われるので、数字の桁さえわかれば、それぞれの操作にどれだけの時間がかかるかを推定し、あなたが最終的にいつペンを持って結果を書くか、数十分の一秒以内の誤差で当てることができる。

このような計算をしている間一度も、このような操作の意味は頭に上ってこない。なぜあなたは、1を左の桁に加えたのか？　今では、この1は10を意味しているのだから、10

の桁に行かねばならないのだとわかるだろう。それでも、計算をしているときには、こんなことはまったく心に浮かばなかった。素早く計算するためには、脳は、それが行っている計算の意味は強いて無視するのである。

計算の機械的な面とその意味とが乖離していることを示すもう一つの例として、次の引き算を考えてみよう。子どもがよくやらされる問題である。

54－23＝31（正解）　54－28＝34（間違い）　612－39＝627（間違い）
317－81＝376（間違い）

何が問題かわかるだろうか？　子どもは、ランダムに反応しているわけではない。どの答えも、厳密な論理に従っている。古典的な引き算アルゴリズムが忠実に守られ、数字は右から左へと計算されている。しかしながら、この子どもは、上の数字が下の数字よりも小さいときには必ず間違いを犯している。こういう場合には繰り下げをしなくてはいけないのだが、どういうわけかこの子どもは、そうなると操作を逆転させ、下の数字から上の数字を引くことにしてしまう。この操作が無意味であることは、この際どうでもよい。実際、答えはしばしばもとの数字よりも大きくなってしまっているのだが、子どもは一向に気にしない。この子にとっては、計算とは純粋な記号操作であり、意味のないシュールなゲームなのだ。

カーネギー・メロン大学のジョン・ブラウン、リチャード・バートン、クルト・ヴァン・レーンは、引き算の暗算に関して非常に詳細な研究を行い、一万人以上の子どもが数十の問題を解くときのデータを集めた。このようにして彼らは、先ほど見たようなものと似たシステマティックな間違いを多数見つけ、それらを分類した。子どもたちの中には、0が出てくるときだけわからなくなる子もいれば、1という数字の扱いだけがわからない子もいた。古典的な間違いは、数字の0があるときの、左からの繰り下がりである。「307－9」の場合、子どもの中には、「17－9＝8」は正しく計算するのだが、次の0が繰り下がってくるところを間違える子がいる。彼らはそうせずに、誤って問題を単純化し、100の位から1を引いてしまうのだ。そこで、「307－9＝208」になってしまう。このような間違いは、繰り返し現れるので、ブラウンとその同僚たちは、これをコンピュータ科学の言葉で表現した。子どもたちの計算アルゴリズムには、「バグ」がいっぱいあるのだ、と。

このような「バグ」はどこから来るのだろうか？　奇妙なことだと思われるかもしれないが、どんな教科書も、正しい引き算のやり方を十分に一般性を持って記述してはいない。

コンピュータ科学者が、彼の子どもの計算マニュアルを見て、一般的な引き算ルーティーンをプログラムできるほどの正確な指示を探しても、見つからないだろう。どの教科書も、初歩的な指示と一揃えの例を示すだけで満足している。生徒は例題を解き、先生の行動を分析し、自分自身の結論を出すべきだと思われているらしい。そうだとすれば、彼らが到達するアルゴリズムが正しくないものだとしても、驚くにはあたらない。教科書の例題は、引き算のすべての可能なケースを取り扱ってはいないのが普通だ。そこで、ありとあらゆる曖昧さが入り込んでくる。そうこうするうちに、どの子も、新しい状況に直面して、なんとかしのがなければならなくなるのだが、そのときになって、引き算の理解に穴があることが明らかになる。

クルト・ヴァン・レーンが研究した、次の例を見てみよう。ある子どもは、いつもは正しく引き算をするのだが、二つの同じ数字を引き算するときに限って、次の桁に１繰り下げてしまうのだ。たとえば、「54－4＝40」、「428－26＝302」という具合である。この子は、上の数字が下の数字よりも小さいときには、１繰り下げなくてはいけないということは正しく理解した。しかし、彼は誤ってこの原則を、二つの数字が同じであるときにまで拡張してしまった。おそらくは、この特別な例は、教科書には載っていなかったのだろう。

次の例も、実におもしろい。多くの算数の教科書は、二桁の引き算だけしか扱っていない（「17－8」、「54－6」、「64－38」など）。そこで、生徒は最初、10の桁の繰り下がりしか習わないことになるが、それは、つねに一番左の桁となる。そこで、最初に三桁の引き算に出くわしたとき、多くの子どもは間違えて、過去にやっていた通り、一番左の桁から繰り下げようとする（たとえば、「621－2＝529」）。それ以上の説明なしに、繰り下げるのはつねに「一つ左隣」の桁であって、一番左の桁ではないということを、どうやれば思いつくことができるだろう？ そうするには、アルゴリズムの設計と目的について、より細かい理解が絶対に必要である。それでも、このような馬鹿馬鹿しい間違いが起こるということそのものは、子どもの脳が、計算の意味などほとんど気にせずにほとんどの計算アルゴリズムを走らせていることを示している。

電卓に対する賛否

こうして人間の計算能力を俯瞰してみて、首尾一貫したどんなピクチャーが見えてくるだろうか？ 人間の脳が、現在知られているどんなコンピュータとも違う作動をしていることは明らかだ。それは、正しい計算のために進化してきたのではない。だからこそ、私たちにとって、複雑な計算アルゴリズムを正確に習得して実行するのがこれほど困難なのである。数を数えるのはやさしい。それは、言葉で唱えることと一対一対応の能力という、私たちが生物としてもつ基本的な能力を動員しているだけだからだ。しかしながら、掛け算表を暗記したり、引き算アルゴリズムを使ったり、繰り下げに対応したりするのは、純粋に形式論理の執行であり、これにあたるものは霊長類の暮らしの中にはなかった。進化は、とてもそんなものを、私たちにお膳立てしてはくれなかった。論理的な計算とホモ・サピエンスの脳の関係は、古代の始祖鳥が持っていた羽で空を飛ぶということと同じである。ぎごちない器官でやれと言うならやれないことはないが、とても最適とは言えない。暗算の必要にせまられると、私たちの脳は持てる限りの回路を使おうとするので、自分が理解してもいない一連の操作をやみくもに覚えるということすらするのである。

私たちは、この脳の設計を変えることは望めないが、教える方法を、私たちの生物的制約に合わせることはできるだろう。掛け算表や計算アルゴリズムは、ある意味で自然に反したものなので、あんなものを子どもたちに叩き込むのが本当に必要かどうか、真剣に考えてみるべきだと私は思う。幸運なことに、今では、電卓という別の手段がある。安くて、どこにも持って行けて、間違いをしない。コンピュータは私たちの生活空間を大幅に変えつつあるので、もはや、何も考えずに昔の教育のやり方に固執してはいられない。私たちは、次のような疑問に直面せねばならない。子どもは、おじいさんの時代と同じように、計算結果が頭の中に刻印されることを願って、今でも掛け算表を暗記するのに何百時間も使うべきなのだろうか？　もっと早い時期から電卓とコンピュータの練習を始めた方が賢いのではないだろうか？

学校で機械的に教え込まれる算数の時間を削れと言うのは、あえて聖域を侵す振る舞いに見えるかもしれない。でも、現在の算数の教え方が一番よいなどということはない。つい最近まで、多くの国では、計算尺と指を使って数えるのが、算数の特権的教え方だった。今でも、何百万人ものアジア人は、計算する段になると、日本の算盤（そろばん）を取り出す。これにもっとも習熟した人々は、頭の中で算盤を使うことができる。自分の頭の中で算盤の球が動いていくところを視覚化することにより、彼らは二桁の足し算を、私たちが数字を電卓に打ち込むより短い時間でやってのける！　このような例を見ると、算術を機械的に叩き込むのとは別のやり方があることがわかる。

電卓を使うと、子どもの数的直感がなえてしまうという反論が上がるかもしれない。この意見の激烈な支持者には、たとえば、有名なフランスの数学者でフィールズ賞の受賞者でもある、ルネ・トムなどがいる。彼は、「小学校で、私たちは足し算表と掛け算表を習う。それは、とても良いことだ！　六、七歳の子どもが電卓を使うことを許されたならば、暗算を一生懸命やることによって身についた、数に関する豊富な知識と比べると、ずっと貧弱なものしか身につけなくなるだろうと私は確信している」と述べている。

それでも、トム少年にとって真実であったことが、今日の普通の子どもたちにも当てはまるとは限らない。「数に関する豊富な知識」を授けてくれると称している学校の教育がどんなものだったか、誰もが自分自身に尋ねてみるとよい。少しの疑問も持たずに「317－81＝376」と結論する子どもがいるようでは、教育界は何か腐ってはしまいか。

子どもたちを退屈で機械的な計算練習から解放し、電卓を使わせたら、もっと意味を考えることに集中できるようになると私は確信している。そして、何千もの計算問題をやらせれば、概算に関する自然の感覚も鋭くなるに違いない。電卓の結果を研究することで、引き算をすると、結果は必ずもとの数字よりも小さくなることや、三桁の数字の掛け算をすれば、結果は、最初の数字より二桁か三桁大きくなることなど、子どもたちはいろいろな発見をするだろう。電卓の振る舞いを観察するだけで、数覚をおおいに磨くことができる。

電卓は、数の国の道路地図のようなものだ。五歳の子どもに電卓を与えれば、数を毛嫌いするのではなく、数と友達になることを教えられる。算術には、発見することのできる素晴らしい法則性がいくつもあるのだ。そのもっとも初歩的なものでさえ、子どもたちには魔法のように見える。10を掛けると右側に０がひとつつく。11を掛けると、数が二つになる（「２×11＝22」、「３×11＝33」など）。３を掛けて37を掛けると、最初の数字が三つ並ぶ（「9×3×37＝999」）。なぜだかわかりますか？　こんな子どもだましの例では、数学に長けたおとなを満足させられないだろうから、もっと洗練されたものを紹介しよう。

- 11×11＝121, 111×111＝12321, 1111×1111＝1234321 などなど。これはなぜだかわかりますか？
- 12345679×9＝111111111 なぜか？　8が欠けていることに注意。
- 11－3×3＝2, 1111－33×33＝22, 11111－333×333＝222 などなど。これを証明せよ。
- 1＋2＝3, 4＋5＋6＝7＋8, 9＋10＋11＋12＝13＋14＋15 簡単な証明法を見つけられますか？

　こういった算術ゲームは退屈で意味がないと思われるだろうか？　六、七歳以前には、子どもはまだ算数を毛嫌いしていないことを忘れないで欲しい。不思議に見えて想像力をかき立てるものなら何でも、彼らにとってはゲームなのだ。算術がどれほど魔法のようであるかをこちらが見せてあげる気になりさえすれば、彼らは数に対して心を開いており、容易に情熱を燃やせるのである。電卓と、子ども向けの数学ソフトは、確実に彼らを数学の美の世界にいざなう道具だ。機械的に計算を教えることに汲々としている先生たちは、往々にしてこの役目が果たせない。

とは言うものの、機械的に算術を暗記するのをやめて、電卓を導入するべきだろうか？　私が明確な答えを持っていると断言することなどできない。２×３を計算するためにポケットから電卓を取り出さねばならないなら、それは馬鹿げている。しかし、誰もそんな極端な話をしているのではない。今日、ほとんどのおとなは、電卓を使わずに数桁の計算などしていないだろう。好むと好まざるとにかかわらず、割り算と引き算のアルゴリズムは、私たちの日常生活から急速に姿を消しつつある絶滅危惧種である。例外は学校で、私たちは、いまだにその静かなる抑圧を容認している。

少なくとも、学校で電卓を使うことをタブーにしてはならない。算数のカリキュラムは不変ではないし、ましてや完璧でもない。その唯一の目的は、子どもたちの算術の能力を向上させることであって、儀式を続けることではないのだ。電卓とコンピュータは、教師たちが探り始めた、この先有効に使えそうな道の一つでしかない。おそらく私たちは、中国や日本での教え方から、もっと率直に学ぶべきだ。ミシガン大学の心理学者、ハロルド・スティーヴンソンとカリフォルニア大学ロサンゼルス校のジム・スティグラーの最近の研究によると、彼らの教え方は、ほとんどの西欧の国々での教え方よりも多くの点で優れているらしい。次の単純な例を見てみよう。西欧では普通、×2から始まって、×9で終わるよう、掛け算表を行ごとに習う。覚える数字は全部で七二個だ。中国では、子どもは、掛け算はすべて小さい方の数字が先に来るように、並べ直すよう教えられる。この初歩的なトリックを使えば、6×9をもう習ってしまったあとで、再び9×6を習う必要はなくなるので、習うべき量をおよそ半分に減らすことができる。このことは、中国人の生徒の計算速度を上げ、間違いを減らすことに大きく貢献している。私たちだけが、よく考えられた教育カリキュラムを持っているわけではないのは明らかだ。コンピュータ科学からにしろ、心理学からにしろ、よりよい方法を見つけるために、目を見開いていることにしよう。

数音痴——今そこにある危機？

西欧の教育システムでは、子どもは算術を機械的に習うために多くの時間を費やす。それにもかかわらず、多くの子どもが、その知識をいつ適切に使うべきか、本当には理解しないままおとなになっているのではないかという疑念が高まっている。算術の原理の深い理解を欠いているので、彼らは、計算はできるけれども何も考えない、小さな計算機械と化す危険にさらされている。ジョン・パウロスは、その危惧を、算術領域におけるリテラシーのなさという意味で、「数音痴」と名付けた。数音痴の人々は、数学的に見れば表面的なだけの論理に基づいて、ひどい間違いをやってのける。以下は、そのいくつかの例だ。

・1/5＋2/5＝3/10　なぜなら、1＋2＝3で、5＋5＝10だから。
・0.2＋4＝0.6　なぜなら4＋2＝6だから。
・0.25は0.5よりも大きい。なぜなら、25は5よりも大きいから。
・三五℃のお湯がはいった浴槽に、さらに三五℃のお湯を足すと、とても熱い七〇℃のお湯になる（うちの六歳の息子の発言）。
・今日は華氏八〇度台だから、四〇度だった夕べの二倍だ。
・土曜日の降水確率は五〇％、日曜日の降水確率も五〇％なので、週末の降水確率は一〇〇％になる（ジョン・パウロスがニュースで聞いたこと）。
・一メートルは一〇〇センチメートルだ。でも、1の平方根は1で100の平方根は10だから、一メートルは一〇センチメートルになるのでは？
・X婦人はびっくりした。新しいガンの検査を受けたところ、陽性だったのだ。主治医によると、この検査の信頼性は高く、九八％の精度でガンを発見するということだ。つまり、X婦人は九八％確かにガンだということだ。正しいか？（正しくない。これだけの情報では確かなことは何も言えない。この種のガンになる人は、一万人に一人だとしよう。そして、この検査で、ガンではないのにガンだと誤って診断されるケースが五％あるとしよう。一万人の人が検査を受けると、五〇〇人は検査上の陽性と診断されるが、その中で本当にガンにかかっている人は一人しかいない。そうだとすると、X婦人が本当にこの種のガンである確率は、まだ五〇〇分の一にすぎない）

アメリカでは、数音痴は、国民的心配事にまでなってしまった。驚くべきレポートによると、就学前の段階ですでに、アメリカの子どもは中国や日本の子どもに遅れをとっているらしい。教育者の中には、このような「学力の差異」が、科学や技術の分野におけるアメリカの優位性を脅かすことになると考えている。その元凶と目されるのは教育制度、その凡庸な組織、貧弱な教員養成コースである。大西洋のフランス側に来ると、およそ一年置きに同様な論争が起き、そのたびに子どもの算数の成績は落ちていっている。

フランスの算数教師であるステラ・バルークは、子どもがなぜ算数ができないのかに関して、教育制度にどれほどの責任があるのかを詳しく分析した。彼女のお気に入りの例は、次のような、モンティ・パイソンばりの問題である。「一二頭のヒツジと一三頭のヤギが船に乗っていた。船長は何歳か？」信じられないかもしれないが、この問題は、フランスの一年生と二年生に対する公式調査に出された問題で、多くの生徒が、「二五歳。なぜなら12足す13は25だから」と、熱心に答えたそうだ。確かに驚くべき数音痴である！

「算数できない現象」が広がっていることを憂うべき深刻な理由は数々あるのだけれど、学校教育だけを責めるべきではないというのが、私の考えだ。数音痴にはいくつもの深い根がある。究極的には、それは、人間の脳が算術的知識をためておくのに苦労していることの反映である。温度は足すことができると考えている子どもから、条件付き確率を正確に計算できない医学生まで、数音痴には確かにいろいろなレベルがある。それでも、このような間違いには一つの共通点がある。その犠牲者たちは、彼らがやっている計算の妥当性を何も考えずに、結論に飛びついているのだ。これは、暗算を自動的に行うことに伴う不幸である。私たちは計算テクニックに十分慣れてしまっているので、算術計算は、しばしば頭の中で自動的に始まる。次の問題で、あなたの頭の自動的反応を調べてみよう。

- 農夫が八頭のウシを持っている。五頭を除いてすべてが死んでしまった。あと何頭残っているか？
- ジュディは人形を五つ持っている。キャシーのよりも二つ少ない。キャシーは人形をいくつ持っているか？

どちらの問題でも、3と答えたくなっただろうか？　「を除いてすべて」とか、「よりも少ない」という言葉を聞いたとたんに、心の中で自動的に引き算のスイッチが入ってしまうのである。私たちは、この自動的なプロセスに抵抗せねばならない。それぞれの問題の意味を分析し、心の中で状況をモデル化するには、意識的な努力が必要なのだ。そうして初めて、最初の問題では「5」を繰り返して言い、次の問題では5と2を足すべきだということがわかるのである。このようにして引き算手続きを抑制するには、前頭前野（ぜんとうぜんや）と呼ばれる頭の前方部分が動員される。ここは、ルーティーンとして決まって行う戦略ではない事柄を考え、制御することにかかわっている。前頭前野の皮質は成熟が非常に遅く、思春期までか、おそらくはそれ以後までもかかるので、思春期までの子どもは、衝動的な計算をしてしまいがちだ。彼らの前頭前野はまだ、算術の落とし穴を避けるのに必要な、さまざまな洗練された抑制戦略を獲得する機会を持っていないのである。

　そこで、私の仮説は、数音痴は大脳のいろいろな場所に分布している算術手続きの活性化を抑制することの困難に起因するということだ。第7章と第8章で見ていくように、数の知識は大脳の単一の部位に特化して置かれているのではなく、大量の神経細胞のネットワークに分布している。その一つ一つがそれぞれ、簡単で自動化された独立の計算を行っているのである。私たちは生まれつきの「加算回路」を持っており、そのおかげで数量を直感的に把握できる。言語の獲得とともに、それ以外の、数のシンボルを操作し、言葉で数えることに特殊化した回路も働くようになる。掛け算表の暗記には、さらに、機械的な言語記憶に特殊化した回路も動員される。リストは、おそらくまだ続くだろう。数音痴が生まれるのは、これらの多数の回路がしばしば自動的に、互いの関連なしに反応するからなのだ。前頭前野の命令のもとでのそれらの調停が機能するには、しばしば時間がかかる。子どもは、自分の算術反射に頼るしかない。彼らが数えることを習っているのか、引き算を習っているのかにかかわらず、彼らは計算のルーティーンに焦点を当てるので、それらを、自分たちが持っている量の数覚とうまく結びつけることができないのだ。こうして、数音痴が始まるのである。

数覚を教える

私の仮説が正しいならば、数音痴は大昔からあったことになる。なぜならそれは、脳のモジュール性や、算数の知識が半ば自律的ないくつもの回路の中に区切られてあることなど、私たちの脳の本質的な性質を反映したものだからだ。算数に強くなるためには、このように区切られたモジュールを超えて、それらの間に柔軟なリンクを張らねばならない。

数音痴は、計算を、深く考えもせずに、ばらばらに反射的に行う。それとは対照的に、計算のプロは、心の中で数の記号を縦横無尽に操り、数字から言葉から量へと器用に動き回る。そして、手元にある問題にもっとも適したアルゴリズムを注意深く選択するのだ。

この観点からすると、学校教育は、子どもに新しい算術テクニックを教えるからと言うよりは、機械的な計算の仕方とその意味との関連を見いださせるという点で決定的な役割を果たしている。良い教師とは、基本的にモジュール構造である人間の脳に、相互に作用し合うネットワークの形を与える錬金術師だ。残念なことに、学校はしばしば、このような成果をあげていない。教育制度は、暗算がもたらす困難を軽くするにはほど遠く、逆に増加させていることがあり過ぎる。算数の直感の炎は、子どもの心の中にぼんやり瞬いているだけだ。それが、すべての算術の活動をあまねく照らし出せるようになるには、しっかりと育て、維持してやらねばならない。しかし、学校はたいてい、子どもに意味不明で機械的な算術のやり方を叩き込むだけで満足している。

こういう状態は、すでに見たように、ほとんどの子どもがかなり発達した概算と計数の理解をもって入学してくることを見ると、ますますもって嘆かわしい。ほとんどの算数の授業では、この非公式の能力は、財産というよりはお荷物だと見なされる。指で数えることは、幼稚なやり方で、教育によってさっさと放逐されるべきだと考えられている。何人の子どもが、「先生にいけないと言われたから」、指で数えるのを隠そうとしていることだろう？　指で数えることが十進法を習う重要な前駆過程であることは、計数システムの歴史において実地に、繰り返し証明されているというのに。同様に、６＋７＝13を機械的な記憶から直接呼び戻すことができないと、間違いを犯したことにされる。たとえ、６＋６＝12であることを思い出し、７は６の一つ後だということを結びつけるなど、あとでその子どもが間接的な方法で答えを見つけることによって、素晴らしい算数の才能を見せてもだめなのだ。間接的な戦略を取ったと言って子どもを責めるのは、おとなでも記憶が無理なときには同様な戦略を取っていることを完全に無視している。

子どもが早くから持っている能力を侮（あなど）ると、彼らがのちに数学に関して抱く印象は、最悪のものになりかねない。すなわち、数学とは直感と乖離し、気まぐれな規則に支配された、干涸びた領域だという考えを植え付けてしまうのだ。生徒たちは、意味がわかってもわからなくても、先生の言う通りのことをさせられるのだと感じる。ランダムな例を一つ。発達心理学者のジェフリー・ビザンツは、六年生と九年生に、５＋３－３を計算するように指示した。六年生は、＋３と－３はキャンセルし合うということに正しく気づき、しばしば実際に計算をすることなく５と答えた。ところが、九年生は、より経験を積んでいるにもかかわらず、頑固にすべての計算を行ったのだ（５＋３＝８、８－３＝５）。「近道をするのはずるいから」と、彼らの一人は説明した。

意味を犠牲にして機械的な計算をせよという主張は、数学研究の形式主義派と直観主義派とを分ける白熱した議論によく見られる。形式主義派の考えは、ヒルベルトが始め、ブルバキという筆名のもとでグループを作っていたフランスの主要な数学者が踏襲してきたものである。このブルバキなる集団は、確かな公理という基礎の上に数学を構築することを目指していた。彼らの目的は、証明を、抽象的なシンボルの純粋の形式的操作に還元させることであった。この干涸びた視野から生えてきたのは、今やあまりにも有名になった「現代数学」の改革である。それは、この時代の役者の一人によると、「極度に形式主義的で、直感による支えをすべて排除し、高度に選択的で人工的な状況」の教育を行うことによって、まるまる一世代、フランスの生徒たちが持っていた算数の感覚を破壊してしまった。たとえば、改革論者は、私たちが使っている十進法のような特別なものを教えられる前に、子どもは、計算法の一般原理を習得しておくべきだと考えた。そんなわけで、信じられないかもしれないが、算数の教科書の中には、五進法の計算である「3＋4＝12」から始まるものすらあったのだ。子どもの思考を混乱させるこれ以上のやり方を考えるのは困難である。

直感を軽視する、脳と数学に関するこの誤った概念は、失策を導いた。ミズーリ＝コロンビア大学のデイヴィッド・ギアリーとその同僚たちが行った研究によると、およそ六%の生徒は「算数が不自由」である。本当に神経学的な障害のために、これほど多くの生徒が影響されているとは、私には信じられない。第7章で見るように、脳の損傷が暗算能力だけを損なうことがあるのは確かだが、そのような事態は割合に稀である。それよりも、これらの「算数が不自由な」子どもたちは、実は普通の子どもたちであり、算数の出発点でつまずいたのだと考える方がずっとありそうに思える。彼らは最初の経験で、残念なことに、算数なんて純粋に学問的な遊びであり、実際的な目標もなければ、明らかな意味もないものだと思い込んでしまったのだ。彼らは、もう算数の言葉は絶対に理解できないだろうと、早々と決め込んでしまう。どんな普通の脳にとっても、算数がもたらす困難は相当なものであるのに加えて、感情的要素までもが加わり、算数不安症、または算数嫌いになってしまうのだ。

算数の知識を、抽象的な概念の上にではなく、もっと具体的な状況の上に築き上げれば、これらの困難と戦うことができるだろう。私たちは、子どもたちに、算数の操作には直感的な意味があり、彼らが生まれながらに持っている数量の感覚でそれを表象することができるのだとわかるように助けてやらねばならない。端的に言えば、子どもたちが、算数の「心的モデル」を豊富に築き上げられるよう、助けてやらねばならない。初歩的な引き算である「9－3＝6」を考えてみよう。おとなは、この操作を当てはめることのできる具体的な状況をいくつも知っている。集合のスキーマ（かごの中にリンゴが九個あり、誰かが三個持って行ったので、今は六個残っている）、距離のスキーマ（いわゆるボードゲームでは例外なく、三番のマスから九番のマスに行くには六個のマスを通らねばならない）、温度のスキーマ（九℃だったのが三℃下がると、今は六℃だ）、まだまだほかにもある。これらの心的モデルはどれも、私たちおとなの目から見れば同等に見えるのだが、子どもにとってはそうではなく、これらすべてにおいて、引き算が妥当な操作なのだということを、彼らは発見しなくてはならないのだ。ある日、先生が負の数というものを持ち出してきて、「3－9」を計算しなさいと言ったなら、集合のスキーマしかわかっていない子どもは、こんな操作は不可能だと判断する。三個しかリンゴがはいっていないかごから九個取れって？　そんな馬鹿な！　距離のスキーマしかわかっていない別の子どもは、「3－9＝6」と答える。なぜなら、3と9の間の距離は確かに6だから。もしも先生が、ただ「3－9」は「マイナス6」なのだと言い続けるだけだと、この二人の子どもは、その意味を理解することがないままに終わるかもしれない。しかし、温度のスキーマは、負の数についての直感的な像を見せてくれる。マイナス六度という概念なら、一年生にだってわかる。

別の例を見てみよう。1/2 ＋ 1/3 の分数計算だ。分数について、心の中に直感的にパイのイメージを持っている子どもは、半分のパイに1/3 のパイを足したなら、結果は１より少し少ないくらいだということは、すぐにわかる。子どもがさらに、パイをもっと小さな、同じ大きさのピースに切ってみれば（約数の概念）、1/2 ＋ 1/3 ＝ 5/6 という正確な答えを計算するために、それらのピースを数え直すことができるということも、わかるかもしれない。それとは対照的に、分数に直感的な意味を持てず、分数とは、水平な棒で区切られた二つの数字だとしか思えない子どもは、分子どうしと分母どうしを足してしまうという、古典的誤りに陥る可能性が高い。1/2 ＋ 1/3 ＝ (1 ＋ 1)/(2 ＋ 3) ＝ 2/5！　この誤りは、具体的なモデルから正当化することさえできるかもしれない。たとえば、最初の試合でマイケル・ジョーダンが二回シュートを行って一つ決めたとしよう。平均すると1/2だ。次の試合で彼は三回シュートして一つ決めたとしよう。平均すると1/3である。両方の試合を通じてみると、彼は五回シュートして二回決めた。これが、1/2 ＋ 1/3 ＝ 2/5 である！　分数を教えるときには、「平均スコア」のスキーマではなくて、「パイの部分」スキーマを心の中に思い描くよう、子どもたちに知らせることは決定的に重要だ。脳は、抽象的なシンボルでは満足しない。具体的な直感と心的モデルが、算数ではたいへんに重要な役割を果たす。だからこそ、算盤がアジアの子どもにとても重宝されるのだろう。それは、子どもたちに、非常に具体的で直感的な数の表象を与えてくれるのである。

ともあれ、この章は少し楽観的な気分で終わることにしよう。数学の形式主義的見方に基づいた「現代数学」の流行は、多くの国々で力を失ってきている。合衆国では、算数教師の国の評議会が、計算結果と計算方法を機械的に叩き込むやり方にあまり重きをおかなくなってきており、その替わり、直感的な数の親密さに重点を移している。フランスは、ブルバキ運動のお膝元だったわけだが、多くの教師たちが、もっと具体性のあるアプローチに変えろと、心理学者たちに言われるまえに、変わり始めている。学校はゆっくりと、マリア・モンテッソーリが考案した二色の棒や、セガンの表、立方体、一〇本の棒、何百の円盤、さいころ、そしてボードゲームなど、具体的な教材を使う方向に戻りつつある。フランスの教育省は、何度かの改革を経てやっと、学校の子どもを、シンボルを食べる機械にしようとする考えを捨てたようだ。数覚、いや、常識が復活しつつある。

この喜ぶべき変化と並行してアメリカの教育心理学者たちは、具体的で実際的で直感的な算数の心的モデルに重点を置いた算数カリキュラムが優れていることを、実証的に示した。シャロン・グリフィン、ロビー・ケイス、ロバート・シーグラーの三人の北アメリカの発達心理学者は、異なる教育戦略が子どもたちの算数理解にどのように影響するかを、共同で研究した。彼らの理論的分析は、私自身のものと同様、心の中の物差し上に並ぶ、直感的な量の表象が持つ中心的役割を強調している。これをもとに、グリフィンとケイスは、〈ライトスタート〉というプログラムを設計した。これは、いろいろな具体的な教材（温度計、ボードゲーム、数の列、並べた物体など）を使って、おもしろい数のゲームをすることとからなる、幼稚園児用のカリキュラムである。彼らの目的は、都市の低所得層の子どもたちに算数の初歩を教えることだ。「このプログラムの中心目標は、子どもたちに数の世界と量の世界を結びつけさせ、最終的には、数には意味があり、それらを、予測や説明に使えば実世界がわかるようになるのだということを理解させることにある」

ほとんどの子どもたちは、数と量の間に対応があることを自分で理解する。しかしながら、恵まれない環境にいる子どもたちは、就学前にそれを身につけられるかどうか疑わしい。算数を習う前提となる概念を欠いているため、このような子どもたちは、算数という科目がまったくできなくなる危険性を持つ。〈ライトスタート〉というプログラムは、単純で相互に行う算数ゲームを使って、彼らを正しい道に戻そうという試みだ。たとえば、そのプログラムの一つでは、簡単なボードゲームで駒の動きを数えさせ、ゴールからどれだけ離れたかを知るために引き算をさせ、誰が勝ちそうかを知るために、その数を比べることをさせるのである。

その成果は目を見張るものだった。グリフィン、ケイス、シーグラーの三人は、カナダと合衆国のいくつかの都市の、おもに低所得の移民の子どもたちが集まる学校でこのプログラムを試してみた。同年齢の子どもたちよりもずっと遅れていた子どもたちが、〈ライトスタート〉プログラムの二〇分セッションに四〇回参加したところ、次の学期にはトップに躍り出たのである。彼らは、以前には算数に秀でていたが、そのまま伝統的なカリキュラムを続けた子どもたちをも凌駕（りょうが）した。彼らの進み具合は、翌年にはさらに確固としたものになった。こんな素晴らしい成功物語を聞くと、この子どもたちは算数アレルギーなのだと思っていた教師や親にも、希望がわくというものだ。実際、抽象的な記号が出てくる前におもしろい側面を見せてやれば、ほとんどの子どもたちは算数を習うのはとても楽しいと感じるのである。算数で先手を打つには、すべての子どもが「ヘビと梯子」のすごろく遊びをするべきなのかもしれない。

第6章　天才たち、神童たち

専門家とは、思考を停止した人のことである。彼にはすでにわかっているのだ！

フランク・ロイド・ライト

一九一三年一月のある朝、G・H・ハーディー教授は、インドから風変わりな手紙を受け取った。これが、数学史の中でもっともロマンティックなエピソードの始まりであった。三六歳のハーディーはこのときすでに、英国でもっとも優れた数学者として名を馳せ、ケンブリッジ大学トリニティ・カレッジの教授になっていた。このころ、彼は王立協会のフェローに選出されたばかりで、アルフレッド・ホワイトヘッドやバートランド・ラッセルのような偉大な人たちと肩を並べて会話する間柄でもあった。そんな彼が、マドラスで投函されたこの手紙に目を通したときに感じたであろう、だんだんに沸き上がる苛立ちを想像することは難しくない。英語の文法のおぼつかないこの手紙は、シュリナヴァーサ・

$$\frac{2}{\pi}=1-\left(\frac{1}{2}\right)^3+9\left(\frac{1}{2}\times\frac{3}{4}\right)^3-13\left(\frac{1}{2}\times\frac{3}{4}\times\frac{5}{6}\right)^3+17\left(\frac{1}{2}\times\frac{3}{4}\times\frac{5}{6}\times\frac{7}{8}\right)^3\cdots$$

$$\cfrac{1}{1+\cfrac{e^{-2\pi\sqrt{5}}}{1+\cfrac{e^{-4\pi\sqrt{5}}}{1+\cfrac{e^{-6\pi\sqrt{5}}}{1+\ddots}}}}=\left(\frac{\sqrt{5}}{1+\sqrt[5]{5^{3/4}\left(\frac{\sqrt{5}-1}{2}\right)^{5/2}-1}}-\frac{\sqrt{5}+1}{2}\right)e^{2\pi\sqrt{5}}$$

$$\pi\cong\frac{-2}{\sqrt{210}}\log\left(\frac{(\sqrt{2}-1)^2(2-\sqrt{3})(\sqrt{7}-\sqrt{6})^2(8-3\sqrt{7})(\sqrt{10}-3)^2(\sqrt{15}-\sqrt{14})(4-\sqrt{15})^2(6-\sqrt{35})}{4}\right)$$

図6・1　ラマヌジャンの神秘的数式の一部。最後のπの表示は、小数点以下20位まで正しい。

ラマヌジャン・イエンガールと名乗る、見知らぬインド人からで、いくつかの定理について彼の意見を求めていた。

ハーディーは、素人数学者に対する許しがたい軽蔑の念を持っていたにもかかわらず、ラマヌジャンが示した神秘的な数式（図6・1）の意味をつかみ始めた時、すぐに虜（とりこ）になった。そのいくつかはすでに証明されたものではあったが、いったいなぜこの男は、あたかもそれが自分の定理であるかのように説明するのだろう？　他に、高度な専門知識を要する数学的結果から、ときには間接的なやり方で導かれたもので、ハーディー自身がそれに貢献した部分もあり、よく知っている定理もあった。しかし、最後の二、三個の式はこれまでに見たことがなく、素材の判別ができないほど入り乱れた独特のカクテルドリンクのように、平方根や指数、連分数が入り乱れた非常に長い数式であった。

　ハーディーはこのような数式はこれまでに一度も見たことがなかったし、でっち上げでないこともわかっていた。紛れもなく、彼は超一流の天才と対峙していたのである。ハーディーがのちに自伝で「この式は正しくなければならなかった。というのは、正しくないとしたら、誰もこんなことを思いつくような想像力は持っていないから」と記している。次の日、ハーディーはラマヌジャンがケンブリッジに来られるよう、いろいろと手配を始めた。これがまさに、ずば抜けた成果を多数創出することになる共同研究の出発点となった。この共同研究は、ラマヌジャンが数年後に王立協会のフェローに選出されることで最高潮に達するが、一九二〇年の四月二六日に三二歳の若さでラマヌジャンが不運にも他界することで、突如として終わりを告げることになった。

　ちょっぴり皮肉を混じえて言うならば、ラマヌジャンの才智は、誰の肩の上に乗ることもなく、どの数学者よりも遠くまで問題を見据えていたという点で、アイザック・ニュートンを遥かに凌いでいたとも言える。貧しいヒンズーの家庭に生まれたラマヌジャンは、南インドのクンバコナムにある地元の学校で九年間の教育を受けただけで、大学の学位はもらったことがなかった。しかし、彼のずば抜けた才能は幼い頃からすでに垣間みられたと言う。彼は、三角関数と指数関数を関連づけた、あの有名なオイラーの公式を自力で再発見し、一二歳までに、S・ローニーの『平面三角法』を完全にマスターしていた。

一六歳のときに出会った二冊目の本が、ラマヌジャンの数学マニアの傾向を決定づけた。それは、六一六五もの定理を簡単な記述のみで編集した、G・S・カーの『純粋数学及び応用数学の基本的概要』であった。この簡潔な記述から自分自身の力で過去の数学を再発見することにより、これまでにどんな数学者も成し得なかったレベルの並外れた才能を獲得した。とくに、公式の整合性に関する感覚や、数の関係についての直感などはずば抜けていた。彼はまた、これまでに誰も思いついたことのなかったような、新しい数論上の関係を発見する能力についても群を抜いており、たいていは直感のみを頼りにそれらを理解した。最近まで同業の数学者たちは、彼のノートに埋め尽くされた何百もの公式に反証を与えようと躍起になっていたが、結局は深い絶望感を味わうだけであった。

ラマヌジャンは、自分の公式が夜中にナーマギリ女神のお告げにより発見されると主張していた。彼はベッドから飛び起き、のちに同僚をあっと驚かせるような、いくつかの衝撃的結果を熱に浮かされたように書き留めた。私は、個人的には、最前線の数学研究にインドの神が影響を与えたという考えには、懐疑的な立場をとっている。今こそ神経心理学の出番である。心理学や神経学は、次から次へと新しい発見をするこのユニークな精神について、何らかの説明を生み出せるだろうか？

ラマヌジャンの死後およそ五〇年の時を経て、英国では、いくつかの点でラマヌジャンに匹敵する能力を持つが、反対の傾向をも示す、もう一人の天才が誕生していた。彼の名前はマイケル。精神遅滞が相当見られる自閉症の青年で、英国の心理学者、ビート・ハーメリンとニール・オコナーによって長年研究が行われてきた。マイケルは幼いときに巨大頭蓋症で、たびたび痙攣発作に悩まされていたので、早くに脳が損傷を受けた可能性があった。彼は、落ち着きのない粗暴な子で、危険にまったく気づかず、自己中心的で閉じた世界に生きているように見えた。また、非常に幼い子どもが自発的に獲得するジェスチャーである、バイバイや指差しもできなかったし、おとなにも興味を示さなかった。

　マイケルは現在二十代の青年だが、まだ話すことはできない。手話も学習しなかったし、言葉を理解する兆候も見られない。言語性ＩＱは、言葉の使用を要求するテストであるため、測定はできなかった。非言語性ＩＱはやっと六七程度である。基本的に、物体に関する日常的な知識を測定するどんな検査も、彼に対してはできない。

　なぜ、こんな知的に遅滞が見られる自閉症の青年が、インドの天才青年に匹敵するのだろうか？　その理由は、マイケルが知的には遅れているけれど、計算だけは至極得意だったからである。六歳のとき、数個の文字と一〇個のアラビア数字を模写する訓練を受けて以来、四則計算と素因数分解が彼のお気に入りの遊びになった。お金や時計、カレンダー、地図なども彼のお気に入りだった。彼の能力を論理検査で測定したとき、彼のＩＱは一二八に達し、定型発達の大人の平均以上の得点だった。「車」も「うさぎ」も言うことができないのに、627が3×11×19に素因数分解できることを即座に思いつく青年が、実際に存在するのである。マイケルは、三桁の数字が素数であるかどうかを一秒かそこらで判断できるのに対し、数学の学位を持つ心理学者は同じ課題を行うのに一〇秒以上はかかった。

精神遅滞があり、言葉も話せないのに、どうしてこんな電光石火の計算得意人間になれるのだろうか？　またラマヌジャンは、貧しいインドの家庭でどのように育ち、詳しい解説もろくにないたった二冊の教科書だけで超一流の数学者になれたのだろうか？　心理学者は現在、マイケルのような「愚かな賢人――サヴァン症候群」が世界中に数多く存在することを突き止めている。この中の何人かは、過去か未来かは問わず、特定の日付の曜日を言い当てることができるし、他の者は、私たちが電話に六桁二組の数字をプッシュする時間よりも早く、それらを暗算で足し合わせることができる。しかし、彼らの多くは一般的に社会的知能を欠いており、言語も覚えられない者までいる。このような天才の存在は、前章までに述べてきた私の理論を危うくするものだろうか？　彼らは、一般の人が直面する計算の難しさをどのように回避しているのだろうか？　数の領域に関する直感を彼らに授ける「第六感」とは、どんな性質のものなのだろうか？　彼らの皮質に特殊な形の組織化が起こり、生まれつきの算術の能力を持つようになったのだと考えるべきだろうか？

数の動物物語

数学における記憶の役割は過小評価されている。私たちはみな、何百もの数に関する事実を無意識に蓄えている。たとえば、1492、800、911、2000という数がどんな事実を思い起こさせるかを考えてみよう。この数の記憶貯蔵庫の容量が、計算の天才における主要な強みの一つであることは疑いない。彼らは数と親密で正確な関係を保っているので、どんな数でも彼らの中ではランダムに存在しているのではない。私たちには普通の並びに見える数字であっても、彼らにとっては独特な意味を持っていることが多い。計算の天才G・P・ビダーは以下のように説明している。「763は、三つの数字7・6・3によって記号表記されているが、私には、それが一つの量、一つの数、一つの考えを示すものとして心に浮かんでくる。それは、『カバ』という語を見て、ある一つの動物を思い浮かべるのと同じである」

計算の天才は、なじみのある数字にイメージが伴った、数の「動物園」を心的に備えていることが多い。数と友達になり、数のことを何から何まで知り尽くすことは、計算の天才の典型的な特徴と言える。「数は私にとって、ある意味、友達である」と、オランダ生まれの「暗算機械」、ウィム・クラインは言う。「それはあなたにとって同じことを意味しないと思う。3844はどんな意味？　あなたにとっては3と8と4と4にすぎないかもしれないけど、私にとっては、『こんにちは、62の二乗さん』という感じだね」

豊富な伝記や逸話によれば、偉大な数学者もまた、商売道具が数であろうが幾何図形であろうが、それらを操作する際には異常なまでの親しさを示す。以下は、ラマヌジャンが結核を患って保養施設で静養している際になされた、ハーディーとラマヌジャンの対話である。

「ここに来るときに乗ったタクシーのナンバーは1729だった。つまらない数だな」とハーディーが言うと、ラマヌジャンは「ハーディー、それは違うよ。それは魅惑的な数だよ。1729は、二つの数の三乗の和を二つの異なる方法で表現できる最小の数だよ。つまり、$1^3+12^3=10^3+9^3$ということ！」と反論した。

もう一人の卓越した数学者であり、計算の天才でもあったカール・フリードリヒ・ガウスも、幼い時期に同じような能力を持っていた。彼の担任教師は、ある日の授業で、生徒を三〇分ほど静かにさせておこうと思い、1から100までの数をすべて足し合わせるよう指示したのだが、ガウス少年は、答えを記した石版を即座に持ち上げた。彼はその問題の対称性にすぐに気づき、心の物差しを「心の中で折り曲げる」ことによって、100と1、99と2、98と3などをグループ化した。そして、その合計の101が五〇対あることから、正解が5050だとわかったのである。

フランスの数学者フランソワ・ル・リヨネは、「暗算や数学の才能を持った人たちには、数それぞれのパーソナリティと私が呼ぶものに対する感受性が、共通して見られる」と、強調している。ル・リヨネは、一九八三年に出版した『驚異の数』（邦題『何だ、この数は？』）という小冊子で、数学的に特別な性質を持つ何百もの数をリストアップしている。彼が数の虜になったのは五歳の時で、ノートの後ろに印刷されていた掛け算表を勉強しながら、九の段の答え（9, 18, 27, 36……）が9、8、7、6……という規則正しい数で終わることを発見し、周囲の人を驚かせた。少年時代も、学生時代も、そして数学者になったあとも、彼は、純粋な意味で「風変わりな」数や、奥深い数学的事実を見つけ出すことに人生のすべてを注ぎ込んだ。そんな彼は、第二次世界大戦中、ドイツ軍の収容所に強制収容させられる際に自分のファイルを紛失してしまう。しかし、記憶を頼りに再び「捜索」を再開し、何年もかけて前よりもはるかに多い数の「宝石」を彼のコレクションに追加したのであった。

最終的には、彼の「驚異の数」のリストは、一流の数学者が数論において知っていなければならない事柄について、非常に多くのことを明らかにした。彼の「動物物語」のほとんどは、素人には到底理解できないだろう。たとえば、244823040は、彼が三つ星をつける数の一つであるが、彼はそれを標準的な数学用語で、以下のように記述している。「244823040は、九番目の散在型単純群であるマシュー群、M24の位数。M24とはS(5,8,24)と表されるスタイナーの自己同型群の一例」。私たちのほとんどにとって、なんと退屈な定義であろうか。ここで、フォーダーズの旅行ガイドにでもありそうな、心の物差しにもっともアクセスがよい「記念碑」をいくつか紹介しよう。

■ $\phi = 1.6180339 88\ldots$

$$= \frac{1+\sqrt{5}}{2} = \sqrt{1+\sqrt{1+\sqrt{1+\sqrt{1+\ldots}}}} = 1+\cfrac{1}{1+\cfrac{1}{1+\cfrac{1}{1+\ldots}}}$$

これが、あの有名な黄金分割（黄金比）である。パルテノン神殿のような多くの芸術作品がこの分割比に従っていると一般に言われている。あなたのポケットから計算機を出して、$1/x$ あるいは x^2 のキーを押してみよう。その結果にあなたは驚かされるだろう。

■４

平面地図上で二つの隣国が同じ色にならないよう色分けするために必要とされる最小の数である。カスパロフが最近、ＩＢＭのコンピュータにチェスで負けた話と同様、この「四色定理」は、人間の推論の限界を示すものとされている。その証明には、非常に多くの特例を延々と検証する必要があるため、コンピュータにしか遂行できない。

■81

三つの平方数の合計に分解可能な最小の平方数（$9^2 = 1^2 + 4^2 + 8^2$）。

■$e^{\pi\sqrt{163}}$

整数に非常に近い実数。小数第一位から一二位までの数がすべて９になる（ラマヌジャンのもう一つの功績）。

■１を三一七個並べた数は素数である。

■1234567891もまた素数である。

■39

数学的におもしろい特徴をまったく持っていない最小の整数。ル・リヨネ自身が述べているように、これは逆説的である。結局のところ、だからこそ39は驚異的な数にならないか？

数の風景

ル・リヨネのシュールなリストを見ていると、数学者の中には、心の物差しを自分の裏庭よりもよく知っている人がいると思わずにはいられない。「数学のパノラマ」という比喩は、彼らの生き生きとした内省を捉えるのにとくに適しているように思われる。彼らの大部分は、数学的対象が、他の事物と同じくらいリアルに実在すると感じている。有名な計算の天才であるフェロルは、「私はいつももう一つの世界に自分が存在しているかのように感じる。一人でいるときはとくにそうだ。数に関する考えは自然に思い浮かび、突然、問題とその答えが目の前に現れる」と述べている。

同様の考えは、フランスの数学者アラン・コンヌの著作にも見られる。「数学の地理を探検しながら、数学者は、少しずつ、信じられないほど豊かな世界の等高線と構造を感知していく。単純さという考えに対する感受性が徐々に研ぎすまされていくにつれ、新しい、まったく思ってもみなかった数学の全貌が見えてくるようになる」

　コンヌは、一流の数学者が数学的対象を直接知覚できる特殊な才能を持って生まれてくると考え、それは音楽家の鋭い聴覚やソムリエの卓越した味覚に匹敵する能力だと考えていた。「数学的現実を知覚する能力を発展させることは、新感覚を発達させ、視覚的でも聴覚的でもない何かが一緒になった世界へと、私たちを導いてくれる」

　オリヴァー・サックスは『妻を帽子とまちがえた男』の中で、自閉症の双子が、非常に大きな素数をやり取りしている場面を見たことがあると書いている。彼の解釈もまた、数学的世界についてのある種の感受性に訴えるものだ。

　彼らは計算家ではない。彼らの数的能力は「図像的」である。彼らは数でできた不思議な世界を呼び出し、その中に入り込む。そして、数で散りばめられた広大な風景を自由に闊歩するのだ。彼らは、ドラマの演出家のようにそれぞれの数に役割を与え、一つの世界を創造する。これは、誰にも真似のできない、数だけでできた想像の世界だと私は信じている。彼は計算家のように数を非図像的に「操作」しているようには見えない。広大な自然の風景として数を直接「見ている」のである。

カタストロフィー理論の有名な創始者であるルネ・トムにとって、数学的空間を直感的に知覚することはとても自然なことであった。だから、自分の直感では対応できない限界に達したときには、言葉に表せないほどの不安を感じるそうだ。「私は、無限次元空間を考えると居心地が悪い。これは、よく探求されている数学的対象であり、それらの多くの状態が完全に知られているのだが、無限に多くの次元が空間に存在するということが私は好きではない（不安にならないか?）。確かに、それはまさしく直感を否定する空間であると言えよう」。これは、「無限空間の恒久的な沈黙は私を恐怖に陥れる」と『パンセ』で述べたパスカル（もうひとりの数学の天才児）の言葉に非常に近い。

　数学と空間の密接な結びつきは、実証的に研究されてきた。数学の才能と、空間知覚検査の得点には強い相関が存在する。まるでそれらが同じ一つの能力であるかのようである。B・ハーメリンとN・オコナーは、数学がとくに優秀だと担任教師が判断した一二から一四歳の子どもに、空間関係を把握する問題を提示した。その問題の抜粋を示そう。

■立方体の表面に何本の対角線を引くことができるか?

■表面が色で塗られた一辺が九センチの立方体がある。それを、一辺が三センチの小さい立方体に分割すると、二七個の立方体ができる。そのうち、二面だけが色の付いている立方体はいくつあるか?

数学が得意な子どもたちはこのテストの成績が非常に良かった。数学が標準レベルである彼らの同級生たちは、知能検査で同レベルの指数であっても、そのほとんどが低い得点を示した。芸術が極めて得意な子どもでさえ、低い得点であった。しかし、空間能力が数学の成績と強い相関を示すことはなんら不思議ではないだろう。ユークリッドとピタゴラス以来、幾何学と数論は絶えず密接に関連してきた。数の空間地図を作ることは、人間の脳の基本的操作である。あとで述べるように、数覚と空間表象に関与する皮質部位は隣接している。

数学の天才の多くは、数学的関係を直接に知覚できると主張している。彼らは、「ひらめき」と呼ばれるもっとも創造的な瞬間には、ことさら推論しているわけではなく、ことばを使わずに考えており、長々とした計算式も書かないと言う。数学的真実は彼らのもとに舞い降りてくるのだ。ときには、ラマヌジャンと同じく、寝ている間に舞い降りることもある。ポアンカレは、数学的結果が正しいことは直感でわかるのだが、あとでそれを形式的に証明するには何時間も計算せねばならないと述べていた。しかし、数学における言語と直感の役割について明確に述べたのは、おそらく、アインシュタインであった。彼は、アダマールによって出版された『数学における発明の心理』の中で、そのことについて述べている。「単語と言語は、話し言葉であっても書き言葉であっても、私の思考プロセスに何の役割も果たしていないように思われる。私の思考のための土台として役に立っている心理的実体は、多かれ少なかれ明確な、ある種の記号や図像であり、私はそれらを自由に作り出したり再統合したりすることができる」

この結論は、瞬時に計算はできるが言語をまったく話せなかった、自閉症のマイケルの事例にも合致している。数や数学的対象に関する偉大な数学者の直感は、賢いシンボル操作に頼っているというよりは、重要な関係性の直接的知覚であるようだ。そうすると、計算家や才能のある数学者と、平均的な人間の違いは、瞬時に想起できる数に関する事実のレパートリーの大きさだけである。第3章で、すべての人間がどのように数量の直感的表象を生まれつき持っているかを見てきた。その直感は、数を見るといつでも自動的に活性化され、82は100よりも小さいことを、どんな意識的な努力もなしに特定する。この「数覚」は、左から右へと進む心の物差しによって具体化されている。五％から一〇％の人だけが、色がついたりねじれた構造を持ったりする空間的な延長物として、それを意識的に経験する。偉大な計算家の場合、この連続体がさらに一歩進んだものになっているのかもしれない。彼らは、しばしば数を、空間的な広がりをもつ領域として知覚しているようだが、それらは解像度が格段に高く、驚くほど豊富な詳細を伴っているようだ。計算家の心の中では、各々の数は、心の物差し上にある一つの点として単に照らし出されるのではなく、あらゆる方向へリンクを張った、算術に関するクモの巣のように見えるらしい。82を見ると、ラマヌジャンの脳は、2×41、100－18、9^2+1^2など、さまざまな他の関係を即座に喚起するのだ。82が100よりは小さい数であることが私たちにとって当たり前であるのと同じように、彼にとっては、それが至極当たり前のことなのである。

しかし、この数に関する天才的な直感的記憶がどこから来るのかを、私たちは説明しなければならない。それは、特殊な形式の皮質の組織化がもたらす、生得的才能だろうか？それとも、それは、長年の計算訓練の賜物(たまもの)にすぎないのだろうか？

骨相学、そして天才の生物学的基盤の探求

科学者は計算の達人に長い間魅了されてきた。彼らの天才を説明する理論のいくつかは、大衆雑誌などでこれまで紹介されてきたが、どれも突飛な説明ばかりだった。一般に普及している候補は、神からの授かりもの、生まれながらの知識、遺伝、輪廻転生などである。最初の知能テストを考案した有名な心理学者であるアルフレッド・ビネーも、徹底的にその説明を探し求めた一人である。『偉大な計算の達人とチェスの名人の心理』（一八九四）という、かつて話題となり、現在もよく引用される本の中で、その当時もっとも有名

だった計算家ジャック・イノーディの才能の起源について議論している。ビネーは、「考えられうるすべての可能性の中の一つ」と断りながら、次のような逸話を引用している。

イノーディの母は、妊娠中に心理的困難を経験したように見える。彼女の夫がわずかな蓄えを浪費するのを見ながら、支払期限を迎える多くの請求書のためにお金がやがて底をつくだろうと予感した。財産の差し押さえが迫る恐怖の中、彼女は支払いを守るためにはどのくらい節約すべきかを頭の中で計算した。彼女は数に没頭した一日を過ごし、計算マニアになったのだ。

ビネーは良心的な科学者だったので、自問自答しながらこの問題を考えた。「この報告は正確なのか？もし正確ならば、母親の心的状態がお腹の中の息子に実質的影響を与えうるものなのか？」ビネーがこの問題を真剣に取り上げていることを見ると、一八五九年にダーウィンの『種の起原』が出版されていたにもかかわらず、獲得形質の遺伝というラマルク理論が、一八九四年になってもまだ非常に優勢だったことをはっきりと示している。

実際のところ、一九世紀以前には知的能力に関する科学的理論がすでに提案されており、激しい議論が何度も繰り返されるテーマであった。その理論とは、心的器官に関する骨相

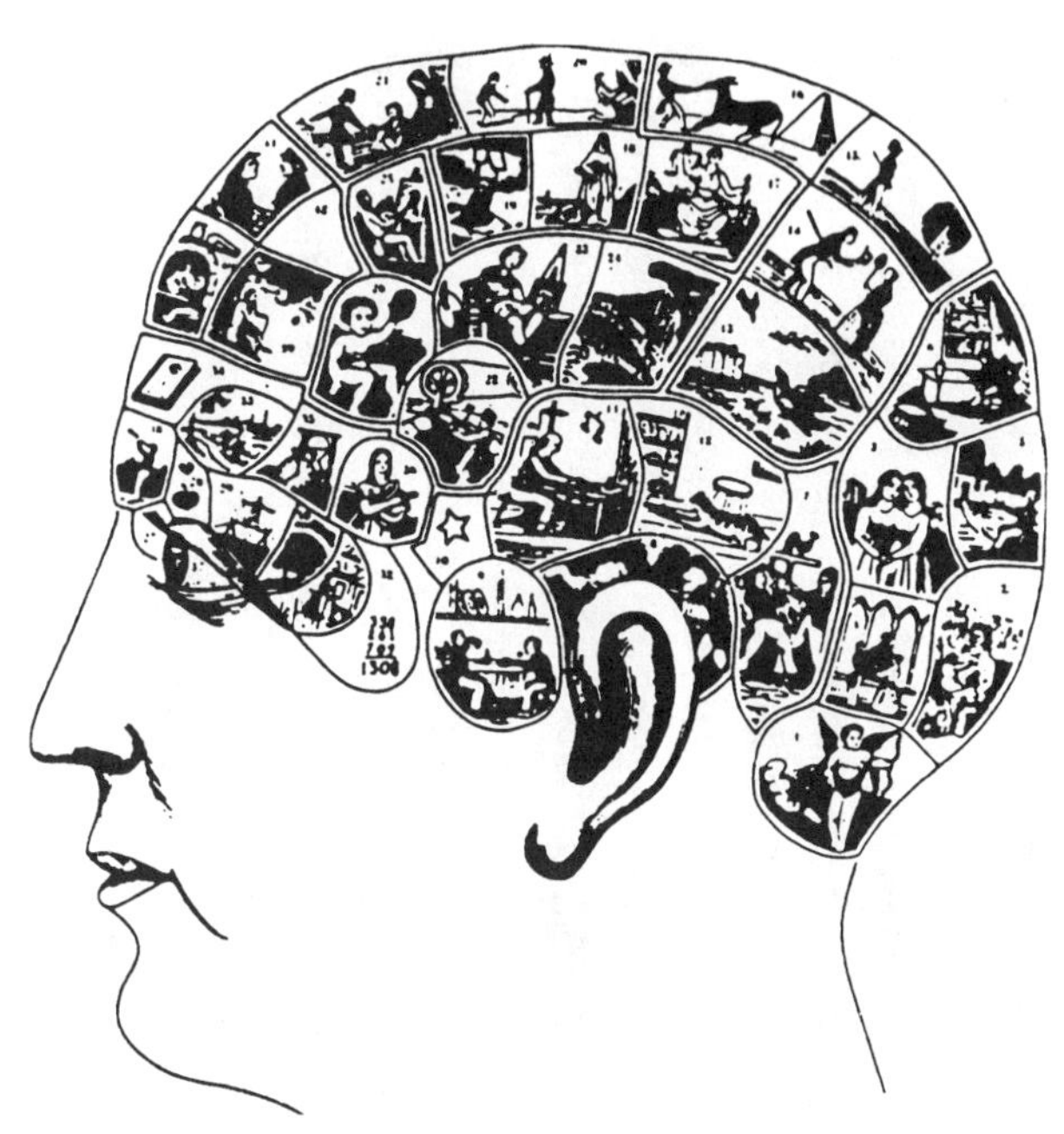

図６・２　骨相学者が考えた、さまざまな脳の器官を絵で表したもの。「数的関係の感覚」は、「数学の出っ張り」という名称でよく知られていたが、勝手に目の後ろにあるとされている。

学の理論である。一八二五年にフランツ・ヨーゼフ・ガルは、自分の理論を「器官学」という名で発表したが、その後、ヨーハン・カスパール・シュプルツハイムによって「骨相学」と命名された。ガルの主張は、心と脳を唯物論的に見る立場をとっており、しばしば馬鹿にされることはあるが、ポール・ブローカやジョン・ヒューリング・ジャクソンなどの多くの著名な神経生理学者にも多大な影響を与えた。ガルの器官学によると、脳は、機能的に独立した生まれつきの「心的器官」から成る、非常に多くの特殊化した部位に、細分化できる。各器官はそれぞれ、生殖本能、子孫への愛情、事物に対する記憶、言語本能、人に関する記憶などといった、明確な心的機能を分担している。全部で二七個ある機能は、のちに三五個までに拡張され、それぞれ特定の皮質部位を占めていることになっているのだが、そのほとんどは科学的根拠のないまま割り当てられていた。このリストの中で、「数的関係の感覚」は、前頭葉にある複数の器官の真ん中に図示されている（図6・2）。

心的機能が生得的だと仮定すると、それらの個人差のばらつきはどのように説明されるのだろうか？　ガルは皮質器官の相対的大きさが各個人の心的傾向を決めると仮定した。偉大な数学者は、数的関係の器官に該当する組織量が平均よりもずっと大きいと、ガルは推論した。もちろん、皮質部位のサイズは直接測定できない。しかし、ガルは、それを簡単にするための仮定を提案した。すなわち、頭蓋骨は成長期に皮質から形成されるので、

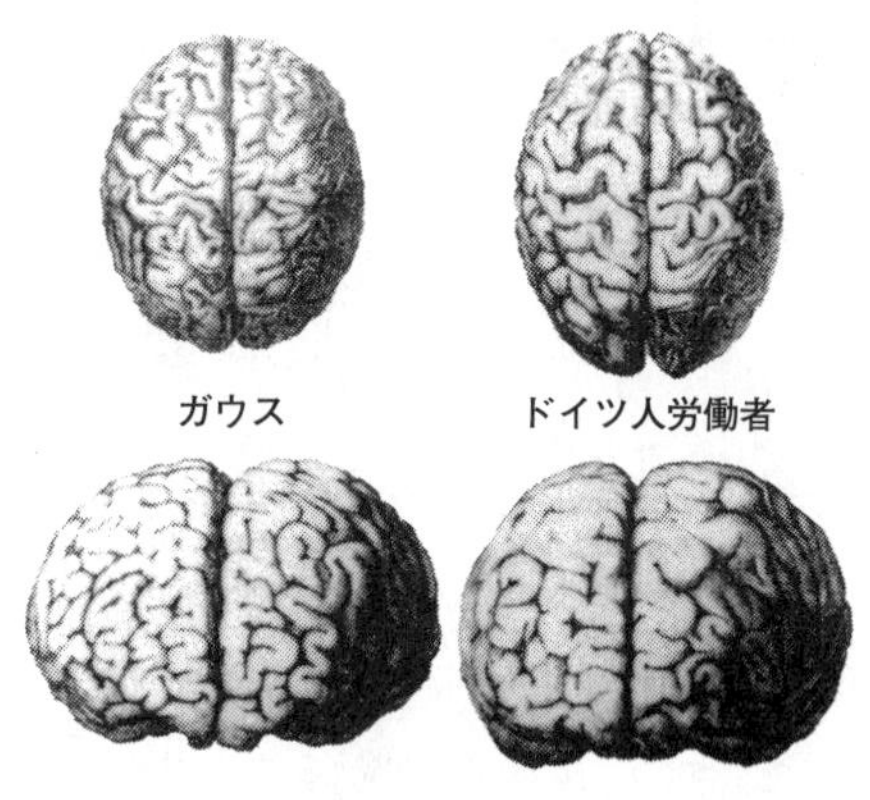

図6・3　19世紀末に描かれた図は、数学の天才、カール・フリードリッヒ・ガウスの脳には、「平均的」なドイツ人労働者の脳よりもずっと多くの溝があることを示している。こんな違いはあり得そうもないが、おそらく、本当の脳の解剖学的様相と言うよりは、描き手の想像と選択のバイアスの産物なのだろう。

頭蓋骨が、その下にある器官の凹凸の大きさを直接反映するというものだ。そうだとすると、頭蓋骨の歪みを測定する「頭蓋測定」により、数学の才能を子どものころに検出できるだろう。フランスでは現在、数学の才能のある人のことを、あの人は「数学の出っ張り」を持っているという言い方を普通にするが、これはまさに、骨相学から受け継いだ表現と言える。

ガルの理論の影響を受けて、一九世紀の学者たちは、人種や職業、知的レベルの点で異なるさまざまな人々の、頭骨の大きさと形態を比較することに多大な労力を費やした。この科学史の一幕は、スティーヴン・ジェイ・グールドの『人間の測りまちがい』で見事に描かれている。著名な科学者の多くが、この流行の虜になって、自分の頭を科学に遺贈し、他の科学者や平均的な男性の脳と比べる、死後の脳競争に参加することになった。パリでは、人類学会が、有名なフランスの動物学者であり古生物学者であったジョルジュ・キュヴィエに数多くのセッションを捧げた。彼の頭骨の容量と、帽子のサイズさえもが、頭蓋測定の熱烈な支持者であったブローカと、それに反対するグラチオレの間の熱い論争のたねになった。ガウスの脳は平均的な重さではあったが、普通のドイツ人労働者の脳よりも多くの脳回があったと考えられ、このことはブローカを支持するように見えた（図6・3）。ビネーによると、ブローカはまた、「若いイノーディの脳は非常に大きく、不規則な形をしていた」と記したが、シャルコは、「右の前頭葉に微小な突起と、それに加えて左の頭頂の突起」や、「隆起した右頭頂骨によって形成された〇・〇二mの縦稜」などを自ら発見したそうだ。「ニグロ」や女性、ゴリラの脳は小さいと考えられていたことも、脳の大きさと知能には密接な関係があることを示す、さらなる証拠とされた。これらの分析のすべてが、グールドなどによって繰り返し指摘されてきた通り、まったくの間違いだらけであったことは言うまでもない。

あれから一世紀半たった現在、骨相学や頭蓋計測の何が残っているだろう？　あらゆる政治的立場の人種差別主義者が、ときどきそれを復活させようとしてくるが、脳の大きさと知能が直接結びついているという仮説は、そのたびに何度も論破されてきた（ガルの脳自体、一二八二グラムしかなく、キュヴィエより五二〇グラムも少なかった！）。しかし、ガルの器官学の遺産はと言えば、それほど明確ではない。実のところ、皮質の表面の領域が機能的に特殊化しているということは、もはや、議論をはらむ仮説などではない。今や、ミリメートル刻みの皮質のあらゆる部位が、ある特定の情報を処理するように高度に特化した神経細胞を含んでいることは、周知の事実である。後の章では、脳損傷研究や脳機能イメージングといった新手法を使うと、神経科学者はどのようにして、暗算に関わる皮質回路の模式図を描けるようになるかについて述べよう。

これらの最近の成果は、ガルやシュプルツハイムの野望を凌いでいるのは疑いないが、「心的機能」の局在化という彼らの理論を証明してはいない。骨相学の理論とは違って、脳に関する現在の考えでは、言語や計算のような複雑な機能が、ある一つの脳領域に局在することなど決してない。現在の脳地図では、顔の一部の認知や色の恒常性、身振り運動の命令といった、非常に初歩的な機能のみが、ごく狭い脳領域に割り当てられている。字を読むといったもっとも単純な心的行為にも、広い範囲の脳領域に分散した多数の神経細胞群の並列処理が必要である。意識や利他行動を司（つかさど）る脳領域をいまだに探している研究者には敬意を表するが、他と切り離して言語野と呼べるものを限定することすら不可能で、ましてや、抽象的思考を制御する脳回や、宗教的傾倒に特化した領域を切り離すこともできないだろう。

ガルの理論の遺産で、根拠薄弱で怪しいにもかかわらず、根強く続いているもう一つの影響は、知能が生まれながらに付与された才能であり、天才には生物学的素因があるという仮説である。一八九四年に、ビネーは、計算の達人の能力は「生得的気質」で説明できると考え、「彼らの能力の発現はある種の自然発生を思い起こさせる」と主張した。しかし、天才児や精神遅滞児の研究を進めるにつれ、彼の考えは変わった。一〇年後、彼は知能の生得説を否定し、心的遅滞を補完する手段としての特別支援教育を熱心に支援するようになった。しかし、多くの他の科学者にとって、生得的才能という概念を捨て去るのは困難だった。今日でさえ、サヴァン症候群に関する一流研究者のひとりであるニール・オコナーは、この伝統を引き継いでおり、「自閉症児に見られる天才的能力は、学習や努力とは関係のない、生得的にプログラムされた技能のようである」とまで述べるくらいだ。

知的能力が生物学的に決定されているという信念は、西洋思想、とくにアメリカ合衆国に深く根付いている。一つ例を挙げよう。心理学者のハロルド・スティーヴンソンとジム・スティグラーは、米国と日本の親が、自分の子どもの学業成績は努力によるのか生まれつきの能力によるのか、どう評定するかを研究した。日本の親は、努力量と教育の質がもっとも重要な要因であると答えたのに対し、米国の親の大部分、そして子ども自身でさえが、数学の得意、不得意は個人の生得的才能とその限界に大いに左右されると考えていたのだった。生得説の考えは、私たちの語彙の中にも見受けられる。才能のことを「授けられたもの」（誰から？）や、「天命」（誰に定められた？）などと言うのがその例である。たしかに、「有能な」という語は、「よく勉強した」の反対の意味で使うことが多い。

最近まで、知能の生得説の支持者でさえ、才能がある特定の皮質領域の大きさと比例すると考える、ガルの単純な考えをまったく相手にしていなかった。しかしながら、ここ数年で、この器官学的考えが、神経科学の最前線に見事に舞い戻ってきている。最高レベルの国際科学雑誌に掲載された二つの論文は、高度な音楽能力を持つ人の脳に、普通以上に拡張された皮質領域があることを報告している。ある一つの音を聞いただけでその音の高さを同定できる能力である絶対音感を持つ音楽家は、側頭平面と呼ばれる左半球の聴覚野が、楽器を弾けるかどうかにかかわらず、絶対音感を持たない対照群の被験者よりも大きかったのだ。また、弦楽器の演奏者は、左手の指の触覚を担当する感覚野の領域が、異常なまでに拡大していた。音楽の才能を司る領域が発見されたのだろうか？

実際には、このような相関データが、ガル流生得説を必ずしも支持するわけではない。脳の可塑性（かそせい）の研究は、脳領域の内的構成が経験によって大きく変容することを示している。

成人の脳の構造は、思春期後もずっと続くゆっくりとした発生の結果作られるものであり、その間に、個体が脳をどう使うかに従って、皮質の構成がモデル化され、選択されていくのである。幼少の頃から一日に何時間もバイオリンを弾く練習をすれば、若い音楽家の神経ネットワークに大幅な変化が生じ、拡大ももたらし、大まかな形態でさえ変わる可能性はあるだろう。弦楽器を弾く音楽家の体性感覚野が拡張していることは、これでもっともよく説明できると考えられている。楽器を始める年齢が早ければ早いほど、その効果も大きいからだ。皮質の構成が経験によって劇的に変わるという、同じような例は、サルの感覚野で繰り返し観察されてきた。だから、現代の神経科学はガルの仮説を完全に覆したのだ。骨相学者は、ある特定の機能に割り当てられた皮質の面積を、私たちの能力レベルを究極的に決める生得的な変数とみなしていた。これとはまったく正反対に、神経科学者は現在、ある特化した分野に捧げた時間と努力こそが、皮質上で占める領域の範囲を調整すると考えているのだ。

一〇年前、アインシュタインの脳に関する新しい研究がメディアで話題になった。その伝説上の器官はホルマリン漬けで保存されてきたのだが、解剖学的な測定値のほとんどが、私たちをがっかりさせる結果となった。新しい発想に満ちた、現代物理学の創始者は、これと言って変わったところのない脳の持ち主だったらしい。たとえば、アインシュタインの脳の重さは、わずか一二〇〇グラムほどで、老人として軽い方だ。しかし、一九八五年に二人の研究者が、角回（かくかい）や、ブロードマンの39野と呼ばれる下頭頂野の一部の領域において、グリア細胞が平均以上に密集していることを報告した。後の章で述べるように、この領域は数量の心的操作に重要な役割を果たしているので、その細胞構成からアインシュタインと普通の人間を区別できるはずだという主張は、あながち的外れではない可能性がある。アインシュタインの素晴らしさの生物学的原因が、ついに見出されたということなのだろうか？

実際には、この研究にも、音楽家の脳の形の研究と同じ曖昧さがつきまとう。アインシュタインの細胞密度が個人間のばらつきの範囲より大きいと仮定しても、原因と結果をどのように分離すればよいのだろうか？　アインシュタインは出生時から下頭頂野に異常な数の細胞が存在することにより、数学の勉強をしたくなったのかもしれない。しかし、現在の私の考えでは、その逆の方が正しいように思われる。つまり、この皮質領域を恒常的に使っていたから、神経組織の構成が大きく変わったのだろうということだ。皮肉にも、相対性理論の生物学的決定因子は、この「卵が先か、鶏が先か」の難問の中で永遠に解決できない。すべては相対的であると言ったのは誰だっけ？

数学の才能は生物学的に授けられるものか？

数学の才能の遺伝的基盤を探る試みを正当化するものとして、よく利用されてきた議論の一つは、きょうだい間に、とくに一卵性双生児の間で、数学の成績に相関があることだ。同一の遺伝子型を持つ一卵性双生児は、数学の成績が似る傾向がある。半分の遺伝子だけを共有する二卵性双生児では、ばらつきが大きく、ひとりは数学の成績が急に伸びるが、もうひとりは並の成績のまま停滞することもある。一卵性双生児と二卵性双生児の成績を大規模に比較することで、「遺伝率」という指標を計算できる。一九六〇年代にスティーヴン・ヴァンデンバーグによって実施された研究によれば、算数の遺伝率は約五〇％であった。これは、算数の成績のばらつきの約半分が、個人間の遺伝的な違いで説明できることを意味する。

しかしながら、この解釈に関しては、熱い議論が今でも続いている。というのも、この双生児法という研究法が、多くの些細な影響に左右されやすいからだ。たとえば、一卵性双生児は二卵性双生児よりも、同じクラスの同じ先生から同じ教育を受ける頻度が高い。そのため、一卵性双生児が同じような才能を持つという事実は、遺伝子ではなく、共有された教育の特徴による可能性も否定できない。もう一つの交絡要因は、一卵性双生児の七〇％近くが母親の子宮で一つの胎盤、つまり一枚の膜を共有していたのに対し、二つの

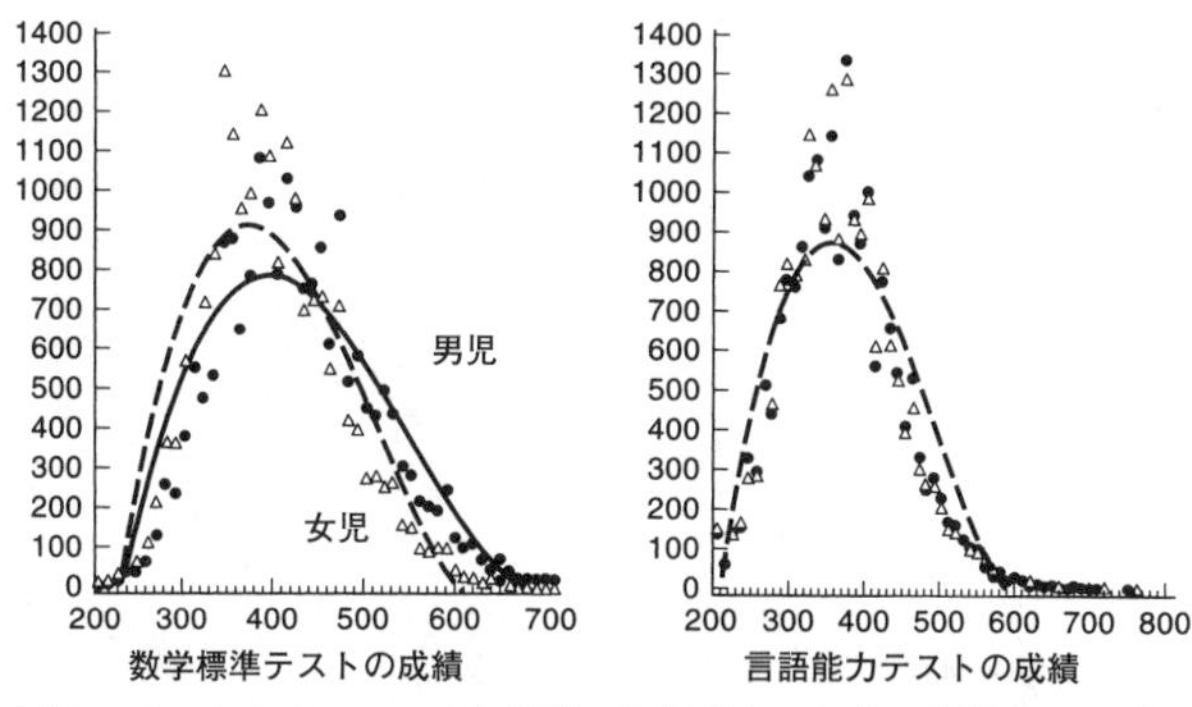

図６・４　カミラ・ベンボウが調べた優秀な７年生の生徒のサンプルでは、標準適性検査の数学の成績で、つねに男児の方が女児を上回る。それとは対照的に、言語能力では、男児の分布と女児の分布は等しい。（Benbow, 1988 より出版社の許可を得て掲載。Copyright © 1988 by Cambridge University Press.）

別々の卵から生まれた二卵性双生児では、そうはならないことである。したがって、一卵性双生児は、子宮環境の生化学的構成が類似していることにより、発生中の脳に共通の影響を受けることになるだろう。さらに、数学の才能に関する遺伝性がたとえ証明されたとしても、双生児法は、それに関与する遺伝子を特定することはできない。遺伝子が、数学との直接的な関係を持っていることは、おそらくない。極端な例として、身体の大きさを決定する遺伝子が一つあるとしよう。その遺伝子を持っているとバスケットボールに夢中になるので、数学の勉強をしなくなるということから、その遺伝子が数学の能力に負の影響を与える可能性だってある！

数学の才能に関する生物学的基盤を探す際のもう一つの、興味深いが曖昧な手がかりが、男女差である。最高水準の数学は、ほぼ独占的に男性の領域である。計算の達人について徹底的に調べて書かれたスティーヴン・スミスの本の中で、彼が取り上げた四一名の暗算の達人のうち、女性はたった三人しかいなかった。カミラ・ベンボウらは、標準適性検査［数学］（SAT-M）を、米国の一二歳児に大規模に実施した。全生徒の平均はいつも五〇〇点くらいである。一二歳で五〇〇点を超える男児は女児の二倍いるが、六〇〇点のところでは男児が女児の四倍多く、七〇〇点になると男児が女児の一三倍も多い（図6・4）。従って、得点が高くなるにつれて、男性の比率は急激に上昇する。この男性優位の傾向は、中国からベルギーまでの多くの国で観察され、世界各所で見られる現象と言える。

しかし、この現象が一般集団において持つ意味は、よく考える必要がある。男性にほとんど独占されているのは、数学のエリート集団だけだ。集団全体を見ると、男性優位の傾向は小さい。心理検査に及ぼす性の影響は、男女間の平均値の差を、各性別内の得点の分散で割ることにより統計的に測定できる。青年期では、この値が1／2を超えることはなく、男性と女性の得点の分散が部分的に重複する。つまり、男性の1／3は女性の平均得点以下に位置し、逆に言えば、女性の1／3が男性の平均得点以上のところに含まれる。男性優位の傾向はまた、検査内容によっても変わる。問題解決型の数学検査では、男性が明らかによい成績を収めるが、暗算では女性が最上位を占める。最後に、男女差は就学前から現れるが、体系的な優劣はまったく見られない。赤ちゃんの算数能力にも男児優位の傾向はとくにない。

この限定的要素があるにもかかわらず、非常に高いレベルの数学で男性が優位なことは重要な問題を提起する。私たちの教育システムでは、重要な節目ごとに数学がある種の選抜指標となり、毎回、男児の方が女児よりも成功することになる。最終的に、この社会では、女性が数学や物理学、工学において最高水準の教育を受ける機会がほとんどないという結果になっている。社会学者や神経生物学者、政治学者などが一様に知りたいのは、この教育資源の配分が、男女間の自然な能力の違いを正しく反映しているのか、それとも、それによって、現在の男性支配社会のバイアスが維持されているのかということである。

数学においては、多くの心理学的・社会学的要因が女性を不利な状況に置いているのは間違いない。いろいろな調査によると、平均的に、女性は男性より数学の授業に強い不安を感じ、数学の能力についてもあまり自信がない。女性はまた、数学を典型的な男性の活動とみなし、自分の職業上のキャリアにまったく役立たないとも考えている。そして、女性の両親、とくに父親もこの考えを共有している。もちろん、これらのステレオタイプがみんな集まって、予言の自己実現が起こる。若い女性が数学に情熱を抱かないことや、この分野で自分が輝くことになるとは思わない信念が、数学の授業の軽視につながり、結局は成績が上がらないままになるのだ。

非常によく似たステレオタイプが、社会階層に応じた数学能力の違いにも当てはまる。私たちの社会が数学に対する偏見を蔓延させていることこそが、男女差や収入の高低でその成績の違いを生む原因となっていると、私は確信している。その違いの一部は、数学に対する態度を政治や社会の力で変えれば、埋められるだろう。たとえば、中国のもっとも才能のある一〇代の女性たちは、米国の一〇代の女性たちだけでなく、米国の一〇代の男性たちよりも数学の得点が高い。これは、教育戦略の影響に比べれば、男女の差など非常に小さいことを示す明確な証拠である。メタ分析を行った最近の複数の論文では、米国における男女間の平均の差は、ここ三〇年間で半分にまで縮まり、同時期に起こった女性の地位改善の動きと歩調を合わせて、女性の数学能力が進歩したことになる。

それはそうだとしても、それでも残る男女の違いに、生物学的な性差は影響を与えていないだろうか？　数学の男性優位性に明確に関連する、神経生物学的、遺伝的な決定因子はまだ見つかっていないが、続々と現れる多くの手がかりが、いかに間接的とはいえ、生物学的要因が確かに数学の才能に関与しているのではないかという疑念を膨らませ続けている。数学が極めて得意な子どもの集団には、女児一名につき一三名の男児がいる。一般集団の男女と比べると、数学の得意な子どもの中には、アレルギーで苦しむ子が二倍、近視の子が四倍、左利きの子が二倍もいる。これら未来の数学者の五〇%以上が、左利きか、両手利きか、左利きの兄弟を持った右利きかのいずれかである。また、彼らの約六割が第一子である。左利きでひ弱で眼鏡をかけた一人っ子が学者の卵、というのも、あながち嘘ではない！

近視と数学能力の関係は、生活態度の問題に起因すると言えるかもしれない。たとえば、近視の子は、野球などは上手にできないだろうから、数学の本を積極的に読みあさるようになるかもしれない。出生順位についても、同じような議論を捻出することはできる。おそらく、第一子は微妙に異なる教育を受けるので、どういうわけか、それが数学好きにさせるのだろう。しかし、アレルギーや利き手に関しては、そのような「いい加減な」説明を簡単には思いつけない。さらに、数学の能力が、性に関連する神経遺伝学的障害によって影響を受けるという、極端ではあるが決定的な例がある。たとえば、サヴァン症候群のような計算の達人の大部分は自閉症であるが、自閉症は、男性が女性よりも四倍多い神経学的病気である。実際、自閉的症状は、脆弱X症候群のようなX染色体の遺伝的障害とも関連している。逆のケースとして、ターナー症候群は女性だけに起こる遺伝病であり、X染色体の欠失に関連している。ターナー症候群の女性は、ある種の身体的奇形に加えて、知能が通常のレベルであっても、数学や空間表象にだけ特化した認知障害を示すことがわかった。彼女たちの障害の原因の一部は、卵巣の萎縮により性ホルモンの極端な分泌不全が起こることだ。実際、初期にホルモン治療をすると、彼らの数学的、空間的能力は改善する。

性とX染色体、ホルモン、利き手、アレルギー、出生順位、数学の間の結びつきについて、まだ、満足のいく説明は出てきていない。私たちが今できるのは、よりあり得そうな因果関係の鎖をたどって、印象派的な絵を描いてみることだけだ。それを、一部の科学者は、「なぜなぜ物語」と馬鹿にする！　神経心理学者ノーマン・ゲシュヴィントらによれば、妊娠中に高濃度のテストステロンにさらされると、免疫系と大脳半球の差異化の両方に影響を受ける可能性がある。テストステロンは、左半球の発育を遅らせる可能性もある。そうなると、左利きになる可能性が高くなる。空間表象を操作する能力は、おもに右半球に依存するので、それも向上するだろう。空間感覚が向上すると、それによって、数学的概念の操作が容易になるだろう。テストステロンは男性ホルモンなので、ここで仮定した一連の出来事の影響は、女性より男性に大きく現れるだろう。それはまた、一部がX染色体からの遺伝的な制御下にある可能性もゼロではないので、数学と空間能力が遺伝することも説明できるかもしれない。

この、まだ曖昧なシナリオの周りをまわる、興味深い手がかりがいくつかある。一つは、アンドロゲンが、発生していく脳の組織化に直接影響を与えることだ。発生過程で異常なレベルの性ホルモンにさらされた患者では、空間処理や数学の能力に違いがあること、また、女性のこの能力は、月経周期のどの時点にあるかで変わることが実証されている。ラットでは、ホルモンを投与された雌の空間能力は、無投与の雌の能力を上回り、無投与の雄の能力に追いつく。最後に、子宮内の性ホルモン濃度は、最初の妊娠のときにもっとも高い（数学の天才の大部分が第一子であることを思い返そう）。このいろいろに異なるホルモン風呂の中で脳が形成されていくとき、おそらく、男性の脳は女性の脳と少し異なるように組織化されるのだろう。詳細はまだ知られていないが、神経回路が少し変えられ、男性の方が、抽象的な数学空間を少しばかり速く駆け回れるように作られるのかもしれない。

現時点の知識をもとに、数学の能力に関して、曖昧な考察以上の、単純で決定的な説明を示せないというのは不満なことだ。しかし、遺伝子から天才へ、すぐに結びつけられると期待するのも、あまりにもナイーブである。このギャップは非常に大きく、いくつものねじ曲がった因果関係の連鎖でしか埋められないだろう。天才は、遺伝やホルモン、家族、教育などの複数の要因の奇跡的な絡み合いから生じる。生物的要因と環境とは、原因と結果の解きほぐせない鎖で絡み合っているため、生物的要因だけ見て才能を予測したり、ノーベル賞受賞者同士を交配させてアインシュタイン二世を誕生させたりする望みは、まったくないのである。

情熱が才能を生み出す時

才能に関する生物学的説明の限界を何よりも明白に示しているのは、「無能力の海のまっただ中に浮かぶ天才という名の微小な孤島」とでも言うべき、サヴァン症候群のケースである。マイケル・ハウとジュリア・スミスが研究した一四歳の少年、デイヴの場合を考えてみよう。彼は、過去や現在のどんな日についても、その曜日を瞬時に言い当てることができるが、IQは五〇に達せず、六歳レベルの読字力で、言葉はほとんど話せない。さらに、本章の前半で紹介したマイケルと違って、デイヴは数学をほとんど知らないし、掛け算もまったくできない。どんな生物学的変数が、「カレンダー計算」の才能と、読字及び計算障害の両方を同時にデイヴに与えたのだろうか？　一五八二年からしか、現在の形式で存在していないグレゴリオ暦のカレンダーを、脳はどのようにして獲得できるのだろうか？　デイヴの才能は、もしあるとしたら、記憶力や集中力のような、いくつかの一般的な変数にあるに違いない。こんな狭い領域だけの才能を説明するには、学習に訴えざるを得ない。遺伝子もホルモンも、一二月という月に関する生得的知識を吹き込むことはできない。

デイヴは台所のカレンダーをじっと見つめて、それを記憶から引き出すことに何時間も費やしていることがわかった。理由の一つは、他の子どもと遊ぶことは彼の社会的能力を超えていたからである。デイヴは自閉症だった。絶海の孤島に流れ着いたロビンソン・クルーソーのように、孤独の中で彼の唯一の友達だったのは金曜日や一月だった。デイヴが、少なく見積もっても一日に三時間、カレンダーに向かっていることを考えてみよう。一〇年間で、彼は一万時間も極度に集中して訓練したことになる。この膨大な時間は、カレンダーの深い理解と、他のあらゆる領域の知識における相当のギャップの両方を説明できる可能性がある。

カレンダーから暗算まで、これと同じような、何かに取り憑かれたように集中力を発揮するというのは、過去、現在を問わず、計算の達人のすべてに当てはまる特徴である。自分の全エネルギーをそのような狭い領域に捧げる人が、なぜいるのだろうか？　偉大な暗算家は、おそらく三つの主要なカテゴリーに分類できる。専門家、のらくら計算家、心的障害者、である。最初のカテゴリーは心的能力に問題のない数学の専門家のことを指し、職業的に算術の深い知識を必要とする人たちだ。彼らにとって、計算は第二の天性になり得る。ガウスはしばしば、自分が無意識のうちに歩数を数えていることに気づいたと述べている。これも偉大な数学者であるアレキサンダー・エイトキンは、計算が心の中で自動的に開始されるのだと言う。「散歩中に自動車が横切り、そのナンバーが731だったならば、731＝17×43が自然と目の前をよぎる」。このような数学者の中には、ガウスもそうだが、数学的世界のより抽象的な領域に移行すると、計算能力の一部を失ってしまう人がよくいる。

二つ目のカテゴリーである「のらくら計算家」は、職業があまりにも退屈なので、娯楽として計算にいそしむ人々を指す。典型的な例は、ジャック・イノーディとアンリ・モンデュである。二人とも羊飼いで、牧草地で独り寂しく過ごしながら、算術の多くを再発明した。彼らは物を数えるマニアで、ヒツジだけでなく、小石や自分の歩数、台の上でバランスを取った時間も、ともかく数えずにはいられなかった。

最後のカテゴリーは、心的障害のある計算家で、デイヴやマイケルのような精神遅滞のある人々からなる。彼らは自閉症の世界で生き、数やカレンダーへの彼らの情熱は病的で、人間関係への興味の欠如の兆候でもある。一八世紀英国の計算の天才、ジェデディア・バクストンも、自閉症だった可能性が非常に高い。アルフレッド・ビネーは、バクストンが『リチャード三世』を劇場で見た最初の夜のことを次のように記している。

彼はあとで、芝居は面白かったかと聞かれた。しかし彼が劇場で注意を払っていたのは、計算したり数えたりできるものはないか、ということだけだった。ダンスの間、彼はステップにだけ注意を向けていた。その数は5202だった。彼はまた、俳優たちが口にした言葉の数も数えた。その数は12445だった。そして、それらはみな正しかった。

その動機がなんであれ、来る年も来る年も、これだけ数字にひたっていれば、計算のこれほどの才能の開花を説明するのに十分だろうか？　十分に訓練さえすれば、誰でも計算の達人になれるのだろうか？　それとも、何か特別な生物学的「才能」が必要なのだろうか？　遺伝と環境とを分離するため、何人かの研究者が、ごく普通の学生を、計算または記憶の達人に仕立て直そうとした。その結果、情熱は才能を育む(はぐく)ことが証明された。たとえば、K・アンデルス・エリクソンは、数字を覚えられる数を二〇桁まで延ばすのに、一〇〇時間ほどの訓練があればよいことを示した。特別によく練習した学生は、八〇桁までいった。もう一人の心理学者、J・J・スタシェフスキーは、数人の学生に、特別早く計算ができる方略をいくつか教えた。二、三年間で三〇〇時間あまりの訓練を経たあと、彼らの計算速度は四倍にもなった。彼らは、59451×86を暗算するのに三〇秒ほどしかかからなかったのだ。

このような学習実験は、天才計算家たち自身の直感とも合致する。彼らは、毎日練習を続ける必要があり、そうしないと能力が落ちると述べている。たとえば、ビネーによれば、「イノーディは、一カ月間本を読むことに時間を捧げたあとでは、自分の計算能力がずいぶん落ちてしまったことを実感した。彼の暗算能力は、毎日のたゆまぬ訓練があってこそ、維持されているのである」

アルフレッド・ビネーはまた、ジャック・イノーディの計算速度を、パリのデパート、〈ボン・マルシェ〉のプロの勘定係のそれと比較している。自動キャッシュ・レジスターが出回る以前は、勘定係は尊敬される職業だった。この本物の人間計算機は、一日八から一〇時間、一週間に六日間、買い物額の足し算をし、一メートルいくらのリネンが何メートルでいくらかの掛け算をしていたのだ。彼らのほとんどは、とくに算術の才があったわけでもなく、一五歳から一八歳の間に雇われたのだったが、彼らは短期間で計算の大家になった。ビネーは、彼らがイノーディと変わらない速さで計算することを知った。実際、彼らの一人など、638×823を計算するのにたった四秒しかかからず、イノーディの六秒よりも明らかに速かった。しかし、もっと複雑な計算になると、記憶量が多かったということとだけで、イノーディが最終的には競争に勝った。

〈ボン・マルシェ〉の勘定係の話は、激しい練習によって才能を磨かれたプロと、生得的な才能に恵まれたと目されている天才との間に、はっきりとした区別はないことをよく物語っている。実際、ごく最近まで、ジュネーブの核エネルギー研究所は、その計算能力のためにウィム・クラインを雇っていたし、一九世紀のザカリアス・デイスは、七〇〇万から八〇〇万の間のすべての数を因数分解することにより、1から1005000までの数の自然対数表を作ることで、数学に大変大きな貢献をした。

今日、社会ではもう暗算は重宝がられない。ショービジネスの世界で、偉大な人間計算機はもうなかなか出てこないだろう。何世紀も前のプロたちは、ますます天才的に見える。今日の、少なくとも西欧の社会では、子どもに一日何時間も計算をさせたら、訴えられるに違いない。一方、この同じ社会は、ピアノやチェスの練習を何時間もさせることは、よしとしている。東洋の社会は、西欧と同じ価値観ではない。日本では、子どもを夕方の塾に通わせて、算盤(そろばん)を用いた暗算の秘術を習わせるのは、よいことだと思われている。その中でもっとも熱心な生徒は、たった一〇歳で、西欧のもっとも計算ができる子どもたちをずっと凌駕(りょうが)している。

凄腕の計算家のごく普通の変数

計算の才能は、そういうわけで、生まれつきの才能よりは、早くからの訓練によって獲得されるようだが、そこにはしばしば、数という狭い領域だけに対する極度の、ときには病的な集中力が備わっているようだ。この結論は、一九世紀の二人の偉大な天才の考えにも合致する。一人は、「天才とは一パーセントのひらめきと九九パーセントの努力」と言った、トーマス・エディソン。もう一人はフランスの博物学者のビュフォンで、「天才とは、人一倍、忍耐に向いている人のことだ」と言ったのだが、こちらは謙遜を装っているだけかもしれない。

電光石火の計算家の脳機能を測った心理計測の研究をしても、彼らの脳に大きな違いはまったく発見できなかったが、このことも、先の考えを支持している。彼らの専門以外のところでは、この天才たちの情報処理速度は、一般人の平均と同じか、むしろ遅いことがわかった。ものすごいスピードで計算できたインド人の女性、シャクンタラー・デヴィを考えてみよう。ギネス・ブックによると、彼女は、一三桁の数字二つの掛け算を三〇秒でやってのけたと書いてあるが、これは誇張が入っているかもしれない。かつて、知能の生物決定論の強力な支持者として有名だった、心理計測学者のアーサー・ジェンセンは、古典的な知能テストで彼女の能力を測定するため、彼の研究室に招待した。ジェンセンの論

	計算時間（秒）	計算操作の回数
3×7	0.6	1
63×58	2.0	4
638×823	6.4	9
7,286×5,397	21	16
58,927×61,408	40	25
729,856×297,143	240	36

文からは、彼の落胆のほどが透けて見える。この算術の天才には、光の点滅を検知したり、八つの動体選択肢の中から一つを選んだりする時間に、並みの人たちと変わるところなど一つもなかったのだ。いわゆる「知能テスト」である、レイヴン漸進的マトリックス調査におけるデヴィの成績は、平均からたいして離れてはいなかった。そして、視覚的な標的を探索したり、記憶の中で数を見つけ出したりせねばならない場面では、彼女は異様に遅かった。コンピュータ科学の比喩を借りれば、デヴィの計算が速かったのは、彼女の内部時計が全体的にスピードアップされていたせいではなかったのだ。彼女の算術処理機だけが、電光石火で動いていたのである。

先の章で、普通の人が掛け算をするのに要する時間は、驚くほどの正確さで予測することができることを見た。やるべき初期計算の数が多いほど、そして、数字の桁が大きいほど、計算は遅くなる。この点においても、天才計算家たちは平均的な人と変わりがない。一世紀も前のことになるが、ビネーは、イノーディが掛け算問題を解くのにかかる時間を測定した。その結果の一部は、前ページの表の通りだ。

右側の列は、伝統的な掛け算アルゴリズムで、その計算にはいくつの初期計算が必要かを示してある。この量は、イノーディの計算時間を非常によく予測しているが、もっとも複雑な掛け算問題は例外だ。この問題には非常に大きな記憶容量が必要なので、大変に長い時間がかかっている。イノーディが、三桁の数字二つの掛け算を、一桁二つの掛け算とほとんど同じ時間で解けたのであれば、それは驚きだ。もしそうであれば、彼が、複数の操作を並列施行するなど、劇的に異なるアルゴリズムを使っていたと考えられる。しかし、イノーディはそうではなかったし、私が知っているどの計算の大家も同じだ。計算の大家も、私たちと同様、難しい計算では苦労している。

計算家に必要な最後の性質は、生まれつきの才能を物語っているかもしれない。すなわち、ほとんどの計算の大家が見せる、例外的な記憶力だ。ビネーにとって、この問題は論じるまでもなかった。「私の意見では、記憶こそが、計算の天才の本質的性質である。その記憶力によって、彼は誰にもまねのできない、他の人々よりも無限に優れた存在となる」

ビネーは、天才には二つのタイプがあると分類した。書いた数字と計算の心的イメージを記憶している視覚的計算家と、数を頭の中で唱えるのを聴くことによって数を覚えるのだと言っていたイノーディのような、聴覚的計算家である。おそらく、三番目のタイプとして、「触覚的計算家」も付け加えるべきだろう。少なくとも一人の全盲の計算家、ルイ・フラリーが、点字板で数の記号を触っているかのように、数を心の中で操作すると言っているからだ。感覚様式が何であれ、計算の大家の記憶力は驚異的である。たとえば、イノーディは、三六個のランダムに選ばれた数を二回繰り返して聞いただけで、すべてを一つの誤りもなく繰り返すことができた。毎日のショーのあと、彼は、ショーの間に観衆が彼に告げた三〇〇余りの数のすべてを必ず復唱したものだった。

疑いもなく、イノーディの記憶力は驚くべきレベルに達しているが、それが生得的だと言えるだろうか？　信憑性(しんぴょうせい)の怪しい何百もの逸話を別にして、このような計算の天才の子ども時代については、ほとんど知られていない。それでも、彼らがごく小さいときから驚くほどの記憶力を備えていたことを示す証拠はないのだ。彼らの夢のような記憶力が、数が大好きだということと相まって、何年にもわたる練習の成果であるということも、同じくらいあり得る話だと、私は思う。

何人もの計算の大家たちについて注意深く研究したスティーヴン・スミスも、同じ結論に達している。「暗算の天才にも、他の人々と同様、短期記憶には限りがある。彼らが他人と異なるのは、一群の数字を一つのかたまりとして記憶できる能力である」

記憶の保持は、実際、血液型のように、文化の要因とは独立に測ることのできる生物学的変数ではない。それは、記憶されるものの内容によって、大きく変動する。私は、自分の母語であるフランス語一五語からなる文章をたやすく覚えることができるが、それは、意味がわかるからだ。しかし、私が理解できない中国語なら、記憶保持の量は七語ぐらいにまで落ちる。同様に、計算の大家たちがたくさんの数を覚えられる理由は、数がほとんど彼らの母語のようなものだからなのだろう。数の組み合わせで、彼らにとって意味のないものはほとんどないのだ。ハーディーの記憶では、1729というタクシーのナンバープレートの数字は、おそらく四つの独立の数字として蓄えられたに違いない。なぜなら、どう見てもランダムな数字だからだ。ラマヌジャンにとっては、しかし、1729は子ども時代からの友達で、彼の記憶の一隅を占めている慣れ親しんだ存在なのだ。一般的に言って、私は、計算の大家たちが数に対して著しいレベルの親しみを持っていることだけで十分で、数の記憶に関して生物学的才能を仮定しなくてもよいのではないかと考えている。

電光石火の速度で計算をする方法

「生まれながらの計算家」という神話を完全に払拭するためには、しかし、計算の大家たちが実際にどんなアルゴリズムを使っているのかを説明しなければならないだろう。そうでなければ、5498×912の暗算をやってのけたり、見ただけで781が11×71であることがわかったりすることには、いつまでも神秘の衣がつきまとってしまう。確かに、私たちのほとんどは、こんな問題を暗算で解くにはどうしたらよいのか、皆目見当がつかないのである。実際は、いくつかの方法を使うと、一見したところもっとも難しく思える算術のパズルも、意外にも単純にすることができるのだ。

それでは、桁数の大きい二つの数の掛け算を、どうやって暗算で計算するのだろうか？「人間計算機」として知られるようになったスコット・フランスバーグは、その秘訣を明かしている。彼が使っている方法は、誰でも学ぶことのできる、単純な「レシピ」に基づいており、彼はそれを一九九三年のベストセラーの中で明かしている。他のすべての計算家と同様、彼は、学校で教えられる計算アルゴリズムを使っている。しかし、彼がそれぞれの操作を行う順序は、注意深く最適化されているのだ。足し算では、彼は左から右へ足して行くことを推奨している。掛け算では、つねに、結果にとってもっとも重要な数字から計算を始めている。中途の結果はすぐに総和に加えていくことにし、中間の長い結果を覚える負荷を軽減している。このようないろいろな方略の目的は一つだ。それは記憶の負荷を最小にすることであり、その目的は達成されている。なぜなら、暫定的な結果は一度に一つずつしか記憶されず、一段ごとに改訂されていくからだ。

まれに、ほとんどすべての二桁の数字の掛け算について、そのすべてまたは一部を暗記している計算の大家もいる。こうすると、二つの数字を一まとめのグループとして扱い、それらどうしの掛け算にすることができる。最後に、すべての計算家は、簡単な代数のトリックに基づくショートカットを無数に記憶している。たとえば、$(n+1)(n-1)=n^2-1$を使えば、37×39は、すぐさま38の二乗引く1だとわかる。38の二乗は、それ自体、36×40+4になる。なぜなら、$n^2=(n-2)(n+2)+2^2$だからだ。あとは、36×4という積を記憶から取り出せばよいのだが、経験を積んだ計算家なら誰でも、これが$12^2=144$であることを知っているので、最後の桁に4－1=3を置けばよいのだから、37×39は1443なのである！　すこしばかり練習すれば、反射のような速度でこの方法を当てはめることができるようになる。

短く言えば、計算の大家と言っても、「神秘な」算術を使っているわけではない。私たちと同様、彼らも記憶に蓄えた掛け算表に多くを負っているのであるが、彼らが非凡なのは、その量の多さと、しばしばその方法が非言語的であることだ（マイケルのような計算家の中には、言語をまったく獲得していないと思われる人もいる）。私たちと同様、彼らも、数字を一つ一つ順番に計算しており、それはビネーの反応時間の計測に現れている。最後に、私たちと同様、彼らも、手持ちのいくつかの方略の中から、最短時間で結果が得られるもっとも優れた方法を素早く選んでいるのである。この点では、彼らが、8＋5を自分で8＋2＋3に簡略化している六歳児と異なる点は、熟知している方略の数が多いということだけだ。

それでも、もっと複雑な算術の能力ではどうなのだろう？　シャクンタラー・デヴィは、なぜ、170859375の七乗根は15である（15×15×15×15×15×15×15）ということが一目でわかるのだろうか？　整数の平方根を求めることは、計算の専門家の古典的レパートリーである。しろうとから見ると、とくに高い数字の平方根などは特別に難しい作業だと思われるので、つねに驚愕の対象だ。しかし、実は、簡単なショートカットを使うだけで、計算はたちまち楽になる。たとえば、一番右側の数字が直接に、答えの対応する数字を教えてくれる。数の最後の数字が5であるなら、その根も5で終わる。五乗根の場合には、初めの数とその根は、必ず同じ数字で終わる。それ以外のすべての例で、簡単に覚えられるこのような対応があり、最後の数字だけでなく、最後の二つの数字を見てよいとすれば、対応はさらに簡単になるのだ。一方、答えの最初の数字は、簡単な概算をすれば、試行錯誤ですぐにも見つけることができる。たとえば、170859375の七乗根は、15でしかあり得ない。なぜなら、次の5で終わる数25では、七回も掛けると明らかに大きくなりすぎるからだ。簡単に言うと、整数の根を見つけることは、一見したところ超人的な技なのだが、実は、単純なやり方を注意深く当てはめていけばできるのである。

数を因数分解することと、素数を見つけることとは、さらに印象的な技である。389は素数で、387は9×43だと即座にわかる自閉スペクトラム症のマイケルを覚えておいでだろうか。オリヴァー・サックスが書いている双子は、もっと奇妙だ。彼らの暇つぶしは、交代でだんだんに大きな素数を挙げていくことで、六桁、八桁、一〇桁、ときには二〇桁にまで及んだという!

こんな能力は本当に驚異的で、十分に理解できているとはとても言えないのだが、いくつか暫定的な説明をすることはできるだろう。まず、広く考えられているのとは違って、素数という概念は、数学的抽象の最たる物ではない。大事なのは、単に、いくつかの物の集合は、同じようないくつかの集合に分割できるかどうかを示す、非常に具体的な概念に過ぎない。12は素数ではなく、4のグループ三つ、または6のグループ二つに再分割することができる。13はそのような再分割ができないので、素数である。こうして、素数はどこにでも転がっているので、子どもたちが積み木で四角形を作るとき、知らず知らずにそれを操作している。一二個の積み木ならそれができるが、一三個の積み木ではできないことを、彼らは素早く発見する。それゆえ、算術への異様な情熱を持った、精神遅滞の青年であるマイケルが、自分でその性質のいくつかを発見するのは、それほど驚くべきことではないのだ。

　ある数が素数であるかを判定するのは、やはり難しい数学的課題である。それでも、記憶の役割を無視してはいけない。1000以下の数字に素数は一六八個しかなく、一〇万以下の数字には、九五九二個しかない。一旦それらを覚えてしまえば、「エラトステネスのざる」というアルゴリズムを使って一〇〇億までの残りの素数を計算することができる。最後に、2、3、4、5、6、8、9、11で割り切れるかどうかを簡単に決めるために、9のつく数を除いていくなど、高校生なら誰でも知っている方法がある。マイケルが使っていたのは、このような簡単なトリックだけだった。だから、素数のように見えるが、実は二つの数の積になっているような（たとえば、391＝17×23）、彼の知恵を超えるケースでは、彼はしばしば間違えた。双子の方はどうだろう？　残念なことに、彼らがやり取りしていた正確な数や、間違いの可能性については、ほとんど情報がない。したがって、彼らが用いていた方法がマイケルよりも正確だったのかどうか、知りようがないのである。

　研究者はしばしば、計算の大家の中には、一目見ただけで物が何個あるかを言える人がいると主張する。たとえば、ビネーは、ザカリアス・デイスの前におはじきを一握りまけば、彼は即座にその正確な数を言えたと主張している。残念だが、私はこのような現象についての、まじめな心理学的研究を見たことがない。その人が数えているのか、それとも本当に大きな数を「即座に」知覚しているのかを査定する唯一の方法は、反応時間の測定であるが、それは存在しない。私の感じでは、計算の大家が数を見積もる力は、私たちと変わらない。おはじきのかたまりに出会うと、彼らの視覚系は、私たちのそれと同様に、一個、二個、三個、四個のおはじきからなる小さい集合へと素早く分割する。彼らのスピードがとても速いのは、私たちがその数を二つずつ足していくのに対し、これらの数を一瞬で足し合わせることができるからなのかもしれない。

最後に、計算の大家の多くが、カレンダー計算の特殊な才能を発達させる。これも、単純な方略のせいなのだろうか？　いくつかのよく知られたアルゴリズムを使うと、過去でも将来でも、ある日が何曜日であるかを計算することができる。その中の単純なものは、いくつかの足し算と割り算をするだけで、計算のプロは明らかにそのような公式を使っている。しかしながら、この説明は、カレンダー計算のマニアになった自閉症児には当てはまらない。彼らのほとんどは、永久カレンダーを見たことがない。ある盲目の男の子など、ブレールの点字カレンダーにさえ触ったことがなかった！　さらに、ディヴのような天才の中には、もっとも簡単な計算すらできない人もいる。それでは、彼らはどんな方法を使って曜日の計算をするのだろうか？

ビート・ハーメリンとニール・オコナーが何人かの自閉症の天才の反応時間を測定した

ところ、彼らの反応時間は一般的に、答えるべき日と現在との距離に比例していることがわかった。このことから、「人間カレンダー計算機」のほとんどが、非常に単純な方法を使っていることが示唆される。彼らは、最近の日から始めてだんだんに進み、週、月、年と計算していくのだ。カレンダーは二八年ごとに繰り返す、普通の年では毎年曜日は一日ずつずれていき、うるう年には二日ずれる、三月と一一月はいつも同じ曜日で始まる、などなど、そこには規則性がたくさんあるので、それに促されてこの探索は早く進む。ほとんどのサヴァン症候群の人々は、このような知識を利用して、一九九六年の三月から一九六八年の一一月へとジャンプする。こうして彼らはカレンダーの問題のページを即座に記憶から呼び起こし、そこから求める日を単純に読んでいくのだ。

どれほど単純だとしても、知能指数が五〇を超えることのないサヴァン症候群の人たちは、どうやってそんなアルゴリズムを発明し、一つの間違いもなくそれを執行できるのだろうか？　ケンブリッジ大学の研究者であるデニス・ノリスは、ニューラル・ネットワークがカレンダーの知識を獲得していく過程の、興味深いコンピュータ・シミュレーションを開発した。彼がシミュレートしたネットワークは、一九五〇年から一九九九年までの間のランダムな日付について、その日、週、月、年の暗号が順次インプットされていく、いくつかの階層構造を持つニューラル・アセンブリから成っている。アウトプットでは、七つのユニットが七つの曜日を示す。初めは、ネットワークは与えられた日付をどの曜日に割り振ったらいいのかわからない。月曜日、四月二二日、一九九六年、日曜日、二月三日、一九六九年、などと、たくさんの例がインプットとして入るにつれ、それは徐々に、ある日付がどの曜日になるかを予測するという困難な仕事に適応するために、シミュレートされたシナプスに重み付けをしていく。何千かの試行ののちには、ネットワークはこれらの例を記憶しておくだけではなく、それまでに学習したことのない日付についても、九〇%以上正しく反応するようになった。こうして最終的には、ネットワークは日付と曜日を結びつける数学的関数の知識を身につけたのだが、その知識は盲目的な知識だった。なぜなら、そのシナプスは足し算も引き算も知らず、一年には何日あるのかも、うるう年の存在すらも全部無視していたからだ。

ノリスによれば、神経系は、彼がシミュレーションに用いたものよりもずっと優れた、学習アルゴリズムを備えている。そうであれば、カレンダーを何年も眺めて育つ自閉スペクトラム症の子どもが、たとえ重度の知的障害を抱えていても、単に多くの例からの帰納法によって、機械的、自動的、無意識的な知識を引き出すことは、十分可能なのではないかと思われるのである。

才能と数学の発明

最後に、数学の才能はどこから来るのかを考えてみよう。本章のすべてを通じて、私たちが探求したすべての道は、一つのありそうな源泉を指差している。遺伝子も、おそらく役割を果たしている。しかし、遺伝子では、数学的才能の骨相学的な現れと言われた「数学の出っ張り」の青写真すら用意することはできまい。おそらく、早いうちに性ホルモンの照射を受けるなど、他のいくつかの生物学的要因と一緒になっても、遺伝子にできるのは、数と空間の表象の獲得を助ける脳の構造に、多少のバイアスをかけるくらいがせいぜいだ。しかし、生物学的要因は、数に対する情熱をもとにした学習の力とは、とても比べものにならない。計算の大家たちの多くは、人間よりも数と一緒にいる方が楽しいというくらい、本当に算術に対する情熱が強いのだ。誰であれ、数に対してこれほどの時間をかければ、記憶容量を増し、有効な計算アルゴリズムを発見することができるに違いない。

この分析から何か教訓を引き出すとすれば、高等な数学というものは、世間が思っているような、完全に演繹的推論に支配され、感情の入る余地などない、無味乾燥の合理的学問とはほど遠い、ということだ。それとはまったく反対に、人間の感情の中でもっとも力強いものである、愛、希望、苦悶、絶望などが、数学者とその友達である数との関係を彩っている。数学への情熱があるところ、才能は、それほど遅れずについてくる。逆に、子どもが数学に対する不安をつのらせてしまうと、この恐怖症が、もっとも単純な数学的概念でさえも根をおろすのを阻むのである。

私が数学の才能に関する探求を進めていった結果、ラマヌジャンも、マイケルも、ガウスもディヴも、天才もサヴァン症候群も同じような才能のベースを持っていることになってしまった。それにしても、数学の最前線を先に押し広げた天才と、数学の才能と精神遅滞の差が著しいために輝いて見える自閉的な神童とを、まったく同じに比較してもよいのだろうか？　数学への彼らの情熱から、数が住んでいる国の地形という彼らのイメージまで、天才と計算の神童とが多くの性質を共有しているという事実は、私の結論を正当化してくれる。私の意見では、イノーディやモンデュが、すでによく知られていた数学的結果を再発見しただけだということで、「天才」と呼ぶに値しないとするのは、不公平だ。羊飼いが原っぱに一人でいるときにピタゴラスの定理を再発見したら、羊飼いがその業績を見ることもなかった有名な先人と同じくらい、彼も才能も素晴らしいのである。

本章で私は、数学的創造のもとにある、心理学的および神経生物学的前提については、意図的に触れないできた。一瞬で生まれる発明はあまりにも瞬時なので、それを科学的に研究することは、ほとんど不可能だ。せいぜい、ジャン＝ピエール・シャンジュとアラン・コンヌがしたように、科学的発見とは、多かれ少なかれ古いアイデアをランダムに結びつけ、そこで生じた新しい結合が、調和のとれたものか、適切なものかによって選択するという過程を含むと、推察するくらいしかできない。ポール・ヴァレリーは、「発明をするには二人の人間が必要だ。一人は何かを結びつける。もう一人は、最初の人が生み出した集合の中から、望ましくて意味のあるものを認識し、選び出す」と述べている。アウグスティヌスも同様に、「思うcogito」とは、「かき回す」ことであり、「理解するintelligo」とは、「そこから選ぶ」ということだと述べている。

ジャック・アダマールは、数学における発明をテーマとした主たる研究の中で、準備する、暖める、光が射す、証明する、という各段階を区別している。暖めるという段階は、証明の断片やアイデアのオリジナルな組み合わせを通しての、無意識の探索から成る。この中核的考えを支持するものとして、アダマールは、アンリ・ポアンカレを引用している。「最初、もっとも驚くべきは、このように突然光が射してくることだが、それは、そこに先立っての長い、無意識の思考があったことの証である。数学的発明の中で、この無意識の努力が占める役割は、私には自明と思われる」

いつの日か、私たちは、この「無意識の認識」の脳科学的基礎を理解できるようになるだろう。意識の閾値（いきち）の下にある、自発的な神経回路の活動、眠っている間に解放される、自動的な計算メカニズム。このようなものにも、計測できる生理学的痕跡があるだろうから、現代の脳イメージングの道具を使えば、測ることができるかもしれない。しかし、今のところ私たちは、アダマールが半世紀も前に提出した問いに耳を傾けることしかできない。「数学者が脳の生理学について十分に知り、神経生理学者が数学の発見について十分に知り、両者の意味ある協力が可能になる日は、果たして来るのだろうか？」

実際、私たちはこれから、脳の生理学を見ていくことになるが、それは、創造性の生物学的基礎を明らかにしようということではない。現在の知識水準を考えれば、それはユートピア的幻想というものだ。しかし、少なくとも、神経細胞、シナプス、そして受容体の分子という粗雑な手持ち札が、脳の回路の中に、計算操作と数の意味を組み込むことができるのか、説明すべく取りかかることはできるだろう。

第3部　神経細胞と数について

第7章　数覚の喪失

人間の精神について正しく考えるには、精神を、因果関係によって繋がれ、他を生み出し、消滅させ、他に影響を与え、他を変容させるところの、たがいに異なる諸知覚、すなわち異なる諸存在者からなる、一つの体系としてみなすのがよい……。この点で、私は、魂を譬えるのに、国家以上に適切なものを見出すことができない。国家においては、さまざまな成員が、支配と服従の相互的な絆によって一つにまとめられているからである。

デイヴィッド・ヒューム『人間本性論』

四桁の数字を読み書きできる人が、「3－1」の意味を忘れることなんてあるだろうか？　視野の右側に現れる数字同士を掛け算できるのに、それらが左視野に現れるとできなくなってしまう人がいることを、あなたは想像できるだろうか？　視覚の正常な人が、

「2+2」ほどの易しい足し算を、口頭で出された場合にはたやすく解けるのに、書かれたものではわからなくなるなんてことが、起こり得るだろうか？

こうした現象は不可解に思えるかもしれないが、神経学の分野ではお馴染みのものである。どんな原因であれ脳に支障を来すと、算術能力に壊滅的な影響を及ぼしたり、ときには驚くほど特異的な症状が現れたりする。誰もが知っているように、運動野を損傷すると身体の片側にだけ麻痺が起こる。同じような機序で、言語や数の処理に関わる脳領域が損なわれると、ごく限られた領域の能力だけが変容することがある。こうした脳の損傷は、ほとんど影響がないように見えるのだが、患者に引き算をさせたり、なじみのない単語を読ませたりすると初めて、深刻な障害が顕わになるのである。

フランスの哲学者ドニ・ディドロは、一七六九年にすでに、神経学的障害が非常に特異的であることを予言していた。『ダランベールの夢』のなかで、予告するかのように次のように述べている。

> あなたの原理によれば、一連の純粋に機械的な操作によって、この世で一番の天才も、一つの無機的な肉塊に還元することができる……。この操作は、元の一束の糸から若干数の糸をもぎとって、残りの糸をよくかき混ぜることである……。たとえば、私がニュート

ンから二本の聴覚の糸を取り除けば、彼は音の感覚がなくなる。嗅覚の糸を取り除けば、匂いの感覚がなくなる。視覚の糸を取り除けば、色の感覚がなくなる。味覚の糸を取り除けば、味を区別することができなくなるだろう。私が、そのほかの糸を破壊するか掻き混ぜるかすれば、その人の頭脳の形成、記憶力、判断力、欲望、嫌悪、情念、意志の力、自己意識が、それぞれに破壊されてしまうであろう。

脳損傷は、もっとも聡明な精神をも破壊する、悪夢のようなできごとなのは言うまでもない。だが神経科学者にとっては、こうした「自然の実験」こそが、人間の正常な脳の働きを垣間見(かいまみ)させてくれる絶好の機会でもある。脳損傷患者から得られるデータをもとにして、認知機能に関わる脳回路について知識を得ようとする学問分野は、認知神経心理学と呼ばれている。認知神経心理学者は、解離を試金石としている。解離とはつまり、脳に損傷を受けた後、ある領域の能力は損なわれるが、他の領域の能力はまったく元のまま機能していることを指す。二つの心的能力がこのように解離している場合、それらがある程度は独立した神経回路によると推論してもかまわないだろう。一方の能力がだめになったのは、損傷を受けたその部分の脳領域からの寄与を必要としていたからであり、今やそれができなくなってしまったのだ。もう一方の能力がまったく無事なのは、それが、損傷を受けなかった脳回路に基礎を置いているからである。もちろん、認知神経心理学者は、解離に対してもっとつまらない説明があることに、十分注意しておかなければならない。たとえば、一方の課題が、もう一方の課題よりも簡単なだけかもしれないし、損傷後に患者が一方の能力だけを再学習し、もう一方の能力はそうしなかっただけかもしれない。このような代替仮説を注意深く排除したあとで、認知神経心理学は、脳の組織化に関するすばらしい推論に裏付けを与えることができる。

具体例を挙げよう。マイケル・マクロスキーとアルフォンス・カラマッツァらは、アラビア数字を読むことに重度の問題を抱える二人の患者について報告している。H・Yのイニシャルとしてだけ知られる一人の患者は、数字の1を「に」と言ったり、12を「じゅうなな」と言ったりして、読み間違えることがたびたびある。彼の誤答を入念に調べてみてわかったのは、彼は数字をとり違えはするが、ある数を、100と10と1の位に分解することで誤ることはいっさいない、ということである。たとえば、彼は681を「ろっぴゃくごじゅういち」と読む。「はちじゅう」が「ごじゅう」に置き換わっていることを除けば、数の連なりの構造は正しいと言える。一方、もう一人の患者、J・Eは、1を「に」と言ったり、12を「じゅうなな」と言ったりすることは絶対にないが、7900を「ななせんきゅうじゅう」と読んだり、270を「にまんななじゅう」と読んだりして間違える。H・Y

と違って、J・Eは数の単語を置き換えはしないが、そのかわり、数字の文法構造をまるごと間違える。彼は個々の数字を認識することはできる。だが、それらが100の位から10の位、1000の位へとさまようのである。

H・YとJ・Eを二人いっしょにすると、二重解離ということになる。図式的に言えば、数字の文法構造に関しては、H・Yは問題がないが、J・Eは壊れている。一方、個々の単語の選択においては、J・Eは問題がないが、H・Yは壊れている。このような二人の患者が存在することは、紛れもなく、アラビア数字を声に出して読むことにかかわっている脳領域には、数の文法により深くかかわっている部分もあれば、数を表す個々の単語の心的語彙を査定することにより深く関与している部分もあるということを示している。残念ながら血管疾患では、病巣が小さい範囲に限られることは稀だが、もしそうであれば、病巣の位置から、これらの領域が正確に脳のどのあたりに位置するかについて、貴重な示唆を得ることができる。

このような症例報告を解釈する際には、当然ながら、骨相学に立ち戻らないように注意しなければならない。たとえ患者J・Eが数字の文法を間違えるとしても、このこと自体は、彼の損傷が「文法野」をノックアウトしたことを意味するわけではない。「文法」のような広い意味を持つ認知機能は、複雑で統合的であり、脳内各所に分散する複数の脳領域が調和して初めて機能するものだ。J・Eの損傷は、おそらく、数の単語を文法的に順序正しく創り出すことに必要不可欠な、高度に特殊化した初歩的神経処理を壊したが、数を構成する単語を選び出すことについては、なんの影響もないものと思われる。

脳疾患の研究からしだいに得られてきた教訓の中で非常に重要なのは、人間の脳の極端なモジュール性である。皮質の中の小さな領域はそれぞれ、ある特定の機能を担っているようで、それらを、ある特定の源泉からくるデータのみを処理するのに特殊化した、心的な「モジュール」とみなすことができる。脳損傷や、それらによって引き起こされる奇想天外な解離パターンは、これらのモジュールがどのように組織化されているかについて、またとない情報を提供してくれる。H・YやJ・Eなど、障害を抱えた何人もの人々が、科学の実験に参加することを快く承諾してくれたおかげで、数の処理に関わる脳領域に関する知識は、ほんの一〇年前と比べてもずっと深くなってきた。確かに、込み入った算術操作に使われる回路については、まだとらえられていない。それでも、数に関する情報を処理する脳の経路の地図はますます詳しくなり、ゆっくりとではあるが形をなしてきている。現時点でわかっている、数の処理に関する神経学的知識は、初歩的なものであるとは言え、数学と人間の脳との関係を考える上で、すでにかなり有用なものになっていると言えよう。

概数人間、N氏

一九八九年九月のある朝、N氏が検査室に入って来るなり、彼の脳損傷がたいへん重篤(じゅうとく)な影響を与えていることは明らかだった。右腕は三角巾で吊され、右手も不自由で重度の運動障害を示している。N氏は、一生懸命ゆっくりと話す。ごくありふれた単語がなかなか思いつかず、苛立ちをつのらせることもある。彼は何一つ読むことはできない。「ペンをカードの上に置いてから、それをもとあった場所に返してください」といった、それほど込み入っていない要求も理解することができない。

N氏はかつて結婚しており、二人の娘の父でもある。彼は一流企業の営業マンとして重要なポストに就いていた。だから、当然、算術には精通していただろう。彼の世界を打ち砕いた状況についてはよくわからないのだが、おそらくは、在宅中に、突然脳出血に見舞われたものと思われる。それが原因で倒れ込み、打ち所が悪かったのだろう。ひどく大きな血腫で苦しんでいたため、病院に到着するやいなや、緊急手術がなされる運びとなった。これらの急展開の惨事によって、左半球の後頭葉を半分も切除することになってしまった。三年たっても相変わらず、言語と運動制御に障害を抱えている。そのため、一人では生活することができず、高齢の両親と一緒に暮らしている。

私の同僚であるローラン・コーエンは、N氏と会うよう、私を招待してくれたが、というのも、N氏が重度の「失算症（神経学者の専門用語で、数の処理の障害のことを示す）」に苦しんでいたからであった。彼に「2たす2」を計算するように言うと、二、三秒間じっくり考えた末に、彼は「さん」と答えるのだった。「1、2、3、4……」や「2、4、6、8……」などの、数の決まりきった系列なら、彼は簡単に暗唱できたが、「9、8、7、6……」や「1、3、5、7……」などを唱えるように言った場合には、完全に失敗した。また、アラビア数字（たとえば5）が目の前で一瞬しか提示されなかった場合には、それを読むこともできなかった。

こんな悲惨な臨床症状を見ると、N氏の算術能力は、言語能力のほとんどと同様に、消え去ってしまったも同然だと、結論したくなるだろう。ところが、この仮説に矛盾する観察例がいくつかある。その一つは、N氏の奇妙な読み方である。数字の5をかなり長い間見続けてもらうと、彼は、それが文字ではなくて数字だと、私になんとかして伝えようとする。そして今度は、指を折って数え始める（「いち、に、さん、し、ご、それはごです！」）。当然ながら、適切な数字まで数えるには、数字の5の形態を認識していなければならない。では、なぜすぐさま答えることができないのだろう？　私が彼の娘の年齢を尋ねたときも同じように振る舞う。彼は「なな」という言葉にすぐには到達できず、こっそりとその数字まで数えているのである。彼は、自分が答えたい量は初めから正しく知っているようだが、それに対応する単語を引き出すには、数の系列を暗唱することしか手段がないようである。

ついでに言うと、私は、N氏が単語を声に出して読もうとする場合にも、同じような現象が起こることに気づいた。彼は正しい単語を見つけられないまま、それに対応する適切な意味を模索することがよくあった。彼は、「ハム」と私が手で書いた単語を読むことはできなかったが、「それは肉の一種です」と、なんとか私に言うことはできた。「煙」という単語ももちろん読めないが、「火があったり、何か燃えていたりする」という感覚は呼び起こす。「学校」に対しては、自信ありげに「教室」と読む。私たちはみな、5を見れば「ファイヴ」、そしてh－a－mという文字列を見れば「ハム」というふうに、視覚的形態を発音形式に直接変換できるが、M氏の心では、こうした直通路が遮断されているように思われる。だがいずれにせよ、文字や数字の意味は、彼の心から完全に失われてしまったわけではない。彼は遠回しな言い方ではあるが、それらの意味をなんとか表現しようとする。

このことを足掛かりとして、私は次に8と7の数字の対（つい）をN氏に提示してみた。彼はそれらを「読む」だけなのに、指折り数えるものだから、何秒もかかってしまうのであった。

それなのに、8のほうが大きい数字だとは、瞬時に指摘する。まったく同じようなことが、二桁の数字でも起こる。彼は、ある数字が55よりも大きいか小さいかについては、迷うことなく分類する。N氏は、アラビア数字によって示される量は、確かに覚えているのだ。彼は、53と55のように、互いに量が接近しているときにだけ誤りを犯す。それはあたかも、彼がアラビア数字のおおよその大きさだけは知っているかのようである。また、温度計として提示された、下が1で上が100と記された垂直線上に、二桁の数字の位置をおおまかに特定するように言うと、彼はどうにかこうにかやってのける。だが、その反応は、数字として正確だとは到底言えない。彼は10を下から四分の一のところに、75を100のすぐそばに置く。それ以上の高度な分類操作になると、彼にはもはやお手上げだ。ましてや、奇数か偶数かを判断する課題などは、彼の能力をとうに超えてしまっている。

実験を重ねるにつれて、あるはっきりとした規則性が浮かび上がってきた。それは、N氏は正確な計算をする能力は失ってしまったが、大ざっぱな計算ならまだできる、ということだ。彼は数量を大ざっぱに知覚することだけを要求する課題なら、どんなものでもこなすことができた。たとえば、「ある学校には九人の子どもがいます。これは、少なすぎますか、ちょうどいいですか、多すぎますか?」といった問題のように、ある量がある具体的な状況で、だいたいにおいて妥当かどうかを、彼は容易に判断できる。だが一方で、彼は明らかに、数に関する正確な記憶をすべて失ってしまっていた。彼は一年を「約三五〇日」、一時間を「約五五分」であると判断する。彼によると、一年には五つの季節があり、一時間の四分の一は「二〇分」であり、一月には一五日か二〇日そこらの日があり、一ダースの卵は「六個か一〇個くらい」になる。それは、確かに間違ってはいるものの、事実からそれほどはずれているわけでもない。彼はまた、直前の記憶も保持できない。私が、数字の6と7と8を一瞬提示すると、その一秒後にはすでに、5と9があったかどうかも覚えていられない。それでも、3や1でなかったことは、確かにわかっている。というのも、これらの数では量が少なすぎるということは、即座にわかるからだ。

正確な知識と大ざっぱな知識の解離は、足し算においてもっとも顕著に現れる。N氏は、2＋2の足し算をどうしたらよいか、わからない。でたらめに3とか4とか5と答えることからも、彼が重度の失算症であるということがうかがえる。だが彼は、答えが9だと言ったことは一度もない。同じように、彼は、5＋7＝11のように、わずかに違っている足し算を提示されると、半分以上の場合に、それを正しいとみなす。このことは、彼が計算の答えを正確に導くことができないということを裏づけている。それでも、5＋7＝19のように、答えが甚だしく間違っているものを提示されると、自信を持って、正しく一瞬にしてはねつける。彼はその答えを大ざっぱでありながらも知っているように見えるし、19

という指定された答えが正解にはほど遠いことにも、すぐに気がつく。おもしろいのは、量が大きくなるほど、N氏の心の中で、だんだんとそれが曖昧になっていくように見えることだ。4＋5＝3は否定するのに、14＋15＝23は受け入れるのである。しかし、掛け算の問題になると、彼の大ざっぱな能力はもはや、手も足も出ないようだ。彼は掛け算を、どうやらでたらめに答えているらしく、3×3＝96というはなはだ間違った計算でさえ、正しいと認めることもある。

一言で言うと、N氏は概算しかできない。そんな特殊な障害に、彼は悩まされているのである。彼の算術生活は、数が量を正確に表せず、大ざっぱな意味しか持たない、一風変わったファジーな世界に閉じ込められている。フランスの作家、スタンダールは、「私が毛嫌いするものは二つ。それは偽善と曖昧さだ。それらを断じて許さない学問として、私はかつて数学を愛するようになったし、今もそうである」と言ったが、N氏の障害は、スタンダールによってみごとに言い表された、数学の絶対的な厳密さという決まり文句への反証である。

スタンダールの言うことはその通りなのだが、不確実性は、数学の重要な一部をなしている。だからこそ、数についての正確な知識をまるごと失いながらも、数量に関する「純然たる直感」を保持していることがあるのだ。ヴィトゲンシュタインは、2＋2＝5は合理的な誤りであると意地悪く述べたことがあるが、それは真理に近い。だが、２＋２＝97だと主張する人がいるならば、これは単なる誤りではあり得ない。その人は、私たちが持っている論理とはまったく異なるもので操作を行っているに違いない。

これまでの章では、算術能力を二つのカテゴリーに区別してきた。一つは初歩的な量的能力である。それは、ラットや類人猿、人間の赤ちゃんなど、言語を持たない生き物に共有されている。もう一つは、高度な算術能力で、それは、数の象徴的な表記法と、正確な計算アルゴリズムを苦労して獲得することに支えられている。N氏の症例が示唆するのは、これら二つのカテゴリーが、部分的に別々の皮質系に依存しているということである。一方が機能しなくなっても、もう一方は正常に機能するのだ。

N氏のテスト結果と、1章で述べた、サラ・ボイセンのところの賢いチンパンジー、シバの能力を同等にみなすことは、明らかに笑止千万で、還元主義に過ぎるというものだ。N氏は、障害があると言っても、十分に成熟したホモ・サピエンスであることに変わりない。しかしながら、算術に関して言うと、脳の損傷によって、初歩的な能力レベルに戻ってしまった。N氏は、シバと同様、数の記号をそれに対応する量に変換することはできる。だが言うまでもなく、記号のレパートリーは、N氏の方がシバよりも断然多い。彼はまた、シバと同様、二つの量のうちの大きい方を選んだり、大ざっぱになら足し算したりもできる。左半球を極度に損傷した失語や失算の症状をもつ患者でも、これらの操作が変わりなくできるということは、それらが言語能力に大きく依存しているわけではないことを裏づけている。一方、正確な計算は、少なくともその一部が左半球に局在する、人間という種だけに備わった神経回路が、完全な状態になければできない。これが、左半球の大半を損傷したN氏が、数を声に出して読むことも、掛け算することも、奇数か偶数かを判断することもできない理由である。

紛れもない障害

N氏の症例からは、数を推定する能力が脳のどこに局在化しているのか、明確な結論を下すことはできない。左半球の損傷が広い範囲に及んでいることを考えると、彼の現在の能力が、右半球で正常に機能している領域に支えられているとしてもおかしくはないからだ。しかし、彼の左半球の一部の領域が、正確な計算はできなくても、数の比較や概算を実行するくらいなら、機能しているという可能性も残っている。

他の神経学的症状の方が、それぞれの半球に存在する、算術の能力を司(つかさど)る領域をより正確に把握するのに適している。二つの半球をつないでいる膨大な神経繊維の束のことを脳梁(のうりょう)と言うが、それは両半球間で情報をやりとりする主要な経路である。ときとして、この神経繊維の接続が断たれることがある。また、きわめて局所的な病変によって、それが部分的に遮られることもある。それよりも頻繁にあるのは、どんな処置も功を奏さない重度の癲癇（てんかん）患者の治療の最終手段として、脳梁を外科手術で切断することである。どの場合でも、そうなってしまうと、二つに分断された脳をもつ人間、つまり「分離脳患者」となる。左右の半球はいずれもこれまで通りに機能しているのだが、情報を相互にやりとりすることは、事実上、もうできなくなる。

分離脳患者は、日常生活を見る限りは、心身ともに健全であるように見える。彼らの行動は、右手がすることを左手が元に戻すというまれな振る舞いが見られることを除けば、まったく正常であるように思える。だが、簡単な神経学的検査を行えば、たちまち、紛れもない障害が明らかになる。分離脳患者に目を閉じさせて、左手になじみのあるものを持たせたとしても、彼らはその名称を言うことはできない。ところが、その使い方を、身振りを交えて表現することはできる。同じように、ある絵を彼らの左視野に一瞬だけ提示すると、彼らは何も見なかったと断固として言い張るが、彼らの左手は数枚の絵の中から適切な絵を選ぼうとする。

この奇妙な行動を説明するのは簡単だ。外界と接する感覚器官と第一次感覚野とをつなぐ神経投射は交差しているので、左側からの触覚や視覚の刺激は、最初は右半球の感覚野で処理される。したがって、左手でものを触ると、右半球はそれが何であるかを十分に理解し、その形態や機能を思い起こすことができる。しかしながら、脳梁が切断されているので、この情報は左半球に伝達されない。とくに、一九世紀のブローカの研究以来、言語の産出を制御する脳領域は左半球に局在することが知られるようになったが、ここが、右半球が感じたり見たりすることをまったく知らされないのである。そこで、左半球の言語ネットワークは、何かを見たということすら否定するのである。左半球の言語ネットワークは、答えを言うように促されると、ある反応をでたらめに選んだり、前にやった試行から、一つの反応を借用したりする。私が検査したことのある患者の場合は、目隠しされた状態で、右手にハンマーを持たされた場合はその名前を正確に言えたが、左手にコルク栓抜きを持たされると、「ハンマーがもう一つ」とすぐさま言うのだった。そうは言いながらも、左手はボトルのコルクを回して抜こうとしているのだった。

分離脳患者は神経心理学者にとっての宝の山である。なぜなら、彼らは、各半球でなされている認知能力を体系的に評定させてくれるからだ。分離脳患者に、ある数字に2を掛けるように言って、いろいろな数字の書かれた複数のカードの中から適切な答えを指さすように言うとする。患者の注視点の左または右に数字を視覚的に提示するか、または、眼球が動き出すよりも短い間だけ数字を一瞬提示することによって、入力を一方の半球のみに限定することができる。こうした巧みな技を駆使すれば、どちらの半球が、数を同定したり、数を二倍にしたり、ある特定の数を指さしたりできるかを突き止められる。

数字を同定するというもっとも簡単な操作から話を始めよう。スクリーン上に二つの数字を投射して、それらが同じかどうかを分離脳患者に答えてもらうとする。右と左に一つずつ数字を提示すると、こんな簡単な同異判断ですらよくできない。彼らは2と2は違うとか、2と7は同じだとか言って、でたらめに反応する。つまり、半球間の連結を切断することで、左右にある数字を比較できなくなるのである。左右の半球がそれぞれで数字を同定できるとしても、そのような結果になるのである。実際、二つの数字がいずれも同側の視野（両方右側か、あるいは両方左側）に提示されれば、彼らはほとんど完璧に反応する。

各半球はそれぞれ、数字の形態を躊躇なく認識する。それらはまた、数字の形態をある特定の量を示すものとして解釈することもできる。このことを証明するには、数字の対のかわりに、点と数字をいっしょにして提示すればよい。数字と点のパターンの両方が同側視野に提示されると、分離脳患者はそれらが一致するかどうかをなんなく答える。つまり、各半球ともそれぞれ、3と∴がどちらも同じ数を表象していることを知っていると言える。

両半球はまた、数の順序関係も正しく理解している。ある数字が左右いずれかに提示されると、それが基準となる数よりも大きいか、もしくは小さいかを、分離脳患者は一瞬にして決定できる。また、数字の対が提示された場合でも、より大きい方（あるいはより小さい方）を指さすこともできる。比較に関してだけは、右半球は左半球よりも多少鈍く、あまり正確でないように見える。だが、それほど大きな違いがあるわけではない。だから、数量の表象と、数量を比較する手続きは、左右の半球のいずれにも備わっているようだ。

しかし、こうした両半球の類似性は、言語と暗算の問題になるとまったく消えてしまう。言語と暗算では、圧倒的に左半球が優位だ。先に述べたのと同じ実験的手続きを用いると、右半球は綴られた数を同定できないようである。右半球は、数字の6のような単純な形態を認知する視覚能力はもっているが、sixのようにアルファベットで提示された場合には認知できない。またほとんどの人々の場合、右半球は無言居士である。すなわち、右半球はほとんどの単語を、声に出して言うことができない。そこで、コンピュータのスクリーンの左側に数字の6を一瞬提示しても、分離脳患者のほとんどがN氏とまったく同じように振る舞うのである。つまり、左手を使って、6が5よりも大きいということを指し示すことはできるが、その数字が何であるかを言うことはできないのである。

分離脳患者の中には、驚くほど器用な人がたまにいる。そのような人は、右半球が発話できないのをなんとかして回避しようとする。たとえば、マイケル・ガザニガとスティーヴン・ヒリアードが研究したＬ・Ｂという患者は、右半球に提示された数字でも、数秒後にはなんとかして言えるのだった。ただ、健常な人たちと違って、彼が数字を言えるまでの時間は、数字が大きくなるのに比例して長くなるという、線形な増加を示した。彼は数字の2を言うのに二秒、数字の8を言うのに五秒近くかかった。Ｌ・Ｂは、Ｎ氏がやるように、数を順を追って次々と、ゆっくりと声に出さないようにして暗唱していき、彼独特の言い回しによると「目立つ」数字に到達したところで、声に出して答えるようである。見た数に到達したことを、右半球がどうやって合図しているのか、誰も知らない。それは、分離脳患者がよく独力で編み出すような、ある種の手の動きであったり、顔の収縮であったり、その他の手がかりとなるなんらかの策略であったかもしれない。いずれにせよ、左視野に提示された数字を言い当てるのに、彼が最終手段として数え上げたという事実こそが、彼の右半球に正常な発話生成能力が欠けていた、ということを示している。

右半球は暗算も苦手だ。右の視野にアラビア数字を一つ提示して、それが左半球に伝わると、患者はそれに4を加えたり、3を掛けたり、2で割ったりすることを、苦もなくさそうにこなす。しかし、数字が左の視野に提示されて右半球で処理される場合には、どんなに単純なものであっても、このような計算はまったくできない。患者が答えを言うのではなく指さすように言われたときでさえ、この根深い計算障害はそのままである。

正確な計算を行うには右半球は少しも役に立たないが、そうだとしても、概算ならばできるであろうか？　この可能性を検討するために、私はローラン・コーエンと共同で、脳梁を一部切断された脳をもつある患者に、足し算の問題を視覚的に提示して、それが正しいかどうかを尋ねてみた。彼女は、「2＋2＝9」のように明らかに間違っている計算式でさえも、右半球で知覚したときには、試行の二分の一の頻度で正しいと判断するので、でたらめに答えていると考えられた。ところが彼女は、あるテスト試行で突如として、一六試行中一五試行も正しく反応したときがあった。こんなことが偶然起こる確率は、四〇〇〇回に一回よりもはるかに少ない。そこで私は、彼女の右半球は簡単な足し算なら見積もることができるのであり、その能力が、一六試行からなる一度のブロックの間だけ、なんとかうまく発揮されたのではないかと推測している。実のところ、右半球が何らかの能力をもっているだけでは不十分だ。右半球は、実験者の指示を理解しなくてはならないし、左半球に乗っ取られる前に反応する機会を与えられていなければならない。

ジョーダン・グラフマンと彼の同僚たちは、また別の患者を研究して、ごく初歩的な演算であれば右半球でもよくできるという仮説を補強した。アメリカの若い軍人、J・Sは、二二歳の時、ベトナム戦争で左頭蓋骨とその下に拡がる皮質の大半を失った（図7・1）。J・Sは何度も外科手術を受け、感染症を何度も繰り返し、それらが原因で発症した癲癇

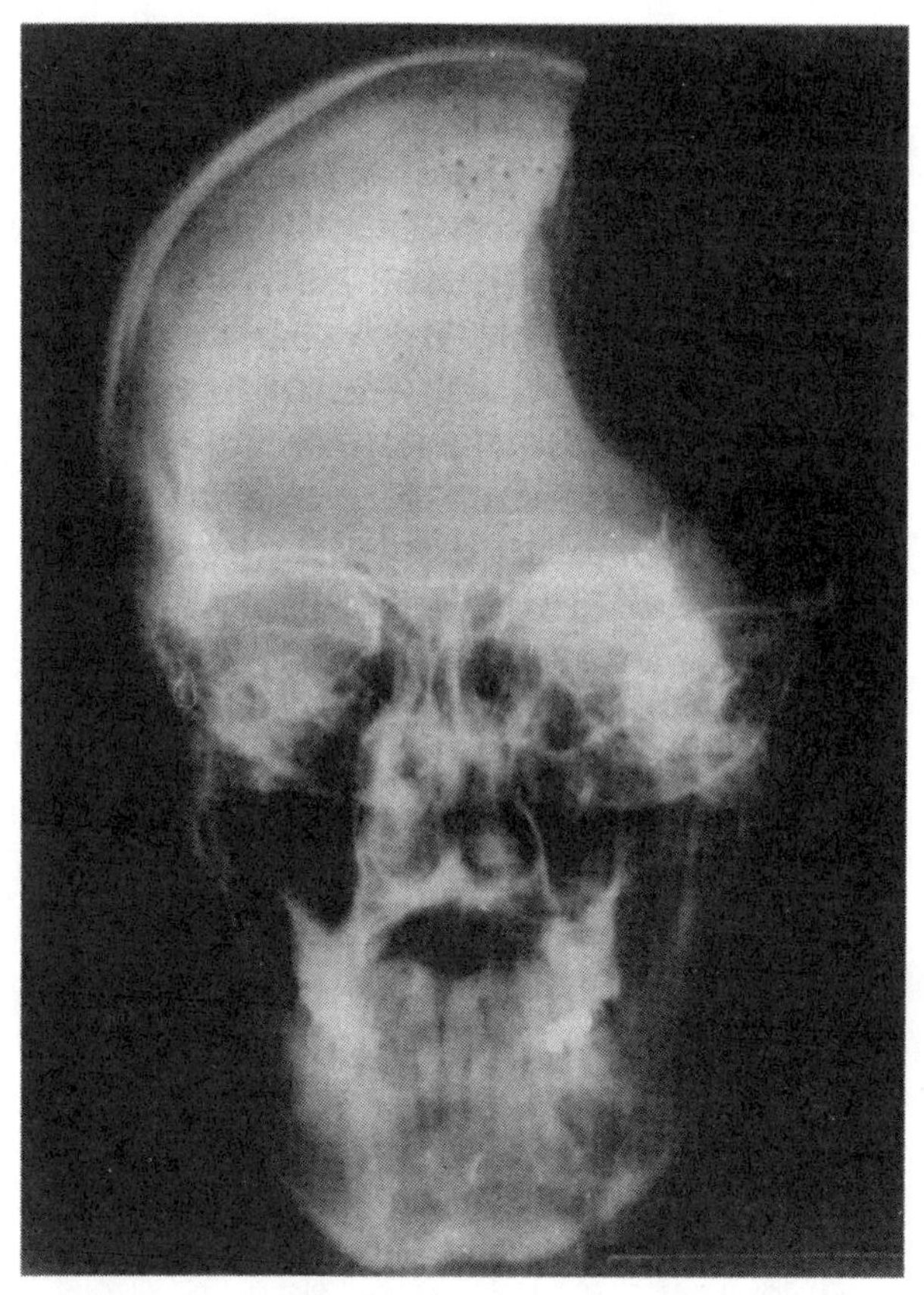

図７・１　ベトナム戦争で左半球を失ったにもかかわらず、J・Sという患者は、アラビア数字を同定して比較することができた。しかし、正確な計算となると非常な困難を強いられた。（Grafman et al., 1989より出版社の許可を得て掲載）

も耐え難いものだったが、どうにか生き延びた。現在、左半球の後頭葉は保持されているものの、右半球だけで、自立した生活をなんとか送っている。予想される通り、J・Sの話し言葉の理解と産出はひどく損なわれている。読み書きはおろか、どんなものの名前も言うことができない。こうした障害は、脳梁を切断した患者の孤立した右半球でよく見られる能力の限界と合致する。数の処理に関するテストの結果も、他の分離脳患者のものと一致する。J・Sはアラビア数字を認識でき、それらを比較することもでき、対象の集合数を推定することもできる。彼はいくつかの数字と、若干の二桁の数字を、声に出して読めるときもある。彼は一桁の数字の足し算や引き算なら、そのうちの半分くらいは解くことができる。掛け算や割り算、数桁からなる計算は、彼にとってはいかんともしがたい難題である。

数のナンセンスを極めた男

J・Sを含めて、私たちが見てきた分離脳患者が示しているのは、左右半球いずれも数量の表象を処理はするが、正確な演算は左半球でしか行えない、ということである。この量的表象を司る脳領域と考えられるものは、はたして局在化しているのだろうか？　心の物差しは、皮質の中に正確な位置を占める特別な皮質回路と関連しているのだろうか？

そして、脳損傷によって数覚を奪い去られると、私たちの精神生活はどういうものになるのだろうか？　これらの疑問に答えるために、これまでよりもより小さな部位を損傷して、より特殊化した脳回路だけに影響が及んでいる患者たちに目を向けることにする。

有名な劇作家、ウジェーヌ・イヨネスコが彼の代表作、『授業』を執筆していたとき、おそらくはユーモアとナンセンスを愛する以外、どんなてらいもなかったに違いない。だが彼は、自分はまったく知らぬまま、この劇の中で、量的直感をすべて欠いた計算障害の患者を、驚くほどリアルに描いていたのであった。

教授　それでは、算術をちょっとやってみましょう……一足す一はいくつですか？

生徒　一足す一は二です。

教授　（生徒の知識に驚いて）おお、これはまたすばらしい。あなたの学問は非常に進んでおられるようだ。博士号などすぐ取れそうだ、お嬢さん……。先に進みましょう。二足す一はいくつですか？

生徒　三。

教授　三足す一は？

生徒　四。

教授　四足す一は？
生徒　五。……。
教授　すばらしい。あなたはすばらしい。きわめて鋭敏だ。心から祝福します。お嬢さん、これ以上何もすることはありません。足し算に関してはまさに達人の域だ。さて今度は引き算をしましょう。疲れておいでてなかったら、どうぞ答えてくださいよ。四引く三は？
生徒　四引く三？……四引く三？
教授　そうです。四から三だけ取るんですよ。
生徒　それは……七ですか？
教授　お言葉を返してまことに失礼ですが、四引く三は七ではないんですよ。あなたは混同しておられる。四引く三は七ではありません……。足し算はもうやめたんです。今度は、引き算をやっているんですよ。
生徒　（理解しようと努力して）はい……はい……
教授　四引く三は……いくつですか？……いくつでしょうか？
生徒　四？
教授　いや、違いますよ、お嬢さん。
生徒　じゃ、三？

教授　でもありません……残念ですが……そうじゃないと、申し上げなきゃならん……お許しいただきたい。
生徒　四引く三……四引く三……四引く三ですか？……まさか十じゃありませんわね？
教授　おお、もちろん違いますよ……さあ、よかったら数えてください。どうぞ。
生徒　一……二……で、二の後は三が来て……それから四……
教授　はい、そこでよろしい。では、三と四。どっちの数の方が大きいですか？
生徒　ええと……三と四ですか？　どっちが大きいのかしら。三と四の中で大きい方を言うんですか？　どんな意味ででしょう？
教授　数には大きい数と小さい数があるんです。大きい数には単位の数がたくさんありま す。小さいのよりも……
生徒　すみませんけど、先生……大きい数というのはどういう意味ですか？　片っぽうより小さくないもののことですか。
教授　そう、そのとおりです。私の言うことがよくおわかりのようだ。
生徒　それなら、四です。
教授　四、というと、三よりも大きいんですか？　小さいんですか？
生徒　小さい……いいえ、大きいんです。

教授 よくできました。三と四の間にはいくつ単位の差がありますか？……四と三の間でもよろしいが。

生徒 三と四の間には単位なんて一つもありませんわ。四は三の次にすぐくるんでしょ。三と四の間にはなんにもありません！

教授 いいですか。マッチが三つある。ここにもう一つある。すると四つです。さあ、よく見て、マッチが四つある。一つを取る。さあいくつ残っていますか？

生徒 五です。三と一が四なら、四と一は五です。

イヨネスコは、それ以前に、神経クリニックを訪れたことがあったのだろうか？『授業』に登場する生徒は、架空の人物ではない。そのような人物に、私は実際に会ったことがある。私は以前に、下頭頂野（かとうちょうや）（図7・2）を損傷した六八歳の失算症患者、M氏に、何時間もの間、計算を教えようとしたことがあった。イヨネスコの生徒と同じように、この人物は簡単な足し算であれば解決できるのに、引き算はからっきしだめで、二個の数字の大小を決めるのにも難があった。イヨネスコの対話は、一字一句写したのかと思ってしまうほど、私とM氏との現実離れした会話と区別がつかない。教授のせりふを読むと、私がM氏に初歩的計算を教えようとしたときのぎごちなさ、彼が成功したときの、大げさな激

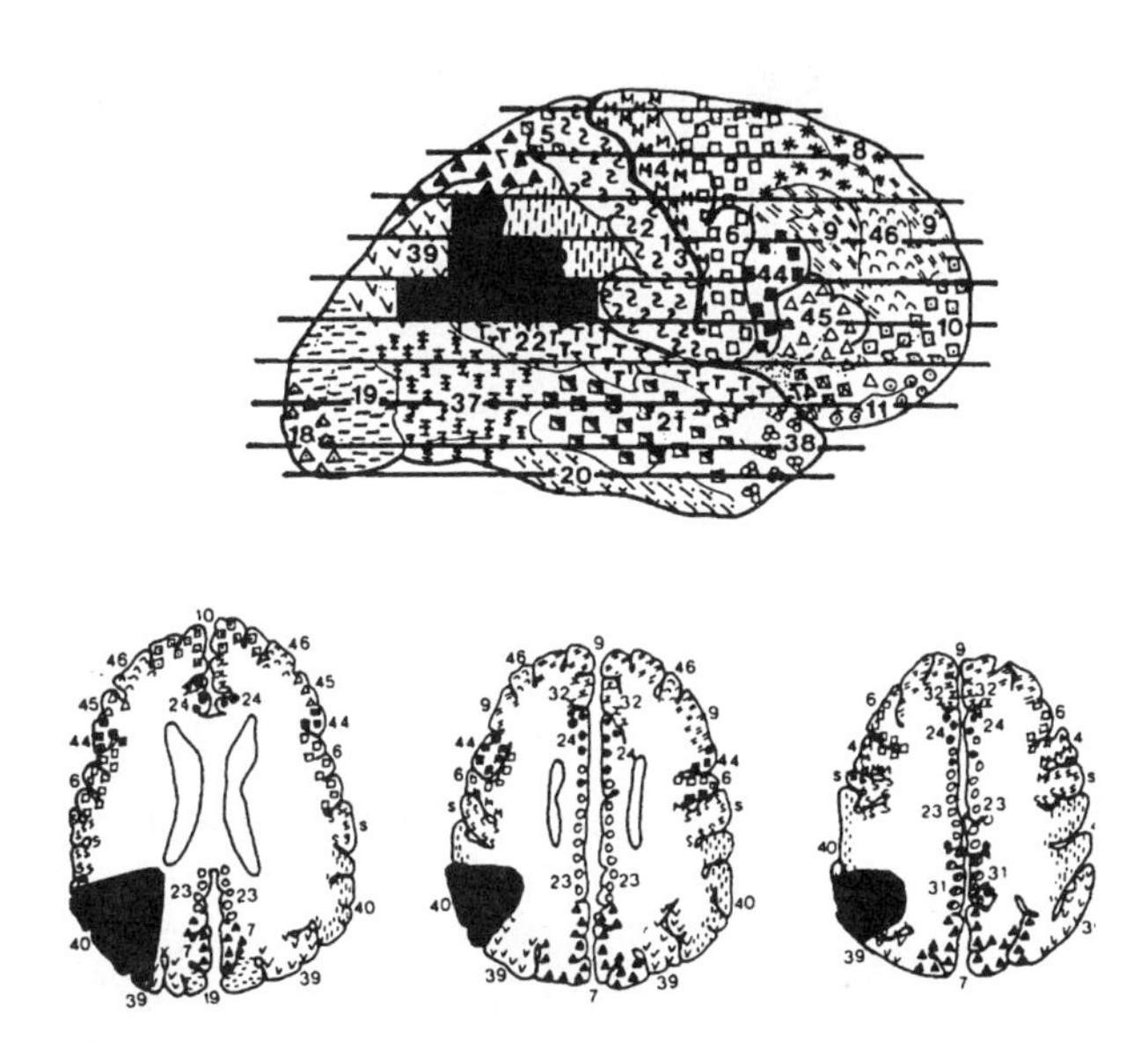

図７・２　右の下頭頂皮質にある、この障害のため、M 氏は数量の感覚をなくしてしまった（混乱を招く神経学上の習慣で、右半球の障害が、水平断面の左側に表されているので注意）。（Dehaene and Cohen, 1996 より）

励ぶり、そして彼が繰り返し間違いを犯すのを目の当たりにして、私が落胆を隠しきれないでいたことなどをまざまざと思い出した。生徒のせりふは、もはや理解できなくなってしまった問題に、あくまでも快く答えようとするときの、M氏の狼狽ぶりとなんら変わるところはなかった。この芝居の副題――喜劇的ドラマ――さえも、M氏の不遇の境地にぴったりとあてはまってしまう。それはまさに、「数のナンセンス」の実例と言える。

実際のところ、M氏の障害は、数の量的表象が選択的に損傷された患者の典型的な例である。それは、アラビア数字や数の単語に意味を与えている、心の中の心の物差しの損傷だ。M氏は算数に関するあらゆる直感を、事実上喪失してしまっている。これが原因で、彼は4－3を計算できないし、ましてやこの引き算が何を意味するのかも理解できない。にもかかわらず、彼のほかの皮質回路は依然として正常に機能しているので、記号による決まりきった計算を遂行することはできるのだが、それの意味を理解することはできない。

では、M氏の解離した能力を一つずつ見ていくことにしよう。M氏はかなり流暢に話し、単語や数字を完璧に読むこともできる。彼は当初、文字を書くのに苦労していたが、この障害はとっくの昔に回復している。したがって、単語を、視覚的にそして聴覚的に理解するモジュールと、単語を発話したり書いたりするモジュールは、彼の中で正常に機能しているに違いない。また、それらのモジュールをつなぐ連結経路も正常であるに違いない。話の途中だが言っておくと、M氏の症例は、数をある表記から別の表記へと変換する直接的な経路、――記号の意味を考慮せずに「2」を「に」に変換できるネットワークが、人間の脳の中に存在することを強く示唆している。

実際のところ、M氏は、自分で流暢に読み上げる数字の意味を理解していない。二つのアラビア数字のうち、より大きい方を指さすことを課す、数の比較の課題では、彼は六回に一回は失敗した。たまにしか間違えなかったとは言え、間違えるときには凄まじいものがある。たとえば、5は6よりも大きいと、真顔で言い張ることもあったくらいだ。二つの数のうちのどちらが、基準となる数により近接しているかを判断する、数の近接の課題でも、五試行中一度は、いつもきまって失敗する。

彼は引き算のテストと、数を二分割する課題で、相当甚だしい障害を示す。数の二分割課題とは、ある決まった範囲をもった間隔のちょうど中央に位置する数は何かを言い当てるものである。M氏の答えは、まったくナンセンスだと言ってもよいくらいだ。彼は、3と5の間が3だと言い、次は2だと言う。また10と20の場合は30だと言い、その後には「数の形がどうもうまく心に思い浮かばない」などと弁解しながら、正解は25だと言う。引き算でも同じような混乱が続く。彼は4から3を引く問題を解くことができない。それどころか、イヨネスコの生徒に不気味なほど酷似した間違いも犯すのである。2引く1

は2、9引く8は「一つ違うから」7と、彼は断言する。3引く1は「4、でも一つ違うから一つ修正して3になるんですね」。6引く3の場合は9と書くのだが、まれに、ある瞬間正気になって、次のようにコメントすることがある。「私は、引くべきところで足している。引き算は減じることだし、足し算は加えることだ」と。だが、こうした知識は、理論的な見せかけにすぎない。M氏は、整数の構造に関する感覚や、ある量からもう一つの量へと変換するのに必要とされる操作の感覚を、すべて喪失してしまっている。『授業』のなかで、その生徒は4引く3の引き算すらできなかったのであるが、あるとき突然、計算の神童であることが発覚する。

教授　たとえば……三七億五五九九万八二五一、掛ける、五一億六二三〇万三五〇八は、いくつになるかというと……

生徒　（すばやく）一九三九京〇〇二兆八四四二億一九一一六万四五〇八……

教授　（呆然として）でも、算術的推論の原理も知らないのに、なぜわかるのですか？

生徒　簡単ですわ。私、論理に頼るわけにはいかないから、あらゆる掛け算の答えをすべてまる暗記しちゃったんですわ。

全体を考慮すると、M氏はそこまですごくはないにしろ、同じような解離を示していると言える。彼は3－2＝2だと自信満々で断言しながらも、掛け算表はほとんどすべて暗記している。彼は言語を丸覚えする能力にはまったく問題がなく、自分で言っていることを理解しないまま、自動化された機械のように「さんく、にじゅうしち」とだしぬけに言えるのである。彼はまた、こうした正常に機能する記憶を頼りにして、一桁の数字の足し算問題なら、それらの半分以上を解決できる。だが、足し算の答えが10を越えると、かならず失敗する。大人であれば大多数が、8＋5を解く場合に、（8＋2）＋3という形に分解するやり方をとるが、M氏にとっては、それは手も足も出ない代物である。M氏の算術知識は、暗記力が滞る時点から次第に消え始める。彼は下頭頂野を損傷してしまったので、記憶が使えなくなったとき、頼りになるべき数覚が使えないのである。

下頭頂野と数覚

M氏の損傷の座である下頭頂野は、依然として、人間の脳の中の「未知なる大地」である。この皮質領域、とくに「角回」や「ブロードマンの39野」と呼ばれている後方脳回は、数を量として心的に表象するのに重要な役割を果たしている。そこは、この本のテーマである「数覚」、すなわち、人類の誕生以来ずっと存在してきた、量に関する直感が納められている場所である可能性が高い。解剖学的には、この領域は、神経科学者が、複数の感覚様式の高次連合野と呼んできた場所にあたる。神経学者のノーマン・ゲシュヴィントは、そこを「連合野の連合野」と呼んだ。確かに、この領域の神経配線は、視覚、聴覚、触覚から来る、高度な処理をしたデータの流れが、そこで収束されるようにしているので、算術には理想的な場所である。数の概念は、どんな感覚様式にも同じように当てはまるものだからだ。

六〇年ほど前に、ドイツの神経学者J・ゲルストマンは、左下頭頂野を損傷すると、四つの症状が一緒になって現れることを最初に報告した。四症状とは、失算は言うまでもなく、字を書くことの障害、手指の認識の障害、左右の区別の障害である。M氏は、脳血管の発作の直後には、これらすべての障害を表していた。しかし、事を複雑にしていることがさらに一つあった。それは、M氏の損傷が右半球に位置していたことである。M氏は左利きであった。おそらく彼は、自然な脳の設計が鏡像反転していて、言語処理が左でなく右半球で行われる、少数の人たちの一人だったのだろう。しかし、量的な数覚の喪失は、ゲルストマンの症候群が左下頭頂野の損傷で生じている、より古典的なタイプの患者でも見られる。

では、数と書字と指と空間は、どういう関係になっているのだろうか？　これは、おおいに論争が行われている問題である。ゲルストマン症候群と呼ばれる四つの障害は、さほど意味がないかもしれない。それはただ単に、互いに関係のない脳のモジュールどうしが、皮質において近くに集まっていることを反映しているだけなのかもしれない。実際、何十年にもわたって研究者が観察してきたのは、この症候群を構成する四要素が、しばしば一緒になって見られはするものの、解離することもある、ということだ。まれには、手指失認の症状を一見示さずに、失算だけが単独で見られたり、またその逆のケースを示したりする患者もいる。そこで、下頭頂野は、数と書字と空間と手指に高度に特殊化した、さらに小さな領域にそれぞれ細分化されているものと思われる。

そうは言っても、なぜ、同じ脳領域内にこれらが集まるのか、より深い説明を探したくなる。これまでの章でも見てきたように、結局のところ、数と空間は議論の余地がないほど強固に結びついている。第1章では、数は、対象の大きさや、それが何であるかを問わず、物体の存在を特定するものとしての物体の集合を、空間的に表象することから引き出されるということを述べた。第3章では、数が左から右へと向かう心の物差しに基づいて心的に表象されており、それが数的直感の中心的な役割を果たしていることを示した。第6章では、数学的才能と空間能力が強固に結びついていることを知った。そういうわけで、空間と数の心的表象が、ある損傷によって同時に破壊されることがわかっても、少しも不思議ではない。

私の考えでは、下頭頂野が、連続的な空間情報を表象するのに充てられた神経回路網の座になっており、そこが心の物差しをコード化するのに理想的な場所なのではないか、ということだ。解剖学的に見ると、下頭頂野は、外界に存在する対象の空間配置を抽象的な地図に少しずつ仕上げていく場所である、頭頂後頭領域の、ピラミッドのてっぺんに位置している。数とは、外界に存在する対象の永続性を、もっとも抽象的に表象したものとして、自ずと立ち現れてくるものだ。実際、対象が何であるかや、その軌跡が取り除かれた場合にも、恒常的に存在し続けるただ一つの変数として、数を定義することさえできる。

数と手指の結びつきもまた、明らかだ。すべての文化のすべての子どもは、指を使って数えることを学ぶ。そこで、発達の過程で、手指の表象と数の表象がそれぞれ、近接する皮質領域を占めて相互に強く結びつくようになる、と考えるのはもっともらしい。さらに、数の内的表象と手指の配置は、たとえそれらが解離することがあっても、よく似た体制化の法則（訳注：さまざまな要因が知覚にはたらきかけることで、バラバラだったものが一つにまとまって見えたり感じられたりする傾向のこと）にどちらも従っている。私がM氏に中指を動かすように言うと、彼は人差し指をぴくぴく動かす。彼の間違いは、まさに、心の物差し上にある2と3の位置をそれぞれ視覚化できないことの現れであるように思われる。この見方はまだ推測の域を出るものではないが、こう考えると、身体地図と空間地図、そして心の物差しはみな、下頭頂野の神経結合を取り仕切っている単一の構造原理から生じたということになるだろう。

数学で引き起こされる癲癇（てんかん）

下頭頂野がどのくらい算術に特殊化しているかを示す、不可解な症状がもう一つある。それは「算術癲癇（てんかん）」と呼ばれている症候群で、一九六二年に神経学者D・イングヴァーとG・ニューマンによって最初に報告された。癲癇を抱えるある少女を脳波計にかけて何度も検査しているうちに、彼らはあることを発見した。それは、その少女が、どんなに簡単なものでも計算問題をやるときに限って、脳波にリズミカルな放電が現れることであった。文字を読むといった他の知的活動に関しては、なんの影響も現れなかった。だが計算をするとなぜか、癲癇性発作が起こるのである。

スリランカの物理学者ニマル・セナナヤキは、「思考が引き金となって起こる癲癇」について詳細に描写している。それは、素晴らしいが、恐ろしい光景でもある。

一六歳のある女子学生は、勉強をすると思考が一時的に停止して、右手が突如痙攣してしまうことを、これまでに何度か経験していた。数学に取り掛かるととくにそうなった。学期末テストでは、数学の答案用紙が配られてから三〇分ほどたつと痙攣が始まり、徐々に激しくなった。手からは鉛筆がすり落ち、集中するのが困難になった。彼女は一時間の試験をなんとか乗りきったが、二回目の試験になると痙攣はますます激しくなり、四五分後には居ても立ってもいられないほどになって、意識を失ってしまった。[抗癲癇剤の話に続いて]彼女の症状は、多少は改善したものの、数学の授業になると相変わらず痙攣を伴うことがあった。最初に重篤な癲癇性発作を患ってから九カ月後、彼女は、避けては通れない試験を受ける必要があった。またしても、数学の試験が始まって一五分もたたないうちに痙攣が始まった。彼女は無理にでも試験を受け続けなければならなかったが、半分を終えたところで耐えられないほど激しい痙攣に見舞われてしまった。

これと似たような「算術癲癇」の症例は、これまでに、世界各国で十数件以上報告されている。患者の脳波を撮ってみると、下頭頂野に異常を来(きた)している場合がとりわけ多い。おそらく、この部分に、正常に配線されていない超興奮性の神経ネットワークがあり、計算問題を解くときに使われると、制御不能な放電が生じて、それが他の脳領域に伝播するものと思われる。この癲癇の病巣がもっぱら計算をするときだけに荒れ狂うということは、この皮質領域が極度に算術に特殊化していることを示す、一つの証拠になるだろう。

数の意味は一つではない

M氏の症例は、下頭頂野が驚異的に特殊化していることを示す十分な証拠にもなっている。彼は、下頭頂野の損傷によって、数覚が木っ端微塵に破壊されてしまったのだが、数以外の領域であれば、素晴らしい知識を保持している。もっとも印象的なのは、彼が3と5の間の数字が何であるかを言えないのに、それと瓜二つの、他の領域に適用された二分割課題ではまったく問題がないことだ。AとCの間にあるアルファベット、火曜と木曜の間の曜日、六月と八月の間の月、ドとミの間の音符について、彼はいずれも正しく答えることができる。これらの系列に属する知識は、まったく障害を来してはいない。結局のところ、数の系列、量を示すものだけが、影響を受けているようだ。

数に関することと言っても、M氏は、これまでに蓄えてきた「百科事典的な」数の知識のすべてを、記憶からなくしてしまったわけではない。彼は現在引退しているが、もともと、かなり才能のある画家だった。彼は今でもときどき、一七八九年や一八一五年に起こったできごとについて何時間も講義することがある。また、私が彼を検査したサルペトリエール病院の沿革についても、数の詳細な記述をふんだんに交えながら、私に教えてくれることとさえあった。彼は5が6よりも大きいとなんのためらいもなしに判断するのだが、5を見て、「イスラム教の五行」に関する数々の神秘的な事柄を思い起こす。彼は、「奇数は神にお気に召されて寵愛された唯一の数だ」というピタゴラス学派の教義を、私に思い出させてくれたこともある。彼はまた、フランスのユーモア作家アルフォンス・アレの気まぐれなセリフを引用して、「2という数は、自分がとても奇妙（奇数）なことを嬉しがっている」と、私におどけて言うのである。そんなわけで、彼の博識ぶりは、日付や、数や数学の歴史に関するものでさえも、生き残っているのだ。

M氏の障害のもう一つの次元は、出題された問題の抽象性、または具体性の度合いに応じて、それが変わるということだ。計算で操作する数というのは、高度に抽象的な概念である。8＋4を解く場合に、それが八個のリンゴを指しているのか、八人の子どもを指しているのかと考えてみたところで、まったく意味がない。M氏が抱える障害は、数を抽象的な大きさとして理解するという点に限られているようだ。数に関する彼の成績は、具体的に参照できるものや心的モデルに結びついているとわかったときには、数を抽象的なものとして操作しなければならないときよりも、ずっと改善する。たとえば、コロンブスが新大陸に到達するまでにかかった日数、マルセイユからパリへの距離、メジャーなサッカーの試合の観客の数など、馴染みは薄いにせよ具体的なものになっていれば、彼はそれらの大きさを推定できる。あるテストの途中、彼は「４割る２」ができないことがあった（彼は機械的に「し・さん・じゅうに」と応答した）。私は彼の失敗の原因を突き止めようとして、彼の手に小石を四個のせて、それらを二人の子どもに分配するように言った。彼はすぐさまなんの躊躇もなく、両手に小石を二個ずつつかんで、この具体的な集合数を分割するのであった。

のちに、私は彼に日課を尋ねたことがあったが、彼が時間ラベルを正しく使っていることがわかった。Ｍ氏は、朝五時に起きて二時間働き、七時に朝食をとることなどを、さらりと説明した。抽象的な心の物差しを思い浮かべることに比べて、心の中で具体的な時間軸を進めることは、彼にとってそれほど難しいことではない。驚いたことに、彼は抽象的な演算はまったくできないのに、時間ラベルを用いた場合には、演算ができるのだ。たとえば、午前九時から午前一一時までの時間はどれくらいかを、彼は言うことができた。これは、引き算に相当する演算と言えるが、実際には、彼は引き算はまったくできないのである。フランスでは、一二時間と二四時間の時間形式を併用している。たとえば、午後八時を二〇時とそのまま表示することもできる。Ｍ氏は、両形式を双方向どちらからでも簡単に変換できた。だが、こうした変換は、12を足したり引いたりすることと、形式的には同じである。数の上では等価な操作を、「8＋12」といった抽象的な算術形式で提示すると、彼はそれができなくて苦々しい思いをするのであった。

　これらの解離を目の当たりにすると、数の意味を司る脳領域がどこかを探し求めることがどんなに無駄なことかを痛感する。数には複数の意味がある。3871といった「でたらめの」数は、ただ一つの概念、その数字が表す純粋な量を意味するにすぎない。しかし、数には、量以外の意味を呼び起こすものが多数存在する。小さい数の場合はとくにそうだ。たとえば、「1492」は西暦、「9:45 p.m.」は時刻、「365」は時間の定数、「747」は商標、「90210」や「10025」は郵便番号、「911」は電話番号、「110/220」は物理量、「3.14」や「2.718」は数学の定数、「2001」は映画、「21」はゲームでもあり、法律で飲酒してよい年齢でもある。下頭頂野は、数の量的な意味だけを符号化しているらしく、それこそが、M氏が抱える問題であった。それ以外の意味は、別の脳領域でそれぞれコード化されているに違いない。

　左半球に相当の損傷を受けた他の患者であるG氏を見ると、数の意味がそれぞれ別々の並列経路で処理されていることが、とくに顕著である。G氏は重度の読字障害である。文字や数字をそれらに対応する音に変換する直接経路が完全に遮断されているため、彼は、ほとんどの単語と数字を読むことができない。だが、そうは言うものの、ある記号の列が、断片的な意味を呼び起こすこともある。

・1789：「それを見ると、バスティーユ監獄を乗っ取ったイメージが沸き起こってくる……でも、なんだろう？」

・トマト：「それは、赤いもので……食事の始めに食べるもの……」

このように意味から辿っていけば、ときには非常に間接的な方法で、単語の発音を思い出すことがある。

・504（プジョーの有名な車種）：「よく耳にする自動車に関するナンバーで……私が最初に買った車で……それは「プなんとか」で……プジョーとかルノーとか……そうそう、プジョーだ……ヨンマルサン（403：他の車種）……ゴウマルマル（500）じゃなくて、ゴウマルヨン（504）だ！」

・キャンドル：「それは部屋を照らすもので……えっと、そうそう、キャンドル！」

逆に、意味を引き出したことで混乱してしまうときもある。

・1918：「第一次世界大戦の終結……ん？　イチキュウヨンゼロ（1940）」
・キリン：「シマウマ」

純粋な量は、下頭頂野に関連していると考えてよいだろうが、量とは関係のない、数の他の意味が皮質領域のどこで処理されているかは、今のところまったくわかっていない。認知神経科学には、この先、一〇年か二〇年の間に明らかにしなければならない未解決問題が山のようにある。その中でも、「脳はどのような規則に則って、言語的記号に意味を付与するのか」という問題は、とりわけ重要な課題である。

脳が持つ数の高速情報網

数の持つ意味だけが、複数の脳領域に分散して存在する唯一の知識ではない。あなたが意のままに操れる、すべての算術のやり方を考えてみよう。アラビア数字や書き言葉で綴られた数の読み書き、それらの理解と、それを口に出して言うこと、足し算と引き算と掛け算と割り算。リストは果てしなく続く。脳損傷研究から示唆されることは、これらの能力のそれぞれを担当する、高度に特殊化した多くの神経ネットワークが、複数の経路を通

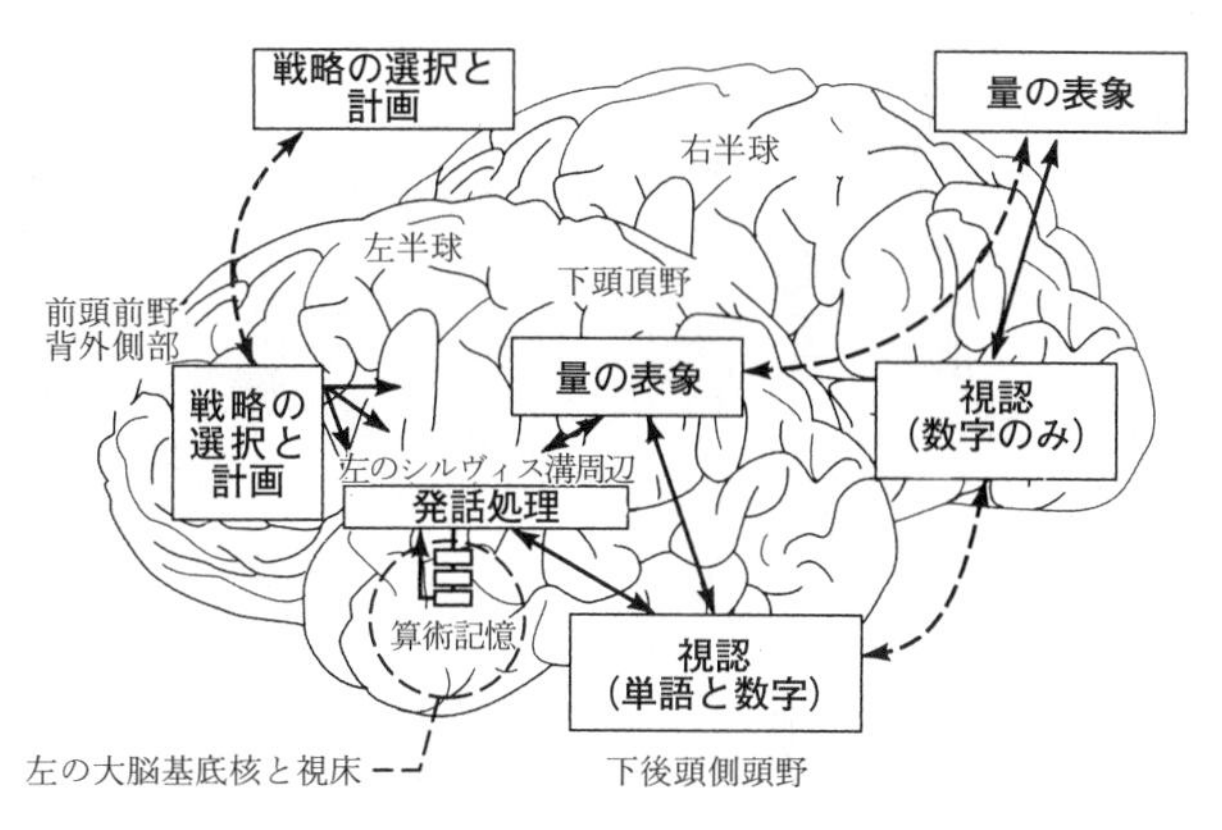

図７・３　数の処理にかかわっていると考えられる皮質領域。ここに表されているのは一部のみで、まだ仮説にすぎない。両方の半球が、アラビア数字や数量を操作することができるが、左半球だけが、数の言語的表象や、算術表の口頭での記憶にアクセスすることができる。（Dehaene and Cohen, 1995による）

じて並列的に相互作用しているということだ。人間の脳では、分業はつまらない考えではない。やろうとする課題に応じて、私たちが操作する数は、それぞれ異なる「脳の高速情報網」を下っていく。このような情報網の一部を、試しに図式化してみたものが、図７・３である。

数字を読む場合を考えてみよう。アラビア数字の５と単語の「ご」を同定するのに、同じ神経回路を使っているのだろうか？　おそらくそうではない。対象の視覚的同定は全体として、左右両半球の後方の皮質領域、下後頭側頭皮質と呼ばれている領域で処理される。しかしながら、この領域は、それぞれ別の目的に特化した、いくつもの下位システムに極度に細分化されている。分離脳患者の研究からは、左半球はアラビア数字と綴られた単語の両方を認知するが、右半球は簡単なアラビア数字しか認知しないことが示されている。さらに、左半球の後頭部内でも、単語やアラビア数字だけでなく、顔や物体など、別々のカテゴリーの視覚対象は、専門の神経経路でそれぞれ処理されているらしい。そこで、左後頭側頭皮質のある部位を損傷すると、単語を視覚的に同定することだけができなくなる。その部位を損傷した患者には、「純粋失読」や「失書を伴わない失読」と呼ばれる症候群が現れる。「失読」とは、（話し言葉を完全に理解するにもかかわらず）単語を読むことができない症状であり、「失書を伴わない」とは、単語や文章を書くことはできるということを意味する。彼らは、自分で書いた文字でもしばらくたつと、まったく理解できない。以下に、ある純粋失読の患者が、「girl（少女）」という単語を読もうとしたときの会話を抜粋して示そう。

患者「それは、on……そうO、N……それはなんだ?……えっと、三つの文字があるでしょ……EそしてB、それから……それがなんだかわかりません……よく見えないし……あきらめなきゃだめね……できませんから」

検査者「では、文字を一つずつ読んでみてください」

患者　「これらを？　それはBでしょ……Nでしょ……そしてI……うーん、わかりません」

こうした患者は、単語を同定できないにもかかわらず、顔や対象物を認知する能力なら十分に保持されていることが多い。つまり、視覚的同定がまるごと損傷されているわけではなくて、文字列に特化した下位システムだけが失われていると言える。本章の目的の中でとくに重要なのは、多くの場合、アラビア数字の同定までもが保持されているということである。フランスの神経学者ジュール・デジュリンが、一八九二年に純粋失読としてはじめて診断した症例の一つは、単語と、なぜか音符もまったく判読できないのに、アラビア数字や数詞を読んだり、長々と綴られた計算式を解いたりさえもできる患者だった。一九七三年には、アメリカの神経学者サミュエル・グリーンブラットが、同様の症例で、それに加えて視野も色覚も完全に保たれている患者を報告している。

その逆の解離もまた、記録に残っている。ロンドン国立病院のリサ・シポロッティらは、最近、読字障害がいっさい見られないのに、アラビア数字を読むことができない患者のことを報告した。こうした症例から、人間の視覚系では、単語の同定と数の同定が別々の神経回路を基盤にしていることがわかる。それらは、解剖学的に隣接した領域に存在するので、同時に損傷を受ける場合が頻繁にある。しかしながら、ごく稀な症例から、それらが別々のものであり、解離することもあるとわかるのだ。

類似のパターンを示す解離は、数を書くことと、数を声に出して言うことの間に見られる。この章の冒頭で簡単に触れたように、患者H・Yは数詞を声に出して言わねばならない場合に、それらを取り違えて混乱した。しかし、アラビア数字を用いて数を書く場合にはまったく問題がなかった。つまり、彼は「に掛けるごはじゅうさん」と言うかもしれないが、書けば、「2×5＝10」といつも正しく書いた。彼は掛け算表も鮮明に記憶していた。彼が失敗したのは、答えの発音を思い出そうとしたときだけだった。似たようなことが、フランク・ベンソンとマルタ・デンクラによって報告されている。ある患者は、4＋5を答える場合に、口頭では「はち」と言い、書くと「5」と書く。だが、指さす場合には、複数の数字の中から9を正しく選ぶのである。この患者では、数字の発話と書記の産出を司る脳経路がどちらも損傷していたが、演算と視覚的同定は、損傷を免れていた。

脳は驚くほど選択的に障害を受ける。このことは、私たちに不意撃ちを絶えず食らわし続けることだろう。私がパトリック・ヴェルスティヘルとローラン・コーエンと共同で研究したある患者は、話そうとすると、わけのわからない言葉を発した（"I margled the tarboneek placidulagofalty stoch…"）。エラーを詳細に分析してみると、発話産出の途中の、単語の発音を構成する音素を配列する特定の段階に重篤な問題があることがわかった。しかし、数詞はどういうわけか、でたらめ言葉から免れていた。彼がある数字、たとえば「twenty-two」を言おうとするとき、「bendly daw」といった混乱した発話をすることはまったくない。しかしながら、彼はH・Yのように、数詞を取り違えて「fifty-two」と言うことがたまにある（このように、単語全体が置き換わることは、数字以外の言葉ではめったに起こらない）。つまり、発話産出に関わる皮質領域の非常に深いところでも、数を作り出すには、特殊化した神経回路がかかわっているのである。

非常によく似た解離は、書字でも見られる。スティーヴン・アンダーソンとアントニオ・ダマシオ、ハンナ・ダマシオは、きわめて微小な病変によって左運動前野が破壊されたあとで、突然読み書きができなくなった患者のことを報告している。彼女は、自分の名前、そして「dog」という単語を書くように言われたとき、彼女が書いたものはどれも、判読不能ななぐり書きにしか見えなかった。しかし、アラビア数字の読み書きは、正常なままであった。彼女は、損傷前と変わらないきちんとした筆跡で、複雑な算術問題を解くことができた（図7・4参照）。

こうした一連の類似した症例から間違いなく導かれる一つの結論は、視覚的同定、言語の産出、書字など、ほとんどすべての処理水準で、数字を扱う皮質領域は、他の単語を扱

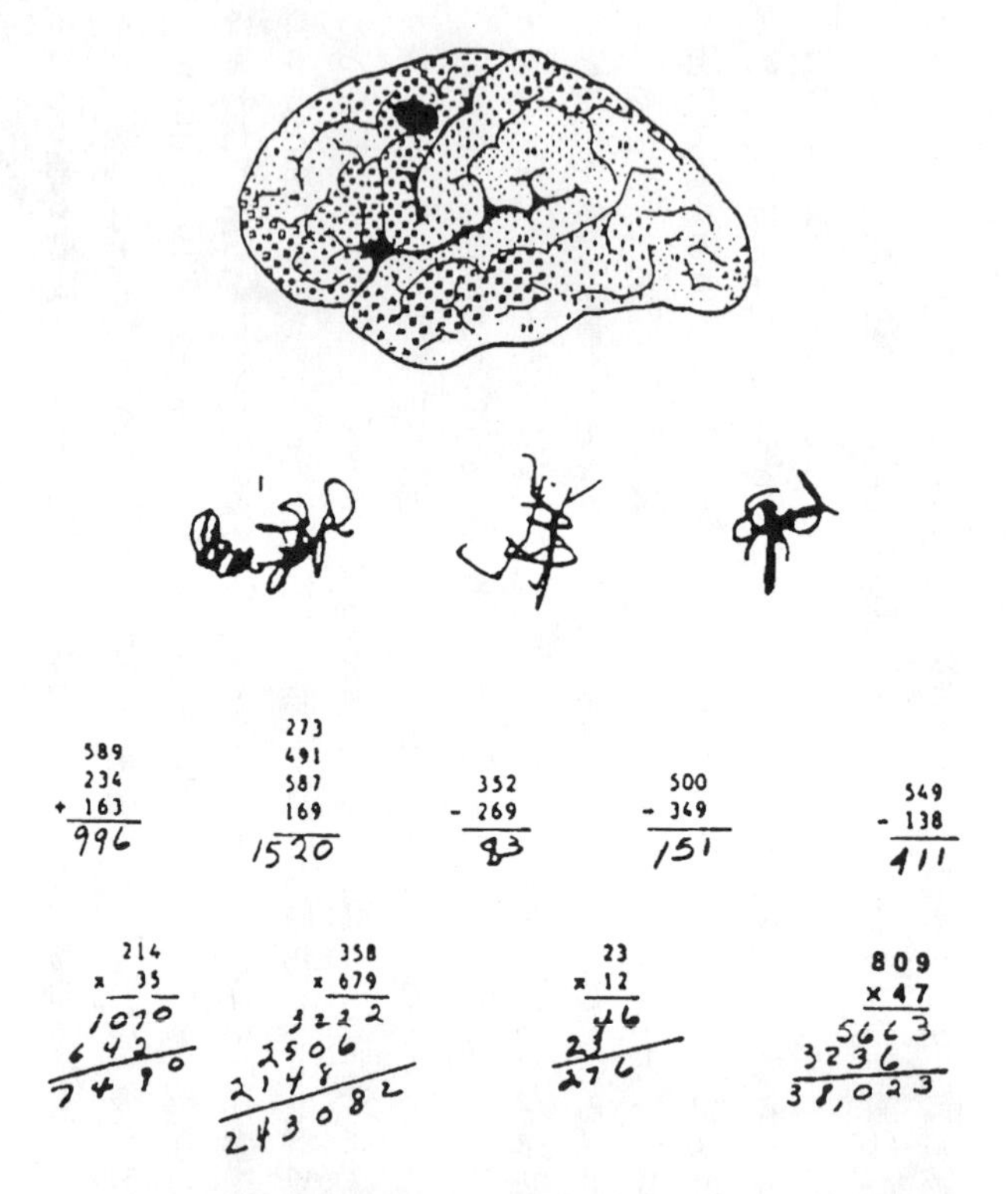

図７・４　左の前運動皮質の微少な部位に損傷を受けたこの女性は、単語を読んだり書いたりすることができなくなったが、アラビア数字は今でも読み書きできる。みみずが這ったような殴り書きは、患者が自分の名前と、Ａという文字、Ｂという文字、dog という単語を書こうとしたものである。ここに挙げた計算の例からは、彼女がアラビア数字を書く能力は、まったく損なわれていないことを示している。（Anderson, et al., 1990より転載。Copyright © 1990 by Oxford University Press.）

う領域とは部分的に異なる、ということだ。図7・3には、これらの領域の多くが示されていない。その理由は単純で、それらの解剖学的基盤について、まだよくわかっていないからである。しかし、脳損傷によって生じるこれらの解離から、少なくともそれらが存在するということだけは確かだ。

それでは、計算の話をすることにしよう。私はすでに、数の量的な処理や、とくに引き算において、下頭頂野が決定的な役割を果たしていることをかなりの紙面を割いて述べてきた。しかし、足し算と掛け算表については、どうなのだろう？　私と同僚のローラン・コーエンは、それとは別の神経回路が関与しているのではないかと考えている。それは、左半球の大脳基底核を網羅する皮質・皮質下ループである。大脳基底核とは、大脳皮質のすぐ下に位置する神経核である。大脳基底核は複数の皮質領域からの情報を収集し処理して、それらを視床を経由させて複数の並列回路に送り返す。これらの皮質・皮質下ループの正確な機能は、まだ解明されていないのだが、おそらくは、言語系列を含む、自動的な運動系列に関する記憶と再生に関与していると考えられる。ローラン・コーエンと私が考えているのは、掛け算をしている間は、それらの回路のうちのどれか一つが活性化しており、たとえば「に・ご（2×5）」という言語系列があったら、それに対する補語として「じゅう」という答えを自動的に言わせるのではないか、ということである。もっと正確に言うと、「に・ご」という文を符号化している、分散して存在する神経細胞群の活性化が、大脳基底核の回路内にある神経細胞を活性化し、それらが今度は言語野にある「じゅう」という単語を符号化している神経細胞群を活性化する、という具合である。諺（ことわざ）や詩、祈禱といった他の機械的な言語行為なども、同じようなやり方で記憶されている可能性がある。

私たちの推測を支持する証拠は、左半球の皮質下領域の損傷によって生じる計算障害の症例にある。左半球の奥底にある神経経路を損傷すると、皮質領域が無傷であったとしても、計算障害になることがある。私は最近、左半球の大脳基底核に損傷を受けたB夫人を検査した。彼女はこの損傷があっても、数字を読んだり、それらを聞いて書き取ったりできる。また、数字を同定したり産出したりする回路も、十分機能している。しかしながら、皮質下領域の損傷は、計算に重大な影響を与えていた。実は、算術表に関するB夫人の記憶は支離滅裂である。そのため、彼女は、2×3や4×4などのきわめて簡単な掛け算でさえ間違えてしまう。

数覚を失ってしまったM氏とはまったく違って、B夫人は数量に関してなら十分な理解を示す（彼女の下頭頂野は十分に機能している）。彼女は、二つの数を比較したり、二つの数の間にある数を言い当てたりすることができる。また2×3に関しても、二個の物体を一つにまとめて、それらのまとまりを三回、心の中で数えることによって、計算し直すこともできる。さらに、３－１や８－３のような簡単な引き算であれば、まったく問題がない。Ｂ夫人が損傷を受けた、ごく狭い領域が関与しているのは、なじみのある言語系列を、暗記した記憶の中から検索することである。彼女は「さん・く・にじゅうしち」や「にぃ・しぃ・ろぅ・やぁ・とぉ」といった、以前はなじみ深かったはずの単語系列も、もはや想起できない。忘れもしないある日、私は診察中にＢ夫人に掛け算表やアルファベット、祈禱、わらべ唄、詩などを暗唱してもらおうとした。そのときわかったのが、彼女は、言語的な知識として暗記されているはずのものを、どれ一つとして言えない、ということであった。Ｂ夫人は、アメリカ合衆国の『きらきら星』と同じくらいフランスで有名な童謡、『月の光に』を暗唱することができないし、アルファベットについても、ＡＢＣＤ以上はお手上げである。また、告白の祈りと使途信経と主の祈りの言葉を混ぜてしまう（彼女はかつて主の祈りを「許しはしないが、汝の王国は来たる」と言って締めくくった）。Ｂ夫人は敬虔なキリスト教徒であり、また最近退職したばかりの学校の先生でもあることから、なおさらよけいにこれらの障害が際立つのである。つまり、彼女がこれらの言葉を生涯幾度となく暗唱してきたのは、間違いない。掛け算表や祈禱、童謡などが、まったく同じ回路に貯蔵されているかどうかはよくわからない。しかし最低限それらは大脳基底核の、おそらく隣接した並列の神経ネットワークを動員しているように思われる。B夫人の場合は、まさにその皮質下領域が、一度に破壊されてしまったのだ。

これまでのところ、本書では、初歩的な算術しか取り上げてこなかったが、代数のような、より高度な数学能力についてはどうだろう？ それらに捧げられた、また別の神経ネットワークを仮定すべきだろうか。そうすべきだということを示唆する症例が、最近、オーストリアの神経心理学者マルガレーテ・ヒットマイヤ＝デラツェルによって発見された。彼女は、失算症の患者が必ずしも代数の知識を失うわけではないことを見出したのだ。彼女の患者の一人は、B夫人のように、左半球の皮質下領域の損傷によって加算表と掛け算表の知識を失った。だが、彼は高度な数学的方法を用い、算術表を計算して割り出すことができるので、算術の概念的理解がかなり優れているらしい。たとえば、彼は7×8を、$7\times10-7\times2$にして計算するのだ。化学の博士号をもつもう一人の患者は、計算障害になって、2×3、$7-3$、$9\div3$、5×4の計算までもができなくなった。それでも、抽象的な形式的演算であれば解決できた。彼は、算術操作における交換法則と結合法則と分配法則をフルに活用して、$(a\times b)/(b\times a)$を1に、そして$a\times a\times a$をa^3に簡略化でき、$d/c+a=(d+a)/(c+a)$という式が成り立たないことも正しく理解していた。このような問題については、これまでにあまり研究されてこなかったのだが、これら二つの症例が示唆しているのは、直感に反して、代数の知識を保持している神経回路が、暗算に関わる神経回路とはかなり独立しているに違いないということである。

脳で計算を指揮するのは誰か

算術に関わる機能が非常に多くの皮質回路に散らばって存在していることは、神経科学の中心課題を提起する。このように分散した神経ネットワークは、どのように統合されるのだろうか？　分散した皮質領域は、同じ数を複数の異なるフォーマットで符号化するのだが、それらすべてをどのように認識するというのだろうか？　誰が、または何が、要求された課題に応じて、あれやこれやの回路を正確な順序で活性化するように決めているのだろうか？　意識の統一性、つまり、ステップを一つ一つ踏んで計算を実行しているという感覚はどこから出てくるのだろう？　それぞれ断片的な算術的知識を持っている、多数の並列的な神経集合体が、まとまって機能することから、意識の統一性が生じるというのだろうか？

神経科学者らはいまだに、確定的な答えには到達していない。しかし、最近の理論によると、脳は自分自身のネットワークの供応のために、特定の回路を用意しているらしい。これらの回路が大いに依拠しているのは、脳の前方に位置する領域であり、とくに前頭前野と前帯状皮質と呼ばれる部位である。そこは、計画立案、系列的順序化、意志決定、エラー修正などの、自動化されない、新しい行動の指揮を司っている。それらは、いわば「脳のなかの脳」であると言われてきた。つまり、行動を自律的に調整し管理する「中枢制御部」である。

これらの用語のいくつかは、あまりに漠然としていて、とても科学用語とは言えないくらいだ。ときには、あの悪名高き「ホムンクルス」を思い起こさせることもある。テックス・エィブリやウォルト・ディズニーのアニメ作品には欠かせないキャラクターの、この小人は、脳の指令部に居心地よく座って、他の身体器官にあれこれと指令する。しかし、誰がその小人に指令を出しているのだろう？ ホムンクルスがもう一人いるのだろうか？ 研究者のほとんどは、これらのモデルを暫定的な比喩にすぎないと考えている。これらのモデルは、脳の前方領野がますます明確に細分化され、それらの領域がそれぞれ、限定的で操作可能な機能を引き受けていることがわかっていくにつれ、早晩、大幅に修正される運命にある。これぞ前頭前野システム、と言えるものなど、存在するわけがない。前頭前野は、作業記憶、エラー検出、一連の行為の調整などにそれぞれ特殊化した、多数のネットワークから構成されている。それらが集合的に振る舞うことで、皮質活動が統括的に調整されているかのように見えるのである。

前頭前野は、算術を含む数学にもきわめて重要な役割を果たしている。前頭前野を損傷すると、たいていはもっとも初歩的なレベルの演算に影響が出ることはないが、一連の操作を適切な順序で実行することに特異的に障害が出る。神経心理学者が、掛け算の手順を使用できなくなった患者に遭遇するのは、稀ではない。彼らは、掛け算すべき時に足してみたり、正しい順序で数字を処理しなかったり、繰り上げする必要があるところで忘れたり、中間結果を混同してしまったりする。それらは、一連の操作を順序づけて制御するという、基本能力に問題があることの証拠だ。

前頭前野は、計算の途中結果をオンラインで維持するのに、とくに重要である。前頭前野は、「作業記憶」を提供する。これは、心的表象の作業場所で、ある計算の出力を次の計算の入力にすることができるのは、ここだ。そこで、前頭前野が損傷しているかどうかを確かめるには、患者に、100から7ずつ連続して引いていってもらうように言えば、それだけで十分だ。前頭前野に問題のある患者は、一つ目の引き算はだいたい正しくできるが、二つ目からの引き算ではしばしば混乱する。また、100, 93, 83, 73, 63 などのように、ある反応パターンが反復して起こることもある。

世界各国の小学校で用いられている、言葉で表す算術問題にも、前頭前野の役割を示すものがある。前頭前野を損傷した患者は、合理的な解法を編み出すことができない。というよりも、最初に心に浮かんできた計算に、すぐに飛びついてしまうことが多い。ロシアの有名な神経心理学者、アレクサンドル・ロマノヴィッチ・ルリアは、ある典型的な症例を報告している。

前頭前野を損傷したある患者に次のような問題を出してみた。「二つの棚にあわせて一八冊の本がある。一方の棚にはもう一方の棚の二倍の数の本がある。二つの棚にはそれぞれ何冊ずつ本があるか？」その患者は、問題を聞いた（そして繰り返した）すぐあとに、18÷2＝9という計算をした（この式は「二つの棚にあわせて一八冊の本がある」という問題の一部に対応している）。次に、18×2＝36という計算をした（この式は「一方の棚にはもう一方の棚の二倍の数の本がある」という部分に対応している）。その問題をもう一度繰り返し、さらにいくつか質問したあと、その患者は、36×2＝72、36＋18＝54などの計算をした。特徴的だったのは、患者自身、得られた答えにたいへん満足していたことである。

ティム・シャリスとマーガレット・エヴァンズは、前頭前野を損傷した患者の多くが「認知的推定」にも問題を抱えていることを示した。彼らは、単純な数の質問に対してとんでもない答えを出すことがよくある。ある患者はロンドンにあるもっとも高いビルが、一万八〇〇〇から二万フィート（約五五〇〇から六一〇〇メートル）ちかくあると断言するのだった。彼は、イギリスで一番高い山の高さは一万七〇〇〇フィート（約五二〇〇メートル）だと言ったので、このビルはそれよりも高いのですね、と注意を向けさせられたあとでさえ、もっとも高いビルの高さの見積もりを、一万五〇〇〇フィート（約四六〇〇メートル）までにしか引き下げなかった。シャリスによると、このような単純だがなじみのない問題を解くには、数を推定する新しい方略を考え出すことと、引き出された結果の妥当性を検討することの両方を同時に必要とする。この二つの要素、つまり、計画と検証は、前頭前野がおもに切り盛りする「中枢制御部」の肝心要（かんじんかなめ）の機能であるように思われる。

私は、アメリカ在住の共同研究者アン・ストライスガスとカレン・コペラ＝フライとともに、妊娠中に重度のアルコール中毒症だった母親をもつ十代の若者に対して、数の推定を行わせてみた。子宮内でアルコールにさらされると、奇形の可能性が劇的に高くなる。アルコールは身体の発生に悪影響を及ぼす（アルコール中毒だった母親から生まれる子どもはみな共通して、ある特徴的な顔立ちになる）にはとどまらず、脳回路の形成も阻害するので、小頭症になったり、前頭前野を含めた脳のさまざまな領域で、神経細胞の異常な伸張パターンを引き起こしたりする。実際、私がテストした十代の若者は、数字の読み書きや単純な計算はできたが、認知的な推定課題に対しては、まったく途方もない答えを導き出すのだった。「大きめのキッチンナイフの大きさは？」と尋ねると、彼らの一人は、六フィート半（約二メートル）だと答えた。「サンフランシスコからニューヨークまでは車でどのくらいか？」という問題には、一時間と答えた。彼らの答えは甚だしいものばかりだが、おもしろいことに、単位だけは、ほとんどの場合に適切なものを選んだ。たまには、答えがわかっているように思えることもあるにはあったが、それでもなお不適切な数を選ぶのだった。世界でもっとも高い樹木の高さを推定するように言われたとき、ある患者は「セコイア」と正しく答えるのに、その高さを「きっかり二三フィート二インチ（約七メートル）だ」と胸を張って言うのだった。

課題執行機能に秀でた前頭前野は、人間だけに真に固有の皮質領域の一つである。実際、ヒトという種の出現は、脳全体の三分の一を占めるまでもの、前頭野のサイズの増加を伴っていた。この部分のシナプスは、きわめて遅いスピードで成熟していく。前頭前野の回路は、少なくとも思春期まで、おそらくそれ以後も、可塑性を持ち続けるという証拠がある。前頭前野の成熟がこのように長く引き延ばされていることが、子どもがみな、ある特定の年齢で同じような誤りに陥ることの理由かもしれない。私がここで考えているのは、「数の保存ができない」ことを示す、ピアジェ派のテストのことだ。なぜ幼児は、数の処理が十分できるにもかかわらず、物体の列の長さに基づいて衝動的に答えてしまうのだろうか？　この間違いの原因は、彼らの前頭葉が十分に成熟していないことにあるかもしれない。そこで彼らは、自動的に出てくる正しくない反応を抑制することができないのだ。「中枢制御部」がまだ成熟しきっていないと考えると、八本のバラと二本のチューリップからなる花束を見て「花よりもバラの方が多い」と判断する、クラス包含課題での間違いも説明できるかもしれない。このような「子どもっぽさ」は、前頭前野による行動の統制を欠いていることを示しているものと思われる。逆に言うと、前頭領域は、脳の老化の兆候を最初に感じるところでもある。私たちは、「正常な」老化の過程で、日常生活の決まりきった活動は保持されているのに、不注意、計画性の欠如、間違いへの固執など、前頭葉の老化の兆候をいくつも認めることができる。

脳の局在化の始まりで

人間の脳がどのように算術を組み込んでいるのか、その概要を示すモデルを、ここで手短に述べることにしよう。数の知識は、ある目的にそれぞれ特殊化した一揃いの神経回路、つまり「モジュール」に埋め込まれている。数字を認識するモジュールもあれば、数字を内的な量に翻訳するモジュールもある。また、記憶から算術表を引き出すモジュールもあれば、その結果を声に出して言えるように、構音プランを計画するモジュールもある。これらの神経回路の基本的な特徴は、それらのモジュール性にある。モジュールはある限定的な領域内で自動的に機能し、とくに目の前に目標があるわけではない。モジュールはそれぞれ、ある特定の入力フォーマットで情報を受け取り、それをほかのフォーマットに変換するにすぎないのである。

人間の脳の演算能力の強さは、前頭前野や前帯状皮質といった、執行役である脳領域の影響を受けながら、これらの初歩的な神経回路をつなぎ合わせて、実際に役に立つ系列を作り出す能力にあるといってもよい。これらの脳の執行役が行っているのは、適切な順序で初期回路を呼び出し、中間結果の流れを作業記憶の中で処理し、ありそうな誤りを訂正することによって、計算の遂行を制御することだ。それがどうやって成されているのかは、まだわかっていない。皮質領域を専門化すると、効率的な分業ができるようになる。前頭前野の指示を仰ぎながら、それらを調和のとれた形で統合することにより、柔軟性がもたらせる。これこそ、新しい算術方法を設計したり実行したりすることに不可欠なのだ。

数の処理のために、いくつかの皮質領域が極度に特殊化したのは、いったいなぜなのだろうか？　はるかな昔から、大ざっぱな数量は、動物と人間の脳の中に表象されてきた。それゆえ、下頭頂野内の回路を含むと思われる「量的モジュール」は、私たち人間の遺伝子に埋め込まれているはずだ。しかし、数字や文字の視覚的認知が、頭頂・側頭領域に特殊化していることや、掛け算には左の大脳基底核がかかわっているらしいことについては、どう考えたらよいのだろう？　私たちが字を読んだり記号を使って計算したりするようになったのは、ここ二、三〇〇〇年のことにすぎず、進化がこれらの機能を私たちの遺伝子の中に埋め込むには、あまりにも時間が短すぎる。そうなると、このような最近出てきた認知能力は、もともとは異なる用途に割り当てられていた皮質回路に侵入していったのに違いない。その新しい認知能力は、もともとの回路を完全に乗っ取ってしまったので、それが、その領域の新しい機能になってしまったのだろう。

このように、皮質回路の機能が変化するのは、神経細胞が可塑性をもっているためだ。「神経細胞の可塑性」とは、正常の発達過程や学習によって、または脳の損傷が起こったあとに、神経細胞が自ら配線をやり直す能力のことを言う。しかしながら、神経細胞の可塑性にも限界がないわけではない。そこで、最終的には、成人の脳の局在化パターンは、遺伝的制約と遺伝以外の制約の組み合わせによって生じてくる。印刷された文字が豊富にある視覚世界で子どもが育つと、もともとは物体や顔の認知に関わっていた視覚野のある領域が、しだいに文字を読むことに特殊化していく。数字や文字だけに完全に特殊化した皮質のパッチが生じてくるのは、おそらく、似たような性質を符号化する神経細胞を、皮質表面に固めるようにする、一般的な学習原理があるからなのだろう。同じように、霊長類の脳は、運動系列を学習したり実行したりするのに特殊化した、生まれながらの回路を備えている。子どもが掛け算表を学ぶことになると、ごく自然にこのような回路が動員されるので、その結果、計算に特殊化するようになっていく。学習は、おそらく、劇的に新奇な皮質回路を創り出すことはないだろう。しかし、学習は、すでに存在する回路を選択し、それを精緻化し、特殊化させ、母なる自然がもともと与えた機能からずっと離れた意味や機能を持つまでに変えることができるのだ。

皮質における可塑性の限界をきわめて如実に示しているのは、発達性計算障害の子どもたちである。これは、算術をどうやっても獲得できないように見える障害だ。これらの子どものなかには、平均的な知能をもち、ほとんどの科目で良い学業成績をとる者もいる。にもかかわらず、成人の脳損傷患者で見られる神経心理学的障害を思い起こさせるような、非常に限定的な障害を抱えている。彼らは、普通なら数の処理に特殊化するはずの皮質領域内で、ごく早いうちに神経の配列や配線が乱れてしまった可能性が強い。以下に、三つの典型的な症例を示そう。これらは、イギリスの神経心理学者、クリスティン・テンプルと、心理学者のブライアン・バターワースによって報告されたものである。

・Ｓ・ＷとＨ・Ｍは、健常な知能を有する十代の若者で、普通校に通っている。ふたりとも、流暢（りゅうちょう）にしゃべる。Ｈ・Ｍは失読であるにもかかわらず、読字障害は数には及んでいない。彼女は、Ｓ・Ｗと同じように、アラビア数字を声に出して読んだり、それらを比べたりすることができる。しかしながら、Ｈ・ＭとＳ・Ｗは、計算に関して二重解離を示している。Ｓ・Ｗは、ほぼ完璧に算術表を知っており、二つの数字による足し算、引き算、掛け算なら何でもできる。ところが、数桁からなる計算をすると、繰り返し間違う。彼は各操作の順序ややり方を間違い、わけのわからないまま計算をしてしまう。彼は幼いころから計算手続きの選択的な障害に苦しんでおり、それがあまりにも重度なので、特殊なリハビリプログラムを受けても、それを補うことはいっこうにできないでいる。彼とは対照的に、Ｈ・Ｍは、数桁の計算アルゴリズムは得意なのだが、掛け算表を覚えることがまったくできない。彼女は一九歳になった今でも、二つの数の掛け算をするのに七秒以上もかかり、やっとの思いで出した答えの半分は間違っている。

Ｓ・ＷとＨ・Ｍの非常に選択的な障害は、彼らが怠惰だからでも、彼らの教育に重大な不備があったからでもなさそうだ。むしろ原因は、神経学的な問題であるらしい。Ｓ・Ｗは幼いころからずっと、結節硬化と癲癇の発作に悩まされ続けている。ＣＴスキャンを撮ると、右前頭葉に神経細胞の異常な塊があることがわかる。この異常が、系列的な計算をどうやっても克服できないでいることを説明する原因だろう。H・Mについて言うと、彼女は、これまでに知られている何らかの神経障害を患っているわけではないが、彼女の頭頂葉や皮質下回路が正常に機能しているかどうかを、脳イメージングの最新技術で検査してみる価値は十分にあるだろう。

・ポールは、健常な知能の一一歳の少年である。彼は、これまでに知られている神経病に罹っているわけではなく、言語を普通に使いこなし、語彙も豊富に使いこなす。しかし、彼は、非常に幼いころから、算術が異常なほど難しいと感じている。彼にとって、掛け算、引き算、割り算は、不可能だ。せいぜいできるのは、指折り数えながら、二つの数字を足し算するくらいである。彼の障害は、数字の読み書きにも及んでいる。数を聞いて書き取ろうとすると、2のかわりに、3や8と書いてしまう！　また、アラビア数字や綴られた数の単語を声に出して読もうとすると、1を「nine」と読んだり「four」を「two」と読んだりして、まったく見当はずれの答えをする。こうした単語の置き換えが起こるのは、数字だけだ。ポールは、「colonel」のような、もっとも複雑で不規則な英単語を読むこともできる。また、「fibe」や「intertergal」のような偽の単語でも、ありそうな発音を見つけられる。では、なぜ彼は「three」を「eight」と読むのだろうか？　おそらく、ポールの数覚はまったく壊れている。重篤さの点では、M氏の状態に匹敵するほどだ。ポールは非常に幼いころにこの障害を患ったので、数の単語にどんな意味も付加できなくなってしまったようだ。

・C・Wは、三十代の男性である。知能は正常だが、学業成績はいつもそこそこだった。彼は三桁の数字までであれば、なんとか読み書きできるが、それらの量的な意味になるとまったくわからない。二つの数からなる足し算と引き算をするには、三秒以上もかかる。掛け算するには、足し算を反復する方法にたよる。計算式の数字がどちらも5以下のときには、片手の指でなんとかなるのでうまくいく。さらに驚いたことには、二つの数のうちどちらが大きいかを言うときに、必ず数えなければならない。そこで、彼は「逆の」距離効果を示してしまう。つまり、健常な人とは対照的に、5と9を比較するよりも、5と6を比較する方が、さほど時間はかからないのである。というのも、数どうしの距離が大きくなればなるほど、彼はより長い間数えていなければならないからだ。非常に小さな集合数をスービタイジングすることでさえも、彼の能力をはるかに超えている。点が三個、コンピュータのスクリーンに現れても、一つ一つ数えなければ、それらがどれだけかを直感的には把握できないのである。したがって、C・Wは幼いころからずっと、素早い、直感的な数量の知覚を欠いてきたものと思われる。

これらの症例はどれも驚くべきものであり、発達途上の脳がどれほど可塑的なのか、疑問に思わせるに十分だ。神経回路は、とくに幼い子どもでは、大いに変容可能ではあるのだが、どんな機能でも引き受けられるわけではない。主要な接続パターンが遺伝の支配下にある神経回路の中には、数量の推定や九九の暗記などの、ごく狭い範囲に限定された機能の神経基盤となるよう、バイアスがかかっている回路もある。それらが破壊されると、たとえきわめて幼いときであっても、隣接する領域がいつも決まって補償してくれるわけではないので、選択的障害が生じることになる。

この観察は、本書で繰り返し述べてきたテーマに、私たちをいま一度立ち戻らせる。人間の脳の構造が、数学的対象を心的に操作することに課している、強力な制約のことだ。数は、子どもの脳の中で利用可能などんな神経ネットワークにも侵入していけるわけではない。ある特定の回路だけが、計算に寄与することができるのだ。でも、なぜそうなのだろうか？　それらの回路は、おそらく下頭頂野のどこかにある領域のように、私たちが生まれながらに持っている数覚に欠くことのできない要素だからなのかもしれないし、あるいは、もとは他の用途に使用されることになっていたのだが、そもそも柔軟性に富んでいて、しかも、望まれた機能に近い神経構造があったため、数の処理のために「再利用」できたからなのかもしれない。

第8章　計算する脳

絵が……ベッドに横たわるアインシュタインを示している。彼の頭にはいくつもの電線が巻かれている。「相対性理論について考えてください」と言われたときの彼の脳波が記録されているのだ。

ロラン・バルト『神話作用』

ノーベル賞受賞者のリチャード・ファインマンは、かつて、粒子加速器を使って素粒子の衝突を分析している物理学者は、二つの時計を衝突させ、残ったものを調べることで時計の働きを研究しようとしている人と、さして変わらないと述べたことがある。この皮肉な発言は、神経心理学者にもまったく同様に当てはまる。これもまた、脳の回路の正常な組織を、それが損傷を受けたあとにどう機能するかから推論しようという間接的な科学だ。何百という動きが壊れてしまったところから、時計の内部の働きを演繹するのと、当たらずと言えども遠からず、といった、ぎごちない営みである。

ほとんどの脳科学者は、神経心理学者の推論を信用しているとはいえ、「ブラック・ボックスを開けて」、心的計算の神経回路を直接に見てみようと言い出すときが来る。もし、なんとかして数をコードしている細胞の発火を測定することができれば、それはたいそうな前進であるに違いない。ジャン＝ピエール・シャンジュは、このことを、「これらの『数学的対象』は私たちの脳の物理的状態に対応しているのであるから、原理的には、さまざまな脳画像の方法を使って、外からそれらを観察することは可能である」と、強く主張している。

この神経生物学者の夢は、現実になっている。ここ二〇年の間に、PETやfMRI、電磁脳波計などの新しい道具が、生きて、考えている人間の脳活動を図像で見せてくれるようになってきた。現代の脳画像の道具を使えば、正常な被験者が文字を読んだり、計算したり、チェスをしたりしているとき、脳のどの部位が活動しているのかを調べるのに、短い実験で十分わかるようになった。脳の電気的、磁気的活動をミリ秒単位の正確さで記録することで、神経回路のダイナミクスと、それが活性化する正確な時期とを明らかにすることができるようになった。

いくつかの点で、活動する脳の新しい画像は、神経心理学で得られた結果を補完するものだ。大脳のいくつかの部位が何をしているのかは、そこを損傷することが滅多にないためか、そこを損傷すると致命的でほとんど死んでしまうためか、どちらかの理由で、長らく神経心理学者にはわからなかった。今日では、一つの実験で、すべての神経ネットワークを目で見ることができる。以前は、損傷を受けた脳ではしばしば大掛かりな再構築が起こるので、脳回路の時間的構成を研究するのも困難だった。現代のイメージング技術は、正常な人間で、神経活動が多くの領野に次々と広がっていくところを、ほとんどリアルタイムで見せてくれる。

私たちは今や、アイザック・アシモフの小説にでも出てきそうな、驚くべき装置を使えるのだ。私たちの思考のもとになっている生理学的変化を実際に見ることができるということを、素晴らしいと思わない人はいないだろう。この新しい世界が科学者たちに開かれて以降、読むこと、動きの感覚、言語の連想、動作学習、視覚イメージ、痛みの感覚までのさまざまな機能のもとにある脳回路について、多くの研究がなされてきた。この方法的革命がもたらした数々の発見をすべてここで概観することは不可能である。本章では、暗算をしているときの人間の脳活動に関する研究に焦点を絞ることにしよう。

暗算は脳の代謝を増加させるか？

脳画像技術の素晴らしい始まりを振り返るにあたって、現代のテクノロジーを一旦全部忘れ、神経科学の歴史の黎明期に戻ってみよう。一九三一年、ハーヴァード大学の神経病理学教室にいたウィリアム・G・レノックスが、「脳の血液循環——心的作業の効果」という地味な題名で発表した論文は、計算活動が脳の機能に及ぼす影響を探ろうという、最初の大胆な試みであった。レノックスは、認知処理が脳のエネルギーのバランスにどう影響するかという、非常に重要な問題を提起した。暗算をすると、測定できるほどのエネルギー消費があるのだろうか？　脳は、やるべき計算が難しくなるほど、多くの酸素を消費するのだろうか？

　レノックスが考えた実験方法は、才に富んではいるのだが、とんでもないものでもあった。それは、内頸静脈から血液サンプルを採取し、そこに含まれる酸素と二酸化炭素を測るのである。論文は、ボストン市民病院で治療を受けていた癲癇患者である二四人の被験者が、それに伴うリスクについて知らされていたのか、この研究の目的が治療とはまったく関係ないことを了解していたのかについては、何も報告していない。一九三〇年代には、倫理的基準はほとんど問題にならなかった。

　しかしながら、レノックスの実験はたいへん賢くデザインされていた。最初の一五人の被験者からは、彼は三回続けて血液サンプルを採取した。最初は、被験者が目を閉じて三

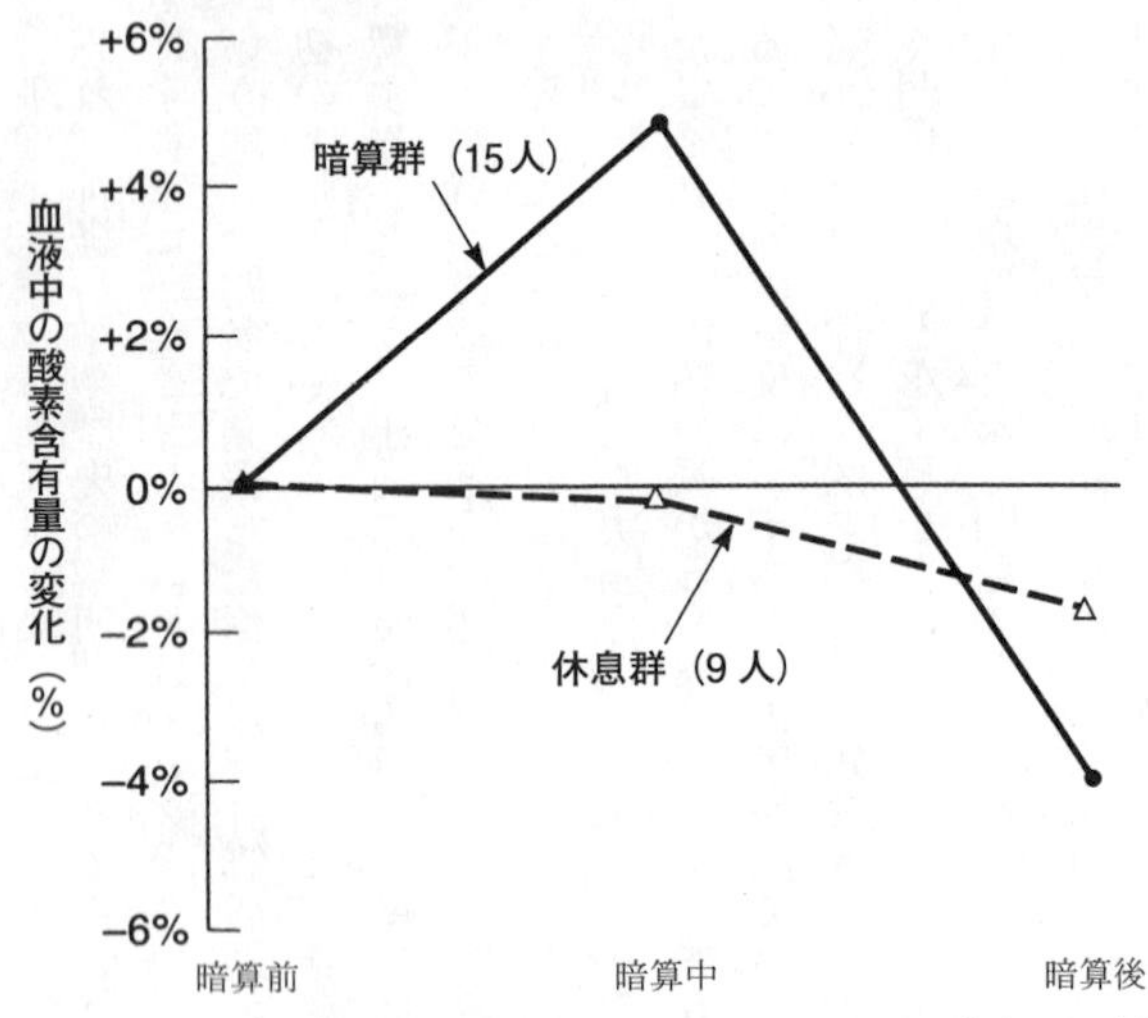

図8・1　1931年にすでに、ウィリアム・レノックスは、集中して暗算を行うと、内頸静脈から採った血液の酸素含有量が増えることを示した。（Lennox, 1931による）

〇分間休んだあとである。彼らはそれから、算数の問題がぎっしり書かれた紙を渡され、五分後に、まだそれを解くのに一生懸命な最中に、二度目の採血が行われた。最後に、被験者が五から一〇分の休みをとったところで採血が行われた。結果は、非常にはっきりしていた。この三つの計測のうち、暗算をしている最中に採られた血液の酸素含有量が特別に高かったのである（図8・1）。レノックスは、この発見に統計検定をしてはいないが、私がもとのデータから計算したところ、こんな大きな変異が偶然生じる確率はたった二％であった。

　しかし、もう一つの反論に対処しておかねばならない。それは、著者自身の言葉によると、「実験参加者たちにとって、『心を完全に空白にする』ことも、首の深くに注射針が差し込まれる［原文ママ！］のに計算に集中することも、どちらも非常に難しかった。心配の程度や不愉快さが、すべての採血時に同じだったとは言えない」。

　この批判に答えるために、レノックスは、同じ三回の計測を、何もせずに休んでいたもう一つの九人のグループにも行った。こちらの被験者たちでは、酸素の含有量はほぼ一定であった。そこで、暗算に必要な集中の努力が、実験グループで観察された酸素の上昇をもたらしたと結論せざるを得ない。この発見は、革命的な視野を開いた。知的な活動がもたらすエネルギー消費を客観的に測定する道が、初めて開けたのである。

　しかし、よく見ると、レノックスの結果は逆説を招いているのだが、それは本人も気づいていた。血液は内頸静脈からとったので、それは大脳を循環したあとの血液である。しかし、心的活動は酸素の消費を増加させるはずだ。それゆえ、同じ大脳の血流を見れば、知的活動をしているときには、酸素の含有量は減るはずであって、増えるはずはない。この矛盾を解決するために、レノックスは、一九三一年という早い時期に、今日でも通用する原理について言及しているのだが、このことは彼の鋭い予見の才を物語っている。「この結果は、大脳の血管が拡張したために脳をかけめぐる血流の速度が増したことによるもので、それが、酸素の消費を上回る大きな要因となったのだろう」

機能的脳画像の一番最近の研究は、この仮説を確認するものであるが、このことが、最近のfMRIの技術の中核にある。神経活動が局所的に増加すると、大脳の血流を加速させる制御システムは、実際、大脳が消費できる以上の酸素を供給するのである。この奇妙な現象が起こる理由は、まだほとんどわかっていない。レノックスがそれを予見できたということは、彼の研究が原始的で侵襲的な技術に基づいたものであるにもかかわらず、かなり信頼の置けるものであることを示している。

この歴史的な検討を終えるにあたって、指摘しておかねばならないのは、それに続く一九五五年のペンシルヴァニア大学のルイス・ソコロフと彼の同僚たちの研究は、レノックスの結果を再現できなかったということだ（少しばかり異なる方法に基づいてはいるのだが）。振り返ってみると、いくつかの批判が思いつく。第一に、レノックスが観察した酸素含有量の上昇は、暗算とは関係がないのかもしれない。それは、単に、数式で埋められた紙をじっと見つめ、結果を思い浮かべるのに必要な集中的認知と運動によるだけのせいだったのかもしれない。言い換えれば、レノックスは本当に純粋に心的活動の生理学的基礎を測ったのであって、視覚や運動の荷重が大きかったからこういう結果を得ただけなのではないと証明するものは何もないのだ。

しかしながら、現代の読者にとって、この論文のもっとも明白な欠陥は、大脳の機能局在の問題をまったく無視しているところにある。計算をしている間に、脳の血流は大脳全体にわたって増加するのだろうか？　それとも、血流の変化は、脳の特定の場所だけに限られているのだろうか？　もし後者であるならば、脳の血流は、大脳皮質の上で特定の心的プロセスに特化している領域を明らかにする道具として使えるのではないだろうか？

レノックスの論文は、採血したのが右の内頸静脈からなのか左の静脈からなのかさえ述べていないが、右と左を比べれば、暗算が脳の一方の半球に偏っていることを示したかもしれないのだ。空間的な局在をよりよく示し、人間の脳の活動をきちんと表す図像が得られるようになるには、一九七〇年代、八〇年代になるまで待たねばならなかったのだが、そこでようやく、信頼できる脳の画像を得る技術が始まった。

陽電子放射断層法の原理

レノックスのパイオニア的研究に続くいくつかの研究により、脳は、おそろしく多くのエネルギーを必要とすることが確認された。実際、脳だけで、からだ全体が消費するエネルギーのおよそ四分の一を使っている。しかしながら、それをどの部分で使っているのかは一定ではない。それは、大脳のある部分が活動を始めると、一瞬のうちに急上昇することもある。大脳の血流と、局所的な代謝と、脳の特定部位の活動の程度との間に、直接の関係があることを最初に示したのはソコロフだった。たとえば、私が自分の右手の人差し指を素早く動かそうと決めたとすると、その指を動かす指令を出す役割を担(にな)っている、左の運動野の微小な部分にある神経細胞が発火を始める。その数秒後には、大脳のこの部分のブドウ糖消費が上昇する。それと並行して、その領域の血管と毛細血管の中の血流が増加する。循環する血液の量の増加は、その部分の酸素消費を補って余りある。

最近の二〇年間に、このような制御メカニズムを使って、さまざまな心的活動をしているときに脳のどの部位が活性化するのかを決めることができるようになってきた。これらの画期的な脳画像技術の根幹にあるのは、きわめて単純なアイデアだ。もしも、脳の特定の領域における局所的なブドウ糖代謝や血流を測定できるならば、そこで最近に起こった神経活動を知ることができるだろう、ということである。しかし、このアイデアを実行に移すには、いろいろ難しいことがある。脳のそれぞれの部位での血流や、分解されたブドウ糖の量などを、どうやって測定できるだろう?

ソコロフは、その解決法を動物で見いだした。今や古典となった彼の自動レントゲン法の技術は、フッ化デオキシブドウ糖のような、放射性同位元素で印をつけた分子を動物に注射し、それから、望みのタスクをさせるというものだ（たとえば、右手を動かすなど）。ブドウ糖にくっついている放射性のフッ素原子は、エネルギーをもっとも燃やしている脳の部位で、より多く放出される。その後、その動物の脳をスライスする。それぞれのスライスを暗闇の中で写真のフィルムに当てると、放射能活動が集中している部位に直接対応するところだけが露出することになる。このスライスを何枚も重ね合わせると、分子を注入したときに活動していた部位の三次元的な像が再構成できる。

自動レントゲン法の空間解像度は非常によかったが、明らかな理由から、人間の研究には向いていなかった。脳をスライスすることにも、放射性同位元素を高濃度で注入することにも、被験者の同意は得られにくいだろう。しかし、このような難点は、物理学とコンピュータ・サイエンスから派生した三次元構築の方法によって回避することができるのだ。人間を対象とした実験では、数分から数時間という、半減期が非常に短い放射性同位元素を使う。実験が終わるとすぐに、放射性は消えてしまう。注入される放射性同位元素の量は、何度も繰り返して実験しない限り、無害な程度のものである。それゆえ、実験は、普通のX線写真以上に被験者に害を与えることはなく、普通の静脈注射よりも痛みを感じることもない。実験が医学の倫理基準に合格するように、被験者は、実験に同意する前に、実験の目的と方法を十分に説明される。

最後に問題が一つだけ残る。物理的には到達できない頭蓋骨の中で、放射能の集中をどうやって測定するのか？　陽電子放射断層法、別名「ＰＥＴスキャン」は、ハイテクを使った解決法だ。少しの間、陽電子を放出する放射性物質を注入された被験者の体内で起こる核物理学を考えてみよう。たとえば、水分子の通常の酸素原子を、酸素15という不安定な原子で置き換えた物質を注入したとしよう。数秒から数分という予測できない時間をおいて、この原子は陽電子を放出する。それは、e＋と書く反物質で、よく知られた電子であるe－とは対称の性質を持っている。被験者の頭、と言うか彼の全身は、反物質の製造機になったわけだ！　推測される通り、この状態は長くは続かない。ほんの数ミリメートル離れたところで、陽電子は、普通の物質の中にたくさん入っている、その双子の兄弟である電子と衝突する。二つは相殺して消滅し、反対の極性を持った二つの高エネルギーガンマ線を放出する。それが、周囲の原子とはほとんど相互作用することなしに、被験者の頭皮を通過していくのである。

ＰＥＴスキャンの秘密は、被験者の脳から放出される光子の検出にある。この目的のために、頭の周りに、光の増幅子と対になった何百という結晶を円形に配置し、それによって、消滅の過程を示唆するものを検知する。古い、単一光子放出断層法の技術では、キセノン（^{133}Xe）のような放射能の源泉から発せられた、孤立したガンマ線だけが興味の対象だった。陽電子放出断層法で検出するのは、同時に発せられる二つのガンマ線の存在である。まったく正反対の検出器で二つの光子がほとんど同時に検出されれば、陽電子が崩壊したことの十分な証拠となる。検出器の配列が、ときには、二つの検出器の間の微小な時間的遅れ（飛行時間）の分析の助けも借りて、この崩壊が三次元のどこで起こったのかを知らせる。その言葉に示されている通り、断層法はそうやって、ある容積を持った脳の組織の中に分布している放射能の、「スライス画像」を提供してくれる。この放射能の強度は、局所的な脳の血流をよく示しており、また、それ自体、その部位の平均的神経活動のよい指標なのである。

実際的な話をすれば、PETを使った実験は以下のように進む。ボランティアがPETの中に横たわり、指示されたタスクを始める（人差し指を動かす、数字を掛け合わせるなど）。同時に、サイクロトロンが少量の放射性物質を生産し始める。それが用意できたところで、すぐにそれを注射しなければならない。さもないと、その放射能はすぐにも、検出できないほどのレベルにまで下がってしまう。被験者は、注射のあと、その心的活動を一、二分間続ける。その間中、PETは被験者の脳の中で、放射能の空間分布を再構成する。ボランティアは、それから一〇から一五分間、放射能が検出できないほどになるまで休息して過ごす。この手続きを、同じ被験者で一二回まで繰り返す。注射ごとに、異なるタスクを指示されることもある。

数学的思考の局在はどこか？

活動している脳の最初の写真は、一九七〇年代にまでさかのぼれるが、計算している脳の画像はというと、一九八五年がもっとも古い。この年、スウェーデンの研究者のP・ローランドとL・フリベリが、レノックスの研究が残したいくつものギャップを埋める研究結果を発表したのだ。彼らの論文の最初の文章で、実験の大枠が示されている。

これらの実験は、純粋に心的活動である思考が脳の血流を増加させ、思考の種類が異なれば、大脳皮質の異なる領域の血流が局所的に増加することを示すために行われた。最初のアプローチとして、思考とは、覚醒している実験参加者によってなされる、内的情報の操作という形の脳活動と定義した。

「思考のプロセス」をピンポイントで特定するため、ローランドとフリベリは、彼らの被験者にやらせるタスクを非常に細かく制御した。ここで取り上げるのに最適なタスクでは、被験者は、与えられた数から順次3を引いていくことを求められた（50－3＝47、47－3

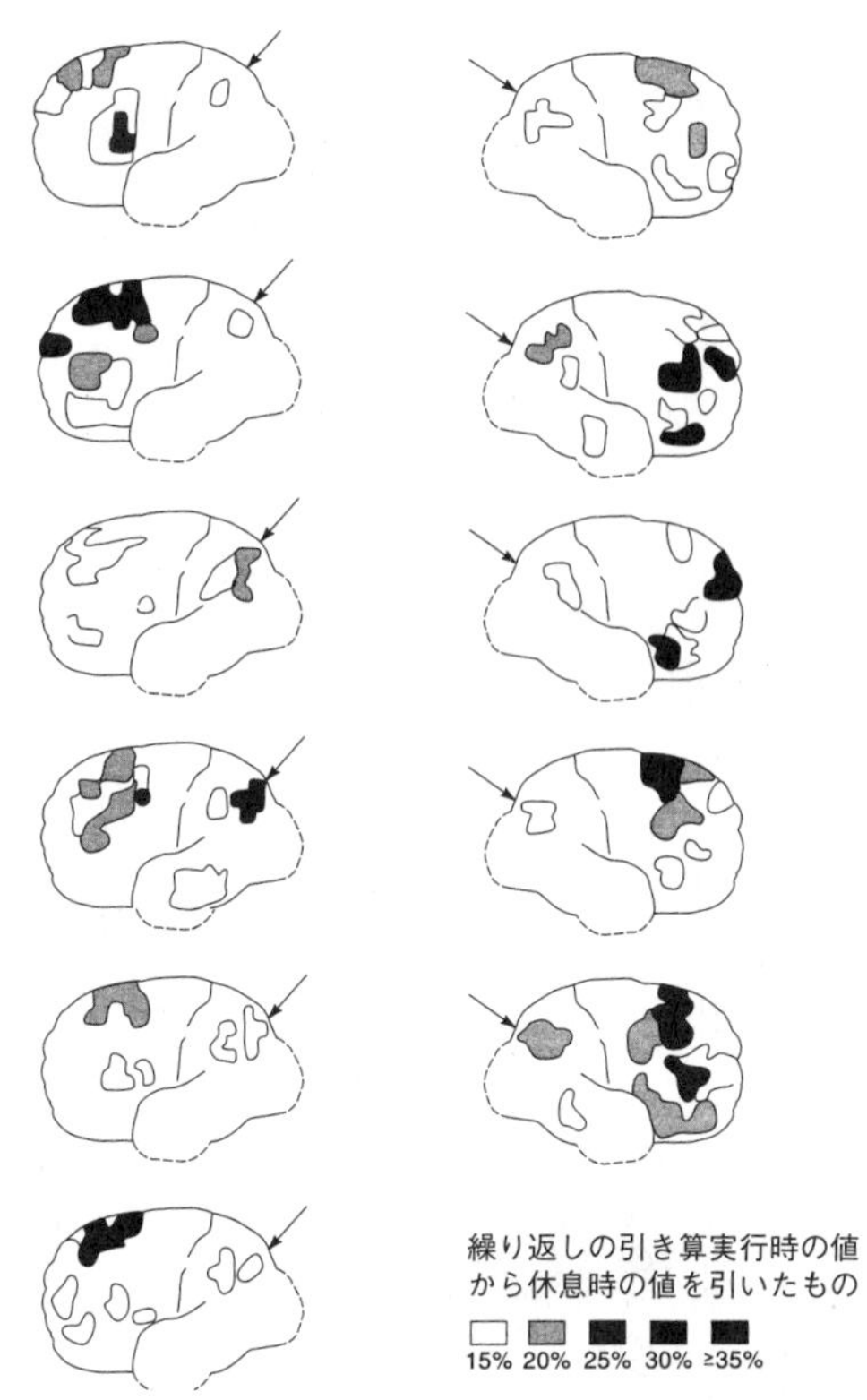

図8・2　1985年に、ローランドとフリベリは、暗算を行っているときの脳活動の画像を初めて発表した。当時の彼らの方法では、一時に片側の半球しか見ることはできなかった。そこで、これらの像のそれぞれは、それぞれ1人のボランティアから得たデータである。休息時と比較して、引き算を何回も行っているときには、下頭頂野の皮質（矢印）と、前頭葉前野のさまざまな領野が、両半球で活性化される。（Roland and Friberg, 1985より改訂掲載。Copyright © 1985 by American Physiological Society.）

＝44など)。計算は声を出さずに行う。数分後に初めて実験者が被験者を遮って、どこまで到達したかを言うように指示する。この測定と測定の間はつねに、心的操作は純粋に内的に行われており、感覚も運動も、それとわかる活動はない。

この暗算のタスクに加えて、あと二つのテストで、空間イメージ(心の中で、自分の家を出てから交互に右または左へ曲がったときの道筋を思い浮かべよ)、または言語の流暢さ(普通でない順番で単語のリストを暗唱させる)が調べられた。このそれぞれのタスクをしているときの脳の領域を、被験者が休んでいて、とくに何も考えていないときの血流の測定との比較から導きだした。ローランドとフリベリが使った脳画像の方法は、今では古くなってしまったが、内頸動脈に放射性のキセノン^{133}Xeを注入し、単一の光子を検出せねばならなかった。PETスキャンほどの正確さはなかったが、この方法で、大脳皮質の表面近くの血流の局所的増加が見られるようになった。

一一人のどのボランティアにおいても、暗算をしているときの脳の活動は、脳の二つの主要な領域に集中していた。前頭前野の広範囲の領域と、下頭頂野、角回の近くの限定された領域である(図8・2)。どちらの領域も、左右双方の半球で活動が見られたが、右よりも左の方が活動がわずかに大きかった。

この初期の実験で得られた解剖学的部位の正確さは、とても完全とは言えないが、一九

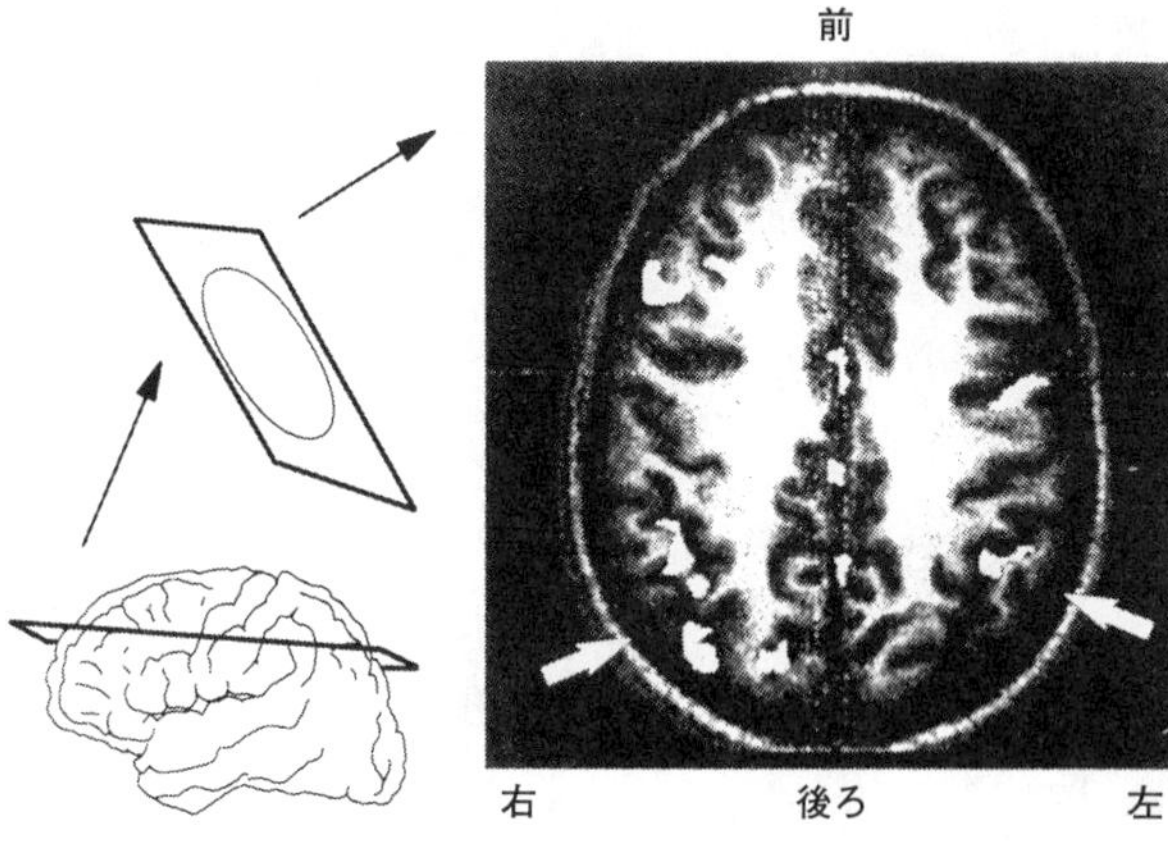

図８・３　ローランドとフリベリの実験を再現しているときの、著者の頭部のスライス画像。私が引き算をすると活性が上昇する脳部位を、超高磁場（3テスラ）fMRIで決定し、それを古典的な解剖学的MR像に投影したもの。下頭頂野（白い矢印）と前頭葉前野の活動がよく見える。（Dehaene, Le Bihan, and van de Moortele, unpublished data, 1996.）

九四年に、国立衛生研究所のジョーダン・グラフマン、ドニ・ルビアンと彼らの同僚たちが、機能的核磁気共鳴画像法（ｆＭＲＩ）という、もっとずっと正確な方法を用いて、この結果を再現した。引き算を繰り返し行うときに、前頭葉前野と下頭頂野の皮質が両半球で活性化することは、すべての被験者で再現されたが、活性化されたピクセルの数は、右よりも左半球での方が多かった。私自身、パリの郊外のオルセーで行われた、似たようなパイロット実験の被験者になったことがある。図８・３は、私が、苦労して繰り返しの引き算をやっているときの、私の脳のスライスを示している。頭頂葉と前頭葉前野が両半球で活性化していることが、よくわかる。

ローランドとフリベリの実験の他の条件から得られた結果は、頭頂葉と前頭葉前野の活性化は、このタスクの異なる側面と関連していることを示唆している。前頭葉前野は、暗算だけでなく、すべての心的操作のタスクで活性化する。ローランドとフリベリは、これを、「思考の組織化」における非常に一般的な役割と見ている。それとは対照的に、下頭頂野は、空間イメージや言語の流暢性のタスクでは活性化しなかったので、暗算に特有に働く部位であるようだ。二人の研究者は、ここが数学的思考、とくに引き算の結果を記憶から取り出すことに特化した領域であると結論している。

ローランドとフリベリの実験は、マイケル・ポズナー、スティーヴ・ペテルセン、ピーター・フォックスとマーカス・ライクルが、言語処理の異なる側面において、脳のそれぞれ固有の領域が活性化することを示して喝采を浴びる丸三年も前に、科学界に機能的画像の威力を知らしめる、決定的な役割を果たした。スウェーデンのチームの業績はまさに、新しい技術によって、異なる認知タスクに関連して、脳の異なる部位が活性化することを実際に見ることができることを証明した。しかし、「思考」に関する一般的結論としては、どう言ったらよいだろう？　人間の脳の中で「数学的思考」は、本当に皮質のどこかに局在しているのだろうか？

個人的に私は、ローランドとフリベリの機能的なラベルづけは、ちょっと眉唾だと思っている。「思考」が科学研究の正当な対象となり、それが少数の大脳の部位に局在化しているという概念自体、もう博物館にお蔵入りとなった古い学問の領域が、知らぬ間にまた復活してきていることを思わせる。それは、ガルとシュプルツハイムの骨相学で、脳はいくつもの器官の寄せ集めで、そのそれぞれが「子孫への愛情」などの非常に込み入った機能を果たしているという仮説である。骨相学は、もう一世紀も前に捨てられた。脳画像のパイオニアであるローランドとその同僚たちを、骨相学をよみがえらせようとしていると言って非難するのはまったく間違いであるに違いない。それでも、最近の脳画像の実験の多くが、「ネオ骨相学」の枠組みから着想を得ていることは、少し知恵があればすぐわかる。それらの唯一の目的は、大脳皮質の特定の部位にラベル付けをすることにあるらしい。PETは、多くの研究グループにとって、それが数学であれ、「思考」であれ、はたまた自意識であれ、ある機能を果たしている脳の領域を直接に知らせてくれる、簡便なマッピングの道具であるようだ。この方法は、計算は頭頂葉の下部領域、思考の組織化は前頭葉などなど、大脳の部位と認知能力との間に、明確で唯一の関係があると仮定している。

脳はそのようには働いていないと考えるべき証拠はいくらでもある。一見したところ簡単な機能でも、大脳のいくつもの領域が動員され、そのそれぞれが認知処理にささやかで機械的な寄与をしながら、協調して働くのだ。被験者が単語を読んだり、その意味を考えたり、場面を想起したり、計算をしたりするときには、一〇から二〇の脳の領域が活性化する。そのそれぞれは、印刷された文字を認識したり、その発音を思い浮かべたり、単語の文法的カテゴリーを決定したりといった、初歩的な操作を担っている。単独の神経細胞や単独の皮質のコラム、ある特定の領野だけが「思考」することはできない。皮質と皮質下に分布するネットワークにはりめぐらされた、数百万の神経細胞が一緒に働くことによって初めて、脳は、その印象的な計算能力を発揮できるのである。単一の脳の領野が、「思考の組織化」のような一般的なプロセスに結びつけられると考えることそのものが、今や時代遅れである。

それでは、ローランドとフリベリの実験結果は、どのように解釈し直したらよいのだろう? 第7章で見たように、下頭頂野は、ゲルストマン症候群で損傷された領域である。患者のM氏は、その部分に損傷を受けたことで数覚をなくしてしまったが、損傷があまりにひどかったので、3－1も計算できず、7が2と4の間にあると思うほどだった。そこで、この領域はおそらく、ある狭いプロセスに寄与していると考えられる。それは、数の記号を量に変換することと、数の相対的な大きさを表象することだ。この領域に損傷を受けても、単純な計算結果を機械的に思い出したり（2＋2＝4）、代数の規則を思い出したり（$(a+b)^2=a^2+2ab+b^2$）、数に関する百科事典的な知識を思い出したり（1492はコロンブスがアメリカ大陸を発見した年）することには必ずしも影響はないので、単純な算術の生成には役割を果たしていない。この部分は、数量の表象と心の物差しの中での位置の把握にのみ関わっている。正常な被験者が引き算を繰り返し行っていくときに、この部位が活性化するということは、したがって、量を処理するときにこの部位が決定的な役割を果たしていることの確証である。

スウェーデンのチームが報告した、前頭葉前野の広範囲な活性化については、次々と行う操作の順序を決める、その執行を制御する、間違いを訂正する、声に出てしまうのを抑制するなど、それぞれが固有の機能を果たしている、いくつかの領域を包含しているのだろう。そして何よりも、作業記憶にもかかわっている。前頭葉前野の一部分で、背外側野、または「46野」と呼ばれる領域の神経細胞は、実際の外的なインプットなしに、過去の出来事や期待される出来事をオンラインで維持することに関わっている（電話番号を繰り返し暗唱するときなど）。ホアキン・フステルとパトリシア・ゴールドマン＝ラキックによる素晴らしい実験やその他の実験によると、サルが情報を数秒間記憶にとどめているとき、前頭葉前野の神経細胞はずっと活動を維持している。ローランドとフリベリが使用した三つのタスクのいずれも、このようなタイプの作業記憶に強く依存している。たとえば、繰り返しの引き算タスクでは、被験者はつねに自分が到達した数を心にとどめておかねばならず、その次の引き算でそれを更新しなければならない。この記憶負荷の重要性が、おそらく、このタスクで前頭葉前野が活動することを説明するのだろう。

脳が掛け算をしたり、比較したりするとき

ローランドとフリベリの実験は、算術に関与している脳の部位を同定する目的のため、単一の複雑な算術タスクについて調べたに過ぎない。これは、最初の一歩であった。神経心理学的な解離の研究から、脳の部位は、もっとずっと繊細に細分化されていると考えられる。求められる算術操作の種類によって、非常に異なる部位のネットワークが活性化するに違いない。この仮説の評価にとりかかるため、私は同僚とともに、一九九〇年代初頭に数を比較したり掛け算をしたりしている間に、脳の活動がどのように変化するかを調べてみた。

実験は、脳の代謝を測定するための装置がよくそろった、オルセーの医学研究センターで行った。八人の医学生がボランティアになってくれた。朝、彼らが病院に着くとすぐ、彼らの脳の高解像度核磁気共鳴像を撮影した。そのあと、午後になってから、彼らが数の

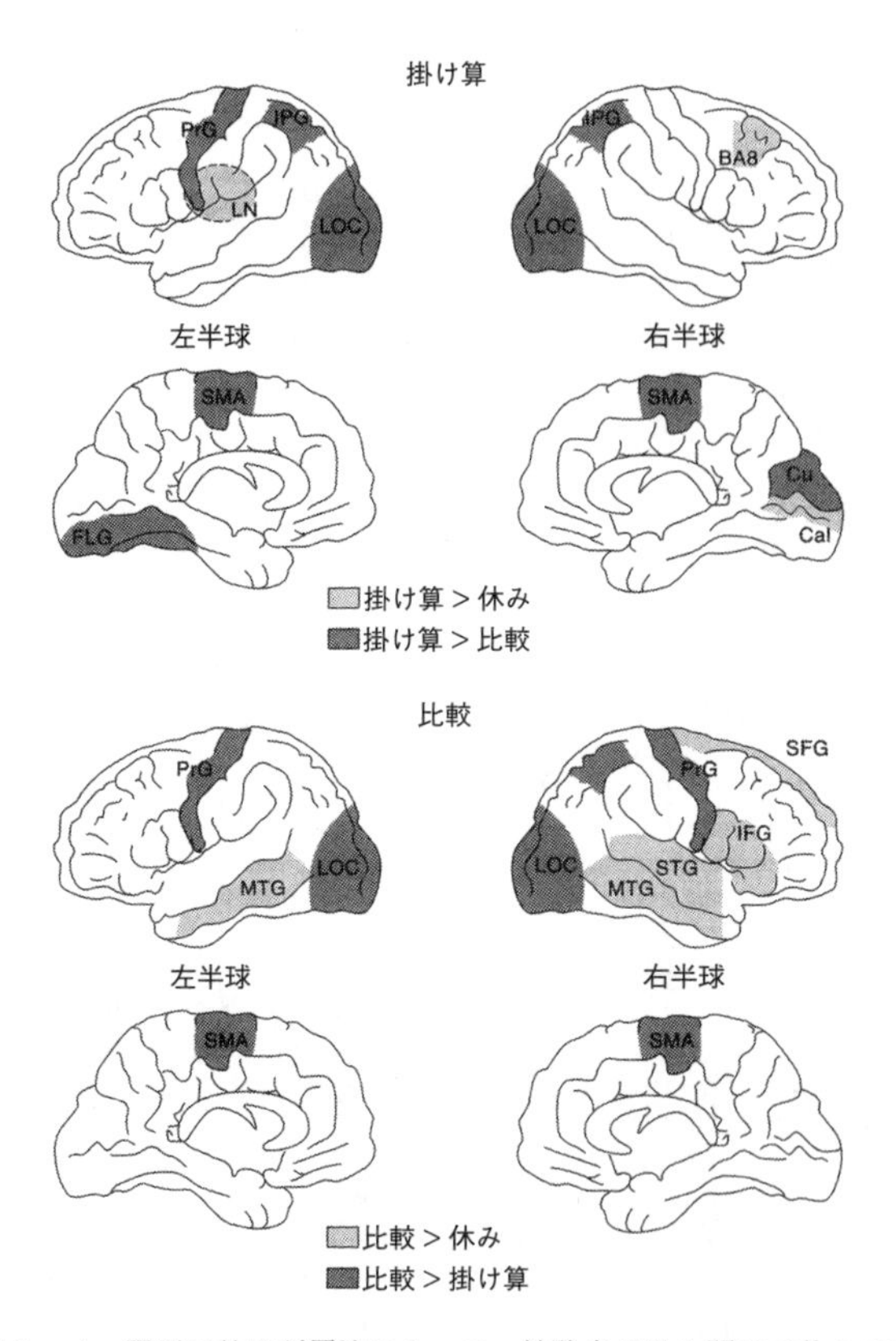

図8・4　陽電子放出断層法によって、被験者が目を閉じて休んでいるとき、2つのアラビア数字の掛け算をしているとき、その同じ数字を比較しているとき、脳の広範囲のネットワークに血流の変化が起こることが示される。（Dahaene, et al., 1996による）

処理をしているときに活性化している部位の最初の詳細な画像を、陽電子放出断層法で得た。

掛け算はできなくなってしまったが、二つの数字のうちどちらの方が大きいかはわかる、N氏という患者を思い出してほしい。私たちの研究の目的は、掛け算をするのと数の大きさを比較するのとで、それに関わっている神経回路が、部分的にでも脳の異なる部位にあるのかどうかを調べることだ。N氏の結果から、私たちはそうだろうと考えていた。そこで被験者に、二つの数字を組にして次々に見せ、それらを心の中で比較させたり、掛け算させたりした。どちらの場合においても、その操作の結果、つまり、二つの数のうちの大きい方、またはその積を、実際に唇を動かすことなく、明確に暗唱してもらった。これら二つの仕事をしているときの脳の血流を、被験者が休んでいるときの三つ目の結果と対照させた。

私たちが期待したとおり、休んでいるときと比べて、掛け算をしているときも、数の大きさを比較しているときも、いくつかの脳の領域が同じように強く活性化された。これらの領域は、おそらく、視覚的な情報を引き出したり（後頭葉）、視線を固定しておいたり、発話を内的に刺激したり（補足運動野、頭頂前野）といった、どちらのタスクにも共通する機能を担う場所に違いない。

下頭頂野は、量的な数覚には非常に重要な部位だが、ここも活性化していた。不思議なことに、掛け算をしているときには、両方の半球がともに活発に活動していたが、数の比較をしているときには、活動は低く、ほとんど検出できないくらいだった。私たちは、その逆を想定していた。比較するには数の持つ量を処理せねばならないが、単純な掛け算は、言葉の記憶をたぐりよせるだけですむはずだ。しかしながら、私たちが使った掛け算は、すべてが簡単なものではなかった。リストの中には、８×９や７×６なども含まれており、被験者は、そういう問題はためらったり、結局できなかったりした。計算結果の言葉による記憶が不確からしかったので、適切な答えをひねり出すために、彼らはしばしば、下頭頂野に大きく依存する、バックアップの戦略に頼らざるを得なくなったのではないかと、私たちは考えた。逆に、私たちが出した数の比較の問題は、１から９までの数だったので、おそらくやさしすぎたのだ。大きい方の数字を見いだすのがあまりに容易だったので、下頭頂野に強い刺激を与えるまでに至らなかったのだろう。また、おそらく、被験者が反応するまでに時間をおきすぎたので、活性が失われてほとんど検出できないまでに落ちてしまったこともあるだろう。いずれにせよ、下頭頂野の皮質は、被験者が行うタスクの難しさに正比例して活性化されるようである。

しかしながら、もっとも興味深い結果は、数字の比較と掛け算とを直接に比較したときに現れた。側頭葉、前頭葉、頭頂葉のいくつかの部位で、両半球の非対称性がはっきりと変化したのである。掛け算のときには、左半球の方が活動が活発であったが、比較のときには、活動は両半球に均等に分布しているか、どちらかというと右に偏っていた。この観察結果は、掛け算タスクの一部は左半球の言語野に支配されているが、比較は違うという考えに合致している。掛け算とは異なり、数の比較は機械的な暗唱で習う必要がない。数の大きさの心的表象は、あなたの子どもでも動物でも、はっきりと教えることなしに出現するものなのだ。つまり、脳は、数の大きさを比較するために、それを言葉のフォーマットに変換する必要はないのである。機能的脳画像は、数の大きさの比較が非言語的活動であり、左半球と少なくとも同じくらい右半球にも依存していることを確証している。どちらの半球も数字を認識し、それを比べるために心的表象に変換することができるのだ。

皮質下の核である、左のレンズ核も、数の比較のときよりも掛け算でよく活性化する。第7章で見たように、この部位に損傷が起こると、掛け算の積その他の言葉での自動計算の記憶が劇的に阻害されることがわかっている。「3かける7は21」やアルファベットや主の祈りを暗唱することができなくなったB夫人を覚えているだろうか？　彼女の損傷は、右のこの部分である。レンズ核は、運動のルーティーン化した側面に寄与していると考えられている、大脳基底核に属している。機能的脳画像からは、ここが、もっと洗練された認知機能にもかかわっていることが示唆される。おそらく掛け算表は、自動的な言葉の連鎖として貯蔵されているので、それを思い出すのは機械的な行動なのだろう。学校で掛け算表を暗唱すると、その単語の一つ一つが、私たちの脳の深い構造に刷り込みされるのかもしれない。そうだとすると、もっとも流暢に二カ国語を操るバイリンガルの人でも、計算をする段になると、自分が計算を習ったときの言語を使うことを好むことも理解できよう。

掛け算と数の比較にかかわる脳の部位が多岐にわたることは、今一度、算術が単一の計算センターに関連した、全体的な骨相学的「能力」などではないことを強調している。どの操作もが、脳の広い範囲のネットワークを動員している。コンピュータと違って、脳には特別の算術処理機能があるわけではない。もっとよいメタファーは、さまざまな性質の、あまり頭のよくないエージェントの集合である。誰も一人ではたいしたことはできないのだが、一緒になると、彼らの間で仕事を分け合うことにより、なんとか問題を解いていくのである。二つの数字を掛け合わせるというような単純な行為であっても、脳の多くの部位に分布している何百万の神経細胞が、一斉に協力し合うことが必要なのだ。

陽電子放出断層法の限界

陽電子放出断層法は素晴らしい道具ではあるが、そこには残念ながら限界がある。数についての情報を処理するために関与している皮質と皮質下の部位に関する私たちの仮説を実証するには、理想的には、計算をしている最中の脳の活性化を、時間の流れに沿って観察したいところだ。もしできれば、一〇〇分の一秒ごとに脳の活動の画像をとりたい。それができれば、神経活動が、後頭葉の視覚野から始まり、ずっと、言語野、記憶を司る回路、運動野などへと広がっていくところを追うことができるに違いない。しかしながら、PETスキャンは活動している解剖学的な部位を同定するには素晴らしい道具なのだが、空間解像度が優れている分だけ、時間解像度が嘆かわしいほど悪い。それぞれの画像は、少なくとも四〇秒にわたる時間の平均の血流なのである。つまり、PETは、脳活動の時間的次元については、まったく無力といってよいのだ。

こんな技術的限界が出てくるおもな理由は二つある。第一に、崩壊する陽電子の数を数える光増幅器は、意味のある画像が出現するまでに最低限の回数の崩壊を検知しなければならない。しかし、一秒間に崩壊が起こる回数は、注入された放射性物質の量の直接の関数なので、倫理的理由から、今日の限界以上の量に増やすことはできない。第二に、測定する時間をもっと短くしたとしても、脳の血流が神経活動の変化に反応するまでの時間的遅れがあるので、時間解像度の向上には限度があるのだ。ある特定の部位の神経細胞が発火を始めてから血流が上がり始めるまでには、数秒がかかる。一秒の数分の一の時間で血流の画像が得られる、最近の機能的磁気共鳴画像の技術でも、血流の反応が遅いということで困るのは同じである。

一言で言えば、問題の核心はここにある。脳は、一秒の数分の一の間に、検知し、計算し、考え、反応する。血流に基づいた機能的な技術は、この複雑な連続的活動を一枚の静的な画像に還元する。これは、競馬のフィニッシュを、数秒の露出時間で写し取った写真のようなものだ。ぼけた写真でも、どのウマが決勝線を超えたのかはわかるかもしれないが、どの順番で超えたのかの情報は失われてしまう。私たちに必要なのは、脳の活動のスナップ写真を連続的に写し、それをあとでスローモーションで再生できる技術である。

感電するほどの脳の仕組みを歌おう

脳波計測と脳磁気図検査は現在のところ、この難題にもっとも迫ることのできる唯一の技術である。両方とも、脳が発電機のような振る舞いをする事実を利用したものだ。それがどのように働くのかをもっとよく理解するために、神経細胞がどうやって情報伝達するのかをおさらいしておこう。どんな神経系も、それが人間のものでもヒルのものでも、詰め込まれた一束のケーブルでできている。一つ一つの神経細胞には軸索という長いケーブルがあり、情報は、活動電位と呼ばれる脱分極の波として伝わっていく。それぞれの神経細胞はまた、樹状突起という、やぶのように分岐した突起を備えており、他の神経細胞からやってきた信号を受け取っている。活動電位が、一つの神経細胞の軸索の終点と、他の神経細胞の樹状突起とが出会う場所であるシナプスに到達すると、神経伝達物質の分子が神経終末から放出され、樹状突起の膜の中に挿入されている、受容体と呼ばれる特別な分子にくっつく。こうなると、受容体の形が変化する。それらは「開け」の形へと変わり、細胞膜を通してチャンネルが開く。そして、イオンが細胞の中に流れ込む。非常に図式的に言うと、これが、神経インパルスが細胞膜のバリアを越え、一つの神経細胞から次の神経細胞へと伝わっていく仕組みである。

イオンには電荷があるので、それが細胞膜を通ったり樹状突起の内部を通ったりすると、微少な電流が生じる。それぞれの神経細胞は、こうして、小さな発電機のように振る舞う。実際、デンキナマズのような魚の発電機は、このような電気化学的単位が整然と並んで強力な電池となった、巨大なシナプスそのものである。デンキナマズの発電器官から人間の神経系まで、分子機構はみな同じで、両方ともほとんど同じ受容体分子を持っている。こうして、分子神経生物学者がデンキナマズの濃縮液から十分な量の受容体を取り出し、その分子構造を解明することができたとき、研究を大きく前進させることになった。

人間の脳に話を戻すと、活動している脳のそれぞれの部位は、電磁波を生み出し、それが容積伝導によって頭皮にまで送られてくる。もう五〇年以上も前に、ハンス・ベルガーがこの知識を最初に実際の技術に応用した。彼は、何人かのボランティアの頭皮に電極をはりつけ、その電気信号を測定した。これが最初の脳波計測である。この信号は、数百万のシナプスが同期して活動したことの結果であるが、非常に弱く、数百万分の一ボルトしかない。それはまた、ずいぶんごちゃごちゃしていて、一見したところランダムな振動を見せる。しかしながら、視覚的に数字を提示するなど、外界の出来事と同期させて記録をとり、多くの結果を平均すると、そのカオスの中から、事象関連電位と呼ばれる、一連の再生可能な電気活動を取り出すことができる。この一連の電気活動の中に、時間的な情報が山ほど隠されているわけだ。信号は、頭皮の表面まで一瞬にして伝わるので、それをリアル・タイムで記録することができる。たとえば、ミリ秒ごとにでも。そこで、脳のそれぞれの部位が活性化した順序を正確に反映した、大脳活動の連続的記録をとることができるようになる。

現代の技術では、頭皮につけた六四個、一二八個、さらには二五六個もの電極から、事象関連電位を記録することができる。その波形は電極ごとに異なり、その空間的分布を見ると、活動している脳部位の位置について、貴重な示唆が得られる。しかし、この点では、この方法はまだ不満足な段階にとどまっている。脳波計測によって得られる解剖学的な位置情報は、とても高精度とは言いがたいが、それは、本質的に物理学上の曖昧さがあるため、解剖学的構造を直接に同定することはそもそもできないからだ。せいぜいのところ、多かれ少なかれ妥当な推論をもとに、かなり広い範囲の皮質領野の、だいたいの活動状態を再構成するくらいである。同じような問題は、脳波計測より正確ではあるがずっと高価な、脳磁気図検査にも当てはまる。こちらは、電位ではなく磁場を測定する方法だ。しかしながら、どちらの方法も、脳の異なる部位が心的計算を行い始めた正確な時間を知るうえで、これらに勝るものはない。

心の物差しの時系列

ある数字が5よりも大きいか小さいかを決めるのに、誰でもおよそ一〇分の四秒かかる。しかし、この時間は、目的である数字を視覚で同定することから運動反応までの、すべての操作にかかった総時間に対応している。これを、もっと小さなステップに分割することはできるだろうか？　脳波計測は、4が5よりも小さいかどうかを決めるのにどれだけ時間がかかるかを、ミリ秒単位の正確さで測れる理想的な方法であることがわかった。

私は最近、こういう実験を行った。アラビア数字か数の単語をコンピュータのスクリー

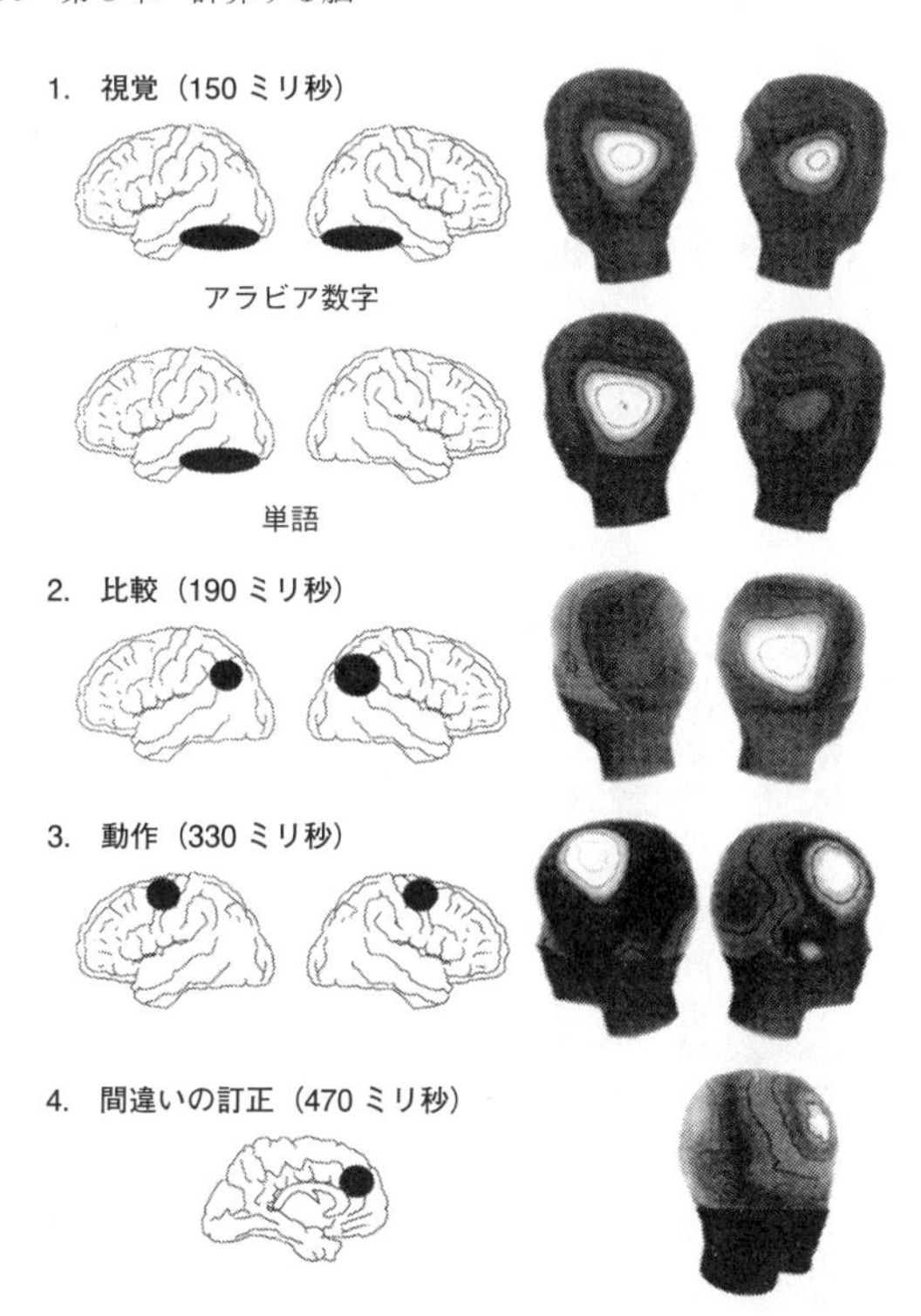

図8・5　脳の活動によって頭皮の電位がわずかに変化する様子を記録する（脳波計測）ことによって、数の比較をしているときに、どの順番で脳の活性化が起こるかを再構成することができる。この実験では、被験者が見た数字が5よりも大きいか小さいかによって、左手または右手でキーをできるだけ速く押すことが求められた。少なくとも4つの、処理段階が明らかになった。（1）標的となるアラビア数字または数の単語を見て同定する。（2）それに対応する量が表象され、記憶にあるレファレンスと比較を行う。（3）手の運動反応をプログラムし、執行する。（4）ときどき起こる間違いを訂正する。（Dahaene, 1996による）

ンに一瞬の間映し出し、ボランティアに、その数が5より小さければ一つのキーを押し、大きければ別のキーを押すように指示した。彼らの事象関連電位を、頭皮の六四カ所にはりつけた電極で記録し、特別のソフトウェアを使って、さまざまな実験状態における表面の電位の変化を、一コマ一コマ再構成してみたのである（図8・5）。

この「記録映画」は、被験者の目の前に数字が現れた瞬間から始まる。数十ミリ秒間は、電位はほとんどゼロにとどまっている。一〇〇ミリ秒ほどで、P1と呼ばれる正の電位が後頭部に出現する。このことは、後頭葉の視覚野が活性化されたことを示している。この段階では、アラビア数字と数の単語とで違いは見られない。単に、低次元の視覚処理が行われているだけだ。しかし、一〇〇から一五〇ミリ秒の間あたりで急に、この二つの状態に違いが出てくる。「よん」のような単語は、ほとんど左半球に完全に側性化された負の電位を生み出すのだが、4のような数字は、両半球に電位を生み出す。分離脳患者の行動から推定したように、アラビア数字を視覚的に同定することには、両半球が同時にかかわっている。しかし、数を表す単語は左半球だけで認識されるのだ。

頭の後ろの左側に生じる事象関連電位は、数の単語と数字とでほとんど同じである。しかしながら、もっと正確な測定をすると、この活動は、左半球の、隣接はしているが異なる部位から発しているようである。癲癇患者の中には、神経外科医によって、大脳皮質の表面に何本もの電極を差し込まれた人たちがいる。それは、頭蓋骨によって電気反応がゆがめられるのを避け、記録の空間的局在をより正確にするためだ。トルーエット・アリソン、グレゴリー・マッカーシーと彼らのイェール大学の同僚たちは、この状況を使って、単語、数字、物体の絵、顔の絵など、異なるカテゴリーの視覚刺激によって、後頭＝頭頂野の腹側部がどう反応するかを正確に記録した。彼らの得た結果は、おどろくべき局在を示していた。一つの電極が、単語を見たときにだけ変化を示し、そこから一センチだけ離れたもう一つの電極は、アラビア数字を見たときにだけ反応し、三番目は顔にだけ反応するということが、しばしば起こった（図8・6）。二〇〇ミリ秒以内に生じる、このような高度に特殊化した反応は、視覚検知の集合の全体は、それぞれが好む刺激ごとにグループ化されて、視覚野の底部の表面を覆っていることを確証している。

一五〇ミリ秒ぐらいのところで、特殊化した視覚野のモザイクが、数を表す記号の形を認識する。その時点では、しかし、脳はまだその意味を理解してはいない。数の表す量が読み解けたという最初のきざしは、一九〇ミリ秒ほどたって初めて現れる。下頭頂野につけられた電極に、距離の効果が突如として出現する。5に近い数字、つまり比較するのが難しい数字は、5より離れた数字よりも、ずっと大きな電位を生成するのである。この効果は、両半球で見られるが、右半球の方が強く現れる。したがって、両半球の下頭頂野に

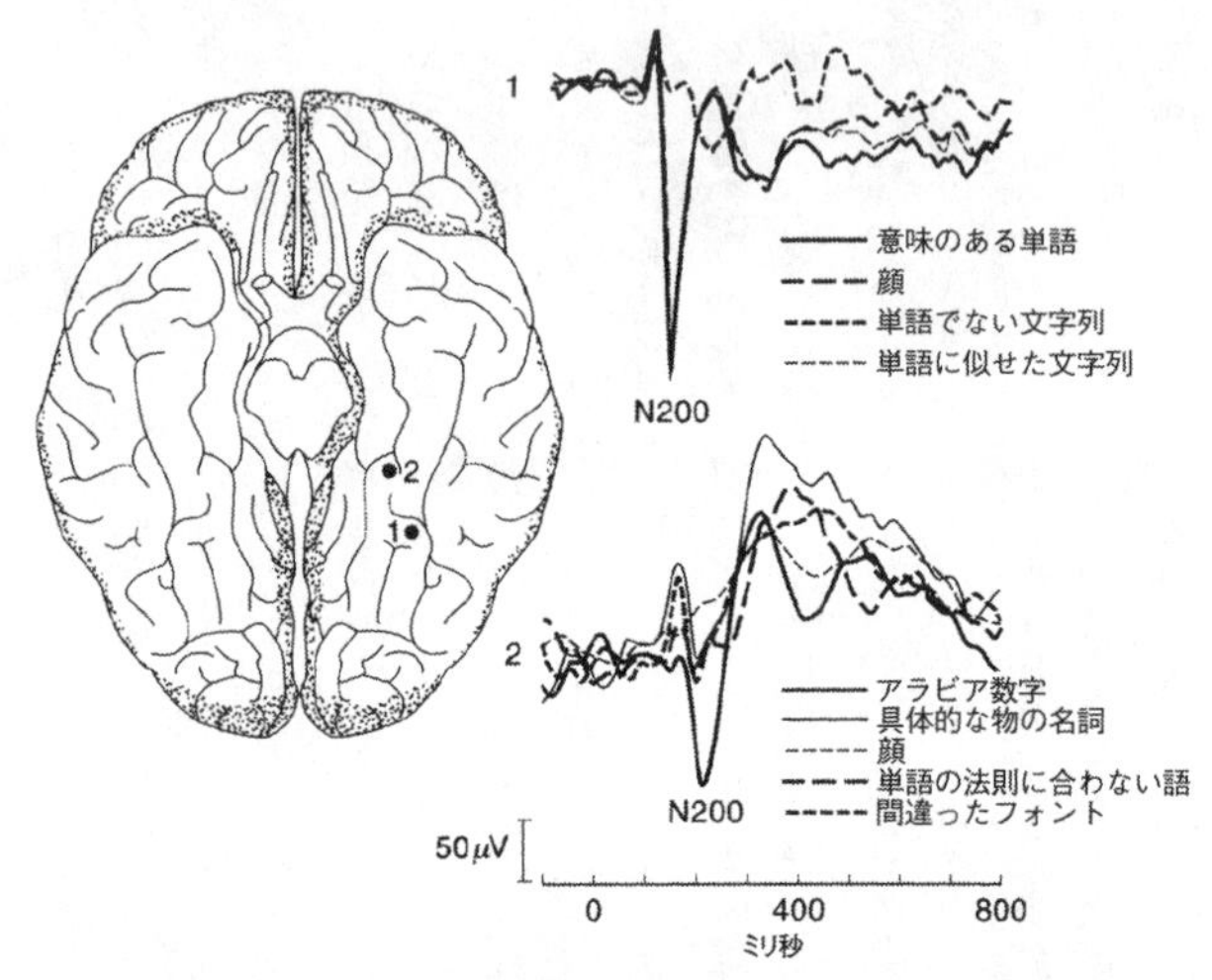

図8・6　脳の内部に電極を刺すことによって、異なるカテゴリーの刺激を視覚で認知するのに、後頭＝側頭葉腹側部の領域が、非常に細かく特殊化していることがわかる。1の部位の下にある皮質は、文字列（それが単語であれ、そうでないものであれ）に反応するが、人の顔には反応しない。隣の2の位置に刺しこまれた電極は、アラビア数字が表象されるときにだけ変動するが、人の顔にも文字列にも反応しない。（Allison, et al., 1994より改訂掲載。Copyright © 1994 by Oxford University Press.）

埋め込まれている「数覚ネットワーク」を活性化するには、一九〇ミリ秒しかかからないのだ。さらに詳しく調べてみると、電気的な距離の効果は、アラビア数字でも数の単語でも、同じ形状であることがわかった。このことから、下頭頂野は、数が表記されている方法には関係なく、その抽象的な、数としての大きさにかかわっていることがわかる。

この「コンピュータ・アニメーション」をさらに続けて行くと、運動反応のプログラミングが始まる時点に到達する。両半球の前運動野と運動野に位置する電極に、重要な電圧の違いが現れるのだ。実験参加者が右手で反応する準備ができると、左半球の電極に負の電位が現れる。逆に、左手で反応するときには、頭皮の右側が負になる（左の運動野は右半身を制御し、左は右を制御していることを思い出そう）。この一側化された準備電位は、スクリーンに数字が現れてから二五〇ミリ秒後にすでに現れ、およそ三三〇ミリ秒後に最大に達する。そのころまでには、小さいか大きいかの答えは出ているのだから、数の比較はすでに完了しているに違いない。つまり、数字の視覚的な形状を認識し、その量的意味を知るまでには、四分の一か三分の一秒かかることになる。

平均すると、実験参加者が反応するのは四〇〇ミリ秒後ぐらいであるが、それは、筋肉が収縮し、実験参加者が実際に選択した反応を実行するまでにタイムラグがあるからだ。しかし、この先まで分析をしない手はない。事実、運動反応が起こった直後に、非常に興味深い電気的事象が起こる。数字の大きさを比較するような初歩的なタスクでさえ、私たちはときどき間違いを犯す。ほとんどのエラーは、反応を誤って期待することが原因で、それはすぐに検知され、訂正される。事象関連電位を見ると、訂正の起源がわかるのだ。エラーにすぐ続いて、前頭部につけた電極に、突如として、強い負の電気信号が現れる。正しい反応をしたあとには、そんな信号は現れない。というわけで、この活動は、間違い検知か、訂正しようとする試みを反映したものに違いない。トポグラフィーから見ると、この発生源は、行動の意識的制御や不適切な行動の抑制にかかわる脳の部位である、前帯状回であるらしい。その反応は、間違ったキーを押してから七〇ミリ秒以内という素早さなので、感覚器官からのフィードバックによるとはとても考えられない。さらに、私の実験では、間違った反応をしたかどうかのフィードバックさえ与えられていなかったのである。前帯状回は、つまり、実験参加者が現在している最中の行動が、自分がするつもりでいたものとは合致しないことを検知したときに、自分から活性化するのである。

ここでもう一度強調しておきたいのだが、数の同定、その大きさの情報に対するアクセス、比較、反応の選択、動作の執行、間違いの可能性の検知といった、私が今ここで記述したすべての出来事は、一秒の半分以下で起こる。情報はある皮質領域から次の皮質領域まで驚くべきスピードで伝達される。現在のところ、脳波計測と脳磁気図検査だけが、このやり取りをリアルタイムで追う機会を与えてくれるのである。

「じゅうはち」という言葉を理解する

人間の脳が数情報を処理する速度について、もう一つの例を考えてみたい。「EIGHTEEN」という単語と「EINSTEIN」という単語を見てみよう。最初の単語が数で、次の単語が有名な物理学者だということがわかるには、一秒の何分の一かで十分だ。「EXECUTE」が動詞であり、「ELEPHANT」が動物であることも、「EKLPSGQI」が意味のない文字の羅列であることも、同様である。見た目は勝手に並べられたように見えるが、実は意味がまったく違う単語のカテゴリー化は、脳のどの部位で行われているのだろう？　事象関連電位を記録すれば、単語の意味の表象にかかわると思われる部位の活性化もわかるのだろうか？　下頭頂野は、計算をする必要がなく、ただ単に「EIGHTEEN」という単語を読んでいるだけでも活性化されるのだろうか？

被験者が単語の意味のカテゴリーに注意を払っているときに頭皮で測った電位は、脳の活性化が目を見張るほど次々と起こることを明らかにしてくれる。「EIGHTEEN」、「EINSTEIN」、「EKLPSGQI」などの印字が示されると、最初は、左半球の視覚野が均等に活性化される。しかし、四分の一秒ほどたったところで、視覚野後部が、本当の単語と、英語の単語構成の正当な規則に従っていない無意味綴りとを区別する。それから少し経って、単語がスクリーンに現れてからおよそ三〇〇ミリ秒後には、カテゴリーの違う単語に区別が出てくる。「EIGHTEEN」のような数の単語は、ここでもう一度、右と左の下頭頂野の皮質に局在する脳波を生み出すのだが、それはまるで脳が、これは本当に数だということを確かめるためには、心の物差しの中で占める位置の量的表象をもう一度作り出さねばならないかのようだ。

それとは対照的に、その他のカテゴリーの単語は、脳のかなり異なる部位を活性化する。動詞、動物、有名な人物などはすべて、左の側頭葉のかなり広い範囲を活性化するが、そこは長らく、単語の意味を表象する特別な役割を果たしていると目されてきた場所だ。それでも、カテゴリーが違うと少し変異がある。もっとも注目すべきは、「EINSTEIN」でも「CLINTON」でも「BACH」でも、有名人の名前だけが、側頭葉下部を活性化することだ。ここは他の実験から、見慣れた顔を認識する場所だと知られている。最近のその他の実験によると、それは有名人の顔だけのことではないらしい。動物、道具、動詞、色の名称、からだの部位、数などなど、多くのカテゴリーが、皮質の広範囲に広がる、固有の領域のセットによって認識されていることがわかってきた。どの場合も、その単語が属するカテゴリーを決めるには、脳は、その単語の意味に関する非言語的情報を持っている脳の領野を、トップダウン的に活性化しているようである。

数の神経細胞

脳波計測は大きな貢献をしてはいるのだが、いまだにそれは、間接的で不正確な方法である。神経の電気的効果が頭皮で検知できるようになるには、何万という神経細胞が同期して活性化されねばならない。だから、神経科学者は今でも、動物ではよく行われているような、単一の神経細胞の発火の時系列パターンを、人間の脳でも調べることができる技術はないものかと夢見ている。しかし、ある程度はそれも可能になった。ときどき、電極を直接に人間の脳の皮質に挿入することもあるが、この方法は非常に侵襲的なので、本当に特別な場合にしか使うことができない。どうにもならない癲癇発作を抱えている患者の中には、神経外科で、発作のもとになっている異常な脳組織を取り除いてもらわねばならない人もいる。脳の中に電極を刺すことは、今でも、組織の正確な位置を知るための最良の方法である。この方法では、電気的記録をとる複数の場所で、皮質の中または皮質下の核に、何本かの細い針を刺しこむ。この電極は数日間そのまま刺しこんでおくことが多いが、それは、繰り返し起こる癲癇発作に関して十分なデータを得るためである。患者が同意すれば、この状況を利用して、人間の脳が情報を処理する神経機構を研究してはいけないことはない。刺しこまれた電極を通じて、患者が単語を読んだり、簡単な計算を行ったりしているときの電気的活動を、直接に記録することができる。電極の性質によっては、皮質の中のほんの数ミリ立方の部分に起こる活動の平均や、単一の神経細胞の活動でさえも記録することができる。

サンクト・ペテルブルグの脳研究センターの、ヤルチン・アブドラーエフとコンスタンチン・メルニチュクはこうして、計算タスクと言語タスクを行っているときの患者で、頭頂葉のいくつかの単一神経細胞の活動を記録した。一つの条件では、一連の数字がスクリーンに現れ、患者にその総和を計算するように求めた。この実験の統制条件として、患者に、その同じ数の列を声に出してただ読み上げることを求めた。二番目の条件は、54と7のような数字を足したり引いたりする課題で、統制条件として、その二つの数字のうちの一つを声に出して読み上げさせた。最後の三番目の課題は算術とは関係がなく、「house」、「torse」などの単語が、正しい英語の単語であるかどうかを言ってもらうものだった。

結果は明瞭だった。両方の半球で、数が提示されたときのみ、下頭頂野の神経細胞が発火したのだ。ほとんどの神経細胞では、単に数を読んでいるときよりも、計算をしているときの方が大きく発火した。しかし、右の頭頂皮質には、数字の1と2を読んでいるときでも発火の頻度が増える神経細胞がいくつかあった。被験者が読んでいるときには、これ

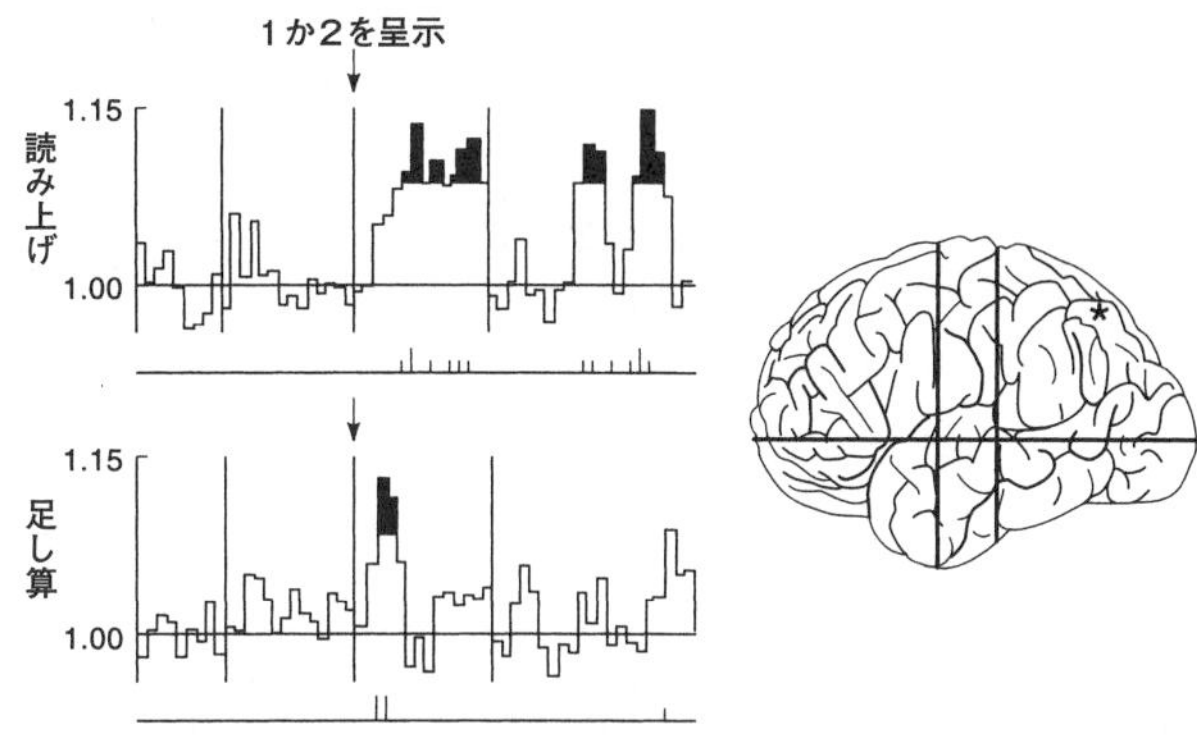

図8・7　人間の脳の頭頂葉皮質は、数を処理するときに特異的に反応する。矢印は、アラビア数字の1または2を呈示した時刻を示す。発火の頻度が基本線から有意にずれている時間帯が黒で示されている。被験者が単に数字を声に出して読み上げているときよりも、これまでの総和に足し算しているときの方が、神経活動が長く続く。（Abdullaev and Melnichuk, 1996による。 Courtesy Y. Abdullaev）

らの神経細胞は、最初に数字が見えたところで、ほんの三〇〇から五〇〇ミリ秒という短い間だけ発火した。しかし、被験者が足し算や引き算をするときには、数字が見えたあと、およそ八〇〇ミリ秒と、かなり長く発火したのである（図8・7）。

このように、細胞レベルでの記録は、神経心理学、陽電子放出断層法、脳波計測の方法から導かれる推論を、直接に裏付けている。心の中で数量を操作せねばならなくなるとすぐに、下頭頂野の神経回路が、中心的で特化した役割を果たすのである。

もちろん、本章で紹介した、あちこちで行われた実験は、脳画像時代のほんの始まりを代表するものである。活動している人間の脳を可視化する道具は、一九九〇年代に利用できるようになったに過ぎない。算術に関する領域だけに絞っても、まだ探求されていない事項はたくさんある。頭頂葉にあるニューロンは特定の数に特化して反応するだろうか？　頭頂葉の神経細胞は、数が大きくなるにつれて、システマティックに、皮質の特定の部位に対応するように配置されているのだろうか？　足し算、引き算、そして数の比較は、それぞれ異なる神経回路を使っているのだろうか？　計算のための組織は、年齢、数学の教育、または暗算の才能によって異なるのだろうか？　下頭頂野は、どの領野に神経投影されていて、それは、数の単語やアラビア数字を同定するのにかかわっている部位とどのように情報伝達し合っているのだろう？

この巨大な領域については、まだほんの少ししか知られていないので、答えのない問いのリストはまだまだ続く。新しい脳画像の道具が手に入るようになった現在、人間の脳の科学的探求が、まさに始められるようになった。神経回路から暗算まで、単一の神経細胞から複雑な算術の関数まで、認知神経科学は、脳の異なる領野間をますます密接に結びつけられるようになり、以前に想像されていたよりもずっと複雑で、ずっと興味深い姿を明らかにし始めている。私たちは、ジャン＝ピエール・シャンジュとアラン・コンヌの言葉を借りれば、どうやって神経組織が「思考の物質」になるのかについて、最初の扉を開け始めたところである。これからの一〇年のうちに、脳研究は、私たちを人間にしている特別な器官について、もっと刺激的な洞察をたくさん生み出していくに違いないので、しっかり目を見開いていよう。

第9章　数とは何か？

数学者とは、コーヒーを定理に変換する機械である。

作者不詳

「人間が知ることのできる数とは何か、そして数を知ることのできる人間とはどんな存在か？」神経生理学者のウォーレン・マカロックが一九六五年に素晴らしい言い回しで明確に表現した問いだが、科学哲学のもっとも古い問いの一つでもある。これは、プラトンとその弟子たちが、二五世紀も前に、最初のアカデミーのベンチで繰り返し探求した問いなのだ。私はしばしば、いにしえの大哲学者たちが現在の神経科学や認知心理学の成果を見せたら、どんなに喜ぶだろうかと考える。陽電子放出断層法の画像を見せたら、プラトンたちはどんな対話を始めるだろう？　新生児の算術能力に関する最近の実験を見せたら、イギリスの経験主義哲学者たちは、どんな再考を迫られるだろうか？　人間の脳の中の知識がきわめて分断されていることを示す神経心理学的データを見せたら、ディドロはどのように受け止めるだろうか？　デカルトに、当時の絵空事の替わりに、最近の神経科学の精密なデータを教えてあげたら、どんな鋭い洞察を行うだろうか？

私たちはそろそろ、算術と脳に関する探求の終わりに近づいてきた。人間の脳がどのように数を表象し、それを操作するかについて、かなりよく把握できるようになったところで、これらの経験的データが、脳と数学の理解にどれほど影響を与えるのか、まとめてみよう。脳は、どうやって数学を獲得するのか？　数学的直感とはどんなもので、それを向上させることはできるのだろうか？　数学と論理の関係はどうなっているのか？　数学はなぜこんなにも、物理学で有効なのだろうか？　これらの疑問は、象牙の塔に隠れている哲学者の、純粋に学問的な思索対象というばかりではない。その答えは、教育政策や研究計画にも深い影響を与える。ピアジェの構成主義やブルバキの堅苦しさは、私たちの学校教育に爪痕を残している。このような厳格な教育理論をやめ、人間の脳がどうやって数学をするかの本当の理解に基づく、もっと穏やかで、より最適化された教育方法がそれにとって替わることはあるのだろうか？　この重大な目的を達成するためには、数学の神経心理学的基礎について、十分に考察を行うしか道はないのである。

脳は論理的な機械か？

数学を生み出すことができるとは、人間の脳はどんな機械なのだろう？　ウォーレン・マカロックは、その答えの一部はわかったと思った。彼自身、数学者だったので、「なぜ数学などというものが日の目を見ることができたのか？」ということを理解したいと考えていた。一九一九年にはすでに心理学の研究に向かい、のちに神経生理学に移ったが、彼は、脳は「論理的な機械」だと個人的に確信していた。一九四三年にウォルター・ピッツとともに書いた重要な論文の中で、彼は神経細胞の複雑な生物的反応を全部取り払って、二つの機能に還元した。それは、インプットを合計し、その和を固定された閾値（いきち）と比較することである。そして彼は、多くのこのような単位からなるネットワークは、どんな複雑な計算でも行えることを証明した。コンピュータ科学の業界用語で言えば、このようなネットワークは、チューリング・マシンとしての計算能力を備えている、と言う。チューリング・マシンとは、イギリスの天才数学者、アラン・チューリングが一九三七年に発明した、単純な形式論理の装置で、コンピュータが、読む、書く、あるいは機械的操作に従って数字データを変換するときに働いている操作の本質をとらえたものである。マカロックの研究は、つまり、コンピュータ上にプログラムできる操作はすべて、単純化した神経細胞を適切につないだネットワーク上でも働くことを示したのだ。一口で言えば、彼は、

「神経系は、計算できる数は何でも計算できる」と表明したのだ。

マカロックは、こうしてジョージ・ブールの足跡をたどった。ブールは一八五四年に、自分のための研究計画として、「心が論理を展開するときに使っている操作の基本法則を探求し、それに計算法の記号言語による表現を与え、その礎石の上に科学の論理を設立し、方法を構築する」ことに着手したのである。

ブールは、二つの値、「正」と「否」を1と0で表し、それをどうやって組み合わせて論理計算にするかを記述した、「ブール論理学」の創設者である。今日(こんにち)、ブール代数は、数論またはコンピュータ科学に属するものとみなされている。しかし、ブール自身は自分の研究を、心理学に対する中心的貢献とみなしていた。彼の著書が、『思考の法則の研究』と題されていることに、それは雄弁に表されている。

脳はコンピュータだというメタファーは、一般人の間のみならず、認知科学の専門家の間でさえも、今や絶大な人気を博している。これは、心理学の「機能主義的アプローチ」と呼ばれるものの核心にある。それは、脳がどう働くかにはおかまいなしに、心のアルゴリズムを研究しようという主張である。古典的な機能主義の議論は、どんなデジタルのアルゴリズムも、それがスーパーコンピュータ上であろうが、ポケット電卓上であろうが、まったく同じ計算結果を算出するということだ。そうだとすると、コンピュータがシリコンでできていることや、脳が神経細胞でできていることは、重要だろうか？ 機能主義者にとっては、心のソフトウェアは脳のハードウェアとは独立に動く。そして、アロンゾ・チャーチとアラン・チューリングによる数学的結論は、人間の心で計算可能なすべての関数は、チューリング・マシンでもコンピュータでも計算可能だと保証している。一九八三年に、フィリップ・ジョンソン＝レアードは、「脳の生理学的性質は、思考のパターンになんの制限ももうけてはいない」ので、その結果、「脳はコンピュータだ」というメタファーは、「これ以上、何にも取って代わられることはない」とまで述べている。

脳は、本当に、コンピュータ、または「論理的な機械」以外の何ものでもないのだろうか？ それが論理的な組織だから、人間の数学的能力が説明できるのだろうか？ そして、脳の神経基盤を無視して、それとは独立に研究されるべきものなのだろうか？ ここで、「機能主義は心と脳との関係についてあまりにも狭隘な視野しかもたらさないと私は疑っている」と述べても、読者はそれほど驚くことはないと思う。純粋に経験的な立場からしても、脳はコンピュータというメタファーは、これまでに得られた実験データに対して、良いモデルをまったくもたらさない。ここまでの章には、人間の脳は「論理的な機械」のようには計算をしないということを示す、反論の証拠が盛りだくさんに紹介されている。ホモ・サピエンスにとって、厳密な計算は決して容易ではない。他の多くの動物と同様、人間も、曖昧模糊として大ざっぱな数の概念を持って生まれてくるが、それは、コンピュータのデジタルな表象とは似ても似つかないものだ。数を表す言語と精密な計算アルゴリズムの発明は、人類の文化史のごく最近の産物である。そして、いくつかの意味で、不自然な進化でもある。私たちの文化は論理と算術を発明はしたが、脳は相変わらず、もっとも簡単なアルゴリズムにおいても、驚くほど御しがたいままにとどまっている。それを証明するには、掛け算と計算規則を理解するのが、子どもたちにとってどれほど困難であるかを思い出すだけで十分だ。計算の才能に恵まれた人でも、何年もの練習ののちに、やっと六桁の数字の掛け算を数十秒かけて行うのだが、これは、もっとものろいパソコンの、数千倍から一〇〇万倍ののろさである。

脳はコンピュータというメタファーが不適切であるのは、ほとんど喜劇の域に達している。長い論理の連鎖を非の打ち所なく執行するといった、コンピュータが秀でている領域では、人間の脳はのろくて当てにならない。その一方で、コンピュータ科学がもっとも不得意とする、形の認識や意味づけなどの領域では、脳は驚くべき速さを発揮し、勝利するのだ。

神経回路そのもののレベルでも、脳と「論理的な機械」との比較は、詳細な吟味には耐えない。一つ一つの神経細胞は、そこへのインプットの単なる論理的総和よりもはるかに複雑な生物学的機能を果たしている（もっとも、マカロックとピッツの形式論理神経細胞は、ときには、本物の神経細胞の有益な素描を提供することもあった）。なによりも、本物の神経細胞のネットワークは、現代のコンピュータが持つ電子チップの中にある、トランジスターの精密なまとまりとは異なるものだ。マカロックとピッツが示したように、形式論理神経細胞を集めて論理的機能を構築することは、技術的には可能だが、中枢神経系は、そのように働いてはいない。コンピュータの論理ゲートの仕組みは、脳の原初的操作とは別物なのだ。もしも、神経系の「原初的」機能を探さねばならないとしたら、それはおそらく、一つの神経細胞が、そこに入ってきたインプットの当初の「形」を、その他何千の単位から受容した神経発火との重み付けによって認識する能力にあるだろう。だいたいの形の認識は、脳の初歩的で直接的な能力であるが、論理と計算は派生的能力であり、まともな教育を受けることのできた、霊長類の唯一の種の脳にだけ可能な性質なのである。

公平を期して言えば、多くの機能主義心理学者は、「脳はコンピュータである」という単純な等式に固執しているわけではない。彼らの立場は、もう少し微妙だ。彼らは必ずしも脳を、現代の私たちが使っているシリアル型コンピュータと同じだとは思っておらず、「情報処理装置」と考えているだけだ。彼らによれば、心理学は、脳のモジュールが受け取る情報をどのように変換するかの様相だけに集中するべきなのである。たとえその変換アルゴリズムが今は理解できなくても、そして、たとえ現存するどんなコンピュータも、脳の機能を執行することはできなくても、脳の機能は、原理的に、そういうアルゴリズムに還元できるはずなのだ。この立場に立てば、神経細胞、シナプス、分子その他、心の「ウェットウェア」は、心理学には無関係なのである。

しかしながら、こちらの、より繊細な方の機能主義にしても、やはり疑わしい。脳のアルゴリズムを研究することも、人間の行動を純粋に行動レベルで研究することも、間違いではない。その機械が基づいている本質的原理を知れば、確かに、その機械について非常に多くのことを知ることができる。しかし、その機械がどのようにして作られているのかを発見すれば、さらに理解は進むのではないだろうか？　科学の歴史を見れば、ある現象の物理的または生物学的下部構造の理解が、その機能的性質の理解を急激に促進した例はいくらでもある。たとえば、ＤＮＡの構造の発見があったために、その何年も前にメンデルによって発見されていた遺伝の「アルゴリズム」の概念が劇的に変わった。同様に、新しい脳画像の道具によって、脳の機能に関する私たちの知識には、現在、革命が進行中である。心理学者が機能主義者の言うことを聞いて、これらの道具は認知の理解にとってさして重要ではないと決めてしまうのは、馬鹿げたことではないだろうか？　実際のところ、ほとんどの心理学者は、神経科学の研究に背を向けるどころか、実験心理学と臨床心理学の進歩にとって決定的な貢献をするものと見ている。

脳の情報処理を計算可能な観点からしか見ない機能主義者の主張は、また別の不幸な結果ももたらしている。この考えのために、彼らは、コンピュータ科学の形式とは合わない、脳の機能の別の側面を無視してしまうのだ。認知心理学が、知的生活における感情の役割という複雑な問題をずっと無視してきたのは、これが主たる原因だろう。しかし、脳の機能に関するどんな理論にも、感情は必ずや場所を占めるべきであるはずだ。そこには、数学の神経基盤を探るという、私たちの現在の探求も含まれている。数学への不信感は子どもたちを本当に萎縮させてしまうので、もっとも簡単な算術アルゴリズムでさえ、獲得できなくなる始末なのだ。また逆に、数に対する情熱は、羊飼いを計算の達人にさせることもある。『デカルトの誤り』という最近の著書の中で、神経心理学者のアントニオ・ダマシオは、感情と理性がどれほど緊密に結びついているかを示している。内的な感情を起こさせる役目を負っている神経系に損傷が起こると、日常生活で合理的な意思決定をする能力に劇的な影響が出るほど、両者は密接な関係にあるのだ。脳はコンピュータというメタファーは、このような観察とは相容れず、そのことは、脳の機能が論理規則にのっとって情報をクールに変換することに閉じてはいないことを示している。数学が、なぜこうまで情熱や憎悪の対象となるのかを理解しようとするなら、合理的計算と同じくらい、感情の法則にも注意を向けねばならないのである。

脳のアナログ計算

脳はコンピュータというメタファーは、すべての優れたコンピュータ科学者の批判の目をすり抜けて来たわけではない。一九五七年という早い時期に、コンピュータ科学の創設者の一人であるジョン・フォン・ノイマンは、『脳とコンピュータ』という書物の中で、「脳の言語は、数学の言語ではない」と述べている。機械をすべて、完全にデジタルなコンピュータに還元することはしないようにと、彼は勧めている。数学的な論理をまったく無視したアナログの機械でも、高度な計算をすることはできる。機械が、表象されている変数と同等の連続量を操作することによって計算を行うとき、これを「アナログ」機械と呼ぶ。たとえば、ロビンソン・クルーソーの計算機では、アキュミュレータの水位が数のアナログであり、水を加えることが、数の足し算と同等になっている。フォン・ノイマンは、脳はおそらくアナログとデジタルの混合機械であり、記号とアナログの暗号が途切れることなく統合されているのだろうという、素晴らしい洞察を持っていた。私たちの脳が論理と数学に関して示す能力の限界は、なんであれ、非論理的な規則に従っている神経機構の、目に見える帰結なのではないのか。フォン・ノイマン自身の言葉を引用しよう。

数学について話すとき、私たちは、中枢神経系が真に使用している第一の言語の上に築き上げられた、第二の言語について論じているのかもしれない。つまり、私たちの数学の外面的形式は、中枢神経系が真に使っている数学的、または論理的言語は何かを評価するという観点からすれば、絶対に正しいということはないのである。

私たちが数の大きさを比較するやり方を見ると、まさに私たちは、デジタルのコンピュータというよりは、アナログ機械により近いことが示唆される。コンピュータのプログラムを書く人なら誰でも、数の比較は、プロセッサーの指示の基本中の基本の一つだということを知っているだろう。登録された一つの内容が、もう一つの内容よりも小さいか、同じか、大きいかを比較するには、しばしば一マイクロ秒よりも短い一定時間でできる、たった一つの計算サイクルがあれば十分だ。脳は、そうなってはいない。第3章で見たように、おとなは、二つの数や二つの物理量を比較するのにほぼ〇・五秒かかる。少数のトランジスターさえあれば、電子チップの中で比較の機能を果たすことはできるのに、神経系は、同じ結果に到達するために、莫大な神経細胞のネットワークを動員し、多くの時間を使わねばならないのである。

さらに、私たちが用いている比較の方法を、デジタルのコンピュータに簡単に使わせることはできない。私たちは、距離の効果に悩まされることを思い出そう。1と2のような互いに近い数を比べるときには、1と9のような遠く離れた数を比べるときよりも、つねに長い時間がかかる。現代のコンピュータでは、それとは対照的に、どんな数であろうと比較に要する時間は一定である。

距離の効果を生み出すようなデジタルのアルゴリズムを発明するのは、ちょっとした難事である。チューリング・マシンでは、数を暗号化する単純な方法は、同じ記号nを繰り返すことだ。つまり、1が任意の文字aによって表象されるとし、2はaa、9はaaaaaaaaaという具合である。しかし、機械は、このような列を一文字ずつ処理することができる。そこで、ほとんどの比較のアルゴリズムは、比べるべき二つの数のうち小さい方の数に比例した時間で反応するので、二つの数の間の距離とはまったく関係がない。チューリング・マシンに、二つの数を異なるものとしている記号の数はいくつかを数えさせるようにプログラムすることはできるが、このようなアルゴリズムのもっとも簡単なものは、脳がやっているのとは反対に、二つの数どうしが近くなるほど短い時間で結果を出すのである。

二項表記は、デジタル・コンピュータ上で数を表象するもう一つの簡単な方法である。

これを使うと、それぞれの数は、0と1で構成されるビットの列として暗号化される。たとえば、6は110、7は111、8は1000という具合だ。しかし、このタイプの暗号化を行うと、おかしなことが生じる。6と7のように、最後のビットが異なる数どうしの方が、7と8のように、最初のビットから異なる組み合わせよりも時間がかかるのである。言うまでもなく、この純粋に数学的な性質は実のところ、6と7を比べるときの方が、7と8を比べるときよりも若干容易であるという心理学的観察を、なんら反映するものではない。

つまり、人間の脳が数を処理するときの基本的な性質である距離の効果は、ほとんどのデジタル・コンピュータの持つ性質ではないのだ。距離の効果が自然に出てくるような、他のタイプの機械は存在するのだろうか？　答えは、イエスだ。ほとんどすべてのアナログ機械では、距離の効果をモデル化することができる。その中でもっとも単純な機械を考えてみよう。天秤である。左の皿に一ポンドのおもりを置き、右の皿に九ポンドのおもりを置こう。手を離したとたん、天秤はすぐに右に傾き、9のほうが1よりも大きいことを示すだろう。さて、九ポンドのおもりを二ポンドに換えて、再び実験を始める。天秤が右に落ち着くまでには、ずっと長い時間がかかるだろう。このように、天秤にとっては、脳と同様、2と1を比べる方が、9と1を比べるよりも難しいのである。実際、天秤がどちらかに落ち着くまでにかかる時間は、重さの違いの平方根と逆比例する。この時間に関する数学的関数は、私たちが二つの数字を比べるのにかかる時間の関数とよく似たものだ。

　つまり、私たちの心の比較アルゴリズムは、天秤が「数を測っている」ようなものなのだ。脳の算術能力は、デジタルのプログラムよりは天秤のようなアナログ機械に類似している。アナログ機械の行動は何でも、デジタル・コンピュータ上でシミュレートすることができるという反論が出るかもしれない。それは、その通りだ（カオス的なシステムまで全部、絶対の正確さでシミュレートすることはできないが）。しかし、コンピュータが設計されているもとの原理は、脳の重要な規則性を何一つとらえてはいない。コンピュータのシステムの性質は、そうさせようと選んだ物理システムによって、完全に定義されている。

　そうだとすると、私たちが数を比べる奇妙なやり方を見れば、数のような環境中にあるパラメータを表象するために脳が使っている、もともとの原理が明らかになる。コンピュータとは違って、それはデジタルの暗号に頼ってはおらず、連続量の内的表象に基づいている。脳は論理的な機械ではなく、アナログ装置だ。ランディ・ガリステルは、この結論を、素晴らしい簡潔さでこう述べている。「実際、神経系は、表象を作り出す規則を反転させて、数を使って線形の量を表象しているのだ。ラットは（そしてホモ・サピエンスも！）、数を使って大きさを表象しているのではなく、大きさを使って数を表象しているのだ」

直感が公理を追い越すとき

脳は数学を「論理的な機械」のように行っているという仮説に不利な、もう一つの議論がある。一九世紀の終わりから、デデキント、ペアノ、フレーゲ、ラッセルとホワイトヘッドなどの数学者や論理学者たちが、数学を純粋に形式論理の基礎の上に築き上げようと試みた。彼らは、数とは何かということについての私たちの直感をとらえることができるような公理と記号論理規則からなる、洗練された論理体系を設計した。しかしながら、この形式論理的アプローチは、深刻な問題にぶつかることになり、脳の機能を論理体系に落とし込むことがいかに困難かを暴露する結果となった。

もっとも単純な算術の形式論理化は、ペアノの公理である。数学の業界用語を使わずに言うと、これらの公理は、基本的には以下の叙述にまとめられる。

- 1は数である。
- すべての数には次の数があり、それをSnまたは$n+1$で表すことができる。
- 1以外のすべての数には一つ前の数がある（正の数だけ扱うとすると）。

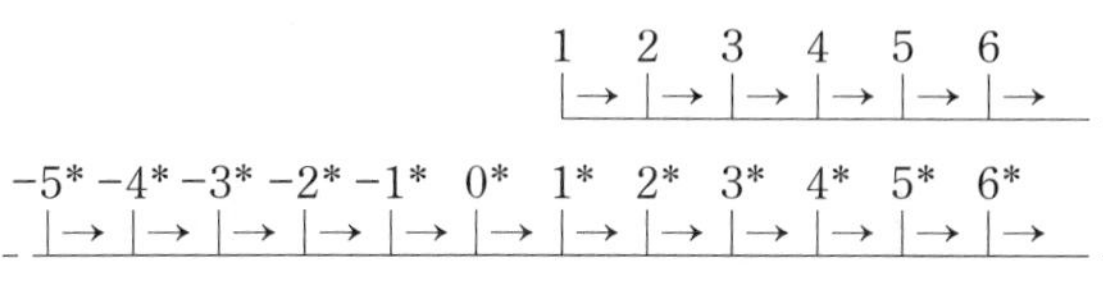

- 二つの異なる数が、同じ次の数を持つことはできない。
- 再帰性の公理:ある性質が数1のものだと証明され、数nの性質だと証明されたという事実が、その次の数である$n+1$にも証明されるということを示すのであれば、その性質はどんな数nにも当てはまる。

これらの公理は複雑で無用なものに見えるかもしれない。しかし、これらはただ、1、2、3、4という整数の数列に関する、非常に確固とした概念を形式化しただけのことなのだ。これらの公理は、この数列には終わりがないという私たちの直感を満足させてくれる。すべての数は、それ以前に出現したすべての数とは異なる、次の数を持っている。最後に、足し算と掛け算の非常に簡潔な定義も与えてくれる。数nを足すということは、次に続けるという操作をn回繰り返すということであり、数nを掛けるということは、足し算操作をn回繰り返すということである。

しかし、この形式化には大きな問題が含まれている。ペアノの公理は整数に関する直感的性質をよく記述してはいるのだが、これでは、私たちがとても「数」とは呼びたいと思わないが、これらの公理のすべてを満足させる奇怪なものも、数の中に入ってしまうのだ。これは、「算術の非標準モデル」と呼ばれており、形式主義的アプローチに対するとてつもない障壁である。

非標準モデルとは何かを、ほんの数行で説明するのは難しいのだが、今のところの目的には、単純化した比喩で十分だろう。普通の整数、1、2、3などの集合から始めよう。そこに、私たちが「他のすべての数よりも大きい」と考えることのできる別の要素を加えてみる。1、2、3などの数で作られた半分の数列に、大きい方も小さい方も両側に伸びる、二つ目の列を加えるのだ。

混乱を避けるために、この二つ目の数列にある数には、星マークをつけることにしよう。つまり、-3*、-2*、-1*、0*、1*、2*、3*などはすべて、この二つ目の集合の数だということだ。次に、標準的な整数と、新しい要素とを再統合し、それを「人工的整数」と呼ぶことにしよう。

$$A = \{1, 2, 3, 4, \cdots; \cdots, -3^*, -2^*, -1^*, 0^*, 1^*, 2^*, 3^*, \cdots\}$$

集合Aは、本当にそう呼ぶにふさわしい。これは、直感にはとても合致しないキメラである。これらの要素は、私たちが「数」と呼びたいものとはほど遠い。それでも、これはペアノの公理のすべてを証明する（再帰性の公理だけは当てはまらない。ここが、私の比喩の限界である）。実際、他のどんな人工的整数の次の数でもない、人工的整数の1が存在し、どの人工的整数もそれぞれ、固有の次の数を集合Aの中に持っている。1の次の数は2、2の次の数は3という具合だ。同様に、-2*の次の数は-1*で、-1*の次は0*、0*の次は1*である。純粋に形式論理的な観点からすれば、したがって、集合Aは、ペアノの公理で定義される整数の集合の条件を十分に備えた表象である。これが、「算術の非標準モデル」だ。実のところ、このようなモデルは無限に存在し、その多くは集合Aよりももっと奇怪である。

算術の非標準モデルは、あまりにも常軌を逸しているので、それらがどんなものなのかをより明快に示すためには、もっと別のところに比喩を探さねばならない。一九世紀には、動物の分類はうまく出来上がったように見えていたが、そこで、遠いオーストラリアで怪物が発見された。カモノハシである。動物学者は、彼らが鳥類を分類するのに使っていた基準である、嘴（くちばし）を持っていて、卵を産む、という性質が、世界中の誰も鳥類と呼びたいと思わない、奇妙な哺乳類にも当てはまるとは、想像もしていなかった。同様に、ペアノは、彼の整数の定義が、普通の数とはずいぶん異なる数学的怪物にも当てはまるとは、まったく予測できなかっただろう。

カモノハシが発見されたので、動物学者は彼らの原理のいくつかを修正することになった。数学者も、そうすればよいのではないか？　彼らは、「本当の」整数に当てはまり、それだけにしか当てはまらない論理体系が出来上がるまで、ペアノのリストにさらに公理を付け加えていけばよいではないか？　ここで、パラドクスの神髄に達する。ここに、最初にスコーレムによって証明され、ゲーデルの有名な定理とも深く関係している数論の強力な定理があるのだが、それは、どんな新しい定理を足しても、非標準モデルを駆逐することはできないことを証明したのだ。数学者が公理体系を進めていこうとする限り、「カモノハシ」に出会い続けるのだ。考えつく限りすべての形式的な整数の定義を満足するが、整数と同じではない怪物である。

本当のところ、問題はもう少し込み入っている。なぜなら、ペアノの公理の中で、数学者が「一階のペアノ算術」と呼んでいる、あるバージョンだけが、この、非標準モデルが無限に出てくる事態に悩まされるのだ。それでも、このバージョンこそが、数論の中で私たちがこれまでに持つことのできた最良の公理体系であると考えられている。つまり、私たちの公理系の最良のものが、まさに私たちが数とは何かをとらえる直感を、とらえきれないのである。これらの公理のうしろにある規則は、「自然の」整数とよくマッチしているように見える。ところが、私が「人工的整数」と呼んだもののような非常に異なるものも、それに合致するのである。つまり、私たちの「数覚」は、これらの公理からもたらされる形式論理の定義には還元できないのである。フッサールが、『算術の哲学』で述べているとおり、私たちが数と呼んでいるものを、一義的に定義することは本質的に不可能なのだ。数の概念は、原始的で定義不能なのである。

この結論は、あり得ないように思える。私たちはみな、整数とはどういう意味か、明確な考えを持っているのだから、それを形式論理化するのがそれほど難しいなどということがあるだろうか？　それでも、形式論理による定義をしようという試みは、すべて失敗する。たとえば、整数は、数えることによって得られると言おうとしよう。まず1から始めて、ペアノの「次の数」という操作を必要なだけ行えばよい。「必要なだけ」？　でも、もちろん、ある有限な回数以上ではないだろう。そうでなければ、またもや、人工的整数の不思議の国に降り立ってしまう！　定義の中に循環論法が含まれているのは明らかだ。数とは、次に行くという繰り返しのプロセスを、有限な数の回数だけ行って得られるものなのである。

『科学と方法』の中で、ポアンカレは、彼の同時代人たちが群論を用いて整数を定義しようとした試みを、おおいに馬鹿にして楽しんでいる。「ゼロとは、無のクラスに属する要素である」と、数学者のルイ・クーチュラが主張した。「それでは、無のクラスとは何なのか？」とポアンカレが返した。「それは、要素を何も含まないクラスだ」。ポアンカレは、のちに、こう攻撃する。「ゼロとは、絶対に満たされない条件を満たす物体の数である。しかし、『絶対に〜ない』という言葉は、『どの場合でも〜ない』ということを意味するのだから、私たちは少しも先に進んではいないと思う」。さらに、1を、その中のどの二つの要素も同じであるような集合を構成する要素、と定義したクーチュラに対する鋭い反応は、「そこで2とは何かとクーチュラに問えば、彼は、1という単語を使わざるを得ないだろうと思う」。

皮肉なことに、五歳の子どもなら誰でも、これらの数の意味をすぐに理解できるのに、もっとも優秀な論理学者たちが大変な苦労をしても定義ができない。形式論理の定義など必要ないのだ。整数とは何か、誰でも直感的に知っている。ペアノの公理を満足させる無限の数のモデルの中から、私たちは、本当の整数と、その他の無意味で人工的な夢想の産物とを即座に区別できるのである。つまり、脳は公理に頼ってなどいないのだ。

この点について私はずいぶん強く主張しているようだが、そう聞こえるとすればそれは、このことが数学の教育に重要な意味を持っているからである。もしも教育心理学者が、人間の心においては公理よりも直感が重要であることに十分な注意を払っていたならば、数学教育の歴史上類をみない壊滅的状況を避けることができたはずなのだ。私は、あの悪名高い「現代数学」の話を指して言っているのだが、それは、フランスその他の多くの国々の生徒の心に傷跡を残した。一九七〇年代、子どもたちにより厳密に教えるという名目のもとに（それは確かに重要な目標である！）、生徒たちに意味不明な公理や形式論理の重荷を背負わせることになる、新しい数学のカリキュラムが設計された。この教育改革のうしろには、脳はコンピュータというモデルに基づいた知識獲得の理論と、子どもたちは小さな情報処理装置で、あらかじめ埋め込まれた概念などはまったく持たず、どんな公理体系でも鵜呑みにしていくという考えがあった。「ブルバキ」という名で知られたエリート数学者集団が、教師は初めから子どもたちに数学のもっとも基礎的な論理的基盤を教えるべきだと考えた。確かに、生徒たちはなぜ、具体的な物を使った単純な計算問題を解くのに、貴重な数年を費やさねばならないのか？　抽象的な群論が、すべての知識をずっと短く、厳密な形で要約しているというのに。

この線で考えるのが間違いであることは、これまでの章から明らかだ。子どもの脳はスポンジではなく、それまでに得られた知識と統合できる限りにおいて事実を獲得していくように構造化された器官である。脳は、連続量の表象と、それらのアナログによる心的操作に、よく適応している。しかし、進化が脳を創り出したのは、膨大な公理系を丸呑みしたり、長々しい象徴アルゴリズムを適用したりするためではなかった。つまりは、論理的公理より先に量的直観ありき、ということなのである。このことはジョン・ロックが一六八九年にすでに鋭く観察し、彼の著書、『人間の理解についての省察』で述べている。「1足す2は3であるとは、それを証明する公理などに思いをよせることなどなくても、誰もが知っていることだ」

つまり、若い脳に抽象的な公理をたくさんぶつけていくのは、おそらく無意味なのだ。数学を教えるもっと理にかなった戦略は、量的な操作と数を数える操作は早くから理解できることを重視して、子どもの直感を徐々に豊かにさせていくことだと思われる。まずは、おもしろい数のパズルや謎解きで好奇心を刺激する。それから、少しずつ、象徴的な数学の記号の持つ力を教え、それによっていろいろなことが手短に書けることを教えていく。しかし、この段階では、このような象徴的な知識が子どもの量の直感とはずれることがないよう、十分注意せねばならない。最終的に、形式論理の公理体系を紹介してもよいだろう。そのときであっても、それを子どもに押し付けてはだめで、それによって大幅に単純に、有効に表現できるという必要がなければならない。理想的には、どの子も心の中で、うんと縮めた形での数学の歴史と、それを動かしてきた動機とを追跡できればよいと思う。

プラトン主義者、形式主義者、直観主義者

　さて、これでマカロックの第二の問いに進むことができる。「人が理解できる数とは何だろう?」二〇世紀の数学者たちは、数学の対象の性質という根源的な問題について、大きく意見が分かれていた。伝統的に「プラトン主義者」と呼ばれている人々にとっては、数学的現実は抽象的な空間の中に存在し、その対象は、日常生活の対象と同じような実在である。ラマヌジャンの才能を発見したハーディーは、まさにそう確信していた。「数学的現実は、私たちの外に存在し、私たちの役目は、それを発見したり観察したりすることである。私たちが証明する定理、私たちが大げさにも自分たちの『創造物』と呼ぶ定理は、単に観察したものを書き留めているだけなのだと、私は信じている」

　フランスの数学者、シャルル・エルミートも、驚くほど似た信念を表明している。「分析に使う数や関数は、私たちの精神が勝手に作り出したものではないと思う。それらは、私たちの外に、客観的真実の客体と同じく、必然的な性質を備えたものとして存在していると私は信じている。そして、数学者は、物理学者や化学者や動物学者と同様、それらを発見しているのだ」

　この二つの引用は、モーリス・クラインの著書、『数学——確信の喪失』（邦題『不確実性の数学』）から引用したが、そこには同じような話がたくさん含まれている。プラトン主義は、数学者には広く見られる信念で、それは彼らの内観を正しく表現しているのだと思う。彼らは本当に、数や図形でできた抽象的な地形の中を歩き回っている感じを抱いており、それらは、そこを探検しようとする彼らの試みとは独立に存在するのだ。それでも、この感覚を額面通りに受け取ってよいものだろうか？　それとも、これは説明を要する心理学的現象と考えるべきなのだろうか？　認識論者、神経生物学者、神経心理学者にとっては、プラトン主義の立場はとても受け入れられず、実際、脳の科学理論がデカルトの二元論を受け入れられないと同様、受け入れがたいものだ。二元論をとれば、非物質的な精神がどうやって物質のからだと交渉するのかを説明するという、とてもできそうもない困難に直面することになるが、プラトン主義でも、生身のからだを持つ数学者が、どうやって数学的対象という抽象的世界を探索できるのかについては、闇の中である。数学者の内観がいかに、彼らが研究する対象の実在の実感を確信させたとしても、その感覚は幻想以外の何ものでもないだろう。おそらく、抽象的な数学の概念の心的表象を生き生きと作り出す素晴らしい能力に恵まれた人だけが、数学の天才になれるのかもしれない。その心的表象はすぐにも幻想に変わり、数学の対象が人間に起源することを覆い隠し、あたかも独立の実在であるかのように思わせてしまうのだ。

プラトン主義に背を向けた第二のカテゴリーの数学者たちは、「形式主義者」と呼ばれており、彼らは、数学的対象の存在に関する議論は意味のない空論だと考える。彼らにとっては、数学は単に、厳密な論理的規則にしたがって記号を操作するゲームに過ぎない。数などの数学的対象は、現実とはなんの関係もないのである。それらは、ある種の公理を満足させる記号の集合に過ぎないと定義される。形式主義運動の頭目であるダフィット・ヒルベルトによれば、二つの点を通る直線は一つしかないと言うかわりに、二つのビールのグラスを通るテーブルは一つしかないと言ってもかまわない。そう言い換えても、幾何学の定理は一向に変わらないのだ！　また、ヴィトゲンシュタインの有名な叙述によると、「どんな数学的命題も同じ意味しか持っていない。つまり、何も意味しない」

数学の大部分が純粋に論理のゲームであるという形式主義者の考えには、確かにいくらかの真実が含まれているだろう。実際、純粋数学の数多くの問題は、一見したところ、夢のようなアイデアから出発している。この公理をその否定形と入れ替えたらどうなるか？　この「プラス」記号を「マイナス」記号に換えたらどうなるか？　負の数の平方根というものがあることになったらどうなるのか？　すべての数よりも大きな整数があったらどうなるか？

それでも私は、数学の全体が、純粋に勝手な選択から始まる結果に還元できるとは思っていない。形式主義の立場は、純粋数学の最近の発展を説明できるかもしれないが、数学のそもそもの起源に対して適切な説明を与えるものではない。もしも数学が論理ゲーム以外の何ものでもないのなら、なぜ数学は、数、集合、連続量など、人間の心が普遍的に持つ固有のカテゴリーに焦点を当てるのだろうか？　なぜ数学者は、算術の法則の方がチェスのルールよりも根源的だと判断するのだろうか？　なぜペアノは、勝手にいろいろな定義を作っていくのではなく、ずいぶん苦労して、適切に選びとった公理を提出したのだろう？　なぜヒルベルト自身、ある限定された、数の論理づけの部分集合だけを数学の暫定的な基礎として選んだのだろうか？　そして、何よりも、なぜ物理的世界のモデル化に数学がこれほどよく適用できるのだろうか？

ほとんどの数学者は、純粋に任意な規則に従って記号操作をしているのではないと、私は考えている。それとは反対に、彼らは、ある種の物理的、数的、幾何学的、論理的直感を、定理の中にとらえこもうとしているのだ。そこで、第三のカテゴリーの数学者は、「直観主義者」または「構成論者」と呼ばれている。彼らは、数学的対象は人間の心が生み出すものにほかならないと考えている。彼らの見方では、数学は外の世界に存在するのではなく、それを発明する数学者の頭の中だけに存在するのだ。数論も幾何も論理も、人間という種が出現する前には存在しなかった。ポアンカレやデルブリュックが示唆したように、他の種が、私たちのものとは劇的に異なる数学を作り出すことだってあり得る。数学的対象は本質的に、初めから人間の思考のカテゴリーであり、数学はそれを洗練させ、形式論理化するのである。とくに、私たちの心の構造が、世界を不連続の物に切り分けるのだ。これこそが、私たちの数や集合という直感的概念の起源なのである。

直観主義の創設者たちは、数の直感が原始的で還元不可能だということを強調した。ポアンカレは、「純粋な数というこの直感、私たちを裏切らない唯一の直感」について語り、「数学的思考の中で唯一の自然の対象は整数である」と、自信を持って宣言している。デデキントも、数とは「純粋な思考の法則から直接的に出てくる概念」と述べている。

数学史家のモーリス・クラインが示したように、直観主義の根は、デカルト、パスカル、そして当然カントにまでさかのぼる。人間の信念について体系的に問いただしたチャンピオンはデカルトだが、彼は、数学の明確さにまで挑戦しようとはしなかった。彼は、『省察』の中で、「私は、図形、数、その他の算術や幾何学にかかわる事象、一般的に言って純粋で抽象的な数学に関して自分が明確に概念化するものは、もっとも真実に近いと考えていた」と告白している。

パスカルは、この見方をさらに拡張している。「空間、時間、動き、数など、われわれの第一原理の知識は、論理で到達する知識と同じくらい確かなものである。実のところ、われわれの心と本能によってもたらされる知識は、必然的に、われわれの理性が結論を導く上での基礎になるのである」

最後に、カントにとって数とは、心が初めから持っている統合的カテゴリーであった。もっと一般的に言うと、カントは、「数学が究極的に真実であるかどうかは、その概念が、人間の心が構築したものである可能性の中にある」と述べている。

数学の性質に関するこれまでの理論の中で、直観主義が、算術と人間の脳の関係について、もっともよい説明を与えるように私は思う。算術に関する心理学のここ数年の発見は、直観主義を支持する、カントもポアンカレも知らなかった新しい議論をもたらした。これらの実証的結果は、だいたいにおいて、数は「思考の自然な対象」であり、それによって私たちが世界をとらえる生得的なカテゴリーであるとしたポアンカレの主張を確証している。実際、ここまでの章は、この自然の数覚について、どんなことを明らかにしただろうか？

・人間の赤ちゃんは生まれながらに、物体を個別化し、小さな集合に含まれる数を抽出するメカニズムを備えていること。
・この「数覚」は動物にもあり、それゆえに言語とは独立で、長い進化の歴史を持っていること。
・子どもでは、数の推定、比較、数えること、単純な足し算と引き算はすべて、明確な指示なしに自然に現れてくること。
・脳の両半球の下頭頂野は、数量の心的操作を司る神経回路を持っていること。

数に関する直感はこのように、私たちの脳の深くに根を下ろしている。数は、本質的な次元の一つで、神経系はそれによって外界を切り分けている。私たちが物体の色（V４領域を含む後頭葉の回路によって生まれる性質）や、その正確な空間上の位置（後頭＝頭頂間の神経投影経路で再構築される表象）を見ずにはいられないのと同様に、数量も、下頭頂野の特殊な神経回路を通して、苦もなく感じてしまうものなのだ。私たちの脳の構造がカテゴリーを定義し、それによって私たちは世界を数学的にとらえるのである。

数学の構築と選択

神経心理学の実証データは、ポアンカレが提唱したものに似た形で、直観主義を支持しているように見えるが、この立場と、極端な形の直観主義とははっきり区別せねばならない。そちらは、オランダの数学者、ロイツェン・ブラウワーが熱心に提唱した、構成主義と呼ばれるものだ。彼は、数学を純粋な直感のみの上に築こうという情熱を持ったのだが、彼の多くの同僚に言わせると行き過ぎた。彼は、数学の証明で非常によく使われるが、単純な直感には当てはまらないと彼が感じた、ある種の論理的原理に異議を申し立てた。とくに、ここで理由を十分に説明することはできないのだが、彼は、排中律を無限集合に当てはめることはできないと考えるようになった。この「排中律」とは、意味のある数学的叙述は、正しいか間違っているか、そのどちらかであるという、別段害もなさそうな古典的論理である。この論理を否定すると、数学の新しい分野が開けるのだが、それは、構成論的数学と呼ばれている。

古典的数学か、ブラウワーの構築論的数学か、どちらがより矛盾なく生産的な研究を導くのかを決めるのは、私の役目ではない。その決定は、最終的には数学者のコミュニティにゆだねられており、心理学者は、観察者の立場にとどまるべきである。それはさておき、私の意見ではどちらの理論も、数学は私たちが本質的に持っている直感を形式論理化し、だんだんに洗練させていったものからなるという、広い意味の仮説には合致している。人間として、私たちは、数、集合、連続量、繰り返し、論理、そして空間の幾何といった、複数の直感を生まれつき持っている。数学者はこれらの直感を形式論理に置き換え、論理的に矛盾のない公理系に仕立てようと苦労しているのだが、それが可能だという保証はどこにもない。実際、私たちの直感の底に横たわる脳のモジュールは、どれも進化によって独立に形作られてきたので、全部に矛盾がないようにすることよりも、実世界で有効に働くようにする方が大事だった。どの直感を基礎として使うべきで、どの直感は放棄するべきかの選択が数学者によって異なるのは、これが理由なのかもしれない。古典的数学は、真か偽かの二分法の直感を基礎にしている（そして、そうであるため、ブラウワーが指摘したように、有限集合と無限集合に関しては、私たちの直感を超えるリスクを含んでいる）。それとは対照的にブラウワーは、有限の構築と論理展開を、もっとも基礎的な原理に置いた。最終的な分析で、彼のバージョンの数学はときに「直観主義」と呼ばれることはあるものの、他者よりも直感的であることは決してない。それはただ、直感の部分集合に基づいているだけである。

そうすると、この枠組みでは、説明するべきものとして残ったのは、直感の生得的カテゴリーを基礎に、数学者はどうやってさらに抽象的な記号の構築を洗練させていけるか、ということである。フランスの神経心理学者のジャン＝ピエール・シャンジュの考えと同様、私は、構築があって選択が起こるという進化のプロセスが数学に起こっていると示唆したい。数学が進化しているのは、よく立証された歴史の事実だ。数学は、堅固な知識のかたまりなどではない。その対象も、論理展開のやり方さえも、多くの世代を経て進化してきた。数学の城は、試行錯誤で建てられてきた。もっとも高い骨組みは、ときには崩れる寸前となり、それを壊しては再構築するという終わりのない繰り返しの中にある。どんな数学的構築の基礎も、集合、数、空間、時間、論理の概念といった、本質的直感に基づいている。これらはほとんど疑問視されることはなく、私たちの脳が作り出す、何ものにも還元できない表象に深く根ざしている。数学は、これらの直感の形式論理化をだんだんに進めてきたと言ってよいだろう。その目的は、そうした直感をより矛盾なく、互いに整合性があり、外界に関する私たちの経験により適応したものにすることである。

数学の対象の何を選び、どれを次世代に伝えていくかには、複数の基準がかかわっているようだ。純粋数学では、矛盾のないことが一番だが、エレガンスと簡潔さも、その数学的構築を保存するのに重要な性質である。応用数学では、もう一つ重要な基準がつけ加わる。その数学的構築が物理的世界で妥当であることだ。毎年毎年、自己矛盾があったり、エレガントでなかったり、無用であったりする数学的構築が、無慈悲に見つけ出され、除去されていく。もっとも強いものだけが、時の証明に耐えるのである。

数の表記法の発展を扱った第4章で、数学において選択がどのように働いているかの最初の例を扱った。私たちの遠い祖先は、おそらく1、2、3という数だけに名前をつけただろう。それ以後、次々と新しい発明が現れた。からだの部位を指し示すこと、10までの数の命名、そして最終的には、足し算と掛け算の規則をもとにした、複雑な数の文法ができあがった。そして、表記法としては、刻み目を使った表記、記号を足していく表記、そして最終的には、十進法に基づく位置表記ができた。それぞれの段階は、数の読みやすさ、短さ、表現能力の強さの上で、小さくはあるが確実な進歩を重ねていった。

いわゆる実数連続体についても、同じような進化史を書くことができる。ピタゴラスの時代には、整数と、二つの整数の比だけが数だと考えられていた。そこに、一辺の長さが1の正方形の対角線にあたる長さは通約性がないという、驚くべき発見がやってきた。すなわちその長さ、$\sqrt{2}$は、どんな二つの整数の比でも表すことができないのである。すぐに、そのような非合理的な量は、無限に構築されるようになった。二〇〇〇年以上にわたって数学者たちは、それらにふさわしい形式論理を発見することに奮闘してきた。出発点が誤っていたこともあった。無限小がその例だ。それが解決であるように見えたが、実は矛盾だらけだとわかり、結局は振り出しに戻ってしまうのである。およそ一世紀前のデデキントの研究でようやく、実数の集合に満足のいく定義を与えることができるようになり始めたのである。

私が主張する進化的視点によれば、数学は人間の構築物であり、それゆえに不完全で、つねに改訂可能な探求である。この結論は、驚くべきものに聞こえるかもしれない。数学は、行き過ぎた純粋さのオーラに取り巻かれており、あまりにもしばしば、「精密さの殿堂」と呼ばれる。数学者自身、自分たちの学問の強さに驚愕しているが、それは正しい。

しかし、私たちはみな、数学が生まれてくるには五〇〇〇年の努力があったことを、忘れてはいないだろうか？

数学はしばしば、必ず進歩が蓄積していく唯一の科学だと言われる。結果が一旦得られれば、それは二度と疑問視されることなく、改訂されることもないのだと。しかし、過去の数学の書物をひもといてみると、この見方に反する例がいくつも見つかる。集大成と言われた書物が、二次、三次、四次の多項式の一般的解法が出てくると同時に、古くさくなってしまうのだ。かつて正しいとされた証明が、次の世代の数学者に疑われたり、まったく間違いだと判定されたりもする。たとえば、1を足したり引いたりすることを無限に繰り返していく、1－1＋1－1＋…という無限級数の和が、一世紀以上にわたって数学者たちを機能不全にしてしまうとは、驚くべきことではないだろうか？　今日では、大学生なら誰でも、この総和が意味のある値を持たないことを証明できる（それは、0と1の間を振動する）。それでも、一七二三年には、ライプニッツほどの才能のある数学者が、この無限の計算の総和は二分の一だと「証明」していたのだ！　もちろん、それは誤りだった。

間違った論理展開が、もっとも優れた頭脳にも見つからずに何十年も続くとは信じられないと思うなら、図9・1に示した問題をやってみよう。これは、数段階を経て、直線は

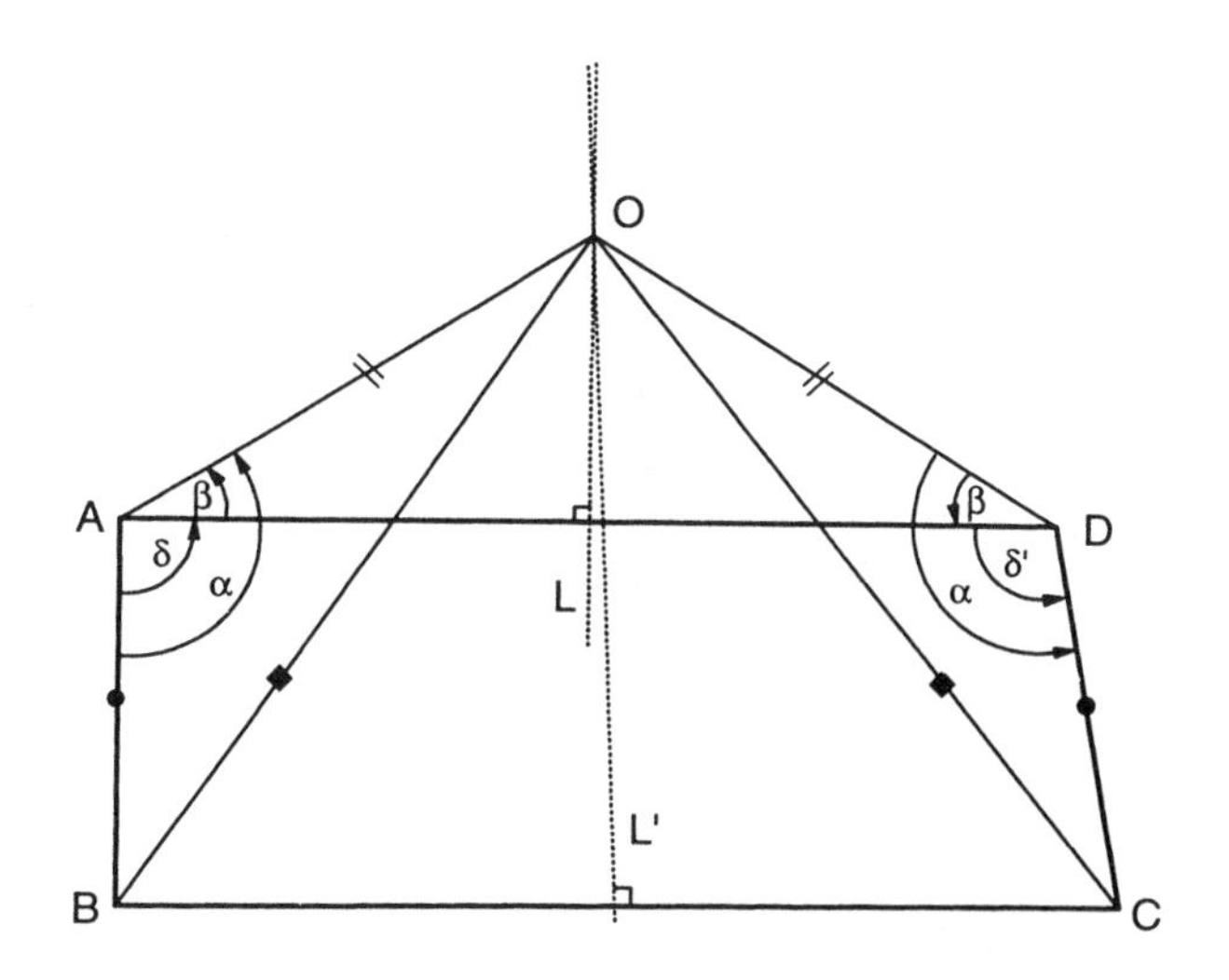

図9・1　人間の脳は、数学の証明に必要な、論理の長い連鎖にはあまり適応していない。以下の証明では、それぞれの段階は正しいように見えるのだが、最終的な結論は明らかに誤りである。なぜなら、それは、どんな角度も直角だと述べているからだ！

証明：ABCDは、等しい長さの線分ABとCDを含む四辺形であるとし、角度BADは直角である（$\delta = 90°$）とする。角度ADC（δ'）は任意である。しかし、この角度はつねにδと等しく直角であることを証明する。

線分ADの正中線Lと、線分BCの正中線L′を引く。LとL′の交点をOとする。構成上、OはAとDから等距離である（OA＝OD)。また、同じくBとCからも等距離である（OB＝OC)。AB＝CDなので、三角形OABとODCの辺は等しく、それゆえに同じである。それゆえ、その角度は等しい。角度BAO＝角度ODC＝α.

三角形OADは二等辺三角形なので、角度DAO＝角度ODA＝β.

δ＝角度BAD＝角度BAO　角度DAO＝$\alpha - \beta$; かつ、δ'＝角度ADC＝角度ODC－角度ODA＝$\alpha - \beta$; そこで、$\delta = \delta'$. 証明終わり。

どこが間違っているだろう？　答えは537ページに。

どの二本をとっても必ず直角になれると「証明」する！　もちろん、この証明は間違っているのだが、間違いは大変に微妙な問題なので、それを発見するには何時間も無駄に過ごすことになるだろう。それでは、最近の数学の学術雑誌に掲載されている、ときには数百ページにも及ぶ最近の証明は、どうなのだろうか？　世界中の学会は、フェルマーの最終定理を証明したという、何十もの間違った証明を送りつけられている。アンドリュー・ワイルズによる最初の証明ですら、正しいように見えたが、間違った叙述を含んでおり、それを直すのに一年以上もかかったのだ。では、コンピュータで何十億にもおよぶ組み合わせをいちいち確かめねばならない、より新しい証明に関しては、どう考えたらよいのだろう？　数学者の中には、こういうやり方を拒否する人もいる。なぜなら、コンピュータのプログラムが間違っていると証明することが、私たちにはできない恐れがあるからだ。その中のいくつかのピースが、ライプニッツの無限和のように、今から数世代あとに捨て去られるものではないと保証する能力は、私たちにはないのである。

　数学がとてつもなく困難な活動だということは、誰も否定しない。私はこの困難さの原因は人間の脳の構造にあると述べた。脳は、記号操作の長い連鎖を追うには適していないのである。子どものときにすでに私たちは、掛け算表や、大きな桁の数を含む計算アルゴリズムを習うのにひどく難渋する。3という数字を繰り返し引き算していくときの脳の活動画像は、両半球の頭頂葉と前頭葉に強い活性化が起こっていることを示している。引き算のような初歩的な操作がすでに、これほど広範な神経回路を動員するのであれば、新しくて、本当に難しい数学の推論を証明するのに、どれほどの集中と専門性のレベルが必要か、想像できるだろう！　そうだとすると、数学的構築に誤りや不正確さがつきものだというのも、それほど驚くべきことではないとわかる。何万人という数学者たちがよってたかって、何世紀にもわたって蓄積し、洗練させてきた活動があってこそ、現在の成功が説明できるのだ。フランスの数学者のエヴァリスト・ガロアは、この結論を正確に表現している。「この科学は人間の心の働きであり、それは、知るというよりは研究し、真実を発見するというよりは、探索するように運命づけられているのだ」

数学の非合理的な有効さ

算術は人間の心の産物であるからといって、それが恣意的なものであり、別の惑星では、私たちは1＋1＝3という考えを持って生まれてくるという話ではない。子どもの大脳の発達過程におけると同様、系統進化を通じて、脳が外界に適応した内的表象を構築するよう、選択が働いてきたのである。算術は、そのような適応の一つである。私たちの物差しでは、世界はたいてい、個別に分けられる物体からなり、それは、1＋1＝2という慣れ親しんだ式にしたがって結びつけられて集合を形成する。そういうわけで、進化がこの規則を私たちの遺伝子に刻印したのだ。もしも私たちが、一つの雲にもう一つの雲が付け加わっても、相変わらず雲は一つしかないような天国で進化した天使であったなら、私たちの数学は、おそらくずいぶん違ったものになっていただろう！

数学の進化を考えると、今でも数学のもっとも大きな謎と目されていることに対して、洞察を与えられるかもしれない。それは、驚くほどの正確さで、数学が物理的世界を表象する能力である。「経験とは独立な人間の思考の産物である数学が、なぜ、物理的実体の対象にこれほど素晴らしく合致するのだろう？」と、一九二一年にアインシュタインは問うた。物理学者のユージン・ウィグナーは、「自然科学における、数学の非合理的な有効性」について語っている。実際、数学的概念と物理学的観察は、まるでジグソーパズルの二つのピースのようにぴったりはまることがある。重力を受けた物体は、楕円、放物線または双曲線の形をしたなめらかな軌跡をたどると、ケプラーとニュートンが発見したことを考えてみよう。これらの曲線は、その二〇〇〇年も前にギリシャの数学者たちが、円錐を面で切ったときのいろいろな断面として分類したものなのだ。電子の質量を、小数点以下何十位まで正確に予測する、量子力学の式を考えてみよう。ガウスの釣り鐘型の曲線が、「ビッグバン」に起因する放射の痕跡の分布ときわめてよく合致するという観察を見てみよう。

数学がこれほど有効であることは、ほとんどの数学者にとって根源的な問題提起である。彼らの視点からすれば、数学の抽象的な世界が物理学の具体的な世界と合致するはずはないのだ。なぜなら、この二つは独立だと考えられているのだから。彼らは、数学が適用できることを、まったく理解不能なミステリーと考えており、そのために神秘主義に走る仲間もいるくらいだ。ウィグナーにとっては、「数学の言語が、適切に物理法則を定式化するという奇跡は、私たちに理解できることではなく、その資格もない、素晴らしい贈り物である」。ケプラーによれば、「外界に関するすべての研究の第一の目的は、神によって設定され、数学の言語によって私たちに顕現される秩序と合理的調和を発見することである」。カントールは、こう言っている。「神の最高の完全性は、無限集合を作り出す能力にあり、それがおおいなる善であるからこそ、神はそれを創造したのだ」。ラマヌジャンも、同じ道をたどっている。「式は、それが神の思考を表現するものでない限り、私には意味がない」（引用の中の傍点はすべて、私がつけたものである）。これらの叙述は、なにも一九世紀神秘主義の遺物ではない。最近、私たちの同時代の有名な天体物理学者が採用した人間原理の一バージョンは、宇宙は、最終的に人間が出現し、それを理解することができるように設計されて創られたと述べている。

宇宙は、数学的法則に従うように、目的をもって創られたのだろうか？　これは明らかに形而上学に属する事象であり、アインシュタイン自身が宇宙の究極的ミステリーと見なした問題なのだから、私がここで決着をつけられる振りをするのは、おこがましいだろう。しかしながら、少なくとも、なぜ有名な科学者たちが、「神」と呼ぼうと「宇宙の数学的法則」と呼ぼうと、まさに彼らの研究の文脈の中で、宇宙の設計と観察され得ない実体に対する信念を表明せねばならないのかと問うことはできる。生物学では、ダーウィン革命は私たちに、まるで明確な意図をもって設計したかのように見える組織化された構造を発見しても、それが、偉大なる設計者の御技だとは言えないことを教えてくれた。人間の眼は、一見したところ組織化の奇跡であるが、何百万年にもわたって、無方向の突然変異が自然淘汰でふるい分けられてきた結果である。ダーウィンの中心メッセージは、眼のような器官に設計のなされた証拠を見つけたと思うたびに、そこには本当に設計者がいたのか、それとも、進化の歴史における自然淘汰だけで、それが出現するのかを自ら問うべきだということだ。

数学が進化してきたのは事実である。科学史家は、それがゆっくりした試行錯誤の過程を経て、より有効性を増してきたことを記録してきた。だとすると、宇宙が数学の法則に合致するように設計されたと考える必然性はないだろう。どちらかと言うと、私たちの数学の法則、そして、それに先立つ私たちの脳の組織化の原理こそが、宇宙の構造にどれほどよく合致しているかによって選択されてきたのではないだろうか？　数学の有効性という奇跡は、ユージン・ウィグナーにとっては大事な考えだったが、眼が奇跡的に視覚に適応しているのと同様、自然淘汰による進化で説明がつくのだろう。今日の数学が有効であるとすれば、それは、昨日のあまり有効でない数学が、情け容赦なく排除され、別のものに取って代わられてきたからなのだ。

純粋数学は、私がここで擁護している進化的視点に対し、もっと深刻な問題を提起する。数学者は、数学の問題の中には、単に美のために追求しているものがあり、それは何の応用も目的とはしていないと主張する。それでも、何十年もあとになって、その結果が、そのときには思いもよらなかった物理学の問題に、ぴったりと合致することがある。人間の精神が純粋に生み出したものが物理的実体に対して、驚くべき適合性を持つことを、どうやって説明すればよいのだろう？　進化的枠組みでは、純粋数学は、未加工のダイヤモンドにたとえられるのではないか。自然淘汰の試練をまだ受けていない、原石だ。数学者たちは、膨大な数の純粋数学を作りだしてきた。そのうちのほんの一部しか、物理学に有効ではない。つまり、数学的解は有り余るほど産み出されてきたが、その中から、物理学者は、彼らの学問にもっともよく合うものだけを選択してきたのだろう。これだと、ランダムな突然変異のあとに自然淘汰が来るという、ダーウィンのモデルと近いプロセスだ。おそらく、この議論の行き着くところは、手に入るさまざまなモデルの中から、物理的世界によく合致したものがいくつか出てくるという、さして奇跡的ではない結論になるのだろう。

最後に、数学モデルが物理的実体と正確に合致するのは稀だということを思い起こせば、数学の非合理的な有効性という問題は、その神秘のベールのほとんどを失ってしまう。ケプラーを待つまでもなく、惑星は必ずしも楕円軌道を描いてはいない。地球は、もしも太陽系でたった一つの惑星であったならば、もしも完全な球であったならば、もしも太陽との間でエネルギーの交換がなかったならば、正確に楕円軌道を描いただろう。しかしながら、実際問題として、すべての惑星は楕円軌道に近いだけのカオス的軌道を描いており、数千年の限界を超えて正確にその軌道を計算することはできない。私たちが不遜にも宇宙に対して当てはめる物理学の「法則」はすべて、つねに部分的なモデルに過ぎず、私たちが不断に改訂していく大ざっぱな心的表象に過ぎない。私の意見では、現代の物理学者の夢である「すべてを説明する理論」は、決して見つかることはないだろう。

数学の理論が物理的世界の規則性に部分的に適応しているという仮説は、プラトン主義者と直観主義者との違いを取り持つ素地を提供してくれるかもしれない。プラトン主義は、物理的実体は、人間の心よりも先にある構造に基づいて構成されていると強調するが、そこには、誰も否定できない真実の要素がある。しかしながら、私は、この構成が本質的に数学的だとは思わない。そうではなくて、それを数学に変換しているのは、人間の脳なのだ。塩の結晶の構造は、そこに六つの面があると、私たちが知覚せざるを得ない構造をしている。その構造が、人間がこの地上を歩くようになるずっと以前から存在していたのは、否定できない事実である。それでも、人間の脳だけが、面の集合に選択的に注目し、その数が6であると知覚し、その数を、算術の理論と矛盾がないように他の数と関連づけるのである。数は、他の数学的対象と同様、心的構築物であり、その起源は、宇宙の規則性に対する人間の脳の適応に始まるのである。

科学者がつねにそれに依存しているので、それが存在することすらときどき忘れられてしまう、科学の道具がある。それは、人間の脳だ。脳は、論理的な機械でも、普遍的機械でも、最適機械でもない。進化によって、脳は、数のような、科学に有用なパラメータのいくつかに対しては特別の感受性を備えているが、論理や、長い連続した計算には特別にうとく、効率が悪い。そして最後に、脳には物理現象に人間中心の枠組みを投影するよう、バイアスがかかっているので、進化とランダムさがあるだけのときに、設計の証拠を発見したと思ってしまうのだ。ガリレオが述べたように、本当に、宇宙は「数学の言語で書かれている」のだろうか？　私は、そうではなくて、数学は私たちが宇宙を読み解くのに使える唯一の手持ちの言語なのだと考えている。

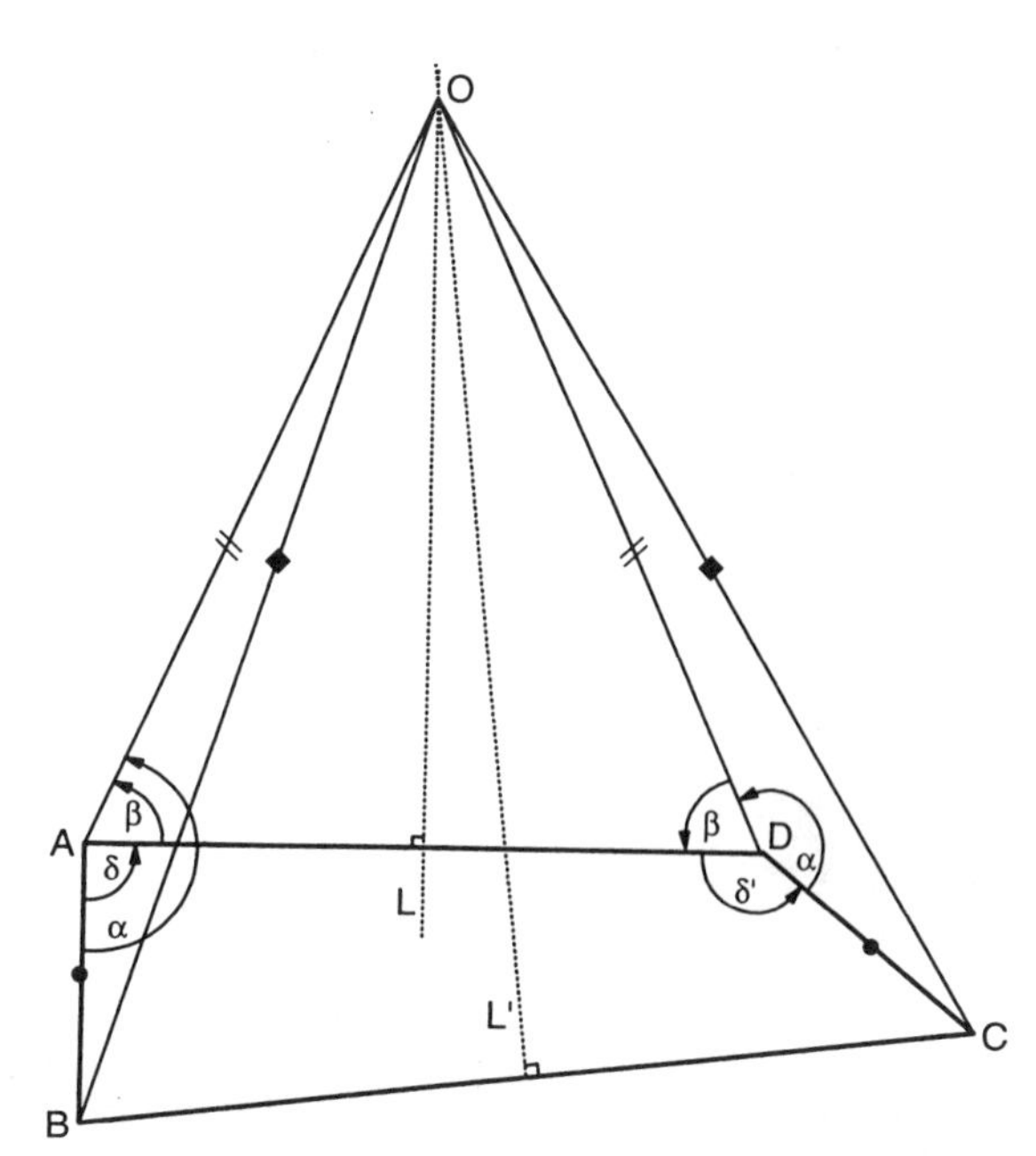

図9・1の「証明」の誤り

図9・1は、わざと間違って描かれている。三角形OABとODCは確かに同じなのだが、その関係は、図9・1が示唆するものとはまるきり異なる。線分LとL′の交点Oは、もっとずっと高い位置にある（上記の図を見よ）。$\delta = \alpha - \beta$は正しいが、$\delta' = 2\pi - \alpha - \beta$である。これらの関係が、$\delta'$の角度についてどんな結論を与えるものでもないのは明らかだ。

第４部　数と脳に関する現代科学

第10章　数と脳に関する現代科学

私が数覚仮説を提唱してからすでに一五年が経過した。この仮説は、数学的直感が、物体の大まかな数を迅速に知覚するというヒト以外の他の動物種と共有した遺伝的能力に負うという奇抜な考えであったが、一五年間に及ぶ緻密な検証を経て、この一風変わった考えは持ちこたえただろうか。驚くべきことに、私の仮説は、生き残ったと言いたい。数覚は現在、ヒトおよび動物の能力における主要な領域の一つとみなされ、その脳のメカニズムは詳細な部分まで解明され続けている。あとがきの役割を担うこの最終章では、急激に成長する本分野の最もエキサイティングな発見をいくつか紹介していくことにしよう。

簡単なデモンストレーションとして、図一〇・一の真ん中にある十字をじっと見つめてほしい。その図の左側には＊一〇〇個のドット、右側には一〇個のドットが示されている。三〇秒間待った後に、次のページの図に行って、十字を再び見てみよう。あなたは、強烈な数的錯覚を経験するはずである。つまり、左側より右側により多くのドットがあるよう

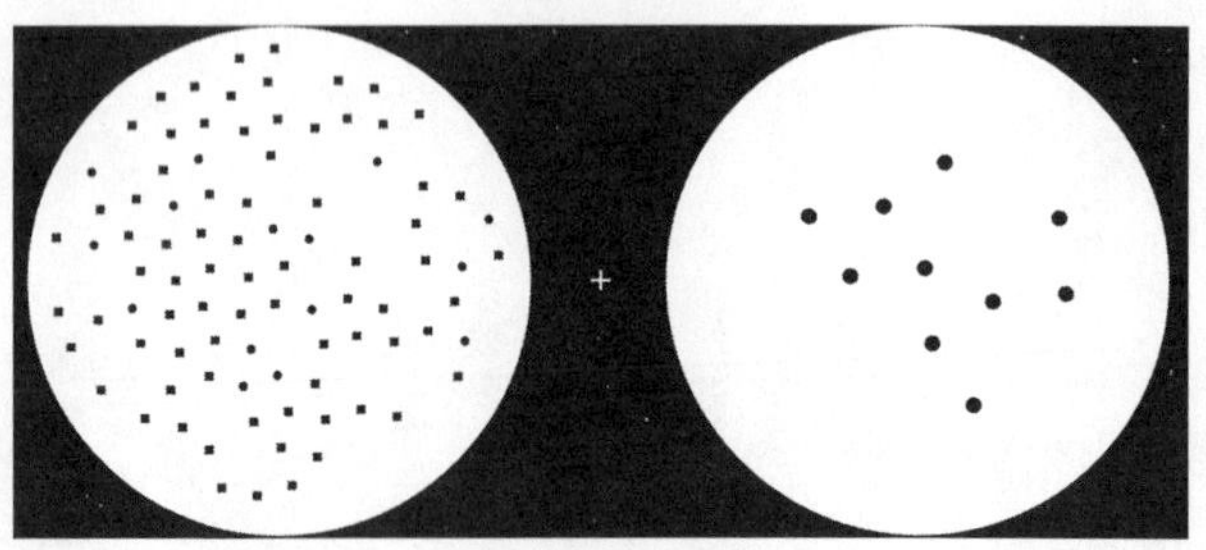

図10・1　数の錯視が示しているのは、数覚のパワーと自動性である。まず中央の十字を凝視してみよう。30秒経ったら、ページをめくり、2枚目の図をもう一度凝視して、二つの集合のうち、どちらの方がより多いかを判断してみよう。１枚目の図を見ると、あなたの数処理システムは、左側に多い数、右側に少ない数という状況に順応する。その結果、2枚目の図を見ると、反対方向に向かう間違ったバイアスを引き起こす（Burr et al., 2008より）。

に見えるだろう。しばらく経つとその錯覚は消失し、真実が現れる。両側にはなんと全く同じ四〇個のドットが並んでいるのである。この錯覚は、ドットの大きさや密度、形状、色といったあらゆる種類の操作に抵抗し、「数」だけが重要であるように見える。これは、数覚の完全なる例示である。数の知覚は、それ自体、即時的でかつ自動的であり、意識的なコントロールが効かない。たとえ数が等しいと知ってしまっても、私たちの眼、むしろ私たちの脳は、私たちに反対のことを教えようとする。この錯覚を発見したデイヴィッド・バーとジョーン・ロスが述べているように、「私たちが、六粒の熟したぶどうの赤色っぽさを視覚的に直接感じるように、それらの6らしさも同じように視覚的に直接感じている」。

しかし、こうした数の知覚の基礎になっている脳回路について、私たちは現在、何を知っているだろうか。

脳のなかの数

本書の第8章では、一九九七年までに存在した脳イメージング手法の記述に大部分を費やし、「これからの一〇年のうちに、脳研究は、私たちを人間にしている特別な器官について、もっと刺激的な洞察をたくさん生み出していくに違いないので、しっかり目を見開いていよう」と述べた。振り返って考えてみると、これらの手法が一九九〇年代にはまだいかに発展途上であったかが思い知らされる。過去一五年間で最も重要な進展のひとつは、より洗練された技術を用いてヒトの神経イメージング研究が爆発的に増加したことであった。fMRI（磁気共鳴機能画像法）は最も有力な手法になり、ミリメートル単位で脳の活性化の画像を提供する。脳全体のスナップショットは、一－二秒ごとに繰り返し撮影可能である。その結果、二〇秒分のfMRIデータは、PET（陽電子放射断層撮影）を用いた三時間の実験結果に匹敵する。fMRIは、どこにでもあるヘモグロビン分子のみをターゲットにして画像化するため、実験参加者の血流に異物を注入する必要はない。磁気共鳴の感度もまた、目を見張るものがあり、例えば、実験参加者の運動野の活動をモニタ

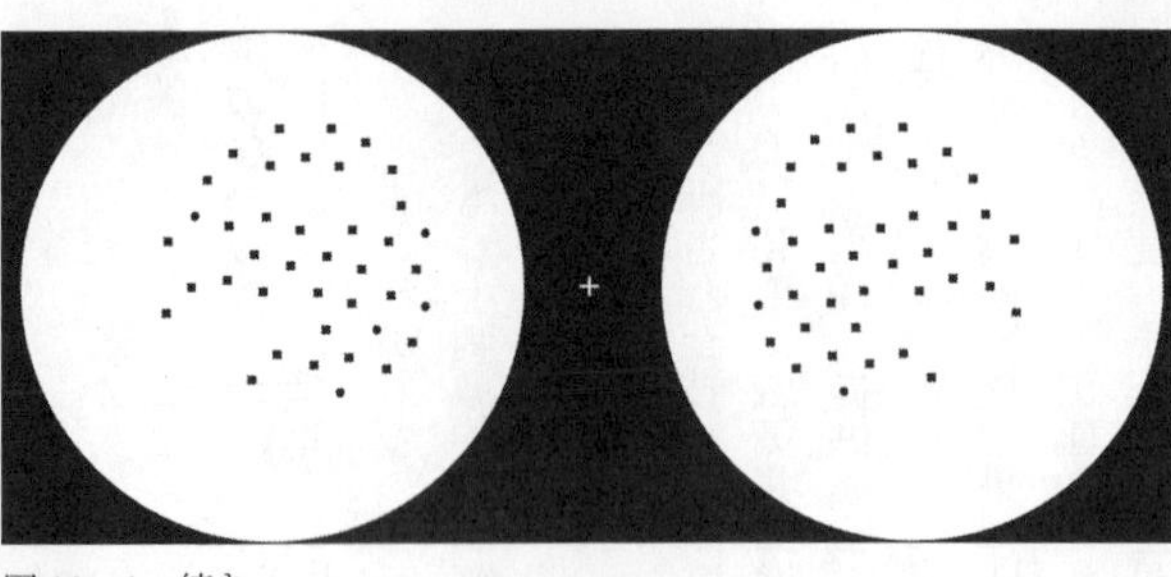

図10・1　続き

ーするとき、毎試行どちらのボタンが押されたかを九五％の正確さで見分けることができる。現在では、数万もの実験結果が論文として出版されていることに驚きは全くなく、その中には数百ほど算術に関する脳メカニズムを扱ったものがある。

　これらすべての実験結果が示しているのは、左と右の頭頂葉にある帯状の局在する部位が数の処理に特別な貢献をしているということである。図一〇・二はこの領域がどこに位置しているかを正確に示しており、頭頂間溝（intraparietal sulcus: IPS）と呼ばれる脳の後ろ側にある溝の奥深い場所にある。私は同僚とともに、その部位を、頭頂間溝の水平部分（horizontal part of IPS）の略称で「hIPS」と名づけた。私たちがこれまでにスキャンした実験参加者は全員、数に注意するように指示すると、hIPSが一貫して活性化する。暗算はこの領域を活性化させる最も良い方法であり、スクリーンにある個々の数字を13から引いていくように実験参加者に指示することにより、ｈＩＰＳの活性化が見られる。しかし、そのような複雑な計算は、実際には必要ではない。ヒトが文字や色、数字の系列に注意を向けて、特定のターゲット（例えば、赤色、文字「Ａ」、数字「１」）を探すように教示すると、ｈＩＰＳは、数が現れるたびに活性化するが、刺激が文字か色の場合には反応しない。このように、数覚との関連は非常に密接であり、この脳領域を活性化させずに数について考えることはできないように思われる。

この脳領域は量に密接に関与していることを示す多くの兆候があり、数の他の側面とは対照的である。あなたが先ほどしたようなドットの集合を見ているときでも、アラビア数字「３」のようなシンボル、あるいは、「three」と文字で綴られたり発話されたりした単語を見聞きするときはいつでも、ｈＩＰＳは反応し、数のどんな感覚モダリティからの提示であっても反応するのである。こうした単純な基準により、ｈＩＰＳは神経科学者がアモーダル（またはプルリモーダル）な皮質領域と呼んでいるものに位置づけられ、この脳領域は、感覚野と違って、視覚や触覚などの特定の感覚モダリティに結びついてはいないが、複数の感覚入力の経路が集まる場所に存在している。脳領域が、特定の感覚に結びつかない抽象的な概念を符号化するとき、その概念が伝達されうるあらゆる様式の関連する刺激作用に反応することが必要である。

実際に、二つ目の基準はｈＩＰＳが数概念にのみ関与することを裏付けており、その活性化は数が発話されても書かれても変化しない。しかし、その数が小さいか大きいか、またその数同士が近いか遠いかに応じて変化する。例として、数の比較課題について考えてみよう。ここで、あなたは、59のようなターゲットの数が、65といった基準となる数よりも大きいか小さいかを判断しなければならない。第3章で述べたように、この課題で私たちが示す反応は、数量の近接さによって完全に左右される。数の距離が19と65のように大きい場合、59と65のように近い場合よりも、より速く反応する。興味深いのは、ｈＩＰＳ領域が同様の距離効果を示すことである。活性化の度合いは、二数間の距離に応じて単調に変化する。二数間の距離が大きく比較が簡単なときは活性化が小さく、その距離が縮まるにつれて活性化が徐々に増加する。[1] ｈＩＰＳ領域は、数が「forty-seven」と「sixty-one」のように複雑な文字列で視覚的に提示されても、数の距離を符号化し続ける。この領域は、入力の特徴にこだわらず、数量の概念にのみ関心があるように見える。

一九九九年、私は同僚とともに、頭頂葉が数量の処理を司っていることを明確に示した論文をサイエンス誌に発表した。私たちは本書で述べたようなシンプルな考え方から出発した。つまり、数量についての特定の思考を必要とする算術計算もあれば、算術的事実の暗記だけを必要とする算術計算もあるという考え方である。例えば、私たちのほとんどは、

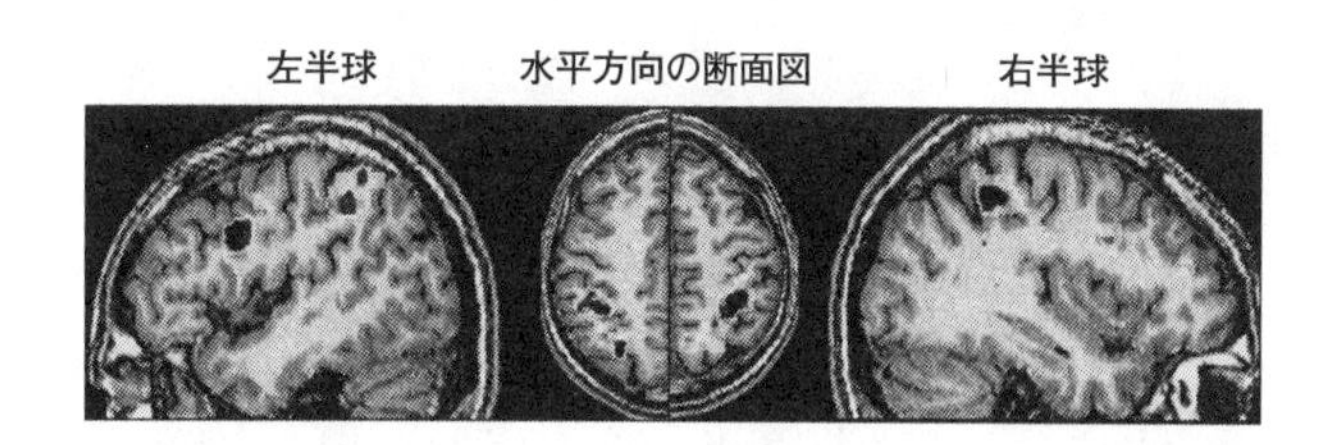

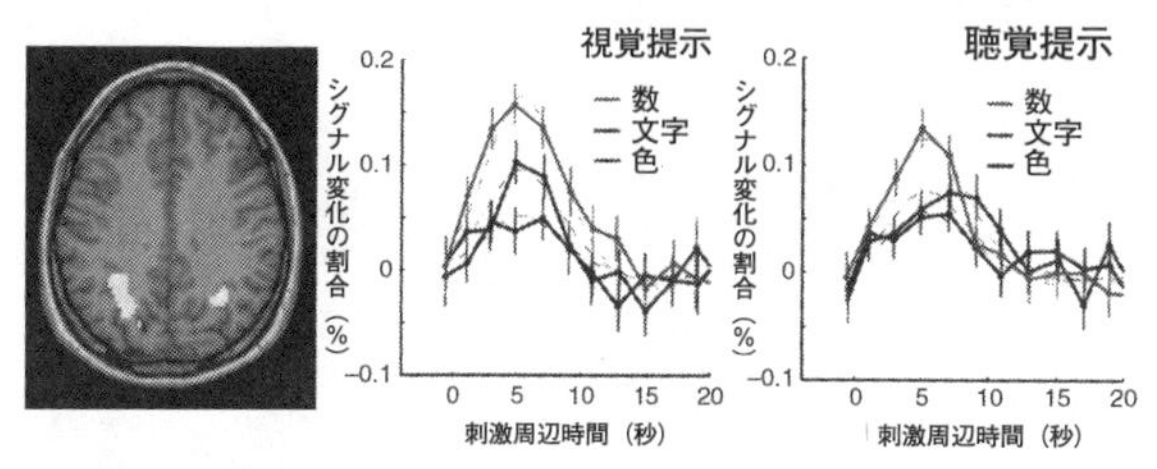

図10・2　数覚を司る頭頂領域の局在化。上段は人間の脳の断面図を示している。中央にある水平方向の断面図で黒く示された両側の領域は、hIPS（頭頂間溝の水平部分）に該当し、数の比較や足し算、引き算、大まかな数の推定などの、様々な算術課題で活性化する部位である。下段の図は、この領域を活性化させるのに数の検出だけで十分であることを示している。それぞれの折れ線が示すように、数は、視覚提示および聴覚提示のいずれの場合でも、文字や色よりもはるかに強くこの領域を活性化させる（Dehaene, Piazza et al., 2003; Eger et al., 2003）。

掛け算表を心に暗記しているが、二桁の引き算は、その答えを暗記していないので、多少の計算を必要とする。足し算という同じ数的操作であっても、私たちは二つの態度のうちのいずれかを採用する。つまり、言語的記憶からその答えを引き出そうとするか、もしくは数量を操作してその答えを計算しようとするか、のいずれかである。例えば、「15＋24＝99」という式を考えてみよう。あなたは、正確な計算と暗記された算術表の言語的知識を用いて正しい答えが39か49かを判断する前に、この式が誤っていることを、関連する数量の大きさの感覚から即座に気づくであろう。非常にシンプルな予測が次のように導かれる。実験参加者が正確な足し算をするように言われると、骨の折れる系列課題や言語的記憶に関連する脳領域でその活性化が観察される。しかし、大まかな計算を要求されると、数量をコード化する両側の頭頂領域（ｈＩＰＳ）により大きな活性化が見られるはずである。ｆＭＲＩや事象関連電位で脳の活性化を測定するとき、こうした単純な予測とほぼ一致した結果が得られる。４＋５の答えが７か９のように、答えを非常に近い数から選ぶ課題では、言語処理に関わる左半球の領域に大きな活性化が見られる。また、答えがいずれも間違ってはいるが一方が近いような、大まかな判断を求める課題（４＋５＝約８あるいは約3）では、私たちが狙いを定めているｈＩＰＳ領域が著しく活性化する。

たしかに、その違いは程度の違いではある。私たちが実際に計算をするとき、二つの領域はいずれも体系的に協調している。しかし、数量の処理が要求されるとき、ｈＩＰＳの存在がより騒がしくなる。特に、訓練は、脳領域間のバランスを変化させる。訓練の最初の段階では、「23＋39」のような複雑な算術操作を計算するように言われると、ｈＩＰＳは最大限に活性化する。訓練によりその計算の答えが記憶に貯蔵されるにつれて、ｈＩＰＳの脳活動が徐々に減少し、今度は言語処理を司る左半球（特に、角回と呼ばれる領域）の脳活動が増加する。これらの結果は数に関する二つの処理システムがあるという考えにうまく整合する。そのひとつは、両側の下頭頂野にある数量の大きさを扱うコアな表象で、文化や教育を超えて一貫して存在する。もうひとつは、左半球にある独立した回路で、言語や算術的事実を貯蔵し検索する教育依存の方略に関連している。

ｈＩＰＳと左半球にある言語領域の相互接続は非常に効率的であり、私たちが数字や数の単語を見るときはいつでも、脳はそれらを頭頂領域の数量コードに迅速に変換する。この変換は絶えず無意識的に起こっている。第3章では、数の単語（six）をランダムな文字列や記号（＃＃＃＃）ではさみ込むことにより、意識上はその単語を見えない状態にする、認知心理学者がデザインした巧妙なやり方を説明した。この手法では、数の単語がスクリーン上に一瞬だけ（五〇ミリ秒間だけ）提示され、実験参加者は単語が提示されたことには気づかない。一瞬見えたのは、意味のない文字列だけである。にもかかわらず、実験参加者の脳は明らかに、その隠された単語を保持して、その意味を処理し、それをｈＩＰＳで表象する。さらに驚くべきことは、見えない単語のすぐ後に提示されるもうひとつの見える単語が「５」より大きいか小さいかを尋ねられると、隠された数の単語がその反応に影響を与えることを、脳イメージングの結果は示している。実験参加者はその数が何だったかわからなかったが、脳はそれが「５」より大きいか小さいかには気づいていたのである。実験参加者の運動野は、見えないターゲットにどのように反応すべきかをあたかも処理しているかのようにふるまった。しかし、基本的な疑問は、ｈＩＰＳの全領域が数に特化しているかどうかである。ｈＩＰＳは、ブライアン・バターワースによって提唱されたような、算術以外のことは何もしないニューロン群である「数専門モジュール」のようにふるまうのだろうか。脳は、顔認知のような非常に精緻で重要な機能に、脳の特定の領域を割り当てることを実際に行うが、数に関してはその答えはより複雑にならざるを得ない。ｈＩＰＳにあるニューロンの一部は数に特化して処理するが、物体の大きさや位置といった他の変数に特化したニューロンも混在している。私たちは、ヒトの脳領域のすべてが等価で同質な「白紙」状態でも、機能が特化した独立モジュールがきちんと整理されて並んでいる状態でもないという、複雑な現実に直面しなければならない。

多くの実験が実証しているのは、ｈＩＰＳが、抽象概念を考えるときや、あらゆる種類の比較操作を行うときにはいつでも活性化する包括的な領域ではない、ということである。この点は、ベルギーの心理学者マーク・ティゥが明確に述べている。彼は、数の単語か動物の名前かを用いて比較課題や分類課題を行っている間に、異なるタイミングで脳をスキャンするという巧妙なデザインの実験を行った。例えば、比較課題では、提示された動物名が犬よりも獰猛であるかどうかの判断を要求され、これはのちに数が5よりも大きいか小さいかを判断した場合と比較された。分類課題では、数が奇数か偶数かの判断と、動物が哺乳類かどうかの判断を要求された。最終的に、最も簡単な課題では、単語が大文字あるいは小文字で書かれているかを判断するように言われた。いずれの場合も、hIPSは数を見たときに活性化したが、動物の名前には反応しなかった。この領域は数量の抽象的な次元には活性化するが、同じく概念的である獰猛さという次元には活性化しなかった。こうした結論は、動物の知識と算術の知識が完全に乖離していることを示す脳損傷患者で行われた研究とも見事に一致する。アルツハイマー型認知症の患者は犬とキリンの違いがわからなくなるほど重症でも、数の理解はまだ申し分ない。逆に、hIPSあるいはそのすぐ近くの脳領域の損傷により計算障害をもった患者は、数に関する理解をすべて失っているが、他のカテゴリーの単語は完全に保持されたままである。明らかなのは、頭頂葉に独自の神経装置を必要とする特定カテゴリの知識と同じように、脳は数を扱っているということである。

空間と時間のなかの数

しかしながら、数と長さ、数と空間、数と時間といったより微妙な区別になると、hIPSの特異性は失われる。hIPSのどの部分も、数的演算にだけ関わっているようには見えない。このことは、数だけでなく、物理的大きさや位置、角度、輝度のような他の感覚量を比較する実験からも示されている。この場合、活性化は各パラメータに特化した別々の領域にきれいに分布するのではなく、頭頂間溝に沿って広範囲に重なり合っている。この重なり合いは、数と位置、そして数と大きさに関して特に著しい。たしかに、子どもは、そして大人さえも、これらの次元を混同することがしばしばある。第3章で数と大きさの相互作用について説明したことを思い出そう。そして、以下の数字のペアのうち、どちらが大きいかを判断してみよう。

2 vs. 4

9 vs. 5

5 vs. 6

あなたは、この簡単な課題で、異常に時間を費やしたり間違いを犯したりしたことに気づいただろうか。これらの観察は、物理的大きさと数量が脳の中で重なり合っているという事実を直接的に証明している。大きさと位置と数は、頭頂葉の近接した領域でみな処理される。数と文字の比較により引き起こされた活性化の間にもかなりの重複があるのは、文字と数が、少なくとも決まった順序で暗唱される場合には、順序と時間性の原則を共有しているためだと考えられる。文字と数の概念は、全く同一のニューロンを使用しておらず、両者は乖離している。しかし、それらは非常に混ざり合っているため、私たちの心の中で干渉を起こす。

簡単に言うと、頭頂葉の特定の領域は、実際に計算をするときに活性化するが、数概念はこの脳領域で空間と時間の概念に密接に結びついている。これらの次元を扱うニューロンは、同じ皮質領域内で入り混じっている。さらに、それらのニューロンは、きちんとまとまって集合体（つまり、モジュール）を形成しているわけではなく、数センチからなる皮質全体に分散しているようである。こうした知見は、問題というよりも驚きに値するものだが、数覚についてなされてきた非常に多くの観察結果を説明するのに役立つ。例えば、数同士の違いの程度を表す場合に、私たちは「近い」や「遠い」といった空間を表す語を使用する。頭頂葉を損傷した患者は、数とともに、他の時間的概念（曜日のような順序を伴うカテゴリ）も失うことがしばしばある。ある患者は、1を月曜日、2を火曜日と言い間違えさえした。多くの場合、右半球の損傷が原因で、空間の左側に注意を向けられなくなる半側空間無視を持つ患者は、注意バイアスを数の空間表象に拡張する症状を示す。半側空間無視を判定する標準的なテストでは、水平に描かれた直線の真ん中に印をつけるように指示される。彼らは左側を「無視」するので、彼らが知覚している中央の点はかなり右側に寄ることになる。驚くべきことに、同じことが数字でも起こる。「11と19の間は何ですか」のように、患者に二数の範囲の中央を報告してもらうと、17や18のような著しく大きい数を回答する。もっと深刻な場合は、23のような、もともとの設定範囲を超えた数を報告する。彼らの回答は馬鹿げているように見えるが、この回答は、二分法課題を遂行中に空間的注意に基づいて数直線上を心的に探すことを念頭に置かないと理解できない。空間的注意システムを損傷した患者は、この内的な空間の中で無計画に放浪することになる。

過去一五年間、数と空間と時間が脳内でどのように相互作用しているかを示す実証例が数多く生み出されたが、実際は、私がかつて予想したものよりもはるかに多様だった。子ども、そして八カ月齢児でさえ、これらの各次元間の結びつけをすでに行っているように見える。この分野で最も注目すべき発見のひとつは、数に関する思考が空間における注意の割り当て方に影響を与えることである。これを実験室で実証するために、コンピュータ画面の中央に数字が一瞬提示されたあとに、左か右に小さいドットを素早く提示する。数字はこの課題に全く無関連であるが、ドットを検出するのにかかる時間は、数の大きさに依存する。大きな数は注意を右側に惹きつけて、右側にドットが出る試行の検出速度を速める。一方、小さな数は注意を左側に向けさせる。これは、第3章で述べたSNARC効果の興味深いバリエーションであり、数と空間の概念同士の強固な関連性を示している。

現在、時間と空間と数の強固な関連性は多くの実験で確認されている。例えば、大きな数を見たあとに手を動かそうとする場合、その手は右側に動く。また物体をつかもうとする場合、指は、必要以上に少し大きく開く。さらに、時間の長さを判断する課題では、系列的により多く示されたドットの回数は、少なく示された回数のときよりも、画面上でより長く続くように思える。こうした関連性はまた逆向きでも起こり得る。誰かにランダムな数を生成するように頼んで、その答えのおおよその数の大きさを推測したい場合、その人の眼の動きに注目して欲しい。大きな数を生成する前には、眼が右上に動く場合が多い。一方、小さい数を考えると、眼は左下に向かう。

数の大きさと視線と注意の方向性の間にある独特の関連性はなぜ生じるのだろうか。私たちの脳イメージング研究により、その関連性が、頭頂葉にある神経活動の体系的な「漏れ」に由来することが示されている。数量に関する何らかの表象を心の中で思い浮かべると、脳の活性化はhIPSから始まるが、位置や大きさ、時間をコードする領域のそばにも拡散する。その結果、私たちが数を見るとき、空間知覚、さらには手や眼の動きでさえも、これらのパラメータについてわずかにバイアスのかかった推定により影響を受ける。

私は最近、私のポスドク研究員のアンドレ・ノップスとともに、暗算が頭頂葉にある数領域と眼球運動領域の間でいかに混線を生み出すかを実証したのだが、それを例として述べよう。私たちは、脳をスキャンしながら、実験参加者に眼を左か右に動かすように指示することで眼球運動を司る脳領域をまず特定しようとした。すると、はっきりと特定できる二つの領域が左と右の下頭頂野に現れた。次に、機械学習アルゴリズムを用いて、これらの領域における活性化の状態から、ある試行で眼がどこに動いたかを七〇%の正確さで見分けられることを示した。これは、一種の「ブレイン・リーディング」であり、私たちの視線のあらゆる方向のマップがこの領域に存在することを端的に示している。このマップ上で活性化している場所がわかれば、その人が眼をどこに向けるかを予想できる。しかし、より創造的なこの実験の続きでは、大まかな足し算や引き算をするように言われた後半の試行ブロックで、眼球運動を司る領域が何をしているのかを検討した。驚いたのは、足し算をしている間の脳活動パターンが、右側に眼を動かす脳活動パターンと非常によく似ていたことである。一方、実験参加者が引き算をしているときは、左側に眼を動かすときの脳活動パターンと非常によく似ていた。眼球が動いていないのは確認できていた。では、いったいなぜこれらの領域が活性化するのだろうか。32＋21はだいたい50のような計算をするとき、あなたの心的注意は、最初の数の32からより大きな数の50に移っていき、その50は、左から右へ読む文化では、心の物差しの右側にある。同じように、32－21を計算するとき、あなたの注意は、より小さい数の11に対応して左側に向けられる。したがって、足し算は注意を右側に、引き算は注意を左側に向けさせるのである。そして、脳活動状態を測定することにより、こうした潜在的な注意シフトを検出することができる。

これらの研究は面白いものであるが、それらの結論は広範囲に及ぶものでもある。数について考えたり計算したりするとき、私たちは、数に関する精緻で洗練された抽象概念にだけ頼るわけではない。脳は、抽象的な数を、大きさや位置、時間といった具体的な考えに即座に結びつける。私たちは、「抽象的に」計算をするわけではなく、むしろ、脳の回路を使って数学的な作業を行い、空間にある自分の手や眼をガイドしている。この回路は、サルの脳にも存在しており、数学のために進化したわけではないが、別の領域で先行して利用されてきている。これは、「ニューロン・リサイクリング原則」の完璧な例であり、私が執筆した『脳のなかの読み』でも取り上げた。私は、最近の人間の発明品（文字や数字、そしてあらゆる数学的概念など）が、それらを適応させるために進化しなかった人間の脳の中でニッチを確保しなければならなかったと仮定している。それらは、密接に関連する機能に捧げられた皮質領域を侵食することによりその居場所を用意しなければならなかった。計算については、ヒト以外の他の動物と共有するおおよその数の感覚からスタートし、それらは頭頂葉が関与している。二桁の数字同士の足し算のように、私たちの算術がヒトにユニークな全く新しい機能にまで発展すると、これらの新しい概念は、隣接する皮質にある現存する機能が、この新しい用途のためにリサイクルされるため、少なくとも部分的には脳内で表象されることになる。このようにして、計算は、空間や眼球運動を司る領域の近くに侵入したのである。

数のためのニューロン

数学は、私たちの感覚と脳と外界がどのようなものであるかによって生み出される直感に依存している。

モーリス・クライン『不確実性の数学』

算術に関わる脳領域の知識は必要不可欠だが、それは始まりに過ぎない。人間の脳領域をイメージングする手法は解像度がまだ十分に高くないため、単一のニューロンレベルで数学的機能がどのように符号化されているかを示すことができない。しかし、ニューロンは大脳皮質の根本的な演算単位である。そして、これらの驚くほど複雑な細胞が、例えば「2が3よりも小さい」といった事実をどのように符号化しているのかを私たちがひとつひとつ説明できるまでは、算術的演算を理解したとは言えない。

私が本書の初版を執筆したとき、非常に明確なモデルを提唱した。それは、頭頂葉にそれぞれの数に大まかに対応したニューロンがあるというものである。つまり、2や3にそれぞれ対応する細胞が別々に存在し、それらが数に対する内的な神経コードを提供する。当時、私は、こうした提案がいかに推論に基づいたものかを強調した。そのことを支持する直接的な証拠は、リチャード・トンプソンが麻酔をかけたネコで測定した百くらいのニューロンのみであり、一九七〇年に公刊されたサイエンス誌の論文に記述されている。マカクザルを含む他の多くの動物種は、環境にある数に明らかに注意を向けており、私のモデルは、彼らが数に特化したニューロンを備えていなければならないと予測した。しかし、誰もそれらを見たものはいなかった。この研究分野は徹底的に検証する時期が差し迫っているように思えたので、私は次のように述べた。「この話の続きは、きっと誰かが締めくくくってくれることだろう。おそらくは、動物の数の能力を司る神経基盤を、最新の神経記録装置を用いて、なおも精力的に探索し続けている神経生理学者がやってくれるはずである」

残念なことに、マカクザルの皮質でさえ、数十億ものニューロンを備えている。数の処理に関連するニューロンの測定にわずかな望みをつなぐためには、電気生理学者は、電極をどこに刺すかに関して大まかな予想をもつ必要があった。私は同僚とともに、人間の脳イメージングに関する私たちの実験がここで重要な役割を果たしうるということを常に考えていた。結局は、人間の脳は、付け加わった特徴がいくつかあったとしても、大きな霊長類の脳にすぎない。それゆえ、その構造は、間違いなく動物研究に有益な示唆を与える。私たちの研究はいつも、頭頂領域の深部にあるhIPS領域が、人間の算術に体系的に関連することを突き止めてきた。したがって、サルにも存在する頭頂間溝と呼ばれる同じ溝が数の処理とも関連する可能性が高い。二〇〇二年に、私たちは、こうした主張をより正確に述べた脳イメージング研究を発表し、人間の頭頂葉に、数と空間の能力に関する体系的な幾何学的マップが存在することを示した。すべての人間の脳では、数に関連する活性化が二つの目印の間にある同じ領域で常に生じる。その前には物体をつかむときに活性化する領域があり、その後ろには眼球運動を司る領域がある。重要なのは、物体をつかんだり眼球を動かしたりする同じような領域が、はるかに小さいサルの脳でも存在するということである。サルの頭頂間溝の前方には、彼らがある形状の物体をつかむときにだけ発火するニューロンがあり、その後方には彼らがどこに注意を向けて焦点を合わせるかを計画する別のニューロンがある。サルの脳にあるこれらの領域が、人間の脳領域にある本当の進化的先駆物であるかはよくわからない。実際に、それらが相同かどうかはいまだ議論中であり、その理由は、人間の脳がサルの脳よりもはるかに多くの領域を持つためである。しかし、私たちがラフな相同性を仮定するなら、私たちのマップは、サルの脳にある仮説上の数ニューロンがこれらの二つの目印の中間点に位置するかもしれないことを示唆している。こうした推論により、私たちは、サルの頭頂間溝の深部に位置する腹側頭頂間野（VIP）と名づけられた領域にそれらを発見できるだろうと予測した。

私たちの仮説を最初に表明してから数カ月後、この特定の領域がまさに「とても重要な場所（VIP: Very Important Place）」だということがわかった。異なる二つの研究グループがそれぞれ、予想された数ニューロンをついに特定した。これらのニューロンは頭頂葉全体にかなり広範囲に分布しているが、それらの大部分は、人間を対象とした私たちの研究が予測してきたちょうどその場所、つまりVIPの内側もしくはそのすぐ隣にある頭頂間溝の深部で観察された。他の数ニューロンはまた、脳のより前方の領域である背外側前頭前野で観察された。しかし、このニューロンは、わずかながら異なっているように見えた。というのも、それらの反応はより遅く、サルがワーキングメモリーに数を保持する後期段階で最も強く反応したからである。たしかに、前頭前野は、二 - 三秒の間、情報を心に留めておく場合はいつでも活性化する一般的な領域である。したがって、現在の考えでは、頭頂付近にあるニューロンは初期の数コードを構成するのに特化した単位であり、前頭前野にある反応が遅いニューロンは、後期段階で数の情報を想起する必要がある場合に、その情報を単に保存するのである。

これらのニューロンが本当に数を符号化しているのかを確かめるために、その当時、MITに所属していたアンドレアス・ニーダーとアール・ミラーは、サルに対して、数の等価性に注意を向けるように仕向ける難解な数の課題を訓練した。各試行でサルは最初に一個から五個のドットの集合を見て、その後に何もない画面を見た。しばらくすると二つ目の数の集合が現れ、サルはドットの数が最初に見た数の集合と等しいかどうかを決定しなければならなかった。サルの行動から、彼らがその課題を理解していたことは疑いようがなかった。彼らは、異同判断を極めてよい成績で達成し、四個と五個のような数がお互い近いときにだけエラーを犯した。さらに、サルは、ドットの大きさのような他の変数にではなく、数にだけ注意を向けていた。このことは、ドットの大きさや色、配置といった、スクリーンに示されたあらゆる側面の要因を実験的に操作することによって証明されている。サルの行動は、これらの無関連の変数と明らかに関連性はなかったが、二つの数の距離にだけは左右されたのだった。

こうした行動が獲得されると、ニーダーとミラーは脳活動を記録し始めた。すると、その直後に、ニューロンの発火パターンが提示された数の大きさを反映するニューロンの一部（頭頂葉の約二〇％）を同定することができた（図一〇・三）。各ニューロンは、入力された物体の特定の数に対応していた。例えば、あるニューロン群は、一個の物体が提示されるたびに最も発火し、一より大きい個数の場合はそれらをあまり放電させない。他のニューロン群は二個の物体でピークに達し、三個や四個、五個の物体に対してそれぞれ発火するものもあった。最近の研究では、アンドレアス・ニーダーは、二〇個台や三〇個台の数に関連するニューロンさえ発見している。これらのニューロンは、サルと同様に、数に反応するだけであり、その振る舞いは表示された個々の内容に応じて変わらない。そのニューロンは、純粋に数だけにチューニングされているように見えた。

一九九三年にジャン＝ピエール・シャンジュとともに私が提案した理論的モデル（第1章参照）に基づいて、私たちはこれらのニューロンについて非常に正確な予測をした。ある特定の数に発火のピークがあるだけでなく、ピークの周辺にベル型の曲線が存在するた

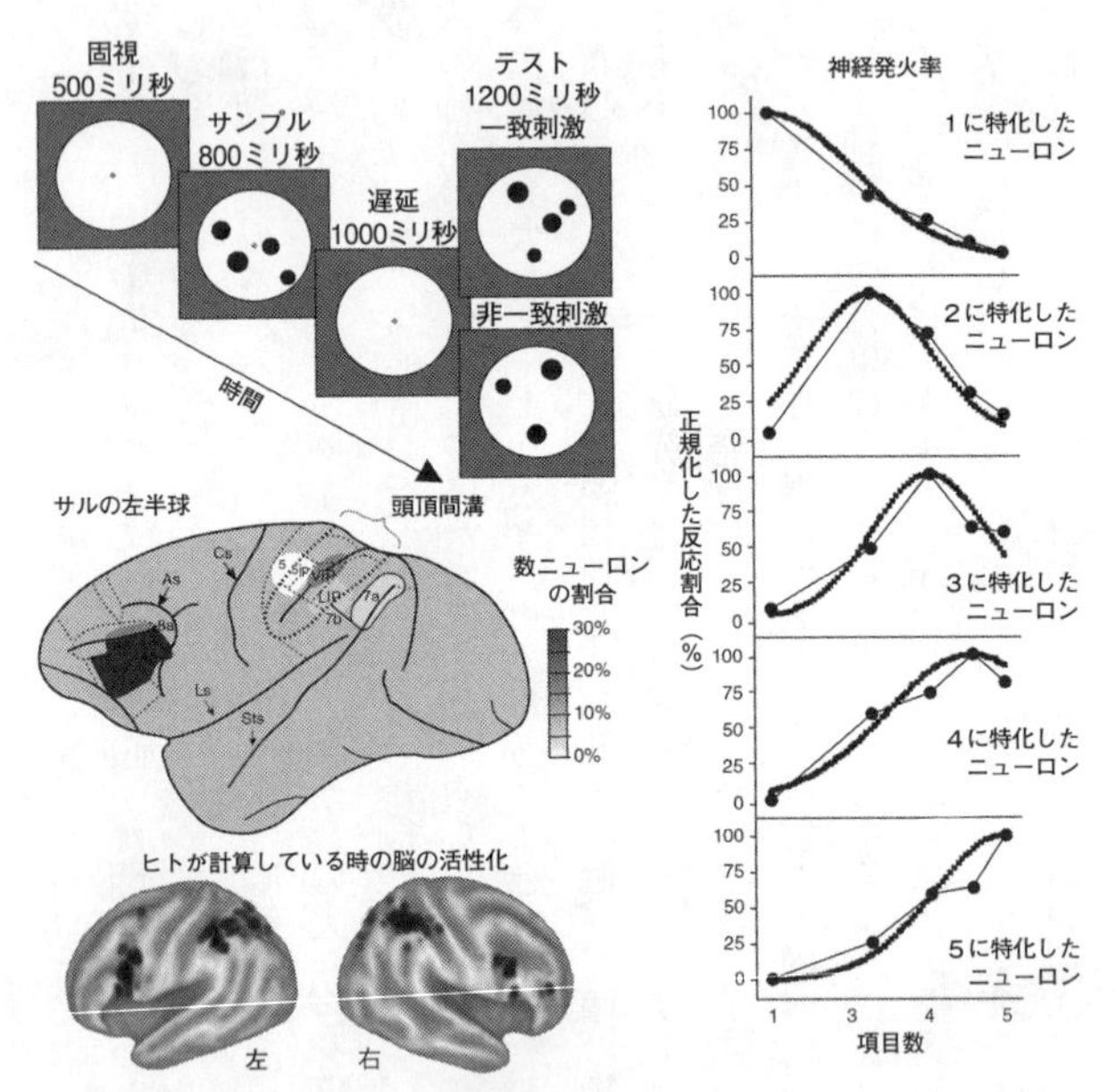

図10・3　サルの脳にある数ニューロン。サルはドットの数を記憶して、それが2回目に提示される数と一致するかどうかを判断するように訓練された。前頭前野と頭頂間溝では、多数のニューロンが数に反応した。右の図に示されているのは各ニューロンのチューニング曲線。各ニューロンが特定の個数に対して大きく発火する様子を示している（Nieder et al., 2003, 2004）。

め、それぞれの数のおおよその範囲に感受性が示されるはずである。さらに、数を適切に「圧縮した」軸（数学的に言えば、対数変換した軸）にデータをプロットすると、ニューロンが担当する数に関わらず、ベル型の曲線の幅がすべてのニューロンで同じであると予測した。こうした特徴は、各ニューロンが、担当する数値のあたりにある数の固定割合に反応することを意味し、担当する数の範囲内（つまりプラスマイナス三〇％以内）ですべての数に対し発火する。驚くべきことに、アンドレアス・ニーダーのデータは非常に正確だったので、これらの数学的予測を高精度で検証することが可能であった。そしてこれらはすべて、私たちの予測と完全に一致した。図一〇・三を見れば、あなたの目でこのことを確認できる。例えば、四の個数を担当するニューロンは、三や五の個数にも反応するが、一の個数にはほとんど反応しない。ニューロンが担当する曲線の特徴は、サルで見られた数の混同（そして人間で同様に見られるもの）を説明するのに、まさに都合がよい。第3章で述べたように、私たちは四と五のような同じくらいの数量を表象する数同士を混同する傾向がある。さらに、これらの混乱が起こる範囲は数とともに増大し、平均値のあたりで固定割合の不確実性として説明される。したがって、四と五を混同する同じレベルで、四〇と五〇も混同する。サルのニューロンのこうした曲線はまさに同じ測定基準を持っている。

まとめると、数ニューロンは、「分散表象」や「集団コード」と呼ばれるものを数に対して形作っており、それぞれの数は、少数の精密なニューロンによって正確に符号化されているのではなく、おおまかに調整されたニューロンの全体的配列によって、数の上昇とともに不正確さを伴う形で符号化されている。ニーダーとミラーによりマカクザルで同定された神経コードは、人間を対象にした私の行動研究から予測されたものとほぼ同じであった。ここ数年の間に、私は数学モデルを発展させてニューロンと行動の間のギャップを近づけようとしてきた。私のモデルでは、数に特化したニューロンが存在し、こうした内的コードから私たちの決定が最適な推論に基づくという仮説から出発して、人間の数的判断の特徴を詳しく再構成する方法を実証している。例えば、二つの数を比較するとき、それらがより近くなるにつれて、判断が徐々に遅くなり、正確でもなくなる。こうした「距離効果」の正確な形状は、ニューロンの近似的にチューニングされた曲線から数学的に導き出すことができる。ニューロンから行動に橋渡しするこのような法則により、心理学は、精密科学に近づいていくことになる。

この章を執筆している時点では、頭頂領域にある数ニューロンが数にチューニングされた曲線をどのように獲得するかは明らかになってはいない。しかし、デューク大学のマイケル・プラットと彼の同僚が、二〇〇七年に数に関する二番目の神経コードを発見したことで顕著な進展があった。これらのニューロンは、VIP領域のすぐ後ろにあるLIPと呼ばれる領域で発見され、ニーダーとミラーが見出したVIPニューロンとはいくつかの点で異なる振る舞いを示す。最初に、LIPニューロンは、数にチューニングされておらず、それらの発火率は数に応じて単調に変化する。一部のものは、ニューロンの受容野にある物体の個数に対して発火の急激な上昇が見られるが、他のものは一個の物体に対してピークがあり、より大きな個数には徐々に反応しなくなる。しかし、この領域では、中間の数に対してピークをもつニューロンは見られないようである。二つ目の違いは、LIPニューロンが網膜像の一部（小さな「受容野」）にしか反応しないことである。それらは、目に入ってくる全体の個数に対しては反応せず、ある特定の範囲にある局所的な数にだけ反応する。

なぜ、二種類の全く異なるコード（モノトニック細胞とチューニング細胞）が同じ脳の中に共存しているのだろうか。ひとつは、チューニング細胞の表象を形成するのにモノトニック細胞が必要となる可能性である。この仮説は、数の安定した表象を形成する上で、モノトニックコードとチューニングコードが二つの別々の段階を構成することを示している。実際に、こうした二段階のプロセスは、数のニューロンに関してジャン＝ピエール・シャンジュと私が最初に考えたモデルにほぼ合致している。私たちのコンピュータ・シミュレーションは、物体の同一性や大きさではなく、物体の位置を符号化するニューロンから始めた。次に、この物体の位置マップ上での活性化をニューロンに加算させた。これらの「アキュミュレーションニューロン」は、おおよその数を表象する。最後に、こうした活性化を徐々に高くなる閾値で区切ることにより、特定の数にそれぞれチューニングしたニューロンである「数の検出器」が得られた。最近の発見が示唆しているのは、数の検出に関するこうした二つの連続するステップが、LIPとVIPの領域で実際に行われていることに対応していそうということである。数に対して単調な反応を示すアキュミュレーションニューロンは、LIPニューロンにかなりよく対応しており、特定の数にチューニングされたVIPニューロンは、私たちが仮定した数の検出器に整合する。さらに、解剖学的知見からは、LIPニューロンがVIPニューロンに直接投射していることがわかっている。最後に、LIPにある数ニューロンは位置に敏感であり（「受容野」を持ち）、VIPにある数ニューロンは、見える範囲内にある数に反応するように見える。これは、VIPニューロンがLIPニューロンの全体的な配列から入力を受けるという仮説と一致する。

要するに、私たちの理論的モデルは、電気生理学的な測定により非常に強力な裏付けを得ることに成功した。サルは、一群のニューロンを用いて、明らかに数を符号化している。

つまり、物体が占める位置をまずは加算し、その合計量に含まれる個々の値に対して特定のニューロンを割り当てることにより数を符号化する。このモデルは説得力があるように見えるが、その鍵となる仮説を検証するには、まだかなりの努力を要する。現データでの主な問題は、両タイプの数的コード（モノトニック細胞とチューニング細胞）が、別々の研究室で異なる脳領域に見られたことである。それらの課題は異なるものであり、訓練を受けたサルも別である。したがって、これらの二つのコードが同一個体内で実際に共存するかはまだ決着がついていない。しかし、興味深いのは、LIPニューロンに広がっていないモノトニック細胞は、この章の冒頭で述べた錯覚（ある特定の数に順応させた後、それよりも実際に大きいもしくは小さい数を新しく知覚させるもの）を説明するのに必要となる特徴をすべて兼ね備えていることである。LIPニューロンのように、その順応は網膜上のある特定の位置に特化している（図一〇・一は左右それぞれに示された数に対して別々に順応するやり方を示している）。さらに、その順応は広範囲の数に広がり、二〇〇個のドットへの順応は四〇個のドットの知覚に影響を与える。このことは、順応が特定の数量にチューニングした細胞だけによると仮定するならば不可能であろう。しかし、モノトニック細胞が順応すると仮定するならば、筋が通る。このように、ヒトの脳も特定の数にチューニングされたニューロンに加え、数量に対するモノトニックコードを保有している可能性がある。

これらの結論は、サルの脳とヒトの脳の間の相同性の可能性に基づく単なる推定であることを強調しておかなければならない。ヒトの脳において、数にチューンニングされた単一ニューロンを見た人は誰もいない。その理由は非常に明快で、微細な電極を自分の脳に差し込んでもよいと考えるボランティアにめったに出会えないからである。ヒトの脳で単一ニューロンの記録をする場合がまれにあるが、そのひとつがてんかん患者の場合である。神経科医はてんかんの病巣を特定するために脳の奥深くに電極を埋め込み、その反応を見ることがある。この方法を使えば、ヒトのニューロンからきれいなデータを取得することができ、そのデータにはシドニーオペラハウスやハリウッド女優ハル・ベリーを見たときにのみ発火する興味深い細胞も含まれている。[2] 残念なことに、てんかんはそのほとんどが側頭葉に関連しており、数ニューロンがある頭頂葉での測定はほとんど行われていない。こうした理由で、数ニューロンは、今日までヒトの脳でまだ同定されていないのである。

私たちは、直接的に記録する手段が手詰まりだったので、よりクリエティブにならなければならなかった。私たちが追い求める数ニューロンを同定する非直接的な手段は、実際に存在する。fＭＲＩは個々のニューロンを見ることはできないが、その信号は何千ものニューロンにさっと広がるため、それらの平均的チューニングをある程度は把握できる。

巧妙な手法のひとつは、同じアイテムが何度も繰り返されるときにその信号がどのように順応するかを調べることである。[3] そのような状況でニューロンは実際に馴化することがわかっており、同じ刺激を延々と見せられると飽きてしまうように、ニューロンの発火も継続的な繰り返しにより徐々に弱まっていく。大部分のニューロンはこのような順応を示すので、それは、脳イメージングで捉えられる可視化可能な信号になる。つまり、私たちは、この脳領域から時間とともに減衰していく信号を文字通り見ることができるのである。これで私たちは、新しいアイテムの提示によりその信号が回復するかどうかを検証することができる。こうした回復は、この皮質部位に最初のアイテムと二つ目のアイテムを区別できるニューロンが存在することを間違いなく意味している。

私は、同僚のマヌエラ・ピアッツアとともに、こうした順応法を数に応用し、斬新な結果を得ている（図一〇・四）。私たちは、実験参加者に、同じ個数の物体が繰り返し提示される退屈な画像にまず順応させた。例えば、ある試行で一六個のドットを繰り返し提示し、それらの大きさや配列を毎回変化させたが、数と形状は常に同じにした。ある回数に到達すると、新しい形状（三角形）や新しい個数（八〜三二個の範囲）などのこれまでとは異なる画像を導入した。私たちがまさに予想したように、下頭頂野が新しい数に反応し、その数が前に示された数と十分に離れているときはいつもその活性化が大きくなった（図一

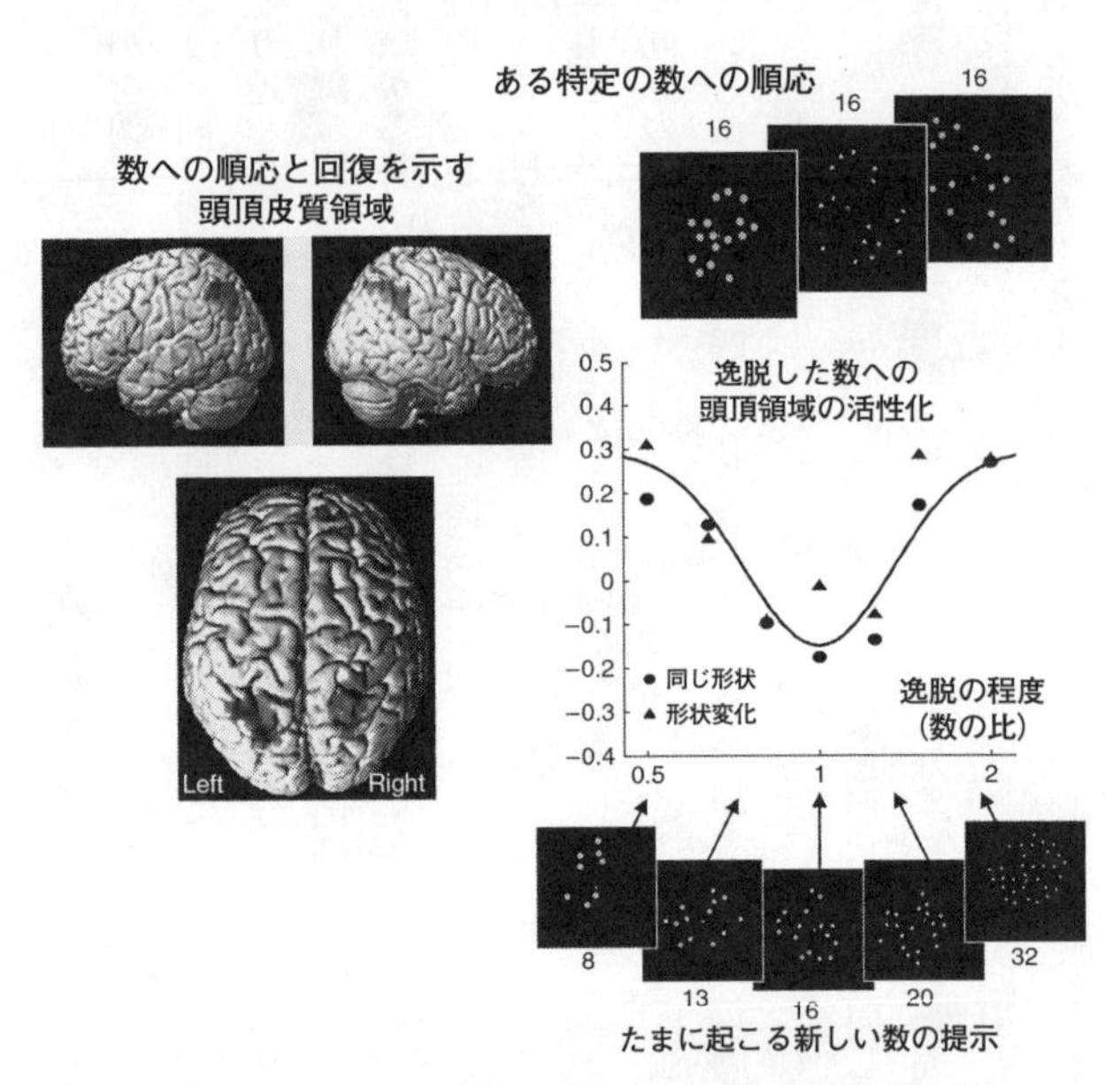

図10・4　ヒトの頭頂葉における数のチューニングの証拠。脳イメージング中、実験参加者に同じ数のドットを繰り返し提示すると、その数に対する脳の活性化が低下した（順応）。新しい数が提示されると、前の数と新しい数の距離に応じて活性化が回復し、サルの数ニューロンを思い起こさせるチューニング曲線が見つかった。数の変化に対するこうした反応は、物体の形状の変化に無関係であった（Piazza et al., 2004 より）。

〇・四）。こうした数の反応が見られたのは、私たちが期待した通りの位置だった。つまり、両側の頭頂間溝付近で見られ、他の脳領域では見られなかった。また、この皮質領域にサルと類似した数ニューロンが存在する場合、曲線はまさにそのようになるはずである。この頭頂皮質は、繰り返し提示された数にチューニングされ、新しい数が提示されると、ベル型の関数が個々のニューロンのチューニング曲線に類似するように回復したのである。さらに、頭頂皮質はいかなる種類の新奇性にも反応しなかった。私たちが形状を変化させたとき、この領域では何も起こらなかったが、視覚野と前頭前野にある他の脳領域は反応した。このように、私たちは、サルの頭頂皮質と同じように、ヒトの頭頂皮質が形状に反応しないで数の変化によくチューニングされていることを明らかにすることができた。私たち人間の脳は、マカクザルと同様に、物体の数量を抽出する非常によく似たメカニズムを持っていることに、もはや少しの疑いもない。

赤ちゃんのなかの数

順応を用いたテクニックの優れた点は、複雑な教示を必要としないことである。実験参加者は一連のスライドを単に見ているだけでよいので、明示的な計算や反応も必要としない。こうした手法は、数覚をすでに持っているが暗算がまだできないような幼い子どもの脳を調べる際にも理想的である。実際には、順応を用いた脳イメージング法は、数的新奇性に対する驚きの反応を赤ちゃんで実証する際に用いる、行動指標に基づく馴化法とほぼ同じである。生後数週間の赤ちゃんに、ある一定の数（八個の物体）を繰り返して提示した後で、八個から一六個にディスプレイを変えると、それに対する注視時間が長くなる。しかし、皮質レベルでこれを測定できれば、この偉業に関わる脳領域を特定できるというさらなる利点がある。こうした初期の段階から、頭頂皮質はすでに数覚に関与しているだろうか。

子どもで数の順応実験を最初に行ったのは、デューク大学のジェシカ・カントロンらのチームである。ただし、対象となったのは、赤ちゃんではなく四歳児である。実験に参加した四歳児は、計算のトレーニングをまだ受けていなかったが、彼らの頭頂皮質は、大人で観察されたものと同様の数的反応を示した。つまり、繰り返された数が新しい数に置き換わったときはいつも、活性化が著しく増加した。こうした反応は、右半球で特に顕著であった。現在、右半球の頭頂領域が、非常に幼い時期から機能して、算数教育を受ける前から子どもの非言語的な数の直感の基礎になっていることを示す例が実際にいくつかある。また、子どもの脳ではすでに、数や形状に特化した特定の経路が組織化されているという結果もある。つまり、頭頂皮質は、物体の形状ではなく数量の変化に対して反応するのに対し、腹側の視覚皮質は、数量でなく形状の変化に反応する。

　こうした驚きの結果を聞いて、私は、同僚のヴェロニク・イザードとギレーヌ・ドゥアンヌ＝ランバーツとともに、この方法を非常に幼い赤ちゃんで試す時期だと決意した。[4] 私たちは、魅惑的なディスプレイを使うとほぼ催眠術にかかったかのように注意が惹きつけられる三ヵ月齢児を対象にした。ヴェロニクは、赤ちゃんの注意を惹きつける動物や顔のカラフルな刺激セットを作成した。私たちは、赤ちゃんをfMRI装置の中に入れようとは思わなかった。かわりに、小さい電極を備えた湿ったスポンジのネットを赤ちゃんの頭にかぶせることによって、脳波を記録することにした。四匹のアヒルが描かれたスライドを繰り返し提示してそれらに馴化させた後、八匹のアヒルが現れた瞬間、赤ちゃんの脳が電気的に反応するのを予想通り確認できた。この新しいスライドが示されてから約四〇〇ミリ秒後に、脳電位が広がった。その反応は、数の異なる範囲（二対三、四対八、四対一二）に対しても似通っていた。しかし、形状を変えたときには完全に異なる脳反応が起こった。このように、生後二、三ヵ月齢の脳であっても、形状と数は別々の二つの経路で組織化されていると結論づけた。

　関与する皮質領域を正確に特定するのはとても難しい。それは、頭蓋骨上で捉えた信号から脳内の賦活位置を推論するという、複雑で有名な「逆問題」のためだと言える。しかし、私たちは、赤ちゃんの皮質隆起に関する正確なモデルに基づいて、皮質表面における電気的活動の全体的な分布をスムーズな推定で再構成する高度な方法を用いた。幸運にも、その結果は筋がよかった。右半球の頭頂皮質は数の新奇性に反応するのに対し、左半球の腹側の視覚野は物体の新奇性に反応することを示唆した。こうした乖離は、大人や四歳児で見出されたものに非常によく似ていた。生後直後から乳児においても、数は頭頂皮質で迅速に抽出された変数であるように見える。

ヴェロニク・イザードはこの方向で研究を継続し、赤ちゃんの行動だけを観察することにより、生後間もない赤ちゃんでも数の抽象的な感覚を保有することを示している。平均して生後四九時間くらいの赤ちゃんは、注意を長い間持続させることはもちろんできない。彼らは、「トゥートゥートゥートゥ」や「ビービービービ」のように、同じ数を含むシラブルの系列（例えば四回）を二分間聞いた。次に、テスト刺激が示され、一二個のアヒルのようなカラフルな画像が数回提示された。画像の半分は、前に見せられたシラブル数に一致したもの、もう半分の画像はまったく異なる数のものが提示された。ヴェロニクの作戦は、非常に未熟で不正確な赤ちゃんのシステムであっても数の違いを検出できることを確かめるために、十分に離れた数（四対一二）を使うことであった。赤ちゃんの反応から明らかになったのは、提示モードが聴覚から視覚へ急に変わっても、刺激間の数的関係に気づくということであった。

これまでに数多くなされてきた統制のとれた実験により、生後一年目の赤ちゃんであっても、数への感受性をもつことが実証されてきた。二〇世紀末、これらの発見はしばらく論争の的となり、混乱が生じた。数以外の交絡要因を厳密に統制した一連の実験研究は、初期に見出された発見の追認に失敗したことを論文で発表し、赤ちゃんの能力が、抽象的な数のような高次表象ではなく、色や明るさの全体量のような低次の交絡要因に基づいていることが示唆された。幸運なことに、この論争はすでに決着がついている。最近の研究では、私たちが最初に想像したよりもはるかに認知的な発達が赤ちゃんで示されている。赤ちゃんは、数、あるいは大きさのような他の変数のいずれにも注意を向けることができ、実験デザインの詳細に応じて臨機応変に反応するように見える。例えば、スクリーン上にある物体のすべてが同一の場合、赤ちゃんはそれらの数ではなくて、それらの同一性に注意を向ける。しかし、示される刺激セットが、同一物体の複製ではなく非常に異なる物体の場合、赤ちゃんは、一個から三個の範囲でさえ、数に注意を向けるようになる。デューク大学のサラ・コーデスとエリザベス・ブラノンによる包括的な研究により、数への注目は赤ちゃんが利用できるオプションのひとつに過ぎないことが、現在わかっている。彼らは、赤ちゃんが物体の大きさではなく数に対する微細な変化を検出できるため、赤ちゃんが他の物理的変数ではなく数によりチューニングされているとまで述べている。このように、数は、生後直後から、外界を理解するための主要な属性のひとつであるように思われる。

Ｉ・2・3の特別な地位

エラーは、それを犯した人が間違うかどうかに応じて、正確になることがある。

ピエール・ダック（フランスのユーモア文学作家）

これまでに私が述べた最近の研究の大部分は、数覚仮説を強く支持している。しかし、間違っている点が一箇所あることを素直に告白せねばならない。第3章で私は、一個、二個、三個の物体を一目で同定する卓越した能力として「スービタイジング」を紹介した。私たち人間がカウンティングしないでスービタイジングできると示した点については間違っていなかった。様々な手法で見出された全体的な流れは、新しい研究論文でこの点を次々と確認している。しかし、私は、スービタイジングが本質的には一種の「正確な概数推定」であると示唆した点については間違っていた。非常に小さい範囲の数である一、二、三では、数ニューロンのチューニング曲線が正確な値を符号化するほど十分に精度がよいというアイディアを、私はもともと想定していた。つまり、私たち人間の数ニューロンは、概数推定であっても、一目見れば一〇〇％の精度で一と二と三を区別できるくらい正確であるが、この範囲を超えると、神経の発火の重複が大きくなり、二つの隣接する数を即座に分離するのを妨げるため、スービタイジングは不可能であろう。したがって、私たちが正確な数を知る必要がある場合は、カウンティングするしかない。多くの科学者にその当時共有されていたこうした考えに従うと、スービタイジングは別の独立したプロセスではなく、概数推定システムの劣化版にすぎない。

二〇〇八年に、私の研究室のスザンナ・レフキンは、スービタイジングに関するこうした魅力的な考えが誤りであることを証明する実験を行った。私たちの前提は単純で、人間の心が、全範囲の数に対して一定の不確実性を持つたったひとつの概数推定システムを備えているのなら、同じ比率で離れているどんな数も簡単に区別できるはずである、というものであった。つまり、一と二の区別は、一〇と二〇の区別、および二〇と四〇の区別と同じくらい簡単にできるはずである。こうした予測を検証するために、私たちは、密接に関連する二つの実験を行った。一つ目の実験は、伝統的なスービタイジング課題で、実験参加者に一個から八個のドットを含む刺激セットを見せて、それらの数をできるだけ早く同定するように教示した。二つ目の実験では、すべての数を一〇倍にして、一〇個、二〇個、三〇個、四〇個、五〇個、六〇個、七〇個、八〇個のドットだけを実験参加者に見せ、他の個数はいっさい見せなかった。彼らが行うことは、一〇の位に相当する数をできるだけ速く口頭で答えることだけであった。私たちは、実験参加者が課題を理解し、できるだけ効率的に遂行できるように、徹底的な訓練とフィードバックを行った。にもかかわらず、結果は明快であった。一〇個、二〇個、三〇個などの十の位の成績は、スービタイジングの範囲にある数(一、二、三)の成績よりもずいぶんと悪かった。私たちの仮説は、一、二、三の数と同程度の精度で、一〇、二〇、三〇のドットの区別を精緻にできるはずだと予想したが、現実には、一〇、二〇、三〇は、四〇や五〇よりも成績が良くてすばやく処理されるわけではなかった。検証された数の範囲では、一、二、三の数だけが、他の数と異なる結果を示し、最大二〇〇ミリ秒も速く回答することがあり、エラーもほとんどせずに正確であった。私たちの結果は、スービタイジングの範囲にある数が別のプロセスで扱われていることに疑いがないままであり、この結論は脳イメージング研究からも支持されている。

この点がなぜそんなに重要なのかと言うと、私たち人間の数覚が複数の処理機構を組合せたパッチワークであることを示すからである。現在一致している見解は、たった一つのシステムではなく、カウンティングなしで個数を表象する二つのシステムが存在するということである。小さい数のシステムは、「物体トラッキング」システムとも呼ばれ、一、二、三の個数だけを表象する。このシステムは物体の軌跡を非常に正確に追跡するので、ある一個の物体が少数セットの中で出入りする場合に何が起こるかについて正確な心的モデルを提供する。一方、概数推定システムは、大小問わず、どんな数であっても表象できる。このシステムにより、数同士の比較や、数同士を組み合わせて大まかな数的操作を可能にしている。

この二つのシステムの違いは、大きな数を表象する能力にある。物体トラッキングシステムは、物体の個数が三や四を超えると、作動しなくなる。しかし、驚くべきことに、一、二、三の小さな数は、両システムで同時に処理されているようにみえる。私たちはそれらの小さな数をスービタイジングできるが、それらを大まかに推定して、心的数直線の適切なところにそれらを位置づけている。このように、私たちの心的表象には途切れはなく、小さい数の分断に対して心的数直線を「縫い合わせる」必要がない。これは、小さい数も大きい数も関係なく全部の数が心的数直線上に表象されていることを示している。こうした特徴は、物体の数に応じて刺激セットの順序づけを課されたサルが、その訓練が一から四個の刺激セットに限定されたときでさえ、九個までのより大きな刺激セットにまで即座に般化できる理由を説明できる。こうした概数推定システムのおかげで、私たちは数の連続性に関する即時的な直感を持つことができている。一方、小さい数のシステムは、非常に小さい範囲の数の一、二、三に私たちをズームインさせて、一個の物体の足し引きによりこれらの数がどのように変化するか（つまり小さい数の計算）を正確に理解させることができる。

赤ちゃんの研究からわかってきたのは、二つのシステムがいずれも生後数日ですでに作動し、それらの連携が算数の獲得に重要な役割を果たす可能性があるということである。実際に、小さい数に対して別々のシステムが作動していることを示す最もよい例は、どれも赤ちゃん研究から得られている。赤ちゃんの多くの実験では、スービタイジングできるくらいに数が小さいときだけ成功する。例として、当時、ニューヨーク大学にいたリサ・フェイガーソンらの単純な実験について考えてみよう[5]。まず、実験者が空っぽの二つの箱をステージに置いて、その後に、一方の箱に二つのクラッカーを、もう一方の箱に三つのクラッカーを一度に一つずつ隠していくところを赤ちゃんに見せた。次に、その二つの箱のうちの一方に対して手を伸ばすように赤ちゃんを促した。驚くべきことではないが、赤ちゃんはより多くのクラッカーを含む箱を八〇％以上の割合で選択した。しかし、驚異の発見はその後やってきた。もう一つの実験で、一方の箱に二つのクラッカーを、もう一方の箱に四つのクラッカーを隠した。赤ちゃんは無惨にもこの課題に失敗した。成功率はわずか五〇％で、ほぼランダムな選択だった。なぜ、赤ちゃんは二と三に成功するのに、より大きな差があり一見明らかに違いがある二と四に対しては失敗するのだろうか。実験結果から、赤ちゃんは一と四、そして三と六でも失敗し、一方の数が三を超える条件でいつも失敗することがわかった。説得力のある唯一の説明は、四個以上の事象は赤ちゃんの記憶をいっぱいにさせて崩壊させるまでになる、というものである。箱に隠された三個のクラッカーは、スービタイジングの範囲内に十分収まる。クラッカーが一個追加されるとスービタイジングの限界を超えてしまい、赤ちゃんは箱の中にあるクラッカーの個数を急に追跡できなくなる。概数推定システムは、クラッカーが一度に一個ずつ見せられ、全体の量を一度に見ることができない場合には、役に立たないようにみえる。経時的な提示は、概数推定システムの使用を妨げ、赤ちゃんは、一、二、三の数に対する限定的な感覚のままになってしまうのである。

スービタイジングはどのように働くか

スービタイジングが実際にどのように働いているかは、ちょっとしたミステリーのままである。しかし、ひとつの興味深い手がかりは、スービタイジングが注意システムから独立していないという、私たちがかつて考えたこととは逆の事実である。主観的には、スービタイジングは自動的に働くように見える。数の集合を一目見るだけで、その集合に一個か二個か三個の個数が含まれているかを戸惑うこともなく簡単に認知するように見える。しかし、これは一種の錯覚である。心が一時的に他のことに占有されている場合（例えば手紙を記憶するように言われた場合）に数の集合が提示されると、その集合が二個や三個の物体しか含まなくても、もはや正確に知覚されなくなる。スービタイジングは、「前注意的」でも苦労なく作動するものでもなく、注意を必要とするのである。私たちは少数の項目を選択して、それらを時空間の中で追跡もできるが、これは私たちの注意に重くのしかかっている。

では、スービタイジングはどのように働いているのだろうか。最近の研究では、私たち人間は、あらゆる心的表象に対して一時的にポインターをつけることができる、三個か四個の記憶スロットを持っていることが示唆されている。この記憶貯蔵庫は、「ワーキングメモリー」と呼ばれ、心に思い浮かべた物体をオンラインでしばらくの間保持する、生きていく上で必須の一時的なものである。例えば、私たちはそれを使用して、フラッシュカードにどんな形のものが現れたのかを記憶する。三個か四個の物体はこうした心的ファイルキャビネットにきちんと貯蔵され、各キャビネットにそれらの物体の知覚的特徴が記憶される。私たちがこんなふうに情報を保持すると、そのシステムがある特定の瞬間に占有されたスロットの数を潜在的に符号化するので、私たちはそれらの数をなんなく把握することができる。このことを理解するために、旅行前にランニングシューズをバッグに入れるとき、緑と赤と青の靴箱をある順番で使おうとしていることを想像してみよう。靴箱は固定の順番で使用されるので、箱の色がわかりさえすれば、あなたが持って行く靴の数を決定することができる。もし緑色の箱だけを使用すれば一足分だけになり、緑と赤の箱であれば二足分、緑と赤と青であれば三足分を意味する。このようなファイリングシステムは、スービタイジングがどのように働くかを示すよい比喩である。私たちが物体に注意を向けるとき、私たちの知覚システムは、それらの特徴を、物体トラッキング装置の利用可能なスロットに即座に配置する。スービタイジングするには、こうした心的ファイルの内容を、一か二か三の数詞に紐づけるだけでよい。

スービタイジングの符号化でユニークなのは、一、二、三の小さい数の各々に対して離散値を与える点である。新しい物体を加えることはそのたびに、新しい記憶スロットをオープンすることになる。つまり、新しい数への移動を明確に示す心の中の新たな刻み目である。こうした符号化の原則は、数が心的数直線で大まかに符号化されるやり方とは根本的に異なっている。概数推定システムでは、数が活性化というノイズの多い分布によって表象されるため、七と八は重なり合うが、二と八はそれほど重なり合わない。また、離散的な数で正確な計算を行うシステムを支えるものもない。しかし、物体ファイルシステムを用いれば、（物体の数が三個を超えない限り）各々の物体を正確に追跡することができる。算術体系の基礎である「自然数」の概念は、少数の物体を追跡する私たちの卓越した能力と、どんな大きな集合にも基数があることを示す直感的な数覚が組み合わさっておそらく生じたものであろう。三歳か四歳くらいに、これらの二つのシステムがかみ合ってくる。子どもは突然、あらゆる集合が「正確な」数を持っており、それゆえ一三は一二や一四といった連接する数と根本的に異なる個別の概念を持つことを推論する。こうした心的革命は、ホモ・サピエンスにユニークなものであり、より高等な数学に至る最初の一歩である。

アマゾンのジャングルにある数

数学的なものに関する知識は、私たち人間に備わる生得的なもので、科学の中で最も簡単である。この事実が明白なのは、非専門家でも全く読み書きのできない人でも、数えたり計算したりする方法を知っており、誰の脳でもそれを拒絶しないからである。

ロジャー・ベイコン

子どもが、正確な数には離散無限性が存在することを突然理解するとき、彼らの心で起こっていることを私たちはまだ正確に理解していない。しかし、その移行が自動的なものではなく、人間の脳の成熟により引き起こされることは実際にわかってきている。それは「文化的な」発明である。偉大な数学者であるレオポルド・クロネッカーは、「神が整数を作り、それ以外はすべて人間の作品である」と述べているが、それは間違っていた。整数でさえ人間が生み出したものである。整数は、カウンティングの概念を発明した文化にのみ存在する。人類は、一二と一三の違いを表象できるはるか前から、数詞に基づくカウンティング方法を考案せねばならなかった。

正確な計算の文化的性質に私たちが気づいたのは、言語学者ピエール・ピカとピーター・ゴードンのような研究者の勇気ある行動に負うところが大きい。彼らは、多大な苦労をして長距離を移動し、アマゾンの奥地にある人里離れた文化の数学能力を調査した。彼らが観察したことは驚くべきものだった。私たちの世界から孤立して住んでいて、正式な教育や数学用語を学んだ経験のない先住民は、何もできないどころか、概数に対する洗練された感覚を備えていたのである。しかし、「正確な」整数の感覚は欠いているように見えた。

過去一〇年間、ピエール・ピカといっしょに、ムンドゥルク族の人々が数をどのように表象するかを研究できたことは、私にとって知的にとても幸運であった。このプロジェクトで、私は、あの「安楽椅子科学者」状態で、実際にアマゾンに出向くことは一度もなかった。一方、ピエール・ピカは、ノートパソコンと太陽電池バッテリを手に、毎年ジャングルをくまなく歩き回り、私とヴェロニク・イザード、そしてエリザベス・スペルキーがパリで思いついた仮説を検証してくれた。私たちは、プログラミング言語パイソンでパワーポイントのアニメーションや数学のソフトウェアを設計して、それらをジャングルに持ち込めるようにした。これにより、コンピュータ画面をまったく見たことのない人たちに課題を提示できるようになった。

ムンドゥルク族が特に興味深いのは、彼らの言語に十分な計数体系が存在しない点である。彼らには五くらいまでの少数の数詞しかなく、「pũg」は一、「xep xep」は二、「ebapũg」は三、「ebadipdip」は四、「片手」や「ひと握り」を意味する「pũg põgbi」は五を意味している。五を超えると、彼らの数の体系は基本的に「少数」(adesũ)か「多数」(ade)かになる。驚くべきことに、これらの数は、カウンティングのために使われることはまったくない。ムンドゥルク族の人々は、私たちが「いちにさんしご…」とするように、それらをひと続きで高速に言うことはできない。また、数詞をひとつずつ物体に対応させることもしない。むしろ、数詞は、特定の数量を示す形容詞として使用されているように見える。私たちが、ある集合を「五つくらいの（fivish）」や「一ダースくらいの（a dozen）」と表すかのようである。最初の実験の一つは、ムンドゥルクの人たちにドットの集合を見せて、そこにいくつあるかを聞くものだった。彼らはカウンティングを全くしないで、基本的にはその大まかな単語で集合をラベルづけした。ドットが一、二、三個あるときは、「pũg」、「xep xep」、「ebapũg」という正しい数詞をそれぞれ口にすることがほぼできた。しかし、四個になると、ミスを犯し始め、五個あるとか三個あるとか言った。五個や六個あたりから「いくつかの（adesũ）」を使い始め、一〇個や一二個は単に「多い（ade）」と言う。彼らは明らかに、正確な基数をラベルづけする手段を持っていなかった。

そこで私たちは、これらの語彙的な制限が彼らの計算の理解にどの程度の影響を与えているかを振り返って考えてみた。数覚仮説は、彼らが愚かであるはずがないと予想していた。たとえ彼らが学校に行ったことがなく、足し算や引き算について聞いたこともなく、五以上の数をラベルづけしていなくても、私たちは、概数推定については非常によくできるだろうと予測した。私たちと同じように、彼らは足し算や引き算によく似たやり方で複数の物体がどのように振る舞うかを理解する能力は受け継いでいた。彼らができていないのは、正確な数を区別することであり、彼らの文化は、算術の構築という点から見ると、いまだ初期の、非カウンティング段階に留まっている。

最初の一連の課題で、私たちは、ムンドゥルク族の人々が大まかな数を非常によく推定できることを示した。彼らは、ドットが示された二つの集合のうち、より数が多いものを簡単に選択した。八〇個という範囲までの数でもできたし、物体の大きさや密度などの数以外の変数にバリエーションがかなりあった場合でも正しく実行できた。彼らはまた、大まかな計算を遂行することもできた。壺の中にドットの集合が経時的に隠される場合でも、彼らはそれらの総和を推定し、それを三番目の数の集合と比較することができた。驚くべきことに、この孤立した先住民は、言語も限定的で、正式な教育を受けていないにもかかわらず、こうした概数推定課題で教育を受けたフランスの成人と正確さの点でほとんど変わらない成績を収めたのである（図一〇・五・上）。

しかし、彼らが異なっていた点は、正確な計算である。私たちは彼らに、六個のドットを壺の中に隠した後に、四個引き出されるような具体的な例を見せて、「6－4」に対応する非常に簡単な引き算問題を提示した（図一〇・五・下）。最終結果はいつも、ムンドゥルク族の語彙の範囲内にある〇か一か二であった（〇に該当する語はないが、「何もな

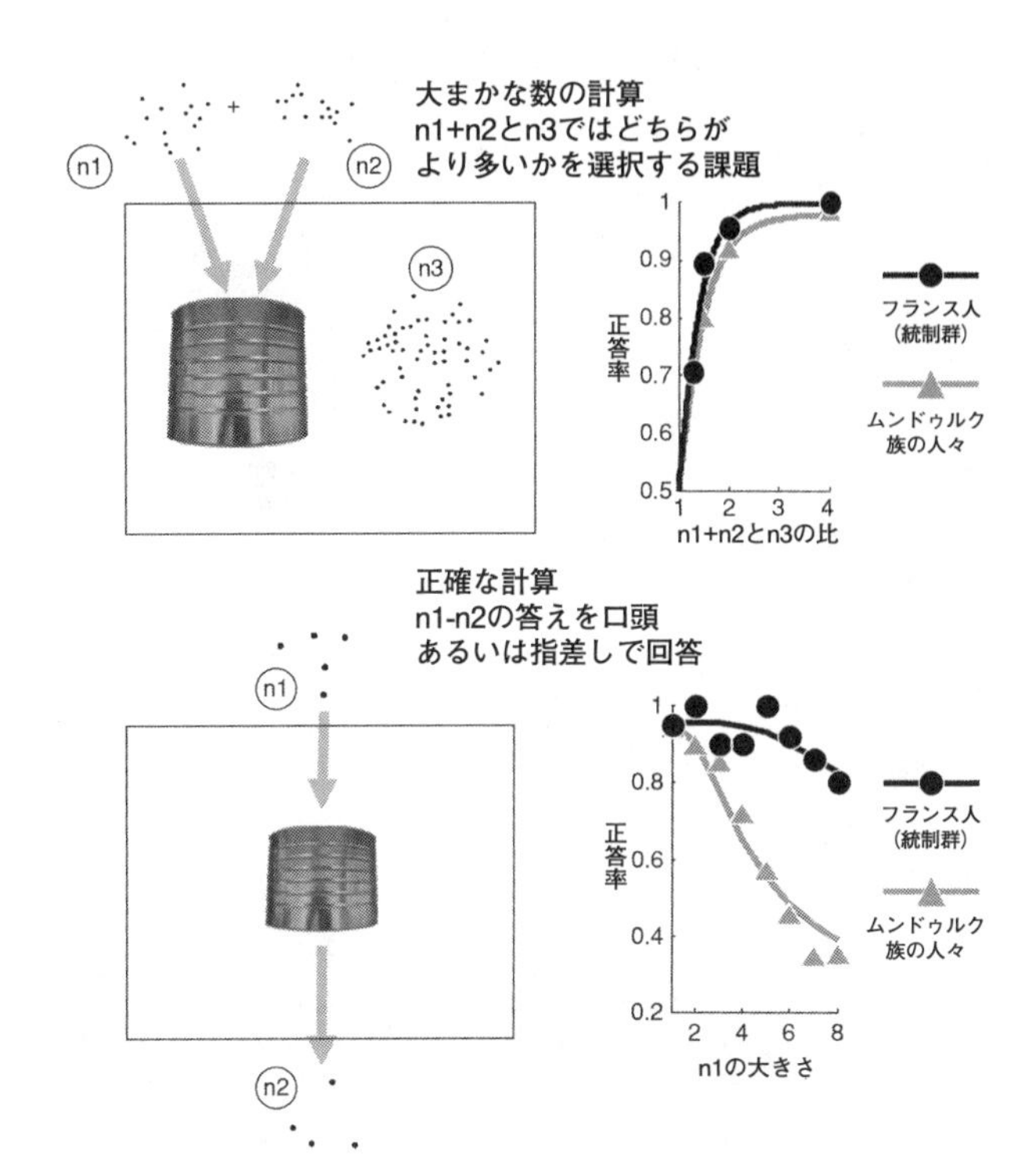

図10・5　アマゾンの奥地に住むムンドゥルク族の人々は、大きい数に対する語彙や教育がなくても、高度な数覚を持っている。彼らは、教育を受けたフランス人とほぼ同じレベルで、大きな数の足し算や比較をすることができた（上段）。しかし、5−4のような正確な計算を伴う課題（下段）では失敗した（Pica et al., 2004より）。

い」のような言い回しは使用できた)。ある課題では、結果を口頭で言うように教示し、もうひとつの課題では、(壺の中にある○か一か二に該当する)正しい答えを示した図形を指さすことにより回答しやすくした。どちらの課題でも、ムンドゥルクの人たちは、正確に計算して答えを導き出せなかった。彼らは、三以下の数では比較的よくできたが、数が大きくなるにつれて失敗する頻度が徐々に増加し、最初の数が五を超えるとすぐに正解率が五〇%にも届かなくなった。数学的モデルによると、彼らは、概数推定能力から予測されるような成績を示しており、「5－3」のような単純な計算でも、大まかな推論を行っていたのである。

まとめると、ムンドゥルク族の研究から、算術の主な概念(量、大小関係、足し算、引き算)を習得し、大まかな計算を行うには、言語的ラベルは必ずしも必要でないことが示されている。算術的直感は数覚によって与えられるもので十分であるが、こうした進化的に古いシステムを超えて正確な計算を行うには、シンボリックな数詞体系がおそらく不可欠である。

これらの結果に関する理論的解釈には多くの論争が起こっている。私たちはムンドゥルク族に注目してきたが、コロンビア大学の言語学者ピーター・ゴードンは、ムンドゥルク族よりもはるかに限定的な言語しか持たないピダハンという別の先住民を研究した。ピダハンの人々は、一と二に対応する数詞しか持っておらず、これらは、「少ない」「多い」、そして「小さい」「大きい」と同じ意味も持っている。ゴードンの研究は、私たちと同じ号のサイエンス誌に掲載されたが、基本的には同じような結果を示していた。ピダハンの人は、見本となる物体の集合と同じ数だけ電池を一対一対応させて置くように言われたとき、数の正確なマッチングはできなかったが、数量の推定はいつも正しく達成できた。しかし、ゴードンの主張は、私たちのものよりはるかに極端なものであった。彼が表明した考えは、ピダハンの言語が、私たちの言語と全く不整合なものであるというものであり、言語が概念構造を決定するという言語学者ベンジャミン・ウォーフの仮説を好意的に引用した。

かくして、我々は新しい相対性原理に出会うことになる。つまり、すべての観察者は、その言語的背景が同一の場合、あるいは、何らかの形で調整される場合を除き、同一の物理的証拠から出発しても同一の宇宙像を描くとは限らない、という主張である。

ベンジャミン・ウォーフ『言語・思考・現実』
（一九五六年）

私は、この解釈には同意しないし、誇張され過ぎていると思う。ムンドゥルクとピダハンの人々を制限しているのは、概念的知識の欠如ではない。彼らは、数や計算の大まかな概念は持っている。その意味で、彼らの文化は、概数を推定する共通のものさしを私たちと共有している点では、私たちの文化と十分に「整合」する。実際に、私たちの言語には、「dozen（一二、あるいは数十個くらい）」のような大まかな数量を表す語や「ten-fifteen books（一〇冊か一五冊の本）」という表現があり、彼らの言語と大きく異なるものではない。

結局、私たちの実験は、言語が思考を決定づけるというウォーフ仮説を裏づけるものを何も提供していない。にもかかわらず、ピーター・ゴードンらは、数覚の普遍性を大いに主張して、どんなに隔離され教育に恵まれなくても、人間のあらゆる文化に数覚は存在すると考えた。彼らが示しているのは、算術が一種の「はしご」だということである。私たちは皆、同じ段から登り始めるが、全員が同じレベルにまで登りつめられない。算術の概念的尺度における進歩は、数学的発明の道具一式を習得できるかどうかにかかっている。数詞という言語は、勢揃いの認知的戦略を拡大し、具体的な問題の解決を可能にする文化的道具のひとつに過ぎない。特に、一連の数詞を獲得することにより、私たちはあらゆる物体の数を素早くカウンティングできる。

私の意見では、言語は、カウンティングするために必要な唯一のものではない。私たちは数詞がなくても、身体の各部位を指差したり、石や刻みを用いたりすることにより、同じくらい効率的にカウンティングすることができる。しかし、概数推定を超えるには、そのようなシステムを少なくとも一つは獲得することが不可欠である。ハーバード大学のエリザベス・スパエペンが行った最近の研究では、西洋社会に完全に適応している人でも、計数体系がない場合には、正確に計算する能力を発達させられない可能性があることを示している。スパエペンが研究したのは、ニカラグアの耳の不自由な成人たちで、そのコミュニティでは、彼らに手話言語とカウンティングを教育するのに失敗していた。これらの人々は仕事を持ち、収入があったので、彼らの家族も、彼らが計算に困難を抱えているとは思っていなかった。にもかかわらず、スパエペンの実験は、彼らがムンドゥルクの人と同じように振る舞い、物体の正確な数を他の物体の集合とマッチングできないことを示していた。彼らは、物体のある集合が提示されたとき、それと対応する数だけ指を立てることはできたが、これらのジェスチャーは真の「シンボル」のように働いていなかった。つまり、彼らが行うある集合数とのマッチングは、多くの場合、概数推定にすぎなかったのである。要するに、カウンティングスキルの習得を剝奪されると、西洋社会に適応した成人でさえ、基本能力のひとつである「正確な数の概念」を十分に把握することができないのである。

ムンドゥルクの人たちと行った私たちのより最近の研究では、カウンティングにより引き起こされるもう一つの認知的変化の軌跡を検討している。西洋の成人が、数量を心的数直線（小さい数から大きな数まで連続的に広がる直線的空間）として表象することを思い出してみよう。ムンドゥルクの人たちは私たちと同じような直感をもっているかについて、私たちは疑わしく思っていた。彼らは、数を均等の間隔で広がっていくものと自発的に思っているだろうか。また、どんな数も、それより小さい隣の数とそれより大きい隣の数の「あいだ」にあること（つまり、純粋に空間的な概念であること）を知っているだろうか。数覚仮説からの予測では、彼らはそれらを知っているはずである。

こうした仮説を検証するために、私たちは、ムンドゥルクの人たちに、左側に一個のドットと右側に一〇〇個のドットをもつ線分をコンピュータ画面上に提示した（図一〇・六）。まず、左端に「一」、右端に「一〇〇」の数量があることを彼らに教える訓練を二試行行った。次に中間の数を彼らに提示して、それがどこに位置するかを尋ねた。彼らは、線分上のどこを指さしてもよく、幅広い反応方略をとることができた。例えば、奇数の個数をすべて左側に、偶数の個数をすべて右側に置くこともできた。しかし、彼らはそうしなかった。私たちと同じように、彼らは、数と空間がお互い規則正しく対応づけられていることを即座に把握し、ほとんどの人が、単調に増加していく数の表象を作り出して、一は二の近くに、二は三の近くにあるはずだという事実を明確に理解していた。彼らは明らかに、数量と空間がどのように対応づけられるのかについての私たちの直感を共有している。

しかし、彼らの反応の一部には、変わったものも含まれていた。私たちがこの課題をするように言われると、「五」を一と九の中央あたりに置くだろう。実際に、ボストン地域の実験参加者を統制群としてテストしたとき、彼らは物差しのような見事な直線的表象を生み出し、連続する数は等間隔で並び、五は一と九のど真ん中に置かれた。しかし、教育を受けていないムンドゥルクの人はそうしなかった。彼らの主観的な真ん中は、三の近くだった。彼らの全体的な反応パターンは曲線的であり、直線的ではなかった（図一〇・六）。彼らは、一と二よりも八と九がより近くにあると考えているように見えた。実際には、彼らの表象は線形ではなく対数関数に非常に近いものだった。

ムンドゥルクの人たちの一貫した反応パターンの背後に何があるだろうか。その答えは、第3章にある。ヒトと他の動物が共有する概数の自発的な表象は、心的に圧縮されている。八と九のような大きな数同士は、一と二のような小さな数同士よりもより類似しているように見える。動物の数覚では、数が比率の点から構成されている。つまり、三個の物体を一とみなすと、九個の物体は三になり、三はある意味、一と九の「真ん中」に存在する。

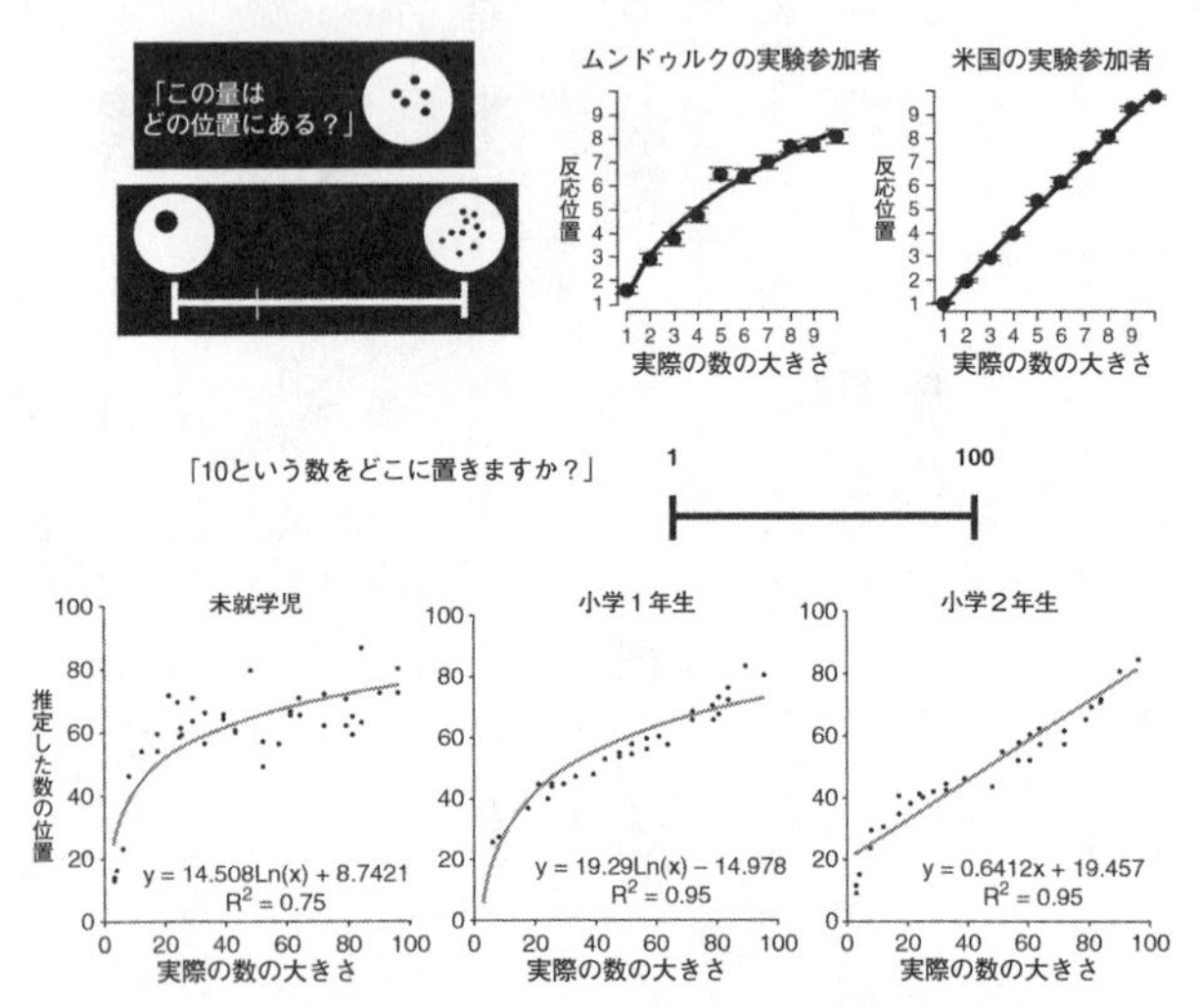

図 10・6　数が空間上にどのように配置されているかについての理解は教育を受けることにより変化する。幼い子どもや教育を受けていないムンドゥルク族の成人は、大きな数ほど圧縮した形で捉えており、3は1と9の中間にあり、8と9は1と2よりも距離が近いと考えている。教育を受けると、こうした配置は厳密に直線的になり、5は1と9の中央に位置するようになる（Dehaene, Izard et al., 2008; Siegler and Opfer, 2004 より）。

ムンドゥルクの人たちは、一六世紀にスコットランドの数学者ジョン・ネイピアによって考案された対数関数の抽象的特徴について何も知らないのは明らかである。しかしながら、彼らは数の比率や割合に応じて自分自身の空間的反応を実行しているので、彼らの心的数直線は圧縮された対数法則に合致している。

こうした数の直感的理解は、驚くほど変化に抵抗する。ムンドゥルクの人の中に、ポルトガル語でカウンティングができて、それらの数詞の発話により線分を分割できるバイリンガルの人がいるのだが、その人でさえ、ドットの集合数とムンドゥルクの数詞を対数尺度で対応づけし続けるのである。同じような行動は、西洋文化圏で育つ幼児でも見られる。左端に「一」、右端に「一〇〇」と書かれた線分を幼児に見せて、音声提示された数詞の正しい位置を指さすように言うと、彼らは課題を理解して、小さい数を左側に、大きい数を右側に規則正しく配置する。しかし、彼らは、ムンドゥルクの人たちと同じように、数を等間隔にかつ線形には配置しない。むしろ、小さい数により広いスペースを割くため、強制的に圧縮された対応づけになる。例えば、一から一〇〇の間のほぼ真ん中に、幼児は一〇を配置する。対数から線形への対応づけの移行は、発達上もっと遅くに起こり、テストされる数の経験と範囲に応じて変動はするが、おそらくは小学一年から四年の間に起こる。子どもは長い年月をかけて、一と二は八と九と同じ間隔で離れていて、連続するどの数でもそれが当てはまることを把握していくのである。正確な計算の基盤となる後者関数(successor function)に関する深い理解は自然に立ち現れるのではなく、文化や教育の結果なのである。

概数から正確な数へ

数は、最も抽象的で形而上学的な観念のひとつであり、人間の心はそれを形成できる。

アダム・スミス「言語の起源に関する考察」

カウンティングは、物体を数詞系列やタリーマーク(画線法)と一対一対応させていくため、概数表象と離散的な物体表象と言語コードを概念的に統合することを促すように見える。これがどのように起こるかは正確には誰も知らないが、西洋社会の子どもは三-四歳頃になると、数の処理に劇的な変化が起こり、数詞がそれぞれ特定の正確な数量を指し示すことに突如として気づくのである。数量の大まかな連続体から離散的な数を「結晶化」するこうした過程は、ムンドゥルクの人には全く起こっていないように見える。

こうした変化の手がかりは、数覚が年齢とともにいかに発達するかを示した定量的な研究から得られている。ムンドゥルクの人たちで実施した私たちの実験を少し変えると、数覚の精度を評価する正確な測定装置に転用することが容易にできる。私はマヌエラ・ピアッツァとともに、三歳児にとって十分に簡単な初歩的なテストを考案した。この課題では、ドットで示された二つの集合数を左右に提示して、より多い方を指さすように教示された。二つの数の距離をほんのちょっと変更するだけで、この課題を自由自在に簡単にしたり難しくしたりできるので、検出できる数の差の最小値を突き止めることができる（図一〇・七）。視力検査表と同じように、この課題は、数に対する各個人の「知覚力」をきめ細かく見積もることができる。驚くべきことに、この値は年齢の上昇とともに急激によくなる。六カ月齢児は、より大きな数に一貫して気づくが、一〇〇％の変化、つまり二倍の数の変化を必要とする。三歳までには、この値は四〇％にまで減少し、それ以降は年齢とともに低下し続ける。

数の知覚力に関する最も急激な変化は、三歳前に起こる。その変化を、数詞学習に関する新たな能力の獲得に関連づけることは、非常に魅力的である。数覚の高い精度は、数を徐々に細かく焦点化していくレンズのようにふるまう。それは、最初、連続体であった数量を、結晶化した離散的カテゴリとして区別できるようにし、それらを数のラベルに割り当てることをする重要な要因かもしれない。数の知覚力が徐々に洗練されていくというこ

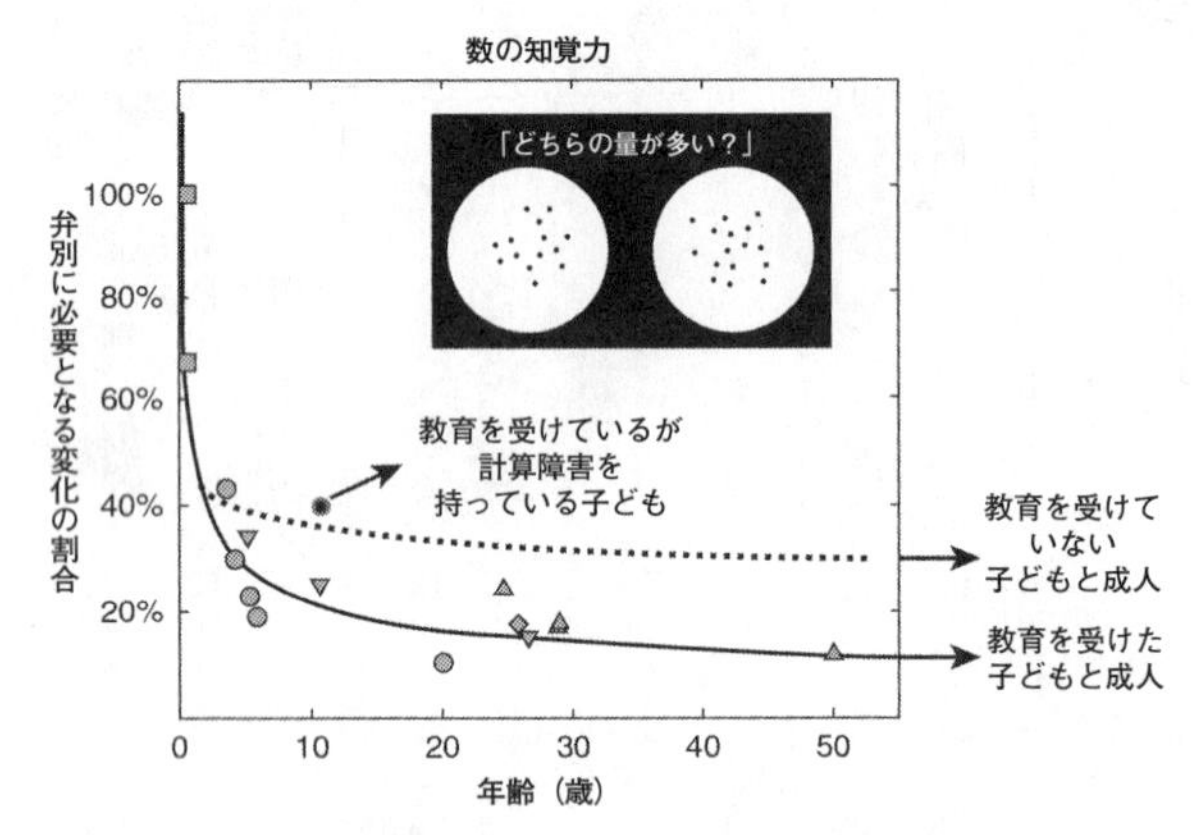

図10・7　数覚は年齢と教育により向上する。生後1年の間に、ヒトの乳児は、2つの数が十分に大きい比で離れていれば、それらを弁別できる（例えば、8対16［100%の変化］）。数の知覚力は年齢の上昇とともに継続的に向上する。成人になると、15%程度の非常に小さな数の変化でも弁別可能である（例えば14対16［上段の図を参照］）。しかし、学校教育を受けていないムンドゥルク族の成人は、30%の数の変化しか弁別できない。これは、未就学児で観察された数の知覚力と非常に近い値だった。これは、教育により数量の直観が大幅に改善されることを示唆している。この非言語テストは、非常に単純なものではあるが、発達性計算障害を持つ子どもを特定することもできる。彼らは11歳になっても5歳並みの数の知覚力しか示さない（Piazza et al., 2010より）。

とは、「いち」という数詞、そして何ヵ月後かに「に」や「さん」という数詞を子どもが獲得するのになぜそんなに長い年月を要するのかを説明するかもしれない。心的数直線は圧縮されているので、より大きい数同士は概念的により近接しており、発達的には後の段階ではっきり区別できるようになる。

また、数詞を学習することにより、数覚の精度が影響を受けるようにも見える。欧米の成人では、最終的に達成される正確さは約一五－二〇％であり、カウンティングをしなくても、三〇個と三六個くらいの違いを区別することができる。教育を受けていないムンドゥルクの成人は、三〇％付近の値を示す。つまり、彼らが二つの数を区別し始めるには、ほぼ二倍の違いが必要となる。これは、明らかに教育の結果である。というのも、ムンドゥルクの人の中でも、学校教育の恩恵を受けて、数概念やカウンティングを習う三年生まで進級した人は、欧米の値と同程度の約一五－二〇％にまで数の知覚力を洗練させているからである。

まとめると、就学前の時期に数覚と計数体系の間で双方向の対話がなされると、お互い密接に絡み合って改善されたシステムに変貌を遂げ、数の各シンボルが徐々に正確な意味に自然と対応づけられていく。私たちは、こうした変化が脳レベルでどのように起こるのかを理解し始めたばかりである。アンドレアス・ニーダーらは当初、サルのニューロンがドットの数量をどのように符号化するかを研究していたが、その後、サルにアラビア数字を教えるという（私のお気に入りの）意義深い実験を行っている。二頭のマカクザルは、毎日数カ月にわたって、「1」「2」「3」「4」のアラビア数字に対応するドットの数量を対応づけるように訓練された。最終的に彼らは非常によい成績で課題を行ったが、興味深かったのは数の距離効果がここでも見られたことである。つまり、ある数字が提示されると、サルはその数字に隣接する数量と混同する傾向が見られ、実際には数字に対応付けられた数量をもとに判断していることが示唆された。

ニーダーらは、サルが学習を十分に完了すると、単一ニューロンからの記録を開始した。そのターゲットは、数量に敏感な最も速いニューロンがある頭頂皮質と、記憶に関連するより遅いニューロンを含む前頭皮質であった。驚いたのは、両方の脳領域で、シンボル（つまり数字）に対してチューニング曲線を持つニューロンがいくつか発見されたことである。例えば、あるニューロンは、4という数字が提示されると強く発火し、3のときはちょっと、2のときはほんの少しだけ発火し、1のときは全く発火しなかった。他のニューロンは、1、2、3の数字にそれぞれ特化して発火した。明らかに、ニューロンは形態に対して単に反応しているわけでなく、数字の形態が指し示す数量に反応し、それらが示す意味の類似性に基づいて規則的にきっちり反応したのである。

驚くべきことは、頭頂皮質にある非常に多くのニューロンが数字やドットの示す数量に特異的な反応を示したことである。それらのニューロンは、シンボルの数字かドットの示す数量のいずれかに反応し、両方に対して同時に反応することはなかった。一方、前頭前野では、比較的大きな領域を占めるニューロンが、ドットの集合とアラビア数字のいずれの提示であっても数量を符号化していた。ニーダーは、このマッチング課題の成功に必要となる数字と数量の直接的な連合をそれらのニューロンだけが担うように見えたため、それらを「連合ニューロン」と名づけた。さらに、連合ニューロンの活動レベルはサルの課題成績を予測し、サルがある試行で正しく反応できないときはいつでも、そのニューロンにチューニングされた反応が崩壊していた。一方、頭頂皮質にあるニューロンは、たった二％ながらも数字と数量を連合させ、その後これらの反応は非常に弱くて遅いものになる。

これらの発見が示唆しているのは、シンボル学習の初期段階で前頭前野が「2」と「:」を関連づける上で重要な役割を果たすということである。この領域は、心的合成のための場をおそらく提供しており、分散した情報を収集して新しい結合を形成する。その接続は、形態を分類する下側頭皮質や大きさを担当する頭頂領域を含む、多くの他の高次脳領域に広がっており、そのため、それらを数という統一された概念にまとめるのに非常に適している。さらに、前頭前野のニューロンは、長時間発火し続けることにより情報をオンラインで保持することができ、異なるタイミングで提示された二つの情報の照合を行うワークングメモリのバッファとして機能することは心に留めておいて欲しい。こうした特徴は、二つの要素が数秒離れて提示されたときでも、サルに数字と数量の連合学習を可能にさせるのにきっと重要に違いない。

前頭前野のもうひとつの重要な特徴は、意識的で労力を強いる学習への関わりである。私たちが前頭前野を使うのは、新しい情報に注意を向けたり、新しい方略をデザインしたり、新しい接続に気づいたりするときである。[6] 学習のルーチン化が進むと、知識はより自動的な回路に移行されるので、前頭前野の活性化はなくなる。アンドレアス・ニーダーのサルは、このルーチン化の段階におそらく到達しなかったのだろう。シンボル学習は、ヒト以外の霊長類の限界を拡張させ、彼らの前頭前野は、何カ月にもわたる訓練の後でもこの難しい課題によって強く活性化された状態のままになっているように思われる。しかし、ヒトの子どもはそうではない。数字と数量の結びつけは、二、三年間の学校での学習により自動化され、瞬間提示されてほとんど見えない数字でも、それに対応する数量を子どもの心に即座に喚起させるようになる。

現在、脳イメージングは、子どもがアラビア数字や計算を学習しているときの脳活動を測定するのに用いられている。最初の段階では、子どもの活性化パターンは、サルとよく似ている。成人とは対照的に、数字に精通していない幼児は、実際に計算をするときはいつも、前頭前野で非常に高いレベルの活性化が見られる。しかし、年齢と習熟の増加により自動化が進むと、前頭前野は活性化しなくなり、左半球の頭頂皮質と後頭側頭皮質に活性化が移行する。このように、前頭前野は、アラビア数字の記号的連合を確立する最初の皮質領域であり、その連合は幼少期に頭頂皮質へと徐々に再配置される。

もしこの説明が正しいなら、以下のような単純な予測が導かれる。つまり、数字や数詞の扱いに十分慣れた成人は、頭頂皮質に「連合ニューロン」を持つはずである。教育を受けた脳では、二〇個のドットが示す数量や「にじゅう」という数詞、「20」という数字を目にすることにより、共通の神経コードが活性化するはずである。私たちはこうした予測をどのように検証すればよいだろうか。前にも説明したように、私たちは、正常な成人の脳にある個々のニューロンを実際に見ることはできないが、非直接的で巧妙なテクニックを使うことはできる。マヌエラ・ピアッツァと私は、順応法を再び用いることにした。実験参加者には、数量がいつも同じ範囲内になるドットの集合（例えば、一七個、一九個、一八個など）に順応させた後、非常に近い数（20）か非常に遠い数（50）を不定期に瞬間提示した。このとき重要なのは、数がアラビア数字で提示されることである。私たちの推測は、二〇個のドットにまず順応した後、数字の「20」を見せても頭頂皮質からの神経イメージングの信号が低いままであるが、「50」の数字を見せると回復する、というものであった。こうした順応パターンは、同一のニューロンが、シンボリックな数と非シンボリックな数の両方を符号化することを意味している。つまり、それらのニューロンは、二〇個のドットと「20」という数字を、概念上同一のものとして暗黙的に処理している。これは、私たちがまさに発見したものであり、ニューロン・リサイクリング仮説の重要な側面を証明している。つまり、学習された文化的シンボルを操作することで、具体物での算術操作に関与していた進化的により古い領域をリサイクルできる。

現在では、この点を明らかにするより直接的な方法が存在する。高解像度のｆＭＲＩを用いれば、ヒトの皮質表面での鮮明な活性化パターンを検出でき、それぞれの活性化パターンを特定の意味（例えば、特定の数）に関連づけることができる。この方法は、「ブレイン・デコーディング」と呼ばれてきたもので、それが実行できるのは、異なる数を符号化するニューロンが、恣意的に混在しているものの、皮質内でランダムなクラスタを形成する傾向があるためである。つまり、数字の「４」は皮質表面上で区別可能な活性化パターンを引き起こすのに対し、数字の「８」はそれとは異なる別のパターンを引き起こす。こうしたパターンは裸眼では見分けがつかないが、高度な機械学習アルゴリズムを用いてコンピュータに学習させれば、その信号をノイズから分離し、引き起こされた活性化のどの部分が各々の数と関連しているかを同定できる。結果として、脳活動の画像を入力として使用すると、実験参加者にどんな数を提示したかを推測して出力するような、大脳皮質のデコーディングマシーンが誕生する。

驚くべきことに、そのようなブレイン・デコーディングはかなりうまく作動する。私の研究室のエブリン・エガーは、二つの数のうちどちらが提示されたかを約七五％の確率で言い当てられるデコーダを設計した（チャンスレベルでの反応は五〇％の成功率）。より印象的なのは、アラビア数字でデコーダを学習させても、それはドットの数にも般化できることである。このように、私たちが数字の「2」と「4」を区別する場合、少なくとも部分的には、二個と四個のドットの違いを区別できる同一のニューロンに依存しているのである。エブリン・エガーは、頭頂葉から前頭葉までの広い範囲をスキャンすることによって、頭頂間溝のhIPSが数をデコードするのに最適な領域であることを再認識した。少なくとも、十分に訓練された成人では、頭頂皮質が数量とシンボルが出会う場所である。教育は、数量とシンボルに対する共通の神経コードを私たちに与えてくれる。

しかし、この理論には依然として解決しない難題が残っている。私たちのシンボルが、大まかな数量に対する唯一のラベルであるならば、「五つくらい」「少し」「たくさん」といったムンドゥルクの単語とそれほど違いがないはずである。しかし、私たち欧米の数の道具セットが概数をはるかに超えるのは明らかである。アラビア数字と数詞は、正確な数を言い表すのに使用され、例えば一三と一四を別のカテゴリとして区別することを可能にする。このように、数量コードは、教育によって利用可能になるだけでなく、高度に洗練されていなければならない。ニューロンのモデルネットワークとして構成された理論的モデルは、これがいかに働くかについて解明の糸口を与えている。ネットワークがドットの集合を見せられると、アンドレアス・ニーダーの数ニューロンのように、おおよその数量にチューニングされたニューロンネットワークを発達させる。しかし、ネットワークは数字もいっしょに提示されると、ニューロンがより少ないグループに分割されて、各々のニューロンが特定の数に鋭く反応するようになる。このモデルでは、全く同一のニューロンが概数的な大きさと正確な数のシンボルを符号化するのに使用されているが、ニューロンのチューニング曲線は異なっている。シンボルは、非常に鋭い形でニューロンのチューニングを行い、正確な数量の符号化を可能にしている。言い換えると、ドットの集合は、頭頂皮質のニューロンに広範囲でファジーな活性化を引き起こし、シンボルは、より狭い範囲だが、高度に選択的なサブグループを活性化させる。

現時点では、この理論を裏づける僅かではあるが示唆に富む証拠が得られている。順応のパターンとデコーディングのパターンがやや非対称的なのは、数の符号化における予想される洗練化が、左頭頂野で明確に起こり得ることを示唆しているからである。この発見は理解しやすい。左頭頂野だけが、量コードと、それを左半球にある言語記号系に結びつけるのに必要な直接的接続を同時に保持している。さらに、この領域は、言語ネットワークの側性化と強固な関連性を保ちながら、数的能力の発達に伴って左半球に徐々に側性化していくという直接的な証拠がある。しかし、この理論について特に興味がそそられる点は、なぜ幼児でも数詞に関する直感を持てるのかを直接的に説明できることである。これらの数詞が頭頂皮質にある数ニューロンにマッピングされると、幼児は数の意味をすぐさま理解して、学校教育を受けるはるか前から直感的な計算を始めることができる。同一のニューロンが使用されるため、どのアラビア数字（例えば「8」）も、それに対応した量の大きさに関する心的表象の属性を取り入れている。

個人差と計算障害を理解する

数学における最も偉大で未解決の定理は、なぜ数学のできる人とできない人がいるのかということである。

ハワード・イブス「数学サークルへの復帰」

現在、数量と数詞の統合が未就学児に算数の直観を与えるという直接的な証拠がある。カミラ・ギルモアとエリザベス・スペルキーは、五−六歳児に二桁の足し算と引き算の問題を解かせる、非常に大胆な実験でこの点を明らかにした。この年齢の子どもはまだ足し算を学習していない。では、これをどのように行わせるのだろうか。この実験のポイントは、図一〇・八に示されているように、数量の大まかな理解のみをテストで要求する点にある。例えば、「サラは六四個のキャンディを持っていて、その中から一三個をあげました。ジョンは三四個のキャンディを持っています。多くのキャンディを持っているのは誰かな」と聞かれた。この問題は数詞で構成されているが、答えは数詞を数量に変換し、それらの関係について考えなくてはいけないが、正確な計算は全く行わなくてよかった。

ギルモアとスペルキーの実験で子どもが行ったのは、今まさに述べたことであり、彼らのテスト成績からそのことが示唆される。子どもは、(約七〇%の正答率で)統計的に有意に正しく回答したが、二つの選択肢の数の距離が大きくなるほど成績はよくなった。彼らはまた、足し算よりも引き算の方が苦手であり、この結果は概算プロセスの数学的理論によって予想される通りである。

ギルモアとスペルキーの実験が重要なのは、数覚仮説でコアとなる主張の妥当性を検証

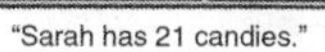

"Sarah has 21 candies."　"She gets 30 more."　"John has 34 candies. Who has more?"

（左）「サラは21個のキャンディを持っています」
（中）「サラはさらに30個のキャンディをもらいました」
（右）「ジョンは34個のキャンディを持っている。誰が多いキャンディを持っている？」

図10・8　幼児における数学的直感は数覚により強く支えられている。この実験では、アラビア数字で示された大きな数（21や30など）が足し算や引き算によりどう組み合わさるのかについての直感を未就学児に質問した。彼らは、2桁の数字表記、そして足し算や引き算について教育を受けた経験は全くなかったが、性別や社会的出自に関係なく、チャンスレベルよりもはるかに良い成績を示した。彼らは数量に関する大まかな直観に基づいており、この例のように、2つの数が大きく離れている場合にのみ正答した。こうした数推定テストの成功は、子どもの就学後の数学スコアを予測する良い指標になる（Gilmore et al., 2007より）。

できるからである。未就学児は学校教育を受ける前から算術ができ、記号を用いた算術に関する彼らの理解は、大きさの原初的直感に基づいている。たとえ六四と一三の意味を学んでいなくても、彼らはこれらの数詞と大まかな数量の関連づけを学習する。この点で、二桁のアラビア数字を用いた形式的な足し算は、彼らが把握できる範囲を明らかに超えている。しかし、彼らは、数量がどのように結びつけられるかという先行知識を用いて、六四－一三に対する大まかな答えを導き出すことができる。

　驚いたことに、その推量課題における数の知覚力は、知能や学校での成績、社会経済的地位を統制した場合でも、従来

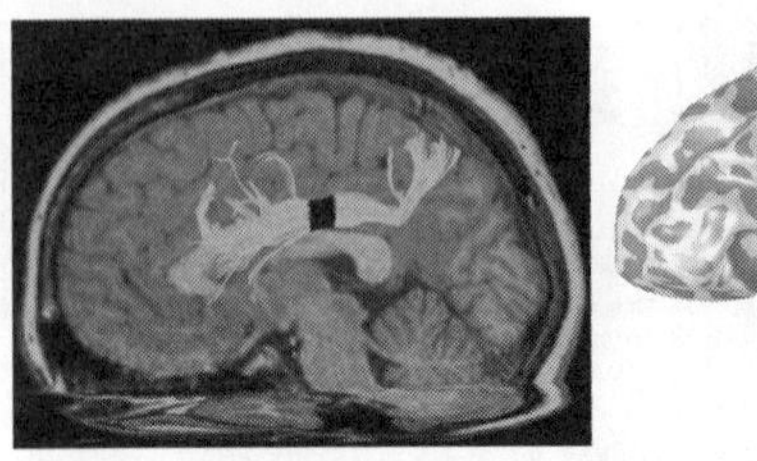

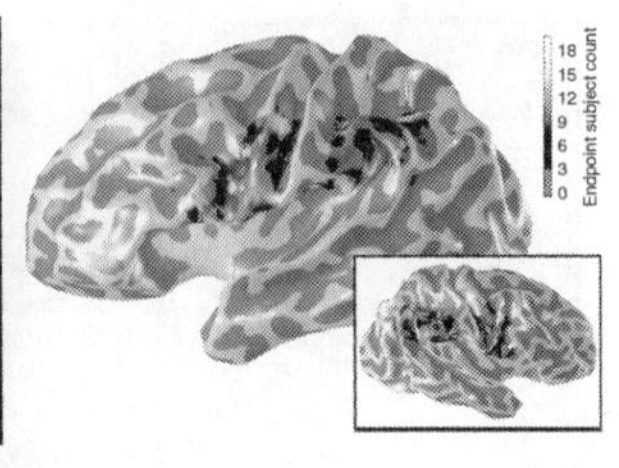

図10・9　脳を観察することで数学能力を推測できるだろうか。MRIを用いた最近の研究で、大まかな数推定テストで高得点を示した子どもは、特定の脳の接続がより細かく組織化されていることが示された。左図に示された神経線維路は、（数覚領域を含む）左の頭頂間溝領域と前頭皮質を接続している。これは、おそらく数の顕在的操作や記憶を促進している。しかし、観察される差が遺伝によるものか経験に依存するものかは、この方法では決定できない（Tsang et al., 2009 より）。

の数学教科課程での成功を予測する優れた指標となる。もう少し年長の六－八歳児では、数の知覚力におけるばらつきが、数学成績を予測するが、読解成績はまったく予測しない。より長い時間的スパンで見ると、学校での数学試験の得点と一四歳時点の数の知覚力の間には相関関係が存在する。より重要なのは、数の知覚力の低さから数学に困難を抱える子どもを同定できることである。計算に特化した障害を抱える一〇歳児は、マヌエラ・ピアッツァの数の知覚力テストで五歳児と同レベルの得点であった。

　これらの発見は、算数能力の個人差が数覚における違いに対応するという直接的証拠を与えている。たしかに、脳レベルでそのような個人差を検出することは可能である。数学でよい成績を収める十代前半の子どもほど、左下頭頂野にある数覚領域と前頭葉の間に検出できるほどのより効率的な接続がある（図一〇・九）。しかし、この因果関係はまだ十分に解明されてはいない。より鋭い数覚を持つ子どもたちは、算数の才を与えられているだろうか。逆に、算数教育に関する幼い時の経験は、数覚を育てるのだろうか。実際にはその両方の可能性があるようだ。私が強く思っていたのは、子どもの発達は双方向あるいは「スパイラル」の因果性を持つということである。つまり、初期の数覚は算術の理解を育て、それ自体が数の知覚力を後押しする。それにより、良い循環が起こって絶えず上昇していく。逆に言うと、同世代の子どもより数覚に遅れがある子どもは、数学の他の領域においても徐々に落ちこぼれていく可能性がある。彼らにとっては、そのスパイラルが負の循環になる。彼らの成績は通常通り伸びていかないため、学習のギャップが広がり、同年齢の他の子どもとの差が大きくなっていく。

『数覚』の初版の出版以来、発達性計算障害の背後にある脳のメカニズムの理解が急速に進んできている。一九九七年当時、私は、約三－六％の子どもが、通常の知覚や言語、知能を持っているにも関わらず、数の処理と算数において不釣り合いな困難を抱えている、と簡単に述べただけだった。彼らは「計算障害（ディスカリキュリア）」と診断され、算数の領域における読み書き障害（ディスレキシア）に該当する。その障害は非常に基本的な課題に影響を与えることが多く、ある集合が二個なのか三個なのか、あるいは「5」と

「6」のうち大きい数字がどちらなのかを決めるときでも、どっちつかずの回答をする場合が多い。さらに、当初は数多くの議論がなされたが、現在では、数量に関する感覚的な把握ができないという証拠が徐々に増えつつある。彼らは、一、二、三といった小さい数に対するスービタイジングが普通ではなく、ドットの集合数を頻繁に言い間違えるし、概数推定に関する知覚力もよくない値を示す。

この障害に関する自然な仮説は、頭頂葉にある数量システムが、遺伝的な病気か、発達初期の脳損傷かのいずれかによって、問題が生じるというものである。この仮説は、数例の脳イメージング研究によって最近証明されている。ある研究では、早産で生まれた若者を、児童期に計算障害の診断を受けたかどうかで二つのグループに分けた。[7] MRIを使用して、皮質全体の灰白質の密度を推定した結果、計算障害の人では、左頭頂間溝の灰白質の密度が選択的に減少していた。この領域はまさに、暗算する際に脳活動が観察される場所である。

早産児は、空間見当識障害や協調運動障害（運動の不器用さ）などの頭頂葉の他の障害とともに、計算障害にも特になりやすいように見える。これは、周産期の脳の異変が、側頭葉を支える後方の脳室周囲に影響を与えることがおそらく多いからであろう。しかし、私は、正期産にも関わらず数覚そのものを欠いた子どもでの「純粋な計算障害」の症例も知っている。ここでもまた、頭頂葉の不具合があるように思われる。というのも、単純な数覚課題を行うように言われたときにも、それが正常に活性化しないからである。

私は、読み書き障害と同様に、計算障害にも遺伝的な要素が関わっているのではないかと強く思っている。計算障害の子どもが少なくとも一人いる家族では、一親等での計算障害の有病率が他のそうでない家族よりも一〇倍も高くなる。一卵性双生児では、一方の子が計算障害の場合、もう一方の子もそうである割合は、症例の七〇%を占める。計算障害を引き起こす遺伝子の候補はまだ特定されていないが、計算障害が頻繁に見られる複数の遺伝的疾患については知っている。[8] それらの一つはターナー症候群で、一つのX染色体のみで生まれてくる女性特有の遺伝子異常である。ニコラス・マルコと私は、ターナー症候群の患者の脳をスキャンしたことがあるが、大きな数の足し算をさせているときに右頭頂領域に異常な活動が見られた。皮質の折り畳みのパターンも乱れていた。この観察結果が重要なのは、妊娠第三期に皮質の折り畳みが形成し始めるため、この領域の異常が脳の発達における初期の遺伝的障害を指し示すからである。

数的認知から教育へ

知能が正常で学校教育も受けているが、算数だけはそれと不釣り合いな能力を示す子どもがある程度存在しているという事実は、教育がいつも領域一般的な学習メカニズムに関与するという着想に対する反証を示している。むしろ、ある特定の脳領域に数量に特化した表象があるということは、数学の学習の基盤として役に立つ。しかし、計算障害の研究から結論を大げさに述べることについては注意する必要がある。いったいどれくらいの計算障害の子どもたちが同定可能な脳損傷を実際に持っているかはよくわかっていない。計算で困難を示している人々の多くは、生物学的な損傷を示す可能性は低いように思われる。おそらくは、適切な方法で計算を教えてもらえなかっただけである。たしかに、計算障害を示す子どもの中には、完全に正常な数覚を持っているが、数のシンボルからそれにアクセスできない子どもも存在する。こうした機序は、低所得層の子どもの数学能力の低さを説明する理由としてありえそうなものであり、彼らは、高所得層の子どもよりも、数のシンボルでの経験をあまり持たなかったのかもしれない。

純粋な計算障害で苦しむ子どもでも、遺伝的障害は生涯にわたって続くものではない。成人の脳損傷と違って、発達に関する障害は、脳システムが完全に壊れたままの状態で留まることはめったにない。子どもの脳は、非常に柔軟な可塑性を示し、かなり深刻な障害を持っていても、数週間から数ヵ月間にわたる徹底的な補習トレーニングにより克服することが頻繁にある。読み書き障害の場合、子どもが認知的に苦手な部分にぴったり焦点を当てたプログラムを実施することで、有益な効果が得られることを多くの研究が実証している。トレーニング前後で行った脳イメージングから、もともと活性化していなかった領域と、付加的に補完する（特に右半球の）神経回路の両方にかなりの程度の回復を示すことがわかった。[9]

計算障害の研究は非常にゆっくりとしか進んでいないが、徹底的なトレーニングがこの問題の克服に寄与しないと考える理由はまったくない。『数覚』の初版では、学校で行われる数のゲームが、数字の背後にある直感的思考に子どもの注意をどのように向けさせるかを強調した。このことは、最近の研究により十分に確認されつつある。しかし、私たちは現在、コンピューターゲームの時代に生きている。コンピュータは算数の訓練に貢献できるだろうか。教育用のソフトウェアは、教師の代わりにはならないが、多くの利点を持っている。高い処理能力を持つゲームは、子どもを楽しませる魅力的で面白い方法を用いて、毎日容赦なく徹底的なトレーニングを与えることができる。より重要なのは、それらを適応型のゲームにできる点である。そのソフトウェアでは、子どもの弱点を自動的に同定し、訓練中にそれらを伸ばそうとする。一方で、ゲームで勝つ機会を子どもにある程度与えながら、落胆しないようにすることもしっかり行っていく。

アンナ・ウィルソンと私は、基本的計算のための適応型コンピューターゲームを世界で初めて開発した。それが『ナンバーレース』である。[10] これは、空間的に並んだ数字の終わりまでコンピュータとの対戦レースを楽しむゲームである。各試行で子どもがまず行うのは、二つの数のうち大きい方を選択することである。次に、選択した数の分だけ、レーストラック上にあるスロットにそれらを動かしていく。数の距離や判断スピード、表示形式（ドットで示す問題から、「9－6」と「5－1」のような複雑な計算まで）を変えることにより、子どもそれぞれのニーズに合わせてゲームの難しさを微調整して適合させることができる。このソフトウェアは、初歩的な算数で重要となるあらゆる要素（数量の即時把握、日常的なカウンティング、数字と数量の迅速な対応づけ、数と空間の密接な関係性理解）を訓練するように設計されている。このソフトウェアはオープンソースとして公開されているので、誰でもそれを利用したり改変したりできる。『ナンバーレース』は現在、八つの言語に翻訳され、統制された複数の研究で使用され始めている。

私たちのゲームで得られた実験結果は控えめなものだが、重要である。子どものパフォーマンスは、スービタイジングから引き算まで、異なる種類の課題で向上した。最もよい結果は、この種のボードゲームでほとんど遊んだことのない貧困地域の幼児から得られている。ゲームでほんの数回程度遊んだだけで、数の比較課題におけるエラーを半分に減少させることができた。

これらの訓練ゲームが実際にどのように働いたのか、そしてそれらがどのように最適になされたのかについて、認知的視点からは多くのことがまだ解明されずに残っている。コンピュータによる介入はどんなものであっても注意と認知を改善することが知られている。これは、コンピュータによる介入を過大評価した知見と言えるが、それが示唆しているのは、計算障害のために特別にデザインされたゲームを検証するときはいつでも、それと異なる内容のソフトウェアを統制条件として比較せねばならないということである。私たちは、『ナンバーレース』において、数の比較課題でのポジティブな効果がその数の内容にのみ関連しており、もし統制条件として読解ソフトウェアを用いた場合にはその効果が得られないことを示すことに成功した。

さらに言うと、私たちのソフトウェアは、スービタイジングからカウンティング、そして概数の推定まで、数の知識全般にまたがっているので、これらのどの要素が本質的に重要かまではよくわからない。幸いにも、カーネギーメロン大学のギータ・ラマニとロバート・シーグラーは、より巧妙な操作を施した実験をデザインした。簡単な数のゲームに参加した半分の子どもたちは、「1」および「2」の数字が書かれたスピナー（回転コマ）を回転させて、一〇個のマスを持つ直線ボード上でレースをお互い競い合い、現在のマスの位置にスピナーで出た数を加えることによって前進する。もう半分の子どもたちは、同じボード上で非常によく似たゲームを行ったが、唯一の違いはスピナーに色がついている点であり、彼らは各ステップで同じ色のマスに動く必要がある。最初のゲームは、1から10の数字が直線上でどのように対応づけられるかを子どもにはっきりと教えるのに対し、二番目のゲームは、数以外の内容で関わる空間的・社会的・報酬的な内容をすべて統制している。[11] こうしたシンプルなアプローチを用いて、ラマニとシーグラーは、数の直線ボード上でゲームをすることが算数の理解に極めてよい影響を与えることを実証した。大いなる改善は、数字のラベリングや数量の大きさ比較、足し算、数直線テストを含む様々な数の課題で見られている。その効用は、二カ月後も統計的に意味のある差であり続けた。直線ボードゲームで遊んだ子どもたちは、明らかに、有利なスタートを与えられており、このことが、彼らの数学能力と自信において雪だるま式に長期間続くよい効果を与えるのかもしれない。

結論

デイヴィット・プレマックとアン・プレマックが述べているように、「教育の理論は、教育すべき心を理解することからしか生まれない」。私たちは現在、数学者の心に芽吹くものを精緻に理解している。計算が脳でどのように実行されるかについて、私たちの理解は格段に進んだ。それゆえ、認知神経科学を教育に応用することは、もはや「はるか彼方にある橋」ではない。それどころか、概念的で実証的な研究手法の多くが現在、私たちの掌中にある。革新的な教育プログラムが導入される可能性も増し、私たちは、子どもの脳と心に与える影響を研究するツールをすべて手にしている。学校の教室は、私たちの次なる実験室となるべきである。

原注

（1）Pinel et al. (2001) を参照。同じように、計算課題で数を大きくすると、計算時間とともにｈＩＰＳの活性化も増加する。Stanescu-Cosson et al. (2000) などを参照。

（2）この分野の誰もが認める第一人者は神経科医のイツァーク・フライドである。彼は、人間での単一ニューロン記録の技術を開発して、多くの同僚とともに人間の認知神経科学における多くの重要な問題にこの手法を適用した。例として、Quiroga, Reddy, Kreiman, Koch, & Fried (2005), Quiroga, Mukamel, Isham, Malach, & Fried (2008), Fisch et al. (2009) を参照。

（3）（プライミング法とも呼ばれる）ｆＭＲＩ順応法は、人間の脳における神経コードを研究する一般的な手法として提案された。詳しくは Grill-Spector & Malach (2001), Naccache & Dehaene (2001a) を参照。本手法の注意点は Sawamura, Orban, & Vogels (2006) を参照。

（4）Izard, Dehaene-Lamberz, & Dehaene (2008) を参照。赤ちゃんや子どもでの数に対する脳の反応を示した他の実験結果は、Temple & Posner (1998) や Berger, Tzur, & Posner (2006) を参照。

（5）Feigenson, Carey, & Hauser (2002) を参照。サルでも全く同じ手法で実験し、同様の結果を得ている。Hauser, Carey, & Hauser (2000) や Hauser & Carey (2003) を参照。

（6）意識の科学研究に関する最前線の紹介、そして前頭前野をキーノードとして含む分散型の「グローバル神経ワークスペース（GNW: Global Neuronal Workspace）」との関係については、Dehaene & Naccache (2001), Dehaene, Changeux, Naccache, Sackur, & Sergent (2006), Del Cul, Dehaene, Reyes, Bravo, & Slachevsky (2009) を参照。

（7）Isaacs, Edmonds, Lucas, & Gadian (2001) を参照。この研究成果は、Rotzer et al. (2008) により純粋な計算障害の人においても追認されている。しかし、現在は、右頭頂野の灰白質の減少に注目が集まっている。

（8）計算障害は、ウィリアムズ症候群、ターナー症候群、脆弱X症候群で頻繁に見られる。脆弱X症候群における計算の研究は、Rivera, Menon, White, Glaser, & Reiss (2002) を参照。

(9) Kujala et al. (2001), Simos et al. (2002), Temple et al. (2003), Eden et al. (2004) などを参照。読字とディスレキシアの総論については、拙著『脳のなかの読字』(2009、未訳) を参照。

(10) ゲームのデザインとその背後にある認知的原則のレビューについては、Wilson, Dehaene et al. (2006) を参照。ゲーム『ナンバーレース』は、私の認知神経イメージング研究室の URL (http://www.unicog.org/) からダウンロード可能。

(11) より厳密に統制した実験として、直線のボードゲームと、数字が時計回りに並んでいる円形のボードゲームを比較したものがある。数覚は、直線のボードゲームで訓練した子どもでのみ向上した。このことは、左から右へ伸びていく比喩的な「直線」として数を理解することが、訓練プログラムの重要な要素であることを実証している。Siegler & Ramani (2009) を参照。

訳者あとがき

世間では、数学は、人間の高度で抽象的な思考の代表のように思われている。数学の不得意な人は、世の中には実にたくさんいる。そういう人たちからすれば、自分たちには意味不明の概念を意味不明の記号で次々に操作して、さらに意味不明の深遠な結論を導き、それがエレガントで美しいなどと感動している、数学の得意な人たちの思考は、さっぱり理解できない。そして、実は、さっぱり理解できなくても少しも怖くない。リーマン幾何学やパンルヴェ方程式など理解できなくても、一向にかまわない。そんなものとはまったく無縁でも、十分にまっとうな日常生活は送れる。

普通の、しかも毎日の職業でさまざまな仕事を有能にこなしている人たちの多くがさっぱり理解できず、無縁でもなんの不利益にもならない思考活動など、これはきっと、人間の一部が生み出した高度で抽象的な作業に違いないと思えるだろう。そうだとすると、数学は人間だけができる技であり、動物にはわかりっこない。

しかし、どんな高級な数学も、その根底には、数という概念がある。1、2、3、4などの数。量や大きさの概念。一番目、二番目、その次という順序の概念。これらもまた、人間の高度な抽象能力が生み出したものなのだろうか？　動物には、これらの理解もまったくないのだろうか？　そうだ、と考える人もいるだろう。いや、多くの人はそう考えるかもしれない。

ところが、そうではないのだ。本書は、私たち人間の数の理解の根底には、生物進化の歴史で身についた重要な能力が横たわっていることを示している。それは、自分たちを取り巻く環境、自分たちが住んでいる世界を理解するために、動物が発達させた感覚なのだ。視覚、嗅覚、聴覚、触覚などはみな、この世界を理解するための手段である。これらの感覚情報に基づいて、動物は自分たちの世界を構築する。それと同じように、数に関する直感的感覚があるのだ。名付けて「数覚」。視覚や聴覚と同じように、「数覚」も、多かれ少なかれ他の動物にも存在し、私たちもそれを共有している。

私たちは、言語を持ち、数字を持ち、論理を使って数を操作する。しかし、実は、そのようにして論理的に数を操作している裏には、この生物学的で原始的な「数覚」が働いている。それは、決してデジタルではない。ぼんやりしたアナログ的量の把握である。しかも、どんなに数字や言語を用いていても、このぼんやりした数覚を使わずにはすまされない。

私たちの脳は、たとえ8や46という数字を見て、それを言語的に理解しても、どうしてもそれを、ぼんやり、漠然としたアナログ的数覚で一度処理してからでないと、デジタル処理はできないのである。最近の脳神経科学の進歩は、そんなときに、脳のどの部分がどのように働いているのかも、驚くほどきれいに示してくれる。

数学者たちは、数学は実世界の中にあり、自分たちはそれを「発見」するだけだという言い方をすることがある。また、数学が本当に美しい論理の構造なのであれば、完成した形であるはずだ。しかし、数の表記や数の概念の歴史をたどると、そんなこととはほど遠く、それはまさに、人類が自分たちの脳にうまく合うように数学を少しずつ作り替えてきた歴史であることがわかる。なんと言っても、私たちの脳はコンピュータではなく、進化で作られた臓器なのだ。胃がプラスチックを消化できず、目が紫外線を見ることはできないのと同様、脳も、高度な数学をすぐに理解することはできない。脳は、私たちの周囲の環境をうまくとらえ、情報処理するように進化してきたのであって、現在の私たちが築き上げたような数学を理解するための機械として進化してきたのではない。本来備わった数覚で理解できる範囲はよいのだが、それ以上になると、ずいぶん苦労する。

動物たちも、それなりに数覚を持っているのは確かだ。どんな計算も自在に行って正しい答えを出したという「賢いハンス」という馬の演技は、見かけ通りではなかったことがわかったが、それでも、動物にもアナログの数覚はある。そうでなければ、木の実をより効率よく採食することも、自分の巣穴をうまく見つけることもできないだろう。動物は、「1、2、3」とは数えていないが、そのような感覚は持っているのである。

本書は、もともと数学者であった著者が、数学の理解の根底にあるヒトの脳の働きに興味を持ち、脳神経科学、神経心理学に転じて、数と脳の関係を研究した成果のまとめである。脳の特定の部位に損傷を受けた人たちの数覚がどのように壊れるか、著者は、そのような実験の経験も豊富に持っている。動物の数覚、赤ちゃんの数覚、脳損傷患者の数覚、数の達人の数覚……本書は、数の感覚と概念を、さまざまな側面からながめ、この能力の進化を生き生きと描き出している。

私は、高校生のときに虚数というものを習い、ひどく魅惑された。そして、1、2、3という実数でこの世界が作られているとしたら、虚数で作られた世界とは、どんな形をしているのだろうと考えた。この疑問を数学の先生に聞いてみたのだが、先生は、「虚数で作られた世界とか、そういう話ではないのですけどねえ……」と、おおいに当惑しておられた。当時の私は、この答えに満足できなかったが、本書を読むと、その答えも見えてくるように思う。

また、数学が私たち人間の脳が発明したものであり、自然界が私たちとは関係なくそこにあるのだとしたら、なぜ、自然界を数学でこうもうまく表現できるのだろうか、というのも、私の長年の疑問だった。この答えも、本書の中に用意されている。

もう一〇年以上前になるが、私は、夫の長谷川寿一や、何人かの同志の研究者たちとともに、人間の心理や行動の生物進化的基盤を探り、それらを統合する研究分野を作ろうという仕事を始めた。本書の翻訳は、その活動の一環として手がけたものである。共訳者の小林哲生氏は、当時、東京大学の夫の研究室の博士課程の院生であった。彼は、学部の卒論で、ラットがどのように一番目、二番目、三番目といった順序数を理解するかという研究をした。ラットはなんと、一〇番目くらいまでわかるのである。博士課程に進んでからは、今度は赤ちゃんの数覚の研究を始め、その研究成果で学位を取得した。

そういう、まことに本書の翻訳にはぴったりの共訳者を得て翻訳を始めたのだが、その後、いろいろな仕事にはばまれて予定が遅れ、ずいぶん年月が経ってしまった。それでも、本書の中身はまだまだ、この分野の最先端の研究のわかりやすいまとめである。とうとうここに本書を出版することができて嬉しい。お世話になった多くの皆様に感謝したい。数学が嫌いな人にも、好きな人にも、得意でない人にも、得意な人にも、本書はきっと、いろいろな疑問に納得する答えを与える、楽しい読み物であると確信している。本当にそのような楽しみを、本書が読者の皆さんに提供できることを願っている。

訳者を代表して　長谷川眞理子

（単行本より再録）

解説　数の存在と意識

哲学者
下西風澄

人間は実在しないものによって生きる奇妙な動物である。愛、自我、記憶、国家、神……これらはすべて人間にとって決定的に重要なものでありながら、眼で見ることもできないし手で触れることもできない。この虚構性の持つリアリティこそ人間を人間たらしめている。

「1」「2」「3」という数は、いったいどこに存在するのか。数もまた、私たち誰もが生まれながらに獲得するものでありながら、触れることのできないリアルな存在である。数という存在は、人間の意識にとってどれほど本質的で決定的なものなのだろうか。

世界の秘密から、意識の秘密へ

数の存在は世界の秘密だった。西洋哲学を根源的に規定してきた、哲学の始まりとも言えるプラトンの思想には、数学の研究集団であるピタゴラス教団の強い影響が指摘されている。「万物の根源は数である」という箴言の主であるとされるピタゴラスは謎多き人物で、世界のあらゆる現象は数学的な構造に帰着すると考えていた。彼の創設したピタゴラス教団は、入門生の生活習慣、歩き方から顔つきまでが指導されていたとされる厳格な集団で、そこで発見された数学的な研究成果は鉄の掟によって守られていた。つまりピタゴラス教団は、ほとんど秘密結社のようなカルト的・密教的な集団であったが、それは「数」というものが「世界の秘密」を明らかにする神秘的な存在だと考えられていたからである。ピタゴラスの数学は和音の比例関係の発見に神秘を見出すものだったが、その数の調和は中世ヨーロッパの教会音楽においても神の信仰を支える重要な根拠であり続けた。

近代に入っても「数」の存在は人間にとって特別な力を持っていた。近代哲学を確立した哲学者カントは、人間の先験的な意識が可能である重要な根拠を「5＋7＝12」のような単純な加算の計算に見た。すなわち数の力は「世界の秘密」であるだけでなく、「意識の秘密」を支える力にもなったのである。意識にとって「数」という対象がどのように認識されるのか、あるいはその数の認識が人間の意識をどのように根拠づけているかという哲学的問題は、二十世紀に最も重要な哲学的潮流のひとつとなった「現象学」を創始したフッサールへと引き継がれている。

本書の著者ドゥアンヌは、この「意識の秘密」となった数という存在の解明を、最新の脳科学の知見をもとに発展させている。たとえばカントが人間の本質的な認知能力であると考えた「加算」の能力が、単純なものであればラットなど他の動物によっても可能であるという事例は、数という存在と人間の関係を再考させる驚くべき議論である。あるいは、生後数ヶ月の幼児が数を認識できるという研究が、これまでの心理学において定説のひとつとなっていたピアジェの発達論に投げかける理論的更新の可能性も斬新であり、意識にとっての数という問題が、いかに発展途上であるとともに興味深い論点に満ちているかを示している。

脳はＡＩなのか？

脳は計算する。しかしコンピュータのようには計算しない。人工知能が人間の脳を模倣して知性を発揮している現在の状況を考えると、本書が明らかにしている脳とＡＩの本質的な違いは興味深い。ドゥアンヌによれば、人間の脳は数を認識する際、デジタルではなくアナログ的に認識している。たとえば「2」と「9」の大きさを比べるのは容易だが「5」と「6」を比較するのに脳は100ミリ秒以上の遅れを生じさせ、また間違いの頻度も高くなる。あるいは「1」と「2」の大きさを比較するのは簡単だが「8」と「9」を比較すると難易度があがる。これはコンピュータやAIではあり得ない現象である。ドゥアンヌはこの事態を「主観的な言い方をすると、つまり、8と9の間の距離は、1と2の間の距離と同一ではない」（本書、一七〇頁）と述べている。少なからず数学的思考に慣れ親しんでいる私たちにとって、このような発言には違和感がある。「8と9」と「1と2」の間の距離はどう考えても「1」という同じ距離であるはずである。しかし数という抽象的観念ではなく、現実の数の知覚を考えれば納得できるはずだ。1匹と2匹の犬の数は一瞬で区別できるが、8匹と9匹の犬の数は瞬時に区別できない。この一例だけからでも、本来は具体的な数を知覚して数の世界を認識し、形成してきたはずの私たちが、すでに抽象的な数にリアリティを感じる存在になっていることが分かる。私たちはこのような転倒を、あまりに意識の深くまで内在化している。

ドゥアンヌによれば、数字に距離がある脳のアナログな認知と、数に距離のないデジタルなAIの認知は別物である。ただ、本書の出版後、二〇二〇年頃から急速に注目を集めたＡＩのコア技術である「大規模言語モデル（ＬＬＭ）」は、もしかすると世界や言語を「距離」を通じて認識している可能性がある。これまでのＡＩにおける言語は、事前に登録された知識のデータベースや、統語論的なルールにおいて意味が獲得されるものが一般的であった。しかしＬＬＭモデルでは、言葉をベクトル空間に配置し、意味的に近い単語同士がベクトル空間内で近くに配置される「埋め込み（embedding）」と呼ばれる手法が使われている。たとえば単純化した二次元ベクトルで説明すれば、「王」という単語が（1,2）の座標地点にあり、「男」が（2,1）「女」が（2,2）地点にあったとき、「女王」という単語は「王－男＋女＝（1,2）－（2,1）＋（2,2）＝（1,3）」という空間座標の地点にある特徴として意味づけることができる（実際には数百以上の高次元ベクトル空間で特徴化されている）。すなわち、ＬＬＭをベースにする現在のＡＩは、すべてが並列で均等なデータではなく、データそのものが広がりを持ち、濃淡を持ち、距離感を持つような知性へと一歩近づいたといえるかもしれない。

はたして脳とコンピュータはその境界をなくしていくのだろうか？　脳そのものが持っている働きを通じて数の計算の意味を考えなおすドゥアンヌのアプローチは、このような問いを考えるうえでも多くの論点を提示している。たとえば、私たちが小学校で習う「足し算」と「引き算」は、どちらも同じような計算であり、その規則だけを考えれば（たとえばコンピュータにとっては）原理的に同じような手続きに思えるが、実際の脳にとっては異なる。脳は「足し算」をする作用は自然に実行できるが、「引き算」をする時は脳の活動を「抑制」することでその計算を実現している。すなわち一見すると「足し算」と同じタイプの数の操作である「引き算」は、脳にとっては「不自然」な行為なのである。当然ながらコンピュータにとっては足し算と引き算は同じ操作であるから、私たち人間は引き算をするたびに、自分たちの脳をコンピュータに近づけていると言っても過言ではない。もう少し一般化して言えば、私たちが数学の勉強をして、計算が素早く負担なくできるようになるというプロセスそのものが、脳をコンピュータに近づける行為にほかならない。脳がコンピュータのように計算するからその能力を使えるようにするのではなく、コンピュータとは異なる仕組みと性質を持つ脳を、コンピュータの行っている仕組みと性質に近づけているのである。ここにおいて、私たちは、「脳とコンピュータはどれほど近いのか？」という単純な問いから、「脳をコンピュータにどれほど近づけたいのか？」という規範的な問いへと問題設定を移すことになる。

私たちがドゥアンヌから学ぶことができるのは、人間があたかも自然に行っている数学的な行為は、脳の進化論的な機能から考えれば、実は不自然な行為かもしれないという事実である。おそらくこの問題は、数や計算という領域にとどまらず、人間にとっての「言語」そのものとはなにか？ また脳にとって言語ははたしてどれほど自然なものか？ という、私たち生命の持つ大きな問いにも関連している。

言語・生命・人間

哲学者のダニエル・デネットは、人間の脳はそもそも言語を使うようにできているのではなく、別の目的のために使われていた機能を言語使用に割り当てていると言った。言語を利用する脳は、「自己意識」という独自のアーキテクチャを生み、そのことで私たちはしばしば苦悩する。ある意味でそれは、言語を無理にこの脳で使用していることで起こる一種のエラーであるとも言える。

生命進化の時間軸を考えればこれは当然のように思える。生命進化の歴史はおよそ三八億年、ホモ・サピエンスの進化の歴史に限っても数十万年であるのに対して、文字の使用期間はせいぜい五千年であり、ホモ・サピエンスの歴史においては二％程度の時間、生命の歴史と比べたら百万分の一の時間（０.０００１％）しかないのだ。私たち生命・人間の、言語能力はおよそほとんど赤ちゃんのようなものかもしれない。人間にとって最も重要だと思われている言語、動物と私たちを分かつ人間存在の本質としての言語、これは脳にとっていかに頼りないものかという単純な事実がここにある。

私たち人間の本質であり、アイデンティティであると思われる言語の使用よりも遥かに長い時間、私たちが言語を使わずに生きるための能力の開発（進化）にかけられている。私たちは自らが言葉によって生きているという強い実感を持ちながら、その自己を規定するために使用する能力はかくも浅く儚い。このギャップ、転倒こそまさに人間の本質であるような気がする。

数という不可思議な言語の使用が人間にどれほどの新たな意識の変容をもたらすのかは、さらに未知の領域だ。その意味で本書は、脳という生命進化の獲得物と、数や計算という文化と技術の交差する認知現象を往復しながら、意識の謎におけるクリティカルな問題の解明に挑戦している。

さらに知りたい人のために

● 1 章

動物の数の能力に関する文献に目を通すには、Davis & Pérusse（1988）の論文か、Gallistel（1990）と Boysen & Capaldi（1993）の最近の本を参考にするとよい。それらは、やさしい入門になるはずである。賢いハンスの話は、Fernald（1984）に詳しく書かれているので、参照するといい。

Boysen, S. T., & Berntson, G. G. (1996). Quantity-based interference and symbolic representations in chimpanzees (*Pan trogolodytes*). *Journal of Experimental Psychology: Animal Behavior Processes, 22*, 76-86.

Boysen, S. T., & Capaldi, E. J. (Eds.) (1993). *The Development of Numerical Competence: Animal and Human Models.* Hillsdale, NJ: Erlbaum.

Capaldi, E. J., & Miller, D. J. (1988). Counting in rats: Its functional significance and the independent cognitive processes that constitute it. *Journal of Experimental Psychology: Animal Behavior Processes, 14,* 3-17.

Church, R. M., & Meck, W. H. (1984). The numerical attribute of stimuli. In H. L. Roitblat, T. G. Bever & H. S. Terrace (Eds.), *Animal Cognition*. Hillsdale, NJ: Erlbaum.

Davis, H., & Pérusse, R. (1988). Numerical competence in animals: Definitional issues, current evidence and a new research agenda. *Behavioral and Brain Sciences, 11*, 561-615.

Dehaene, S., & Changeux, J. P. (1993). Development of elementary numerical abilities: A neuronal model. *Journal of Cognitive Neuroscience, 5,* 390-407.

Fernald, L. D. (1984). *The Hans Legacy: A Story of Science*. Hillsdale, NJ: Erlbaum.

Gallistel, C. R. (1989). Animal cognition: The representation of space, time, and number. *Annual Review of Psychology, 40*, 155-189.

Gallistel, C. R. (1990). *The organization of learning*. Cambridge, MA: Bradford Books/MIT Press.

Koehler, O. (1951). The ability of birds to count. *Bulletin of Animal Behaviour, 9*, 41-45.

Matsuzawa, T. (1985). Use of numbers by a chimpanzee. *Nature, 315*, 57-59.

Mechner, F. (1958). Probability relations within response sequences under ratio reinforcement. *Journal of the Experimental Analysis of Behavior*, 1, 109-121.

Mechner, F., & Guevrekian, L. (1962). Effects of deprivation upon counting and timing in rats. *Journal of the Experimental Analysis of Behavior, 5*, 463-466.

Meck, W. H., & Church, R. M. (1983). A mode control model of counting and timing processes. *Journal of Experimental Psychology: Animal Behavior Processes, 9,* 320-334.

Mitchell, R. W., Yao, P., Sherman, P. T., & O'Regan, M. (1985). Discriminative responding of a dolphin (*Tursiops truncatus*) to differentially rewarded stimuli. *Journal of Comparative Psychology, 99,* 218-225.

Pepperberg, I. M. (1987). Evidence for conceptual quantitative abilities in the African grey parrot: Labeling of cardinal sets. *Ethology, 75*, 37-61.

Platt, J. R., & Johnson, D. M. (1971). Localization of position within a homogeneous behavior chain: Effects of error contingencies. *Learning and Motivation, 2*, 386-414.

Premack, D. (1988). Minds with and without language. In L. Weiskrantz (Ed.), *Thought Without Language*, pp. 46-65. Oxford: Clarenton Press.

Rumbaugh, D. M., Savage-Rumbaugh, S., & Hegel, M. T. (1987). Summation in the chimpanzee (*Pan troglodytes*). *Journal of*

Experimental Psychology: Animal Behavior Processes, 13, 107-115.

Thompson, R. F., Mayers, K. S., Robertson, R. T., & Patterson, C. J. (1970). Number coding in association cortex of the cat. *Science, 168*, 271-273.

Washburn, D. A., & Rumbaugh, D. M. (1991). Ordinal judgments of numerical symbols by macaques (*Macaca mulatta*). *Psychological Science, 2*, 190-193.

Woodruff, G., & Premack, D. (1981). Primative (sic) mathematical concepts in the chimpanzee: Proportionality and numerosity. *Nature, 293*, 568-570.

●2章

赤ちゃんの数の能力に関する文献は急速に増えてきているが、私の知る限りにおいて、まだ誰もその総説を書いてはいない。Wynn (1995), Xu and Carey (1996), Starkey, Spelke and Gelman (1990) が、出発点として優れている。

Antell, S. E., & Keating, D. P. (1983). Perception of numerical invariance in neonates. *Child Development, 54*, 695-701.

Bijeljac-Babic, R., Bertoncini, J., & Mehler, J. (1991). How do four-day-old infants categorize multisyllabic utterances? *Developmental Psychology, 29*, 711-721.

Cooper, R. G. (1984). Early number development: Discovering number space with addition and subtraction. In C. Sophian (Ed.), *Origins of Cognitive Skills*, pp. 157-192. Hillsdale, NJ: Erlbaum.

Gelman, R., & Gallistel, C. R. (1978). *The Child's Understanding of Number*. Cambridge, MA: Harvard University Press.（『数の発達心理学——子どもの数の理解』小林芳郎・中島実訳、田研出版）

Hauser, M. D., MacNeilage, P., & Ware, M. (1996). Numerical representations in primates. *Proceedings of the National Academy of Sciences USA, 93*, 1514-1517.

Koechlin, E., Dehaene, S., & Mehler, J. (1997). Numerical

transformations in five-month-old human infants. *Mathematical Cognition*, in press.

McGarrigle, J., & Donaldson, M. (1974). Conservation accidents. *Cognition, 3*, 341-350.

Mehler, J., & Bever, T. G. (1967). Cognitive capacity of very young children. *Science, 158*, 141-142.

Papert, S. (1960). Problèmes épistémologiques et génétiques de la récurence. In Gréco, P., Grize, J.-B., Papers, S., & Piaget, J., *Études d'Épistémologie Génétique. Vol 11. Problèmes de la construction du nombre*, pp. 117-148. Paris: Presses Universitaires de France.

Piaget, J. (1952). *The Child's Conception of Number*. New York: Norton.

Piaget, J. (1954). *The Construction of Reality in the Child*. New York: Basic Books.

Shipley, E. F., & Shepperson, B. (1990). Countable entities: Developmental changes. *Cognition, 34*, 109-136.

Simon, T. J., Hespos, S. J., & Rochat, P. (1995). Do infants understand simple arithmetic? A replication of Wynn (1992). *Cognitive Development, 10*, 253-269.

Starkey, P., & Cooper, R. G., Jr. (1980). Perception of numbers by human infants. *Science, 210*, 1033-1035.

Starkey, P., Spelke, E. S., & Gelman, R. (1983). Detection of intermodal numerical correspondences by human infants. *Science, 222*, 179-181.

Starkey, P., Spelke, E. S., & Gelman, R. (1990). Numerical abstraction by human infants. *Cognition, 36*, 97-127.

Strauss, M. S., & Curtis, L. E. (1981). Infant perception of numerosity. *Child Development, 52*, 1146-1152.

Van Loosbroek, E., & Smitsman, A. W. (1990). Visual perception of numerosity in infancy. *Developmental Psychology, 26*, 916-922.

Wynn, K. (1992). Addition and subtraction by human infants. *Nature, 358*, 749-750.

Wynn, K. (1995). Origins of numerical knowledge. *Mathematical*

Cognition, 1, 35-60.

Wynn, K. (1996). Infants' individuation and enumeration of actions. *Psychological Science, 7,* 164-169.

Xu, F, & Carey, S. (1996). Infants' metaphysics: The case of numerical identity. *Cognitive Psychology, 30,* 111-153.

●3章

私は、最近、人間のおとなが初歩的な数の処理をすることに関する多くの実験の総説を書いた（Dehaene 1992, 1993）。Seronとその同僚たちの論文（1992）によって、「数の形態」に関する興味が再燃したと言えるだろう。

Bourdon, B. (1908). Sur le temps nécessaire pour nommer les nombres. *Revue Philosophique de la France et de l'étranger, 65,* 426-431.

Dehaene, S. (1992). Varieties of numerical abilities. *Cognition, 44,* 1-42.

Dehaene, S. (Ed.) (1993). *Numerical Cognition.* Oxford: Blackwell.

Dehaene, S., & Akhavein, R. (1995). Attention, automaticity, and levels of representation in number processing. *Journal of Experimental Psychology: Learning, Memory and Cognition, 21,* 314-326.

Dehaene, S., Bossini, S., & Giraux, P. (1993). The mental representation of parity and numerical magnitude. *Journal of Experimental Psychology: General, 122,* 371-396.

Dehaene, S., & Cohen, L. (1994). Dissociable mechanisms of subitizing and counting—Neuropsychological evidence from simultanagnosic patients. *Journal of Experimental Psychology: Human Perception and Performance, 20,* 958-975.

Dehaene, S., Dupoux, E., & Mehler, J. (1990). Is numerical comparison digital: Analogical and symbolic effects in two-digit number comparison. *Journal of Experimental Psychology: Human Perception and Performance, 16,* 626-641.

Frith, C. D., & Frith, U. (1972). The solitaire illusion: An illusion of

numerosity. *Perception & Psychophysics, 11*, 409-410.

Galton, F. (1880). Visualised numerals. *Nature, 21*, 252-256.

Ginsburg, N. (1976). Effect of item arrangement on perceived numerosity: Randomness vs. regularity. *Perceptual and Motor Skills, 43*, 663-668.

Henik, A., & Tzelgov, J. (1982). Is three greater than five: The relation between physical and semantic size in comparison tasks. *Memory and Cognition, 10*, 389-395.

Ifrah, G. (1994). *Histoire universelle des chifres* (vol. I et II). Paris: Robert Laffont.

Ifrah, G. (1985). *From One to Zero: A Universal History of Numbers*. New York: Viking Press.（『数字の歴史——人類は数をどのようにかぞえてきたか』松原秀一・彌永昌吉監修、彌永みち代・丸山正義・後平隆訳、平凡社）

Jouette, A. (1996). *Le Secret des Nombres*. Paris: Albin Michel.

Kline, M. (1972). *Mathematical Thought from Ancient to Modern Times.* New York: Oxford University Press.

Kline, M. (1980). *Mathematics: The Loss of Certainty*. New York: Oxford University Press.（『不確実性の数学——数学の世界の夢と現実』三村護・入江晴栄訳、紀伊國屋書店）

Krueger, L. E. (1989). Reconciling Fechner and Stevens: Toward a unified psychophysical law. *The Behavioral and Brain Sciences, 12*, 251-267.

Mandler, G., & Shebo, B. J. (1982). Subitizing: An analysis of its component processes. *Journal of Experimental Psychology: General, 111*, 1-21.（『不確実性の数学——数学の世界の夢と現実』三村護・入江晴栄訳、紀伊國屋書店）

Moyer, R. S., & Landauer, T. K. (1967). Time required for judgements of numerical inequality. *Nature, 215*, 1519-1520.

Ramachandran, V. S., Rogers-Ramachandran, D., & Stewart, M. (1992). Perceptual correlates of massive cortical reorganization. *Science, 258*, 1159-1160.

Seron, X., Pesenti, M., Noël, M. P., Deloche, G., & Cornet, J.-A. (1992). Images of numbers, or "when 98 is upper left and 6 sky blue." *Cognition, 44*, 159-196.

Spalding, J. M. K., & Zangwill, O. L. (1950). Disturbance of number-form in a case of brain injury. *Journal of Neurology, Neurosurgery and Psychiatry, 13*, 24-29.

Trick, L. M., & Pylyshyn, Z. W. (1993). What enumeration studies can show us about spatial attention: Evidence for limited capacity preattentive processing. *Journal of Experimental Psychology: Human Perception and Performance, 19*, 331-351.

Trick, L. M., & Pylyshyn, Z. W. (1994). Why are small and large numbers enumerated differently? A limited capacity preattentive stage in vision. *Psychological Review, 100*, 80-102.

Van Oeffelen, M. P., & Vos, P. G. (1982). A probabilistic model for the discrimination of visual number. *Perception & Psychophysics, 32, 2*, 163-170.

●4章

数の表記法の歴史は、Ifrah (1985, 1994), Danzig (1967) と Hurford (1987) によって、少し異なる角度から紹介されている。Karen Wynn の 1990 年と 1992 年の論文は、子どもたちがどのようにして数の名前を身につけるかの、素晴らしいまとめである。Harris 編の著作に収録されている Ellis（1992）の章が、数の表記がその認知プロセスに与える影響に関して私が参照した、おもな源泉である。

Chase, W. G., & Ericsson, K. A. (1981). Skilled memory. In J. R. Anderson (Ed.), *Cognitive Skills and Their Acquisition*, pp. 141-189. Hillsdale, NJ: Erlbaum.

Dantzig, T. (1967). *Number: The Language of Science*. New York, Free Press.（『数は科学の言葉』水谷淳訳、日経 BP 社）

Dixon, R. M. W. (1980). *The Languages of Australia*. Cambridge: Cambridge University Press.

Ellis, N. (1992). Linguistic relativity revisited: The bilingual word-length effect in working memory during counting, remembering numbers, and mental calculation. In R. J. Harris (Ed.), *Cognitive Processing in Bilinguals*, pp. 137-155. Amsterdam: Elsevier.

Fuson, K. C. (1988). *Children's Counting and Concepts of Number*. New York: Springer-Verlag.

Hurford, J. R. (1987). *Language and Number*. Oxford: Basil Blackwell.

Ifrah, G. (1985). *From One to Zero: A Universal History of Numbers*. New York: Viking Press.

Ifrah, G. (1994). *Histoire universelle des chiffres* (vol. 1 and 2). Paris: Robert Laffont.

Marshack, A. (1991). The taï Plaque and calendrical notation in the upper palaeolithic. *Cambridge Archaeological Journal, 1*, 25-61.

Miller, K., Smith, C. M., Zhu, J., & Zhang, H. (1995). Preschool origins of cross-national differences in mathematical competence: The role of number-naming systems. *Psychological Science, 6*, 56-60.

Pollmann, T., & Jansen, C. (1996). The language user as an arithmetician. *Cognition, 59*, 219-237.

Wynn, K. (1990). Children's understanding of counting. *Cognition, 36*, 155-193.

Wynn, K. (1992). Children's acquisition of the number words and the counting system. *Cognitive Psychology, 24*, 220-251.

Zhang, J., & Norman, D. A. (1995). A representational analysis of numeration systems. *Cognition, 57*, 271-295.

●5章

Gelman and Gallistelの有名な著作、『子どもの数の理解』（1978）は、いまだに、子どもがどのように数の認識を発達させるかに関する、重要な参考図書だ。Bideaud（1992）、Case（1985, 1992）、Fuson（1988）、Hiebert（1986）も、より最近の参考文献である。おとなの計算に関する研究は、最近、この分野の２人の中心人物である、Mark Ashcraft（1992, 1995）とJamie Campbell（1992, 1994）によってまとめられた。

数学の教え方に関する素晴らしい議論が、Baruk（1973, 1985）、Paulos（1988）、Stevenson and Stigler（1992）に見られる。

Ashcraft, M. H. (1992). Cognitive arithmetic: A review of data and theory. *Cognition, 44,* 75-106.

Ashcraft, M. H. (1995). Cognitive psychology and simple arithmetic: A review and summary of new directions. *Mathematical Cognition, 1,* 3-34.

Baroody, A. J., & Ginsburg, H. P. (1986). The relationship between initial meaningful and mechanical knowledge of arithmetic. In J. Hiebert (Ed.), *Conceptual and Procedural Knowledge: The Case of Mathematics*, pp. 75-112. Hillsdale, NJ: Erlbaum.

Baruk, S. (1973). *Echec et maths.* Paris: Editions du Seuil.

Baruk, S. (1985). *L'âge du capitaine.* Paris: Editions du Seuil.

Bideaud, J., Meljac, C., & Fischer, J.-P. (1992). *Pathways to Number.* Hillsdale, NJ: Erlbaum.

Bkouche, R., Charlot, B., & Rouche, N. (1991). *Faire des mathématiques: Le plaisir du sens.* Paris: Armand Colin.

Brown, J. S., & Burton, R. B. (1978). Diagnostic models for procedural bugs in basic mathematical skills. *Cognitive Science, 2,* 155-192.

Campbell, J. I. D. (Ed.) (1992). *The Nature and Origins of Mathematical Skills,* Amsterdam: North Holland.

Campbell, J. I. D. (1994). Architectures for numerical cognition. *Cognition, 53,* 1-44.

Case, R. (1985). *Intellectual Development: Birth to Adulthood.* San Diego: Academic Press.

Case, R. (1992). *The Mind's Staircase: Exploring the Conceptual Underpinnings of Children's Thought and Knowledge.* Hillsdale, NJ: Erlbaum.

Fuson, K. C. (1988). *Children's Counting and Concepts of Number.* New York: Springer-Verlag.

Gelman, R., & Gallistel, C. R. (1978). *The Child's Understanding of*

Number. Cambridge, MA: Harvard University Press.

Gelman, R., & Meck, E. (1983). Preschooler's counting: Principles before skill. *Cognition, 13*, 343-359.

Gelman, R., Meck, E., & Merkin, S. (1986). Young children's numerical competence. *Cognitive Development, 1*, 1-29.

Griffin, S., Case, R., & Siegler, R. S. (1994). Rightstart: Providing the central conceptual prerequisites for first formal learning of arithmetic to students at risk for school failure. In K. McGilly (Ed.), *Classroom Lessons: Integrating Cognitive Theory and Classroom Practice*, pp. 25-49. Cambridge, MA: MIT Press.

Groen, G. J., & Parkman, J. M. (1972). A chronometric analysis of simple addition. *Psychological Review, 79*, 329-343.

Hiebert, J. (Ed.) (1986). *Conceptual and Procedural Knowledge: The Case of Mathematics*. Hillsdale, NJ: Erlbaum.

LeFevre, J., Bisanz, J., & Mrkonjic, L. (1988). Cognitive arithmetic: Evidence for obligatory activation of arithmetic facts. *Memory & Cognition, 16*, 45-53.

Lemaire, P., Barrett, S. E., Fayol, M., & Abdi, H. (1994). Automatic activation of addition and multiplication facts in elementary school children. *Journal of Experimental Child Psychology, 57*, 224-258.

Miller, K. F., & Paredes, D. R. (1990). Starting to add worse: Effects of learning to multiply on children's addition. *Cognition, 37*, 213-242.

Paulos, J. A. (1988). *Innumeracy: Mathematical Illiteracy and Its Consequences*. New York: Vintage Books. (『数で考えるアタマになる！——数字オンチの治しかた』野本陽代訳、草思社)

Resnick, L. B. (1983). A developmental theory of number understanding. In H. P. Ginsburg (Ed.), *The Development of Mathematical Thinking*, pp. 109-151. New York: Academic Press.

Siegler, R. S., & Jenkins, E. A. (1989). *How Children Discover New Strategies*. Hillsdale, NJ: Erlbaum.

Stevenson, H. W., & Stigler, J. W. (1992). *The Learning Gap*. New York: Simon & Schuster.

Van Lehn, K. (1986). Arithmetic procedures are induced from examples. In *Conceptual and Procedural Knowledge: The Case of Mathematics*, J. Hiebert (Ed.), pp. 133-179. Hillsdale NJ: Erlbaum.

Wynn, K. (1990). Children's understanding of counting. *Cognition, 36,* 155-193.

●6章

計算の達人に関するBinetの書物は、1894年に出版されたにもかかわらず、今でも読むに値する。もっと最近の書物である、Smith（1983）、Hadamard（1945）、Obler and Fein（1988）からも示唆が得られるだろう。Robert Kanigelによる、1991年のラマヌジャンの伝記は、示唆に富んだ素晴らしい読み物だ。数学における性差に関しては何百という研究があるが、Benbow（1988）とHyde, Fennema, Lamon（1990）が総説を書いている。

Benbow, C. P. (1988). Sex differences in mathematical reasoning ability in intellectually talented preadolescents: Their nature, effects, and possible causes. *Behavioral and Brain Sciences, 11*, 169-232.

Binet, A. (1981). *Psychologie des grands calculateurs et joueurs d'échecs.* Paris: Slatkine (original edition: 1894).

Changeux, J. P., & Connes, A. (1995). *Conversations on Mind, Matter, and Mathematics.* Princeton, NJ: Princeton University Press.

Diamond, M. C., & Scheibel, A. B. (1985). Research on the structure of Einstein's brain. In W. Reich, *The Stuff of Genius. The New York Times Magazine,* 28 July 1985, pp. 24-25.

Elbert, T., Pantev, C., Wienbruch, C., Rockstroh, B., & Taub, E. (1995). Increased cortical representation of the fingers of the left hand in string players. *Science, 270*, 305-307.

Flansburg, S. (1993). *Math Magic.* New York: William Morrow & Co.

Geary, D. C. (1994). *Children's Mathematical Development.* Washington DC: American Psychological Association.

Geschwind, N., & Galaburda, A. M. (1985). Cerebral lateralization:

Biological mechanisms, associations and pathology. *Archives of Neurology, 42*, 428-259; 521-552; 634-654.

Gould, S. J. (1981). *The Mismeasure of Man*. New York: Penguin.（『人間の測りまちがい――差別の科学史』鈴木善次・森脇靖子訳、河出書房新社）

Hadamard, J. (1945). *An Essay on the Psychology of Invention in the Mathematical Field*. Princeton, NJ: Princeton University Press.（『数学における発明の心理』伏見康治・尾崎辰之助・大塚益比古訳、みすず書房）

Hardy, G. H. (1940). *A Mathematician's Apology*. Cambridge: Cambridge University Press.（『ある数学者の生涯と弁明』柳生孝昭訳、シュプリンガー・フェアラーク東京）

Hermelin, B., & O'Connor, N. (1986). Spatial representations in mathematically and in artistically gifted children. *British Journal of Educational Psychology, 56*, 150-157.

Hermelin, B., & O'Connor, N. (1986). Idiot savant calendrical calculators: Rules and regularities. *Psychological Medicine, 16*, 885-893.

Hermelin, B., & O'Connor, N. (1990). Factors and primes: A specific numerical ability. *Psychological Medicine, 20*, 163-169.

Howe, M. J. A., & Smith, J. (1988). Calendar calculating in "idiots savants": How do they do it? *British Journal of Psychology, 79*, 371-386.

Hyde, J. S, Fennema, E., & Lamon, S. J. (1990). Gender differences in mathematics performance: A meta-analysis. *Psychological Bulletin, 107*, 139-155.

Jensen, A. R. (1990). Speed of information processing in a calculating prodigy. *Intelligence, 14*, 259-274.

Kanigel, R. (1991). *The Man Who Knew Infinity: A Life of the Genius Ramanujan*. New York: Charles Scribner's Sons.（『無限の天才――夭逝の数学者・ラマヌジャン』田中靖夫訳、工作舎）

Le Lionnais, F (1983). *Nombres remarquables*. Paris: Hermann.（『何だこの数は？』滝沢清訳、東京図書）

Obler, L. K., & Fein, D. (Eds.) (1988). *The Exceptional Brain. Neuropsychology of Talent and Special Abilities*. New York: Guilford Press.

O'Connor, N., & Hermelin, B. (1984). Idiot savant calendrical calculators: Maths or memory? *Psychological Medicine, 14*, 801-806.

Norris, D. (1990). How to build a connectionist idiot (savant). *Cognition, 35*, 277-291.

Sacks, O. (1985). *The Man Who Mistook His Wife for a Hat*. London: Gerald Duckworth & Co.（『妻を帽子とまちがえた男』高見幸郎・金沢泰子訳、ハヤカワ・ノンフィクション文庫）

Schlaug, G., Jäncke, L., Huang, Y., & Steinmetz, H. (1995). In vivo evidence of structural brain asymmetry in musicians. *Science, 267*, 699-701.

Smith, S. B. (1983). *The Great Mental Calculators*. New York: Columbia University Press.

Staszewski, J. J. (1988). Skilled memory and expert mental calculation. In M. Chi, R. Glaser, & M. J. Farr (Eds.), *The Nature of Expertise*. Hillsdale, NJ: Erlbaum.

Thom, R. (1991). *Prédire n'est pas expliquer*. Paris: Flammarion.

Vandenberg, S. G. (1966). Contributions of twin research to psychology. *Psychological Bulletin, 66*, 327-352.

●７章

私の同僚であるLaurent Cohenと私は、最近、たくさんの失算症患者の症例をまとめて出版した（Dehaene and Cohen, 1995）。Deloche and Seronによる1987年の書物も参照のこと。脳損傷によって数の処理に障害を受けた患者に関する、最近の関心の奔流のもとになったのは、Alfonso CaramazzaとMichael McCloskeyによる素晴らしい研究の、最初の書物であると思われる。彼らの原著論文は、この分野では、今でも必読である。

Anderson, S. W., Damasio, A. R., & Damasio, H. (1990). Troubled letters

but not numbers. Domain specific cognitive impairments following focal damage in frontal cortex. *Brain, 113*, 749-766.

Benson, D. F., & Denckla, M. B. (1969). Verbal paraphasia as a source of calculation disturbances. *Archives of Neurology, 21*, 96-102.

Benson, A. L. (1992). Gerstmann's syndrome. *Archives of Neurology, 49*, 445-447.

Caramazza, A., & McCloskey, M. (1987). Dissociations of calculation processes. In G. Deloche & X. Seron (Eds.), *Mathematical Disabilities: A Cognitive Neuropsychological Perspective*, pp. 221-234. Hillsdale, NJ: Erlbaum.

Cipolotti, L., Warrington, E. K., & Butterworth, B. (1995). Selective impairment in manipulating arabic numerals. *Cortex, 31*, 73-86.

Cohen, L., Dehaene, S., & Verstichel, P. (1994). Number words and number non-words: A case of deep dyslexia extending to arabic numerals. *Brain, 117*, 267-279.

Cohen, L., & Dehaene, S. (1995). Number processing in pure alexia: The effect of hemispheric asymmetries and task demands. *NeuroCase, 1*, 121-137.

Cohen, L., & Dehaene, S. (1996). Cerebral networks for number processing: Evidence from a case of posterior callosal lesion. *NeuroCase, 2*, 155-174.

Coslett, H. B., & Monsul, N. (1994). Reading with the right hemisphere: Evidence from transcranial magnetic stimulation. *Brain and Language, 46*, 198-211.

Dehaene, S., & Cohen, L. (1991). Two mental calculation systems: A case study of severe acalculia with preserved approximation. *Neuropsychologia, 29*, 1045-1074.

Dehaene, S., & Cohen, L. (1995). Towards an anatomical and functional model of number processing. *Mathematical Cognition, 1*, 83-120.

Dehaene, S., & Cohen, L. (1997). Cerebral pathways for calculation: Double dissociations between Gerstmann's acalculia and subcortical acalculia. *Cortex*, in press.

Déjerine, J. (1892). Contribution à l'étude anatomo-pathologique et clinique des différentes variétés de cécité verbale. *Mémoires de la Société de Biologie, 4*, 61-90.

Deloche, G., & Seron, X. (Eds.) (1987). *Mathematical Disabilities: A cognitive neuropsychological perspective*. Hillsdale, NJ: Erlbaum.

Gazzaniga, M. S., & Hillyard, S. A. (1971). Language and speech capacity of the right hemisphere. *Neuropsychologia, 9*, 273-280.

Gazzaniga, M. S., & Smylie, C. E. (1984). Dissociation of language and cognition: A psychological profile of two disconnected right hemispheres. *Brain, 107*, 145-153.

Gerstmann, J. (1940). Syndrome of finger agnosia, disorientation for right and left, agraphia and acalculia. *Archives of Neurology and Psychiatry, 44*, 398-408.

Geschwind, N. (1965). Disconnection syndromes in animals and man. *Brain, 88*, 237-294, 585-644.

Grafman, J., Kampen, D., Rosenberg, J., Salazar, A., & Boller, F (1989). Calculation abilities in a patient with a virtual left hemispherectomy. *Behavioural Neurology, 2*, 183-194.

Greenblatt, S. H. (1973). Alexia without agraphia or hemianopsia. Anatomical analysis of an autopsied case. *Brain, 96*, 307-316.

Hittmair-Delazer, M., Semenza, C., & Denes, G. (1994). Concepts and facts in calculation. *Brain, 117*, 715-728.

Hittmair-Delazer, M., Sailer, U., & Benke, T. (1995). Impaired arithmetic facts but intact conceptual knowledge—a single case study of dyscalculia. *Cortex, 31*, 139-147.

Ingvar, D. H., & Nyman, G. E. (1962). Epilepsia arithmetices: A new physiologic trigger mechanism in a case of epilepsy. *Neurology, 12*, 282-287.

Ionesco, E. *The Lesson*. (translated by Donald M. Allen). English translation copyright © 1958 by Grove Press Inc.（『授業／犀——ベスト・オブ・イヨネスコ』安堂信也ほか訳、白水社）

Kopera-Frye, K., Dehaene, S., & Streissguth, A. P. (1996). Impairments

of number processing induced by prenatal alcohol exposure. *Neuropsychologia, 34*, 1187-1196.

Luria, A. R. (1966). *The Higher Cortical Functions in Man.* New York: Basic Books.

McCloskey, M., & Caramazza, A. (1987). Cognitive mechanisms in normal and impaired number processing. In G. Deloche & X. Seron (Eds.), *Mathematical Disabilities: A Cognitive Neuropsychological Perspective*, pp. 201-219. Hillsdale, NJ: Erlbaum.

McCloskey, M., Sokol, S. M., & Goodman, R. A. (1986). Cognitive processes in verbal-number production: Inferences from the performance of brain-damaged subjects. *Journal of Experimental Psychology: General, 115*, 307-330.

Senanayake, N. (1989). Epilepsia arithmetices revisited. *Epilepsy Research, 3*, 167-173.

Seymour, S. E., Reuter-Lorenz, P. A., & Gazzaniga, M. S. (1994). The disconnection syndrome: Basic findings reaffirmed. *Brain, 117*, 105-115.

Shallice, T., & Evans, M. E. (1978). The involvement of the frontal lobes in cognitive estimation. *Cortex, 14*, 294-303.

Sokol, S. M., Macaruso, P., & Gollan, T. H. (1994). Developmental dyscalculia and cognitive neuropsychology. *Developmental Neuropsychology, 10*, 413-441.

Temple, C . M. (1991). Procedural dyscalculia and number fact dyscalculia: Double dissociation in developmental dyscalculia. *Cognitive Neuropsychology, 8*, 155-176.

Temple, C. M. (1989). Digit dyslexia: A category-specific disorder in development dyscalculia. *Cognitive Neuropsychology, 6*, 93-116.

●8章

Posner & Raichel の 1994 年の書物は、脳画像についての素晴らしい入門になっている。さらに技術的な問題については、Toga & Mazziotta（1996）の編集による最近の巻を参照のこと。

Abdullaev, Y. G., & Melnichuk, K. V. (1996). Counting and arithmetic functions of neurons in the human parietal cortex. *NeuroImage, 3*, 216.

Allison, T., McCarthy, G., Nobre, A., Puce, A., & Belger, A. (1994). Human extrastriate visual cortex and the perception of faces, words, numbers and colors. *Cerebral Cortex, 5*, 544-554.

Changeux, J. P., & Connes, A. (1995). *Conversations on Mind, Matter, and Mathematics*. Princeton, NJ: Princeton University Press.

Dehaene, S. (1995). Electrophysiological evidence for category-specific word processing in the normal human brain. *NeuroReport, 6*, 2153-2157.

Dehaene, S. (1996). The organization of brain activations in number comparison: Event-related potentials and the additive-factors methods. *Journal of Cognitive Neuroscience, 8*, 47-68.

Dehaene, S., Posner, M. I., & Tucker, D. M. (1994). Localization of a neural system for error detection and compensation. *Psychological Science, 5*, 303-305.

Dehaene, S., Tzourio, N., Frak, V., Raynaud, L., Cohen, L., Mehler, J., & Mazoyer, B. (1996). Cerebral activations during number multiplication and comparison: A PET study. *Neuropsychologia, 34*, 1097-1106.

Fuster, J. M. (1989). *The prefrontal cortex* (2nd edition). New York: Raven.（『前頭前皮質——前頭葉の解剖学、生理学、神経心理学』福居顯二監訳、新興医学出版社）

Goldman-Rakic, P. S. (1987). Circuitry of primate prefrontal cortex and regulation of behavior by representational knowledge. In F. Plum & V. Mountcastle (Eds.), *Handbook of Physiology, 5*, 373-417.

Kiefer, M., & Dehaene, S. (1997). The time course of parietal activation in single-digit multiplication: Evidence from event-related potentials. *Mathematical Cognition*, in press.

Lennox, W. G. (1931). The cerebral circulation: XV. The effect of mental

work. *Archives of Neurology and Psychiatry, 26*, 725-730.

Posner, M. I., Petersen, S. E., Fox, P. T., & Raichle, M. E. (1988). Localization of cognitive operations in the human brain. *Science, 240*, 1627-1631.

Posner, M. I., & Raichle, M. E. (1994). *Images of Mind*. New York: Scientific American Library.（『脳を観る——認知神経科学が明かす心の謎』養老孟司・加藤雅子・笠井清登訳、日経サイエンス社）

Roland, P. E., & Friberg, L. (1985). Localization of cortical areas activated by thinking. *Journal of Neurophysiology, 53*, 1219-1243.

Rueckert, L., Lange, N., Partiot, A., Appollonio, I., Litvar, I., Le Bihan, D., & Grafman, J. (1996). Visualizing cortical activation during mental calculation with functional MRI. *Neurolmage, 3*, 97-103.

Sokoloff, L., Mangold, R., Wechsler, R. L., Kennedy, C., & Kety, S. (1955). The effect of mental arithmetic on cerebral circulation and metabolism. *Journal of Clinical Investigations, 34*, 1101-1108.

Toga, A. W., & Mazziotta, J. C. (Ed.) (1996). *Brain Mapping: The Methods*. New York: Academic Press.

●９章

Kline（1972、1980）は、数学の歴史について詳述した書物。Kitcher（1984）と、とくに Poincaré（1907a、1907b）は、数学の認識論についての直観主義と構成主義の概念を、素晴らしい明確さと首尾一貫性をもって分析している。

Apéry, R. (1982). Mathématique constructive. In F. Guénard & G. Lelièvre (Eds.), *Penser les mathématiques*. pp. 58-72. Paris: Editions du Seuil.

Changeux, J. P., & Dehaene, S. (1989). Neuronal models of cognitive functions. *Cognition, 33*, 63-109.

Gallistel, C. R. (1990). *The Organization of Learning*. Cambridge, MA: Bradford Books/MIT Press.

Hofstadter, D. R. (1979). *Gödel, Escher, Bach: An Eternal Golden Braid*. New York: Basic Books.（『ゲーデル、エッシャー、バッハ――あるいは不思議の環』野崎昭弘・はやしはじめ・柳瀬尚紀訳、白揚社）

Husserl, E. (1891). *Philosophie der Arithmetik*. Halle: C. E. M. Pfeffer.

Johnson-Laird, P. N. (1983). *Mental Models*. Cambridge, MA: Harvard University Press.

Kitcher, P. (1984). *The Nature of Mathematical Knowledge*. New York: Oxford University Press.

Kline, M. (1972). *Mathematical Thought from Ancient to Modern Times*. New York: Oxford University Press.

Kline, M. (1980). *Mathematics: The Loss of Certainty*. New York: Oxford University Press.

McCulloch, W. S., & Pitts, W. (1943). A logical calculus of the ideas immanent in nervous activity. *Bulletin of Mathematical Biophysics, 5*: 115-137.

McCulloch, W. S. (1965). *Embodiments of mind*. Cambridge, MA: MIT Press.

Papert, S. (1960). Sur le réductionnisme logique. In Gréco, P., Grize, J.-B., Papert, S. & Piaget, J., *Études d'Épistémotogie Génétique. Vol 11. Problèmes de la construction du nombre*. pp. 97-116. Paris: Presses Universitaires de France.

Pélissier, A., & Tête, A. (1995). *Sciences Cognitives: Textes Fondateurs (1943-1950)*. Paris: Presses Universitaires de France.

Poincaré, H. (1907). *Science and Hypothesis*. London: Walter Scott Publishing Co.（『科学と仮説』河野伊三郎訳、岩波文庫）

Poincaré, H. (1907). *The Value of Science*. New York: Science Press.（『科学の価値』田辺元訳、岩波文庫）

Von Neumann, J. (1958). *The Computer and the Brain*. New Haven, CT: Yale University Press.（『電子計算機と頭脳』飯島泰蔵・猪股修二・熊田衛訳、ラテイス）

Wigner, E. (1960). The unreasonable effectiveness of mathematics in the

natural sciences. *Communications on Pure and Applied Mathematics, 13,* 1-14.

●10章

Alarcón, M., DeFries, J. C., Light, J. G., & Pennington, B. F. (1997). A twin study of mathematics disability. *Journal of Learning Disabilities, 30*(6), 617-623.

Ansari, D., & Dhital, B. (2006). Age-related changes in the activation of the intraparietal sulcus during nonsymbolic magnitude processing: an event-related functional magnetic resonance imaging study. *Journal of Cognitive Neuroscience, 18*(11), 1820-1828.

Ansari, D., Garcia, N., Lucas, E., Hamon, K., & Dhital, B. (2005). Neural correlates of symbolic number processing in children and adults. *Neuroreport, 16*(16), 1769-1773.

Arp, S., Taranne, P., & Fagard, J. (2006). Global perception of small numerosities (subitizing) in cerebral-palsied children. *Journal of Clinical and Experimental Neuropsychology, 28*(3), 405-419.

Awh, E., Barton, B., & Vogel, E. K. (2007). Visual working memory represents a fixed number of items regardless of complexity. *Psychological Science, 18*(7), 622-628.

Badian, N. A. (1983). Birth order, maternal age, season of birth, and handedness. *Cortex, 19*(4), 451-463.

Berger, A., Tzur, G., & Posner, M. I. (2006). Infant brains detect arithmetic errors. *Proceedings of the National Academy of Sciences USA, 103*(33), 12649-12653.

Berteletti, I., Lucangeli, D., Piazza, M., Dehaene, S., & Zorzi, M. (2010). Numerical estimation in preschoolers. *Developmental Psychology, 46*(2), 545-551.

Booth, J. L., & Siegler, R. S. (2006). Developmental and individual differences in pure numerical estimation. *Developmental Psychology, 42*(1), 189-201.

Brannon, E. M., & Terrace, H. S. (1998). Ordering of the numerosities 1

to 9 by monkeys. *Science*, *282*(5389), 746-749.

Brannon, E. M., & Terrace, H. S. (2000). Representation of the numerosities 1-9 by rhesus macaques (*Macaca mulatta*). *Journal of Experimental Psychology: Animal Behavior Processes*, *26*(1), 31-49.

Burr, D., & Ross, J. (2008). A visual sense of number. *Current Biology*, *18*(6), 425-428.

Butterworth, B. (1999). *The Mathematical Brain*. London: Macmillan.（『なぜ数学が得意な人と苦手な人がいるのか』藤井留美訳、主婦の友社）

Cantlon, J. F., Brannon, E. M., Carter, E. J., & Pelphrey, K. A. (2006). Functional imaging of numerical processing in adults and 4-y-old children. *PLoS Biology*, *4*(5), e125.

Cappelletti, M., Butterworth, B., & Kopelman, M. (2001). Spared numerical abilities in a case of semantic dementia. *Neuropsychologia*, *39*(11), 1224-1239.

Carey, S. (1998). Knowledge of number: its evolution and ontogeny. *Science*, *282*(5389), 641-642.

Chochon, F., Cohen, L., van de Moortele, P. F., & Dehaene, S. (1999). Differential contributions of the left and right inferior parietal lobules to number processing. *Journal of Cognitive Neuroscience*, *11*, 617-630.

Cohen Kadosh, R., & Henik, A. (2006a). Color congruity effect: where do colors and numbers interact in synesthesia? *Cortex*, *42*(2), 259-263.

Cohen Kadosh, R., & Henik, A. (2006b). A common representation for semantic and physical properties: a cognitive-anatomical approach. *Experimental Psychology*, *53*(2), 87-94.

Cohen Kadosh, R., Henik, A., Rubinsten, O., Mohr, H., Dori, H., van de Ven, V., Zorzi, M., Hendler, T., Goebel, R., & Linden, D. E. (2005). Are numbers special? The comparison systems of the human brain investigated by fMRI. *Neuropsychologia*, *43*(9), 1238-1248.

Cordes, S., & Brannon, E. M. (2008). Quantitative competencies in

infancy. *Developmental Science, 11*(6), 803-808.

Cordes, S., Gelman, R., Gallistel, C. R., & Whalen, J. (2001). Variability signatures distinguish verbal from nonverbal counting for both large and small numbers. *Psychonomic Bulletin & Review, 8*, 698-707.

Dehaene, S. (2007). Symbols and quantities in parietal cortex: Elements of a mathematical theory of number representation and manipulation. In P. Haggard & Y. Rossetti (Eds.), *Attention & Performance XXII. Sensori-motor foundations of higher cognition* (pp. 527-574). Cambridge, Mass.: Harvard University Press.

Dehaene, S. (2009). *Reading in the Brain.* New York: Penguin Viking.

Dehaene, S., & Changeux, J. P. (1995). Neuronal models of prefrontal cortical functions. *Annals of the New York Academy of Science, 769*, 305-319.

Dehaene, S., Changeux, J. P., Naccache, L., Sackur, J., & Sergent, C. (2006). Conscious, preconscious, and subliminal processing: a testable taxonomy. *Trends in Cognitive Sciences, 10*(5), 204-211.

Dehaene, S., Izard, V., Pica, P., & Spelke, E. (2006). Core knowledge of geometry in an Amazonian indigene group. *Science, 311*(5759), 381-384.

Dehaene, S., Izard, V., Spelke, E., & Pica, P. (2008). Log or linear? Distinct intuitions of the number scale in Western and Amazonian indigene cultures. *Science, 320*(5880), 1217-1220.

Dehaene, S., Le Clec'H, G., Cohen, L., Poline, J. B., van de Moortele, P. F., & Le Bihan, D. (1998). Inferring behaviour from functional brain images. *Nature Neuroscience, 1*, 549-550.

Dehaene, S., & Naccache, L. (2001). Towards a cognitive neuroscience of consciousness: Basic evidence and a workspace framework. *Cognition, 79*(1-2), 1-37.

Dehaene, S., Naccache, L., Le Clec'H, G., Koechlin, E., Mueller, M., Dehaene-Lambertz, G., van de Moortele, P. F., & Le Bihan, D. (1998). Imaging unconscious semantic priming. *Nature, 395*, 597-

600.

Dehaene, S., Piazza, M., Pinel, P., & Cohen, L. (2003). Three parietal circuits for number processing. *Cognitive Neuropsychology, 20*, 487-506.

Dehaene, S., Spelke, E., Pinel, P., Stanescu, R., & Tsivkin, S. (1999). Sources of mathematical thinking: behavioral and brain-imaging evidence. *Science, 284*(5416), 970-974.

de Hevia, M. D., & Spelke, E. S. (2009). Spontaneous mapping of number and space in adults and young children. *Cognition, 110*(2), 198-207.

de Hevia, M. D., & Spelke, E. S. (2010). Number-space mapping in human infants. *Psychological Science, 21*(5), 653-660.

Delazer, M., & Benke, T. (1997). Arithmetic facts without meaning. *Cortex, 33*(4), 697-710.

Delazer, M. (2006). How specifically do we learn? Imaging the learning of multiplication and subtraction. *Neuroimage, 30*(4), 1365-1375.

Del Cul, A., Dehaene, S., Reyes, P., Bravo, E., & Slachevsky, A. (2009). Causal role of prefrontal cortex in the threshold for access to consciousness. *Brain, 132*(9), 2531-2540.

Demeyere, N., Lestou, V., & Humphreys, G. W. (2010). Neuropsychological evidence for a dissociation in counting and subitizing. *Neurocase, 16*(3), 219-237.

Diester, I., & Nieder, A. (2007). Semantic associations between signs and numerical categories in the prefrontal cortex. *PLoS Biology, 5*(11), e294.

Dormal, V., Seron, X., & Pesenti, M. (2006). Numerosity-duration interference: A Stroop experiment. *Acta Psychologica, 121*(2), 109-124.

Eden, G. F., Jones, K. M., Cappell, K., Gareau, L., Wood, F. B., Zeffiro, T. A., Dietz, N. A., Agnew, J. A., & Flowers, D. L. (2004). Neural changes following remediation in adult developmental dyslexia. *Neuron, 44*(3), 411-422.

Eger, E., Michel, V., Thirion, B., Amadon, A., Dehaene, S., & Kleinschmidt, A. (2009). Deciphering cortical number coding from human brain activity patterns. *Current Biology, 19*(19), 1608-1615.

Eger, E., Sterzer, P., Russ, M. O., Giraud, A. L., & Kleinschmidt, A. (2003). A supramodal number representation in human intraparietal cortex. *Neuron, 37*(4), 719-725.

Facoetti, A., Trussardi, A. N., Ruffino, M., Lorusso, M. L., Cattaneo, C., Galli, R., Molteni,M., & Zorzi, M. (2010). Multisensory spatial attention deficits are predictive of phonological decoding skills in developmental dyslexia. *Journal of Cognitive Neuroscience*, 22(5), 1011-1025.

Feigenson, L. (2005). A double-dissociation in infants' representations of object arrays. *Cognition, 95*(3), B37-48.

Feigenson, L. (2008). Parallel non-verbal enumeration is constrained by a set-based limit. *Cognition, 107*(1), 1-18.

Feigenson, L., Carey, S., & Hauser, M. (2002). The representations underlying infants' choice of more: object files versus analog magnitudes. *Psychological Science, 13*(2), 150-156.

Feigenson, L., Dehaene, S., & Spelke, E. (2004). Core systems of number. *Trends in Cognitive Sciences, 8*(7), 307-314.

Fias, W., Lammertyn, J., Caessens, B., & Orban, G. A. (2007). Processing of abstract ordinal knowledge in the horizontal segment of the intraparietal sulcus. *Journal of Neuroscience, 27*(33), 8952-8956.

Fias, W., Lammertyn, J., Reynvoet, B., Dupont, P., & Orban, G. A. (2003). Parietal representation of symbolic and nonsymbolic magnitude. *Journal of Cognitive Neuroscience, 15*(1), 47-56.

Fisch, L., Privman, E., Ramot, M., Harel, M., Nir, Y., Kipervasser, S., Andelman, F., Neufeld, M. Y., Kramer, U., Fried, I., & Malach, R. (2009). Neural "ignition": enhanced activation linked to perceptual awareness in human ventral stream visual cortex. *Neuron, 64*(4), 562-574.

Fischer, M. H., Castel, A. D., Dodd, M. D., & Pratt, J. (2003). Perceiving numbers causes spatial shifts of attention. *Nature Neuroscience, 6*(6), 555-556.

Franks, N. P. (2008). General anaesthesia: from molecular targets to neuronal pathways of sleep and arousal. *Nature Reviews Neuroscience, 9*(5), 370-386.

Gallistel, C. R., & Gelman, R. (1991). Subitizing: the preverbal counting process. In K. W., O. A. & C. F. I. M. (Eds.), *Thoughts Memories and Emotions: Essays in Honor of George Mandler* (pp. 65-81). Hillsdale N.J.: Lawrence Erlbaum Associates.

Gilmore, C. K., McCarthy, S. E., & Spelke, E. S. (2007). Symbolic arithmetic knowledge without instruction. *Nature, 447*(7144), 589-591.

Gilmore, C. K., McCarthy, S. E., & Spelke, E. S. (2010). Non-symbolic arithmetic abilities and mathematics achievement in the first year of formal schooling. *Cognition, 115*(3), 394-406.

Girelli, L., Lucangeli, D., & Butterworth, B. (2000). The development of automaticity in accessing number magnitude. *Journal of Experimental Child Psychology, 76*(2), 104-122.

Gordon, P. (2004). Numerical cognition without words: Evidence from Amazonia. *Science, 306*(5695), 496-499.

Grill-Spector, K., & Malach, R. (2001). fMR-adaptation: a tool for studying the functional properties of human cortical neurons. *Acta Psychologica*, 107(1-3), 293-321.

Halberda, J., & Feigenson, L. (2008). Developmental change in the acuity of the "Number Sense": The Approximate Number System in 3-, 4-, 5-, and 6-year-olds and adults. *Developmental Psychology, 44*(5), 1457-1465.

Halberda, J., Mazzocco, M. M., & Feigenson, L. (2008). Individual differences in non-verbal number acuity correlate with maths achievement. *Nature, 455*(7213), 665-668.

Hauser, M. D., & Carey, S. (2003). Spontaneous representations of small

numbers of objects by rhesus macaques: Examinations of content and format. *Cognitive Psychology, 47*(4), 367-401.

Hauser, M. D., Carey, S., & Hauser, L. B. (2000). Spontaneous number representation in semi-free-ranging rhesus monkeys. *Proceedings of the Royal Society of London. Series B: Biological Sciences, 267*(1445), 829-833.

Holloway, I. D., & Ansari, D. (2008). Domain-specific and domain-general changes in children's development of number comparison. *Developmental Science, 11*(5), 644-649.

Hubbard, E. M., Piazza, M., Pinel, P., & Dehaene, S. (2005). Interactions between number and space in parietal cortex. *Nature Reviews Neuroscience, 6*(6), 435-448.

Hyde, D. C., & Spelke, E. S. (2009). All numbers are not equal: an electrophysiological investigation of small and large number representations. *Journal of Cognitive Neuroscience, 21*(6), 1039-1053.

Ischebeck, A., Zamarian, L., Siedentopf, C., Koppelstätter, F., Benke, T., Felber, S., & Delazer, M. (2006). How specifically do we learn? Imaging the learning of multiplication and subtraction. *Neuroimage, 30*(4), 1365-1375.

Izard, V., Dehaene-Lambertz, G., & Dehaene, S. (2008). Distinct cerebral pathways for object identity and number in human infants. *PLoS Biology, 6*(2), 275-285.

Izard, V., Sann, C., Spelke, E. S., & Streri, A. (2009). Newborn infants perceive abstract numbers. *Proceedings of the National Academy of Sciences USA, 106*(25), 10382-10385.

Kaufmann, L., Koppelstaetter, F., Delazer, M., Siedentopf, C., Rhomberg, P., Golaszewski, S., Felber, S., & Ischebeck, A. (2005). Neural correlates of distance and congruity effects in a numerical Stroop task: an event-related fMRI study. *Neuroimage, 25*(3), 888-898.

Knops, A., Thirion, B., Hubbard, E. M., Michel, V., & Dehaene, S. (2009). Recruitment of an area involved in eye movements during mental arithmetic. *Science, 324*(5934), 1583-1585.

Knops, A., Viarouge, A., & Dehaene, S. (2009). Dynamic representations underlying symbolic and nonsymbolic calculation: Evidence from the operational momentum effect. *Attention, Perception, & Psychophysics, 71*, 803-821.

Kosc, L. (1974). Developmental dyscalculia. *Journal of Learning Disabilities, 7*(3), 164-177.

Kucian, K., Loenneker, T., Dietrich, T., Dosch, M., Martin, E., & von Aster, M. (2006). Impaired neural networks for approximate calculation in dyscalculic children: a functional MRI study. *Behavioral and Brain Functions, 2*, 1-17.

Kucian, K., von Aster, M., Loenneker, T., Dietrich, T., & Martin, E. (2008). Development of neural networks for exact and approximate calculation: A FMRI study. *Developmental Neuropsychology, 33*(4), 447-473.

Kujala, T., Karma, K., Ceponiene, R., Belitz, S., Turkkila, P., Tervaniemi, M., & Näätänen, R. (2001). Plastic neural changes and reading improvement caused by audiovisual training in reading-impaired children. *Proceedings of the National Academy of Sciences USA, 98*(18), 10509-10514.

Landerl, K., Bevan, A., & Butterworth, B. (2004). Developmental dyscalculia and basic numerical capacities: A study of 8-9-year-old students. *Cognition, 93*(2), 99-125.

Landerl, K., Fussenegger, B., Moll, K., & Willburger, E. (2009). Dyslexia and dyscalculia: Two learning disorders with different cognitive profiles. *Journal of Experimental Child Psychology, 103*(3), 309-324.

Lemer, C., Dehaene, S., Spelke, E., & Cohen, L. (2003). Approximate quantities and exact number words: Dissociable systems. *Neuropsychologia, 41*, 1942-1958.

Lindemann, O., Abolafia, J. M., Girardi, G., & Bekkering, H. (2007). Getting a grip on numbers: numerical magnitude priming in object grasping. *Journal of Experimental Psychology: Human Perception and Performance, 33*(6), 1400-1409.

Loetscher, T., Bockisch, C. J., Nicholls, M. E., & Brugger, P. (2010). Eye position predicts what number you have in mind. *Current Biology, 20*(6), R264-R265.

Lourenco, S. F., & Longo, M. R. (2010). General magnitude representation in human infants. *Psychological Science, 21*(6), 873-881.

Maloney, E. A., Risko, E. F., Ansari, D., & Fugelsang, J. (2010). Mathematics anxiety affects counting but not subitizing during visual enumeration. *Cognition, 114*(2), 293-297.

McCrink, K., & Wynn, K. (2004). Large-number addition and subtraction by 9-month-old infants. *Psychological Science, 15*(11), 776-781.

McCrink, K., & Wynn, K. (2007). Ratio abstraction by 6-month-old infants. *Psychological Science, 18*(8), 740-745.

McCrink, K., & Wynn, K. (2009). Operational momentum in large-number addition and subtraction by 9-month-olds. *Journal of Experimental Child Psychology*, 103(4), 400-408.

Mix, K. S., Levine, S. C., & Huttenlocher, J. (1997). Numerical abstraction in infants: another look. *Developmental Psychology, 33*(3), 423-428.

Molko, N., Cachia, A., Rivière, D., Mangin, J. F., Bruandet, M., Le Bihan, D., Cohen, L., & Dehaene, S. (2003). Functional and structural alterations of the intraparietal sulcus in a developmental dyscalculia of genetic origin. *Neuron, 40*(4), 847-858.

Mussolin, C., Mejias, S., & Noël, M. P. (2010). Symbolic and nonsymbolic number comparison in children with and without dyscalculia. *Cognition, 115*(1), 10-25.

Mussolin, C., & Noël, M. P. (2008). Automaticity for numerical magnitude of two-digit Arabic numbers in children. *Acta Psychologica, 129*(2), 264-272.

Naccache, L., & Dehaene, S. (2001a). The priming method: Imaging unconscious repetition priming reveals an abstract representation of number in the parietal lobes. *Cerebral Cortex, 11*(10), 966-974.

Naccache, L., & Dehaene, S. (2001b). Unconscious semantic priming extends to novel unseen stimuli. *Cognition, 80*(3), 215-229.

Nieder, A. (2005). Counting on neurons: the neurobiology of numerical competence. *Nature Reviews Neuroscience, 6*(3), 177-190.

Nieder, A., & Dehaene, S. (2009). Representation of number in the brain. *Annual Review of Neuroscience*, 32(1), 185-208.

Nieder, A., Freedman, D. J., & Miller, E. K. (2002). Representation of the quantity of visual items in the primate prefrontal cortex. *Science, 297*(5587), 1708-1711.

Nieder, A., & Merten, K. (2007). A labeled-line code for small and large numerosities in the monkey prefrontal cortex. *Journal of Neuroscience, 27*(22), 5986-5993.

Nieder, A., & Miller, E. K. (2003). Coding of cognitive magnitude: Compressed scaling of numerical information in the primate prefrontal cortex. *Neuron, 37*(1), 149-157.

Nieder, A., & Miller, E. K. (2004). A parieto-frontal network for visual numerical information in the monkey. *Proceedings of the National Academy of Sciences USA, 101*(19), 7457-7462.

O'Reilly, R. C. (2006). Biologically based computational models of high-level cognition. *Science, 314*(5796), 91-94.

Pearson, J., Roitman, J. D., Brannon, E. M., Platt, M., & Raghavachari, S. (2010). A physiologically-inspired model of numerical classification based on graded stimulus coding. *Frontiers in Behavioral Neuroscience, 4*, 1070.

Piazza, M., Facoetti, A., Trussardi, A. N., Berteletti, I., Conte, S., Lucangeli, D., Dehaene, S., & Zorzi, M. (2010). Developmental trajectory of number acuity reveals a severe impairment in developmental dyscalculia. *Cognition, 116*(1), 33-41.

Piazza, M., Giacomini, E., Le Bihan, D., & Dehaene, S. (2003). Single-trial classification of parallel pre-attentive and serial attentive processes using functional magnetic resonance imaging. *Proceedings of the Royal Society of London. Series B: Biological*

Sciences, 270(1521), 1237-1245.

Piazza, M., Izard, V., Pinel, P., Le Bihan, D., & Dehaene, S. (2004). Tuning curves for approximate numerosity in the human intraparietal sulcus. *Neuron, 44*(3), 547-555.

Piazza, M., Pica, P., Izard, V., Spelke, E. S., & Dehaene, S. (2013). Education enhances the acuity of the nonverbal approximate number system. *Psychological Science, 24*(6), 1037-1043.

Piazza, M., Pinel, P., Le Bihan, D., & Dehaene, S. (2007). A magnitude code common to numerosities and number symbols in human intraparietal cortex. *Neuron, 53*(2), 293-305.

Pica, P., Lemer, C., Izard, V., & Dehaene, S. (2004). Exact and approximate arithmetic in an Amazonian indigene group. *Science, 306*(5695), 499-503.

Pinel, P., & Dehaene, S. (2010). Beyond hemispheric dominance: brain regions underlying the joint lateralization of language and arithmetic to the left hemisphere. *Journal of Cognitive Neuroscience,* 22(1), 48-66.

Pinel, P., Dehaene, S., Riviere, D., & LeBihan, D. (2001). Modulation of parietal activation by semantic distance in a number comparison task. *Neuroimage, 14*(5), 1013-1026.

Pinel, P., Piazza, M., Le Bihan, D., & Dehaene, S. (2004). Distributed and overlapping cerebral representations of number, size, and luminance during comparative judgments. *Neuron, 41*(6), 983-993.

Premack, D., & Premack, A. (2003). *Original Intelligence: Unlocking the Mystery of Who We Are*. New York: McGraw Hill.

Price, G. R., Holloway, I., Räsänen, P., Vesterinen, M., & Ansari, D. (2007). Impaired parietal magnitude processing in developmental dyscalculia. *Current Biology, 17*(24), R1042-1043.

Quiroga, R. Q., Mukamel, R., Isham, E. A., Malach, R., & Fried, I. (2008). Human single-neuron responses at the threshold of conscious recognition. *Proceedings of the National Academy of Sciences USA, 105*(9), 3599-3604.

Quiroga, R. Q., Reddy, L., Kreiman, G., Koch, C., & Fried, I. (2005). Invariant visual representation by single neurons in the human brain. *Nature*, *435*(7045), 1102-1107.

Railo, H., Koivisto, M., Revonsuo, A., & Hannula, M. M. (2008). The role of attention in subitizing. *Cognition*, *107*(1), 82-104.

Ramani, G. B., & Siegler, R. S. (2008). Promoting broad and stable improvements in low-income children's numerical knowledge through playing number board games. *Child Development*, *79*(2), 375-394.

Ranzini, M., Dehaene, S., Piazza, M., & Hubbard, E. M. (2009). Neural mechanisms of attentional shifts due to irrelevant spatial and numerical cues. *Neuropsychologia*, *47*(12), 2615-2624.

Revkin, S. K., Piazza, M., Izard, V., Cohen, L., & Dehaene, S. (2008). Does subitizing reflect numerical estimation? *Psychological Science*, *19*(6), 607-614.

Rivera, S. M., Reiss, A. L., Eckert, M. A., & Menon, V. (2005). Developmental changes in mental arithmetic: evidence for increased functional specialization in the left inferior parietal cortex. *Cerebral Cortex*, *15*(11), 1779-1790.

Reynvoet, B., & Ratinckx, E. (2004). Hemispheric differences between left and right number representations: effects of conscious and unconscious priming. *Neuropsychologia*, *42*(6), 713-726.

Rivera, S. M., Menon, V., White, C. D., Glaser, B., & Reiss, A. L. (2002). Functional brain activation during arithmetic processing in females with fragile X Syndrome is related to FMR1 protein expression. *Human Brain Mapping*, *16*(4), 206-218.

Roitman, J. D., Brannon, E. M., & Platt, M. L. (2007). Monotonic coding of numerosity in macaque lateral intraparietal area. *PLoS Biology*, *5*(8), e208.

Rousselle, L., & Noël, M. P. (2007). Basic numerical skills in children with mathematics learning disabilities: A comparison of symbolic vs non-symbolic number magnitude processing. *Cognition*, *102*(3),

361-395.

Rubinsten, O., & Henik, A. (2005). Automatic activation of internal magnitudes: a study of developmental dyscalculia. *Neuropsychology, 19*(5), 641.

Sawamura, H., Orban, G. A., & Vogels, R. (2006). Selectivity of neuronal adaptation does not match response selectivity: a single-cell study of the FMRI adaptation paradigm. *Neuron, 49*(2), 307-318.

Shalev, R. S., Auerbach, J., Manor, O., & Gross-Tsur, V. (2000). Developmental dyscalculia: prevalence and prognosis. *European Child & Adolescent Psychiatry, 9*, S58-S64.

Shalev, R. S., Manor, O., Kerem, B., Ayali, M., Badichi, N., Friedlander, Y., & Gross-Tsur, V. (2001). Developmental dyscalculia is a familial learning disability. *Journal of Learning Disabilities, 34*(1), 59-65.

Siegler, R. S., & Booth, J. L. (2004). Development of numerical estimation in young children. *Child Development, 75*(2), 428-444.

Siegler, R. S., & Opfer, J. E. (2003). The development of numerical estimation: Evidence for multiple representations of numerical quantity. *Psychological Science, 14*(3), 237-250.

Siegler, R. S., & Ramani, G. B. (2008). Playing linear numerical board games promotes low-income children's numerical development. *Developmental Science, 11*(5), 655-661.

Siegler, R. S., & Ramani, G. B. (2009). Playing linear number board games—but not circular ones—improves low-income preschoolers' numerical understanding. *Journal of Educational Psychology, 101*(3), 545-560.

Simon, T. (1999). The foundations of numerical thinking in a brain without numbers. *Trends in Cognitive Science, 3*, 363-365.

Simon, O., Kherif, F., Flandin, G., Poline, J. B., Riviere, D., Mangin, J. F., Le Bihan, D., & Dehaene, S. (2004). Automatized clustering and functional geometry of human parietofrontal networks for language, space, and number. *Neuroimage, 23*(3), 1192-1202.

Simon, O., Mangin, J. F., Cohen, L., Le Bihan, D., & Dehaene, S. (2002).

Topographical layout of hand, eye, calculation, and language-related areas in the human parietal lobe. *Neuron, 33*(3), 475-487.

Simos, P. G., Fletcher, J. M., Bergman, E., Breier, J. I., Foorman, B. R., Castillo, E. M., Davis, R. N., Fitzgerald,M., & Papanicolaou, A. C. (2002). Dyslexia-specific brain activation profile becomes normal following successful remedial training. *Neurology, 58*(8), 1203-1213.

Song, J. H., & Nakayama, K. (2008). Numeric comparison in a visually-guided manual reaching task. *Cognition, 106*(2), 994-1003.

Spelke, E., & Tsivkin, S. (2001). Initial knowledge and conceptual change: space and number. In M. Bowerman & S. C. Levinson (Eds.), *Language Acquisition and Conceptual Development* (pp.70 - 100). Cambridge: Cambridge University Press.

Temple, E., Deutsch, G. K., Poldrack, R. A., Miller, S. L., Tallal, P., Merzenich, M. M., & Gabrieli, J. D. (2003). Neural deficits in children with dyslexia ameliorated by behavioral remediation: evidence from functional MRI. *Proceedings of the National Academy of Sciences USA, 100*(5), 2860-2865.

Temple, E., & Posner, M. I. (1998). Brain mechanisms of quantity are similar in 5-year-old children and adults. *Proceedings of the National Academy of Sciences USA, 95*(13), 7836-7841.

Thioux, M., Pesenti, M., Costes, N., De Volder, A., & Seron, X. (2005). Task-independent semantic activation for numbers and animals. *Brain Research. Cognitive Brain Research, 24*(2), 284-290.

Trick, L. M. (2008). More than superstition: Differential effects of featural heterogeneity and change on subitizing and counting. *Perception & Psychophysics, 70*(5), 743-760.

Tsang, J. M., Dougherty, R. F., Deutsch, G. K., Wandell, B. A., & Ben-Shachar, M. (2009). Frontoparietal white matter diffusion properties predict mental arithmetic skills in children. *Proceedings of the National Academy of Sciences, 106*(52), 22546-22551.

Tsao, D. Y., Freiwald, W. A., Tootell, R. B., & Livingstone, M. S. (2006). A cortical region consisting entirely of face-selective cells. *Science,*

311 (5761), 670-674.

Tudusciuc, O., & Nieder, A. (2007). Neuronal population coding of continuous and discrete quantity in the primate posterior parietal cortex. *Proceedings of the National Academy of Sciences USA, 104* (36), 14513-14518.

Verguts, T., & Fias, W. (2004). Representation of number in animals and humans: A neural model. *Journal of Cognitive Neuroscience, 16*(9), 1493-1504.

Vetter, P., Butterworth, B., & Bahrami, B. (2008). Modulating attentional load affects numerosity estimation: evidence against a pre-attentive subitizing mechanism. *PLoS One, 3*(9), e3269.

Vetter, P., Butterworth, B., & Bahrami, B. (2011). A candidate for the attentional bottleneck: set-size specific modulation of the right TPJ during attentive enumeration. *Journal of Cognitive Neuroscience, 23*(3), 728-736.

Vogel, E. K., & Machizawa, M. G. (2004). Neural activity predicts individual differences in visual working memory capacity. *Nature, 428*(6984), 748-751.

Watson, D. G., Maylor, E. A., & Bruce, L. A. (2007). The role of eye movements in subitizing and counting. *Journal of Experimental Psychology: Human Perception and Performance, 33*(6), 1389-1399.

Wilson, A. J., Dehaene, S., Dubois, O., & Fayol, M. (2009). Effects of an adaptive game intervention on accessing number sense in low socioeconomic status kindergarten children. *Mind, Brain, and Education, 3*(4), 224-234.

Wilson, A. J., Dehaene, S., Pinel, P., Revkin, S. K., Cohen, L., & Cohen, D. (2006). Principles underlying the design of "The Number Race," an adaptive computer game for remediation of dyscalculia. *Behavioral and Brain Functions, 2,* 19.

Wilson, A. J., Revkin, S. K., Cohen, D., Cohen, L., & Dehaene, S. (2006). An open trial assessment of "The Number Race", an adaptive computer game for remediation of dyscalculia. *Behavioral and*

Brain Functions, 2, 1-16.

Wynn, K. (1990). Children's understanding of counting. *Cognition, 36*(2), 155-193.

Xu, X., & Liu, C. (2008). Can subitizing survive the attentional blink? An ERP study. *Neuroscience Letters, 440*(2), 140-144.

Xu, F., & Spelke, E. S. (2000). Large number discrimination in 6-month-old infants. *Cognition, 74*(1), B1-B11.

Zago, L., Petit, L., Turbelin, M. R., Andersson, F., Vigneau, M., & Tzourio-Mazoyer, N. (2008). How verbal and spatial manipulation networks contribute to calculation: An fMRI study. *Neuropsychologia, 46*(9), 2403-2414.

Zhang, W., & Luck, S. J. (2008). Discrete fixed-resolution representations in visual working memory. *Nature, 453*(7192), 233-235.

Zorzi, M., Priftis, K., & Umilta, C. (2002). Brain damage: neglect disrupts the mental number line. *Nature, 417*(6885), 138-139.

訳者略歴

長谷川眞理子（はせがわ・まりこ）

1986年、東京大学大学院理学系研究科博士課程修了。理学博士。東京大学理学部人類学教室助手、早稲田大学政経学部教授、総合研究大学院大学学長を経て、現在、日本芸術文化振興会理事長。専門は、人間行動進化学、行動生態学、進化心理学。著書に『オスとメス＝進化の不思議』、『ヒトの原点を考える』、『進化的人間考』『人、イヌと暮らす』、『進化とはなんだろうか』、『科学の目 科学のこころ』ほか多数。訳書にダイアモンド『第三のチンパンジー』（共訳）、ダーウィン『人間の由来』、リドレー『赤の女王 性とヒトの進化』（ハヤカワ・ノンフィクション文庫刊）ほか多数。

小林哲生（こばやし・てっせい）

2004年、東京大学大学院総合文化研究科博士課程修了。博士（学術）。NTTコミュニケーション科学基礎研究所協創情報研究部部長／上席特別研究員。名古屋大学大学院情報学研究科心理・認知科学専攻客員教授。専門は、発達心理学、言語心理学、比較認知科学。著書に『比べてわかる心の発達』（共著）、『ベーシック発達心理学』（共著）、『0〜3さい はじめての「ことば」』。訳書にヴォークレール『動物のこころを探る』（共訳）、ソルソ『脳は絵をどのように理解するか』（共訳）。監修絵本に『あかちゃんごおしゃべりえほん』『おかおをポン！』『おたすけハッピー』ほか多数。

本書は二〇一〇年七月に早川書房より単行本として刊行された『数覚とは何か？　心が数を創り、操る仕組み』に新たな章と解説を付し文庫化したものです。

遺伝子（上・下）
—親密なる人類史—

THE GENE

シッダールタ・ムカジー
仲野 徹監修・田中 文訳

ハヤカワ文庫NF

19世紀後半にメンデルが発見した遺伝の法則とダーウィンの進化論が出会い、遺伝学は歩み始めた。そして今、人類はゲノム編集の時代を迎えている。遺伝子が握る人類の運命とは？　ピュリッツァー賞受賞の医学者が自らの家系に潜む精神疾患の悲劇を織り交ぜながら、圧倒的なストーリーテリングでつむぐ遺伝子全史。

神のいない世界の歩き方

「科学的思考」入門

Outgrowing God

リチャード・ドーキンス
大田直子訳

ハヤカワ文庫NF

人類はいかにして誕生したのか？　星々はどうして夜空をめぐるのか？　古くは神が司っていたこれらの未知を解き明かしたのは、先人たちの澄み切った「科学的思考」だ。この本質を、既存の宗教や迷信をつぶさにひもときながら、現代最高のサイエンス作家が解き明かす。『さらば、神よ』改題。

解説／佐倉統

言語が違えば、世界も違って見えるわけ

Through the Language Glass

ガイ・ドイッチャー
椋田直子訳

ハヤカワ文庫ＮＦ

ホメロスの叙事詩では海と牛はともに葡萄酒色と表現され、青は一切出てこない。古代ギリシャ人の視界はモノクロに近かった？「前後左右」の言語を持たない部族の驚くべき方位感覚とは？ 母語が違えば思考も違うのか——言語が認知に与える驚くべき影響を解き明かすポピュラーサイエンス。解説／今井むつみ

知ってるつもり
無知の科学

The Knowledge Illusion

スティーブン・スローマン＆フィリップ・ファーンバック

土方奈美訳

ハヤカワ文庫ＮＦ

知ってるつもり
無知の科学
スティーブン・スローマン&フィリップ・ファーンバック
土方奈美訳
THE
KNOWLEDGE ILLUSION
Why We Never Think Alone
Steven Sloman and Philip Fernbach
早川書房

身近な物事から政治まで、なにかと「知ってるつもり」になりがちな私たち。なぜ人は自分の知識を過大評価してしまうのか？　気鋭の認知科学者コンビが行動科学から人工知能まで、各分野の最新研究を駆使して知性の本質に迫る。「賢さ」の定義をアップデートする、デマが氾濫する現代の必読書。解説／山本貴光

響きの科学
――名曲の秘密から絶対音感まで

How Music Works

ジョン・パウエル
小野木明恵訳
ハヤカワ文庫ＮＦ

音楽の喜びがぐんと深まる名ガイド！

音楽はなぜ心を揺さぶるのか？　その科学的な秘密とは？　ミュージシャン科学者が、ピアノやギターのしくみから、絶対音感の正体、ベートーベンとレッド・ツェッペリンの共通点、効果的な楽器習得法まで、クラシックもポップスも俎上にのせて語り尽くす名講義。

HM=Hayakawa Mystery
SF=Science Fiction
JA=Japanese Author
NV=Novel
NF=Nonfiction
FT=Fantasy

数覚とは何か？〔新版〕
心が数を創り、操る仕組み

〈NF612〉

二〇二四年十一月二十日　印刷
二〇二四年十一月二十五日　発行
（定価はカバーに表示してあります）

著者　スタニスラス・ドゥアンヌ
訳者　長谷川眞理子
　　　小林哲生
発行者　早川浩
発行所　株式会社 早川書房
郵便番号　一〇一 - 〇〇四六
東京都千代田区神田多町二ノ二
電話　〇三 - 三二五二 - 三一一一
振替　〇〇一六〇 - 三 - 四七七九九
https://www.hayakawa-online.co.jp

乱丁・落丁本は小社制作部宛お送り下さい。
送料小社負担にてお取りかえいたします。

印刷・中央精版印刷株式会社　製本・株式会社明光社
Printed and bound in Japan
ISBN978-4-15-050612-4 C0145

本書は活字が大きく読みやすい〈トールサイズ〉です。